OSHIGE
INTRODUCTION NOTE

詳細!
PHP7
+
MySQL

入門ノート

大重美幸［著］

本書中の会社名や商品名は、該当する各社の商標または登録商標です。本書中では TM および ®© は省略させていただきます。
本書の内容は執筆時点においての情報であり、予告なく内容が変更されることがあります。また、本書に記載された URL は執筆当時のものであり、予告なく変更される場合があります。本書の内容の操作によって生じた損害、および本書の内容に基づく運用の結果生じたいかなる損害につきましても株式会社ソーテック社とソフトウェア開発者 / 開発元および著者は一切の責任を負いません。あらかじめご了承ください。
本書で使用している MAMP は、Mac はバージョン 3.5、Windows はバージョン 3.2.0 で解説しています。
本書掲載のソフトウェアのバージョン、URL、それにともなう画面イメージなどは原稿執筆時点のものであり、変更されている可能性があります。本書の内容の操作の結果、または運用の結果、いかなる損害が生じても、著者ならびに株式会社ソーテック社は一切の責任を負いません。本書の制作にあたっては、正確な記述に努めていますが、内容に誤りや不正確な記述がある場合も、当社は一切責任を負いません。

Web の今を知り、これからを作る

2015 年、バージョン 6 を飛び越えて、バージョン 5 から 7 に PHP が約 10 年ぶりにメジャーアップデートしました。まさに 10 年熟成、1995 年の PHP（Personal Home Page Tools）公開から数えると 20 年の長き道のりにおいて、もっとも重要な一歩を進めたと言えるでしょう。

WordPress や Facebook の開発言語として知られる PHP ですが、この 20 年で数多くの Web サービスを生み出してきました。PHP を学ぶということは、Web の今を知ることであり、Web のこれからを作り出していく使命を担うということに他なりません。

サンプル 344 本。詳しいコード注釈と図解でわかる

本書は、これから PHP でプログラマとしての道をスタートしようという人、他のプログラム言語の経験はあるが PHP はきちんと学んだことがないという人を対象にしています。本書は 4 つのパートに分かれています。

Part 1　PHP をはじめよう

PHP を学習するには PHP を試せる環境が必要です。無料の MAMP をインストールして Windows でも Mac でも手軽に PHP 7 と MySQL サーバが動作する環境を作ります。

Part 2　PHP のシンタックス

変数とは？制御構造とは？からスタートし、正規表現の書き方、無名関数などの高度な関数定義やオブジェクト指向プログラミングにも踏み込みます。多くの人にとってここがもっとも厄介です。足踏みが続き、少しも進まないように感じるかもしれません。ただそれはそう感じるだけのことであって、その感覚は着実に前進している証拠です。普通のようで、ちょっと変わった PHP のシンタックスはなかなかチャーミングです。

Part 3　Web ページを作る

シンタックスの山を登ったならば、フォーム入力、セッション、クッキーといった、より実践に近い場所での PHP に取り組みます。ここでは、Web サーバとのやり取りや HTML についての知識も必要となってきます。セキュリティ対策についての意識も高めていきましょう。

Part 4　PHP と MySQL

MySQL サーバを使うには SQL 文の実行という課題が待ち受けています。しかし、Part 3 で学んだフォーム入力やセッションの知識を活かして、データベースからデータを取り出したり、データを書き込んだりする操作は PHP プログラマとしての実感がわく瞬間です。リレーショナルデータベースを使いこなせるスキルを鍛えてください。

どのプログラム言語を学ぶにしても、最初は戸惑うことばかりです。自分が無力（はっきり言えばバカ）に思えて落ち込むこともあるでしょう。しかし、チャレンジとはそういうものです。チャレンジャーはかっこいいというのはウソです。でも、弱くてかっこ悪い自分をなんとか奮い立たせることができるなら、そこはちょっとだけ自分かっこいいです。褒めたいです。

2016 年 6 月 8 日

梅雨に入り、湿った冷気がじわりと時を進めていく。海の家も建て始めた。／大重美幸

CONTENTS

まえがき ——————————————————————— 3
サンプルプログラムのダウンロードについて ————————— 8

Part 1 PHP をはじめよう

Chapter 1 PHP の準備

Section 1-1　PHP はサーバサイドスクリプト ———————————— 10
Section 1-2　PHP を学べる環境を用意する／ MAMP のインストール —— 14

Part 2 PHP のシンタックス

Chapter 2 変数や演算子

Section 2-1　PHP の開始タグと終了タグ ————————————— 30
Section 2-2　ステートメントの区切りとコメント ———————— 34
Section 2-3　変数と定数 ———————————————————— 38
Section 2-4　文字や変数の値を表示する ——————————— 43
Section 2-5　演算子 ————————————————————— 48

Chapter 3 制御構造

Section 3-1　条件によって処理を分岐する　if 文————————— 62
Section 3-2　値によって処理を分岐する　switch 文 —————— 69
Section 3-3　条件が満たされている間は繰り返す　while 文、do-while 文 — 73
Section 3-4　カウンタを使った繰り返し　for 文 ———————— 76

Chapter 4 関数を使う

Section 4-1　関数 —————————————————————— 84
Section 4-2　ユーザ定義関数 ———————————————— 87
Section 4-3　変数のスコープ ———————————————— 97
Section 4-4　より高度な関数 ————————————————100

CONTENTS

Chapter 5 文字列

Section 5-1 文字列を作る ———————————— 108
Section 5-2 フォーマット文字列を表示する ———————— 113
Section 5-3 文字を取り出す ———————————— 121
Section 5-4 文字の変換と不要な文字の除去 ——————— 124
Section 5-5 文字列の比較 ———————————— 133
Section 5-6 文字列の検索 ———————————— 139
Section 5-7 正規表現の基本知識 ————————— 145
Section 5-8 正規表現でマッチした値の取り出しと置換 ——— 157

Chapter 6 配列

Section 6-1 配列を作る ———————————— 164
Section 6-2 要素の削除と置換、連結と分割、重複を取り除く ——— 175
Section 6-3 配列の値を効率よく取り出す ——————— 185
Section 6-4 配列をソートする ———————————— 190
Section 6-5 配列の値を比較、検索する ——————— 195
Section 6-6 配列の各要素に関数を適用する ————— 203

Chapter 7 オブジェクト指向プログラミング

Section 7-1 オブジェクト指向プログラミングの概要 ——— 208
Section 7-2 クラス定義 ———————————— 216
Section 7-3 クラスの継承 ———————————— 229
Section 7-4 トレイト ———————————— 236
Section 7-5 インターフェース ———————————— 242
Section 7-6 抽象クラス ———————————— 247

CONTENTS

Part 3 Web ページを作る

Chapter 8 フォーム処理の基本

Section 8-1	HTTP の基礎知識	252
Section 8-2	フォーム入力処理の基本	258
Section 8-3	フォームの入力データのチェック	271
Section 8-4	隠しフィールドで POST する	286
Section 8-5	クーポンコードを使って割引率を決める	295
Section 8-6	フォームの作成と結果表示を同じファイルで行う	305

Chapter 9 いろいろなフォームを使う

Section 9-1	ラジオボタンを使う	312
Section 9-2	チェックボックスを使う	319
Section 9-3	プルダウンメニューを使う	327
Section 9-4	リストボックスを使う	335
Section 9-5	スライダーを使う	343
Section 9-6	テキストエリアを使う	348
Section 9-7	日付フィールドを利用する	354

Chapter 10 セッションとクッキー

Section 10-1	セッション処理の基礎	368
Section 10-2	フォーム入力をセッション変数に移し替える	373
Section 10-3	複数ページでセッション変数を利用する	382
Section 10-4	クッキーを使う	394
Section 10-5	クッキーで訪問カウンタを作る	399
Section 10-6	複数の値を 1 つにまとめてクッキーに保存する	408

Chapter 11 ファイルの読み込みと書き出し

Section 11-1	SplFileObject クラスを使う	414
Section 11-2	フォーム入力をテキストファイルに追記する	423
Section 11-3	新しいメモを先頭に挿入保存する	431
Section 11-4	CSV ファイルの読み込みと書き出し	439

CONTENTS

Part 4　PHP と MySQL

Chapter 12　phpMyAdmin を使う

Section 12-1　MySQL サーバと phpMyAdmin を起動する ——————450
Section 12-2　phpMyAdmin でデータベースを作る ——————452
Section 12-3　リレーショナルデータベースを作る ——————462

Chapter 13　MySQL を操作する

Section 13-1　データベースユーザを追加する ——————472
Section 13-2　データベースからレコードを取り出す ——————478
Section 13-3　レコードの抽出、更新、挿入、削除 ——————487
Section 13-4　フォーム入力から MySQL を利用する ——————495
Section 13-5　リレーショナルデータベースのレコードを取り出す ——————506
Section 13-6　トランザクション処理 ——————513

INDEX ——————520

セキュリティ対策：コラム

strip_tags() の第 2 引数を利用してはいけない ——————131
機密保持には暗号化通信を使う ——————256
クロスサイトスクリプティング（XSS 対策）——————265
不正なエンコーディングによる攻撃 ——————269
hidden タイプで受け取った値も安全ではない ——————287
クーポンコードの発行と管理 ——————304
$_SERVER['PHP_SELF'] も XSS 攻撃対象になる ——————310
ラジオボタンでも値のチェックをする ——————317
プルダウンメニューでも値のチェックをする ——————332
スライダーでも値のチェックをする ——————347
HTML タグの削除と HTML エスケープ ——————352
クッキーは簡単に見ることができ、改ざんもできる ——————397
トークンを利用して遷移チェックする（CSRF 対策）——————393
SQL インジェクション対策 ——————501

DOWNLOAD

サンプルプログラムのダウンロードについて

本書で使用したサンプルは、下記のソーテック社 Web サイトのサポートページからダウンロードして使用することができます。サンプルプログラムダウンロードのほか、本書の補足説明、誤植などの訂正などを掲載しています。

「詳細！PHP 7 + MySQL 入門ノート」
サンプルプログラムダウンロード・サポートページ

http://www.sotechsha.co.jp/sp/1130/

■著作権、免責および注意事項

ダウンロードしたサンプルプログラムの著作権は、大重美幸に帰属します。すべてのデータに関し、著作権者および出版社に無断での転載、二次使用を禁じます。

ダウンロードしたサンプルプログラムを利用することによって生じたあらゆる損害について、著作権者および株式会社ソーテック社はその責任を負いかねます。また、個別の問い合わせには応じかねますので、あらかじめご了承ください。

Part 1　PHP をはじめよう

Chapter 1

PHP の準備

PHP はサーバで実行されるサーバサイドスクリプトです。そのことを理解したうえで、PHP を実行するためのサーバ環境をパソコンに作りましょう。本書では、MAMP をインストールしてサーバ環境を作ります。

Section 1-1　PHP はサーバサイドスクリプト
Section 1-2　PHP を学べる環境を用意する／MAMP のインストール

Part 1　PHP をはじめよう

Chapter 1　PHP の準備

Section 1-1
PHP はサーバサイドスクリプト

Web ページのプログラミング言語には JavaScript や PHP があります。JavaScript はクライアントサイドスクリプト、PHP はサーバサイドスクリプトです。この両者の違いはどこにあるのでしょうか？

Web ページをブラウザで表示する

Web ページの URL を Web ブラウザに入力すると、Web サーバから HTML ファイルや画像などがダウンロードされて Web ブラウザはそれを表示します。HTML コードで作られた Web ページは、テキストや写真などのレイアウトが固定したページになります。

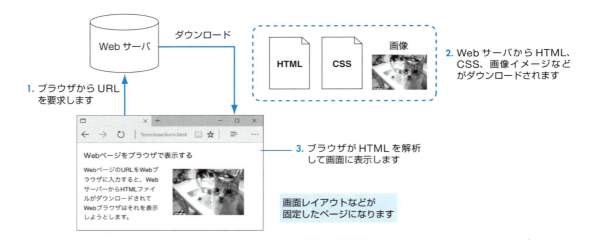

JavaScript や PHP で動的な Web ページを作る

ログインしている人によって表示する内容が違ったり、ショッピングカートのようにユーザの操作に応じて画面が変化したりする動的な Web ページを作るには、Web ページにプログラミングが組み込まれていなければなりません。そこで登場するのが、JavaScript や PHP といったプログラミング言語です。

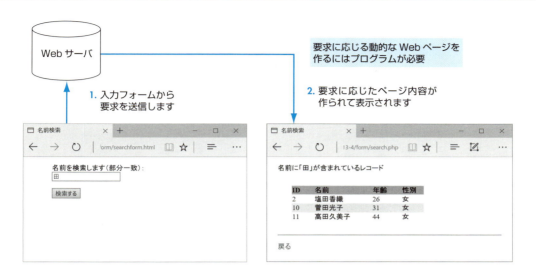

クライアントサイドスクリプトとサーバサイドスクリプト

　JavaScript と PHP の両者には、クライアントサイドスクリプトなのかサーバサイドスクリプトなのかという大きな違いがあります。

クライアントサイドスクリプトの JavaScript

　JavaScript はクライアントサイドスクリプトです。JavaScript は HTML ファイルに組み込まれるか、画像など同じように Web サーバからダウンロードされます。ダウンロードされた JavaScript のプログラムは Web ブラウザで実行され、画面を変化させたり、計算結果を表示したりします。

　ここで「JavaScript のプログラムは Web ブラウザで実行される」という部分が重要です。プログラムはクライアントサイド、つまり、ユーザ側の端末で実行されます。これがクライアントサイドスクリプトと呼ばれる理由です。

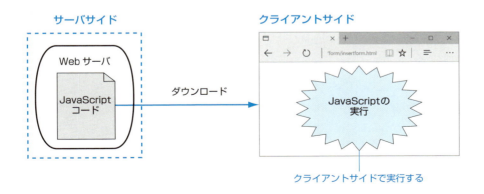

サーバサイドスクリプトの PHP

　一方、PHP はサーバサイドスクリプトです。PHP のプログラムはダウンロードされる前に Web サーバで実行されます。Web ブラウザにダウンロードされるのはプログラムの実行結果としての HTML コードです。ダウンロードされた HTML コードを見ても PHP のプログラムコードは書いてありません。

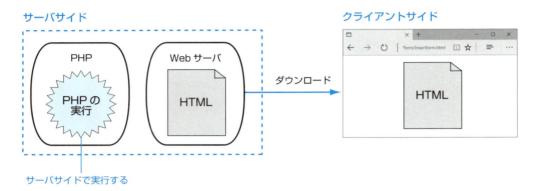

クライアントサイドスクリプトとサーバサイドスクリプトの長所と短所

　クライアントサイドスクリプトとサーバサイドスクリプトには、それぞれ次に示すような一長一短があります。

クライアントサイドスクリプトの長所と短所

　JavaScript などのクライアントサイドスクリプトの長所は、ブラウザ側での操作やウインドウの変化に即座に応じることができる点です。これを活かしてマウスの動きを利用したインタラクティブなアニメーションを演出することもできます。

○長所
・ブラウザ側での操作に即座に対応できる。
・ウインドウの変化やマウスの座標などを利用できる。

　クライアントサイドスクリプトの短所には次のような点があります。Web ブラウザの種類やバージョンの違いによってプログラム言語に対応してなかったり、ユーザの設定によってはプログラムの実行が許可されていなかったりします。
　また、プログラムコードを簡単に読まれてしまうことも短所の1つです。悪意のある開発者によって、端末側で実行される不正プログラムが埋め込まれる危険性もあります。

×短所
・Web ブラウザによってはプログラムを実行できないことがある。
・利用しないコードやデータをダウンロードする無駄がある。
・プログラムコードを読まれてしまう。
・端末側で不正プログラムを実行できる。

サーバサイドスクリプトの長所と短所

　PHPなどのサーバサイドスクリプトの長所は、クライアント、つまりWebブラウザの違いにプログラムの処理が影響されない点です。サーバサイドスクリプトのプログラムコードはダウンロードされないので、プログラムコードを盗み見されません。また、端末側では不正プログラムを実行できません。

○長所
- プログラムの実行がWebブラウザの違いに影響されない。
- プログラムコードを盗み見されない。
- 端末側で不正プログラムを実行できない。

　一方、サーバサイドスクリプトはユーザの操作に応じてリアルタイムで画面の一部を書き替えるといった処理には向きません。プログラムコードがサーバで実行されることから、サーバ攻撃へのセキュリティ対策が欠かせません。

×短所
- 操作に応じたリアルタイムな処理には向かない。
- サーバ攻撃への対策が必要。

PHPが活躍する利用場面

　サーバサイドスクリプトであるPHPがもっとも得意とする利用場面は、MySQLなどのデータベースとの連携です。データベースにデータを追加する、値を検索して表示する、値を更新するといった処理を提供します。具体的には、ブログ、SNS、ショッピングサイト、スケジュール管理、会員管理といったデータベースを組み合わせたサイト構築にPHPのプログラムが利用されています。

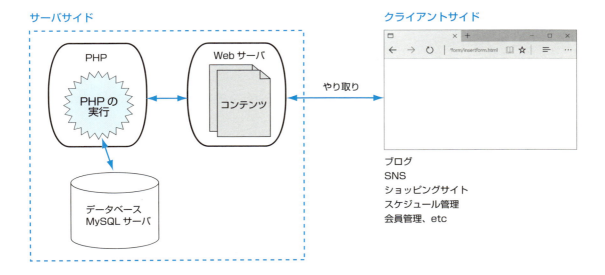

Part 1　PHPをはじめよう
Chapter 1　PHPの準備

Section 1-2

PHPを学べる環境を用意する／MAMPのインストール

PHPを学習するには、PHPプログラムを手軽に試せるサーバを用意する必要があります。本書ではMAMPを利用します。パソコンにMAMPをインストールするだけで、Apache、PHP、MySQL、phpMyAdminがそろった環境を手軽に構築できます。

無料のMAMPを使って学習環境を作る

　PHPを学習するには、PHPを実行できるWebサーバを用意しなければなりません。PHPとデータベースとの連携を行うにはMySQLなどのデータベースサーバも必要です。条件が揃ったレンタルサーバを利用する方法もありますが、次に紹介するMAMPを利用することで、手元のパソコンにPHPの学習環境を手軽に構築できます。

MAMPでインストールされる開発環境

　MAMP（My Apache - MySQL - PHP）ならば、最新のPHP、WebサーバのApache、データベースのMySQLがすべてそろった状態の開発環境を1個のアプリをパソコンにインストールする感覚で簡単に用意できます。

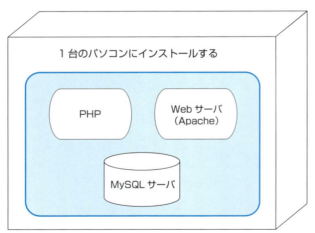

MAMPをパソコンにインストールすると、
PHP、Webサーバ、MySQLサーバの環境が構築されます。
MAMPはサーバの起動／停止なども制御できます。

14

MAMPには無料のMAMPと有料のMAMP PROがありますが、PHPを学ぶ目的だけならば、無料のMAMPで十分です。MAMPにはOS X版とWindows版があるので、MacユーザでもWindowsユーザでもすぐに利用できます。

MAMPでインストールされるのは、Apache、MySQL、PHP、Python、Perl、そしてGeneralとWeb Startです。GeneralはMAMPの設定アプリで、Web Startは現在の設定の確認などができるローカルのホームページです（☞ P.22）。

OS XにはApacheが標準でインストールされていますが、それとは別にApacheがインストールされます。また、MySQLサーバをWebブラウザから利用するphpMyAdminも同時にインストールされます。本書ではphpMyAdminの利用方法についても解説します（☞ P.449）。

> **❶ NOTE**
>
> **PythonとPerl**
> MAMPはPHPだけでなくPythonとPerlの学習にも利用できます。

MAMPをインストールする

それではMAMPのウェブサイトから無料版のMAMPをダウンロードしてインストールしましょう。

1　MAMPのウェブサイトを開く

MAMPのウェブサイト（https://www.mamp.info/en/）を開くと無料版のMAMPと有料版のMAMP PROのダウンロードボタンが並んでいます。無料版のMAMPのダウンロードボタンをクリックします。

https://www.mamp.info/en/

無料の標準MAMPをダウンロードします

2 OSを選んでダウンロードする

ダウンロードページが開くので、Mac OS XとWindowsのどちらのMAMPをダウンロードするかをタブで選択します。OSを選択したならば、DOWNLOADボタンをクリックしてMAMPをダウンロードします。

1. Mac OS X版か、Windows版かを選択します

2. クリックしてダウンロードします

3 無料版のMAMPを選んでインストールする

無料版のMAMPをダウンロードした場合でも、ダウンロードデータには有料版のMAMP PROが含まれています。無料版のMAMPだけがインストールされるようにするには、Windows版では2番目の画面で「MAMP PRO」のチェックを外してインストールを続行します。

Windowsの場合

1. インストールを開始します

2. 「MAMP PRO」のチェックを外します

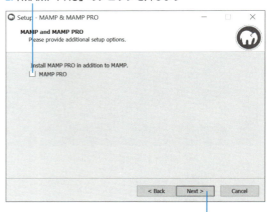

3. インストールを続けます

Mac 版の場合は「カスタマイズ」ボタンをクリックし、「MAMP PRO」のチェックを外して「インストール」ボタンをクリックします。

Mac 版の場合

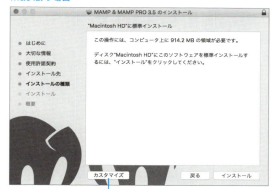

1. クリックします

2. 「MAMP PRO」のチェックを外します

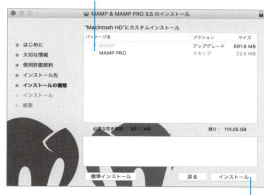

3. クリックしてインストールを続けます

❶ NOTE

MAMP と MAMP PRO

標準インストールすると MAMP と MAMP PRO の両方がインストールされ、MAMP PRO の 2 週間トライアルが起動するようになります。MAMP PRO を試した後で MAMP に切り替えるには、MAMP PRO のアンインストーラを使って MAMP PRO をアンインストールします。PHP の設定は MAMP で引き続き使えますが、MAMP PRO で作った MySQL のデータベースは削除されるので注意してください。

サーバの起動と停止

　ではさっそく MAMP を起動してみましょう。MAMP は複数のツールが集まった開発環境ですが、1 個のアプリケーションのように扱うことができます。MAMP を起動すると General が表示されます。General ではサーバの開始と停止のほか各種の設定が行えます。なお、Windows の General は英語表示ですが、Mac は日本語表示です。以下の説明では英語（日本語）のように表記します。

　General の画面の右上に、Apache Server（Apache サーバ）、MySQL Server（MySQL サーバ）と書いてあります。文字の右にある四角形がサーバが動作中かどうかを示す動作ランプです。サーバが動作中のときに動作ランプは緑色になっています。下にある「Stop Servers（サーバを停止）」をクリックするとサーバが停止してランプが消えます。サーバが停止中には「Start Servers（サーバを起動）」をクリックすればサーバが起動します。

Part 1　PHP をはじめよう

Chapter 1　PHP の準備

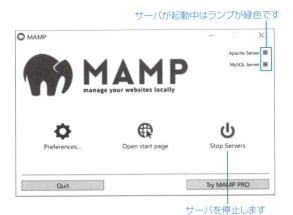

サーバが起動中はランプが緑色です

サーバを停止します

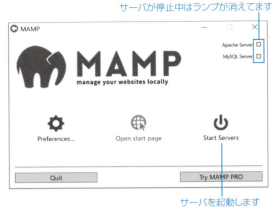

サーバが停止中はランプが消えてます

サーバを起動します

Mac 版は日本語です

MAMP の設定

　MAMP の「Preferences...（設定 ...）」ボタンをクリックすると複数のタブに分かれた設定パネルが表示されます。

クリックします

18

サーバを MAMP 起動時に始動する

「Start/Stop（スタート／ストップ）」タブには、MAMP 起動時にサーバを始動するか、停止するかといった設定があります。

「Start Servers when starting MAMP（サーバを始動）」をオン、「Stop Servers when quitting MAMP（サーバを停止）」をオンにしておくと、MAMP を起動すると自動でサーバも起動し、MAMP を終了するとサーバも停止します。

Windows

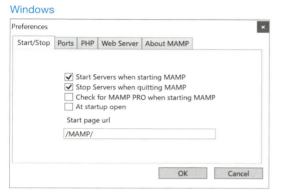

Mac

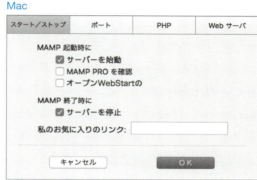

ポートの設定

「Ports（ポート）」タブには、Apache、MySQL で使用するポート番号の設定があります。とくに問題がなければ、初期値の設定で利用してください。

Windows

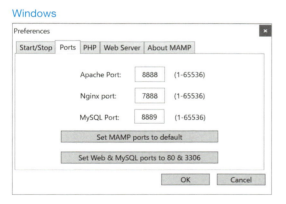

Mac

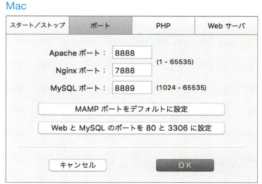

PHP のバージョンを選ぶ

「PHP」タブには、PHP のバージョンを選ぶ設定があります。無料版の MAMP では2つのバージョンを切り替えることができます。本書ではバージョン 7.0.0 を利用します。

Windows

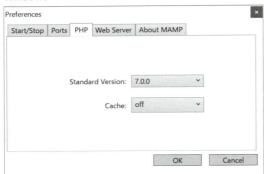

Mac

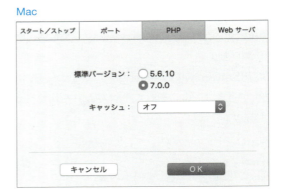

Webサーバのドキュメントルート

「Web Server（Webサーバ）」のタブでは、利用するWebサーバとドキュメントルートを設定します。本書ではWebサーバにApacheを使います。ドキュメントルートとはWebサーバのデータを保存するパソコン内のパスです。初期値ではMAMPフォルダの中にあるhtdocsフォルダがドキュメントルートになっています。

Windows

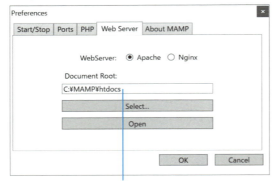

ドキュメントルートを指定します

Mac

ドキュメントルートを指定します

ドキュメントルートを確認する

それではWebブラウザでドキュメントルートに保存したHTMLファイルが表示されるかどうかを実際に確かめてみましょう。

PHPを学べる環境を用意する／MAMPのインストール   Section 1-2

1 index.htmlファイルを作る

「ハローワールド！」と表示する簡単なHTMLコードを書いたindex.htmlファイルを作ります。

html 「ハローワールド！」と表示するHTMLコード

«sample» index.html

```
01:  <!DOCTYPE html>
02:  <html>
03:  <head>
04:    <meta charset="utf-8">
05:    <title>Hello World!</title>
06:  </head>
07:  <body>
08:  <h1>ハローワールド！</h1>
09:  </body>
10:  </html>
```

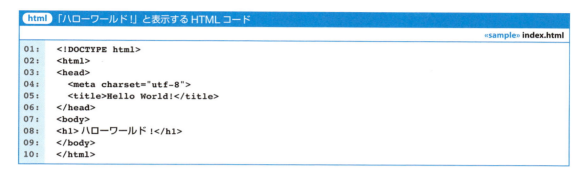

簡単なHTMLコードを書いて保存します。
文字コードはUTF-8です

2 ドキュメントルートに保存する

index.htmlファイルをドキュメントルートに保存します。ここでは初期値のドキュメントルート「MAMP/htdocs」の中にindex.htmlを入れます。

設定したドキュメントルートに保存します

21

3 Web ブラウザで表示する

Web ブラウザで Web サーバにアクセスします。http://localhost:8888/ を開くと保存した index.html ファイルが読み込まれて「ハローワールド！」と表示されるはずです。URL の :8888 は General で設定したポート番号です。

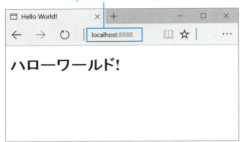

http://localhost:8888/ を開きます

Web Start ページを利用する

Apache サーバと MySQL サーバが正常に起動しているとき、General の「Open start page（オープンWebStart の）」ボタンをクリックすると Web ブラウザで Web Start ページが開きます。Web Start ページは MAMP のインストール状況のほか、MAMP に関するニュースが表示されるスタート画面です。phpInfo で PHP の設定内容を表示できたり、MySQL データベースを管理できる phpMyAdmin を呼び出したりすることもできます。

サーバが起動中のとき

クリックします

phpInfo を確認する

Web Start ページの上に並んでいるメニューにある「phpInfo」をクリックすると phpInfo() の実行結果が表示されます。phpInfo() では PHP のバージョン、各種設定ファイルのパスや設定値を確認できます。

PHPを学べる環境を用意する／MAMPのインストール Section 1-2

「phpInfo」をクリックします

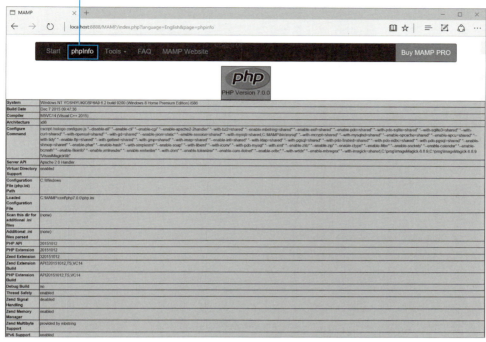

phpMyAdminを開く

　Web Startページの上に並んでいるメニューにある「Tools（ツール）」には、phpMyAdminとphpLiteAdminがあります。どちらもMySQLデータベースを手軽に利用するためのツールですが、本書ではphpMyAdminを利用します。（☞ P.449）

「phpMyAdmin」を選びます

phpMyAdminでは、MySQLのデータベースの作成や操作を行えます

Part 1 PHPをはじめよう
Chapter 1 PHPの準備

PHPの設定ファイル

PHPの設定はphp.iniで行います。php.iniには多くの設定項目がありますが、ここで文字コードなどの最低限の設定を行っておきましょう。php.iniの編集には文字コードのUTFが利用できるテキストエディタを使ってください。

php.iniの場所

php.iniが複数箇所にある場合がありますが、読み込まれているphp.iniはphpInfoで確認できます。

Windowsの場合
c:¥MAMP¥conf¥php7.0.0¥php.ini

Configuration File (php.ini) Path	C:\Windows
Loaded Configuration File	C:\MAMP\conf\php7.0.0\php.ini

Mac OS Xの場合
/アプリケーション/MAMP/bin/php/php7.0.0/conf/php.ini

Configuration File (php.ini) Path	/Applications/MAMP/bin/php/php7.0.0/conf
Loaded Configuration File	/Applications/MAMP/bin/php/php7.0.0/conf/php.ini

php.iniを変更する前に必ずオリジナルのphp.iniの複製を作っておいてください。

php.iniを変更します

必ずオリジナルのphp.iniの複製を作っておきます

php.ini の変更箇所

　php.ini の以下の設定値を変更します。設定値を変更する前に必ず php.ini のバックアップとってください。行の最初に；がある場合は；を取り除きます。行番号は、ずれていることがあるので、設定項目は検索して見つけてください。設定の変更が終わったならば、Web サーバを再起動します。

変更前／ php.ini

```
 394 ;default_charset = "iso-8859-1"
 552 ;date.timezone =
1018 ;mbstring.language = Japanese
1023 ;mbstring.internal_encoding = EUC-JP
1026 ;mbstring.http_input = auto
1030 ;mbstring.http_output = SJIS
1037 ;mbstring.encoding_translation = Off
1041 ;mbstring.detect_order = auto
1045 ;mbstring.substitute_character = none;
```

変更後／ php.ini

```
 394 default_charset = "utf-8"
 552 date.timezone = "Asia/Tokyo"
1018 mbstring.language = Japanese
1023 mbstring.internal_encoding = utf-8
1026 mbstring.http_input = utf-8
1030 mbstring.http_output = pass
1037 mbstring.encoding_translation = Off
1041 mbstring.detect_order = utf-8
1045 mbstring.substitute_character = none
```

PHP のエラーメッセージ

　PHP プログラムを実行したときにエラーが発生した場合、初期値の設定ではエラーメッセージが表示されません。その理由は、運用中のプログラムにエラーが発生したときに画面にエラーメッセージを表示すると、それを手がかりとしてプログラムコードの弱点を突かれたハッキングを受ける危険性があるからです。初期値の設定では、エラーの内容は MAMP の logs フォルダにあるログファイルに記録されるようになっています。

Part 1　PHPをはじめよう
Chapter 1　PHPの準備

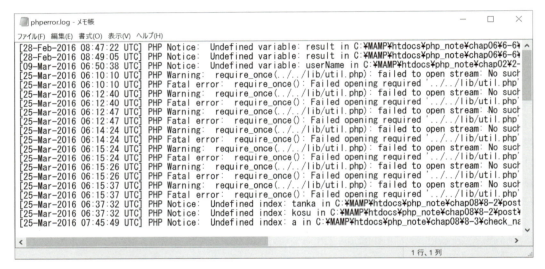

エラーメッセージが表示されるようにする

　しかしながら、PHPを勉強している間はエラーメッセージが表示されないと学習効率が上がりません。そこで、php.iniの設定を変更して画面にエラーメッセージが表示されるようにします。ただし、本運用では設定を必ずoffに戻してください。設定の変更が終わったならば、Webサーバを再起動します。

変更前／ php.ini

　　277 display_errors = off

変更後／ php.ini

　　277 display_errors = on

❶ NOTE

display_errors

どのようなエラーを表示するかを次のコードで設定できます。ただし、致命的なエラー（Fatal error）やパースエラー（Parse error）には効果がありません。シンタックスエラーの多くは Parse error なので、初学者にとっては必ずしも有効策とは言えません。

php エラーを画面に表示する

«sample» error/displayErrors_on.php

```
01: <?php
02: // エラーメッセージを表示する
03: ini_set('display_errors', 1);
04: // すべてのエラーレベルをレポートする
05: error_reporting(E_ALL);
06: ?>
```

PHP コードを編集するエディタ

　PHP コードを編集するエディタは、UTF-8 を編集できるテキストエディタならばなんでも構いません。PHP コードのシンタックスを色分けしたり、自動インデントやコード補完を行ってくれるエディタもあります。無料のコードエディタもいくつかありますが、ここでは Atom を紹介します。Atom には Windows、Mac OS X、Linux のバージョンがあります。

Atom のダウンロードサイト

開いた PC の OS に応じたバージョンのダウンロードボタンが表示されます。

https://atom.io/

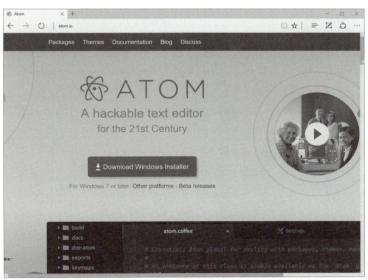

Atom は PHP ファイルのコードを色分けしてくれるほか、便利な機能がたくさん組み込まれています。

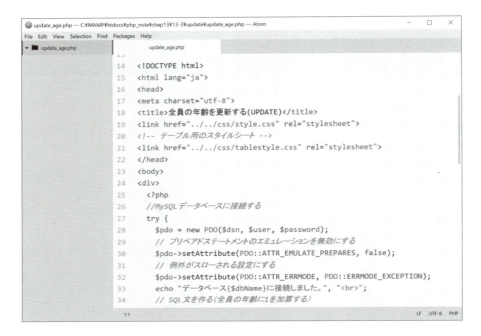

> **❶ NOTE**
>
> **PHP の公式マニュアル**
> PHP の公式マニュアルは「http://php.net/manual/ja/index.php」にあります。日本語にも対応しています。
>
>

> **❶ NOTE**
>
> **PHP 7 への移行**
> PHP 5.6 からの PHP 7.0 への変更点、追加機能などは、「PHP 5.6.x から PHP 7.0.x への移行」にまとめてあります。
> http://php.net/manual/ja/migration70.php

Part 2　PHPのシンタックス

Chapter 2

変数や演算子

PHPの開始タグと終了タグ、変数や定数を使った式、演算子の種類など、PHPのコードを書くための最低限必要になる基本要素について説明します。特に変数については、しっかり理解してください。

Section 2-1　PHPの開始タグと終了タグ
Section 2-2　ステートメントの区切りとコメント
Section 2-3　変数と定数
Section 2-4　文字や変数の値を表示する
Section 2-5　演算子

Section 2-1
PHP の開始タグと終了タグ

PHP のコードはどこに、どのように書けばよいのでしょうか。まずは、簡単なコードをいくつかの書き方で試してみましょう。PHP コードを実行し、結果を確認する方法も説明します。

コードブロックの開始タグと終了タグ　<?php、?>

　PHP のコードは、HTML などに埋め込んで実行することが多いことから、コードブロックを示す開始タグと終了タグがあります。開始タグが <?php、終了タグが ?> です。このタグに囲まれている範囲が PHP のコードとし判断されて実行されます。PHP のファイルは .php の拡張子を付けて保存します。
　たとえば、次のコードは PHP コードとして実行されます。echo は文字や変数の値を表示する命令です。

　このコードを hello1.php に書いてドキュメントルート内に保存します。ドキュメントルートからのパスが php_note/chap02/2-1/hello1.php ならば、URL は

http://localhost:8888/php_note/chap02/2-1/hello1.php

です。ブラウザには、図に示すように「こんにちは」と表示されます。

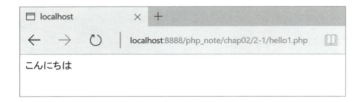

　このコードは次のように 1 行で書いた場合も同じコードとして処理されます。

```
01:    <?php echo "こんにちは"; ?>
```
«sample» hello2.php

変数を使ったコード

次の例は変数を使ったコードです。$who が変数です。このコードを実行すると「こんにちは、PHP 7」と表示されます。変数については、あらためて詳しく説明します。

php 「こんにちは、PHP 7」と表示する

«sample» hello3.php

```
01: <?php
02: $who = "PHP 7";
03: echo "こんにちは、", $who;
04: ?>
```

❶ NOTE
終了タグの省略

ファイルの終端が PHP ブロックの場合には終了タグはオプションです。include や require を利用して PHP コードを外部ファイルから読み込む場合は、終了タグを省略する方が誤動作を防げます。（☞ P.371）

❶ NOTE
開始タグと終了タグの種類

開始タグと終了タグには、<?php 〜 ?> のほかにも違う書き方があります。ただし、使用するには php.ini の設定が必要なものや、PHP 7 では削除されたものもあります。

開始タグと終了タグ	備考
<?php 〜 ?>	通常の書き方です
<? 〜 ?>	php.ini の設定が必要です（short_open_tag = On）
<% 〜 %>	PHP 7 で削除されました
<script language="php"> 〜 </script>	PHP 7 で削除されました
<?= 文字列 ; ?>	<?php echo 文字列 ; ?> の省略形です

HTML コードに PHP コードを埋め込む

PHP の開始タグと終了タグを使えば、HTML コードの中に PHP コードを埋め込むことができます。この場合もファイルの拡張子は .html ではなく .php を付けて保存します。

Web サーバに配置されている PHP ファイル

次ページの olympic.php には、HTML コードの中に PHP の開始タグと終了タグで囲まれた範囲が 3 カ所に分かれて組み込まれています。

Part 2　PHP のシンタックス

Chapter 2　変数や演算子

---

php　PHP コードが 3 カ所に含まれている HTML コード

«sample» olympic.php

```
01:    <!DOCTYPE html>
02:    <html>
03:    <head>
04:      <meta charset="utf-8">
05:      <title> 東京オリンピック開催年 </title>
06:      <link  href="./css/style.css" rel="stylesheet" type="text/css">
07:    </head>
08:
09:    <?php
10:    $year1 = "1964 年 ";
11:    $year2 = "2020 年 ";
12:    ?>
13:
14:    <body>
15:    <div class="main-contents">
16:
17:    前回の東京オリンピックは、
18:    <h1>
19:    <?php echo $year1; ?>
20:    </h1>
21:    です。<br>
22:    次の東京オリンピックは、
23:    <h1>
24:    <?php echo $year2; ?>
25:    </h1>
26:    です。<br>
27:
28:    </div>
29:    </body>
30:    </html>
```

PHP のコードが含まれているので、拡張子は .php で保存します

PHP コード（10〜11行目）

PHP コード（19行目）

PHP コード（24行目）

Web ブラウザにダウンロードされる HTML コード

　この olympic.php を Web サーバに置き、Web ブラウザで URL を指定して読み込みます。するとコードは Web サーバで PHP コードの部分が実行されて、次のように HTML コードとして書き出されたものがダウンロードされます。

---

php　PHP 実行後のコード

«sample» olympic.php

```
01:    <!DOCTYPE html>
02:    <html>
03:    <head>
04:      <meta charset="utf-8">
05:      <title> 東京オリンピック開催年 </title>
06:      <link  href="./css/style.css" rel="stylesheet" type="text/css">
07:    </head>
08:
09:
10:    <body>
11:    <div class="main-contents">
12:
13:    前回の東京オリンピックは、
14:    <h1>
```

ここにあった PHP コードは、何も出力しないので空白です

32

```
15:    1964年</h1>
16:    です。<br>
17:    次の東京オリンピックは、
18:    <h1>
19:    2020年</h1>
20:    です。<br>
21:
22:    </div>
23:    </body>
24:    </html>
```

──── PHPコードが実行された結果で「1964年」、「2020年」に置き換わりました

Webブラウザで表示されるページ

　Webブラウザに読み込まれるのはこのコードなので、Webブラウザの画面には次の図のように表示されます。フォントサイズなどはリンクしているstyle.cssのCSSに従ってレイアウトされます。

CSS　リンクしているCSS

«sample» css/style.css

```
01:    @charset "UTF-8";
02:    body{
03:        margin: 10;
04:        padding: 10;
05:        font-family: "ヒラギノ角ゴ ProN W3", "Hiragino Kaku Gothic ProN", "メイリオ", Meiryo, Osaka, "MS Pゴシック", "MS PGothic", sans-serif;
06:    }
07:    .main-contents h1{
08:        padding: 5px 0 5px 30px;
09:        font-size: 32px;
10:    }
```

Section 2-2
ステートメントの区切りとコメント

前節ではPHPコードの開始タグと終了タグについて説明しました。この節では、PHPコードのステートメントの区切りやコメント文の書き方など、いくつかの決まり事について説明します。

ステートメントの区切り

PHPコードのステートメント（行、命令文）の区切りはセミコロン（;）です。したがって、次の2つのコードは同じコードとして処理されます。

```
php 「みなさん、こんにちは」と表示する                    «sample» newline1.php
01:    <?php
02:    echo "みなさん、";
03:    echo "こんにちは";
04:    ?>
出力
みなさん、こんにちは
```

```
php 「みなさん、こんにちは」と表示する                    «sample» newline2.php
01:    <?php
02:    echo "みなさん、"; echo "こんにちは";
03:    ?>
出力
みなさん、こんにちは
```

なお、終了タグはセミコロンを含んでいるため、セミコロンを付ける必要はありません。ただし、終了タグの直後に改行がある場合は、その改行を含んでしまうので最終行にもセミコロンを付けた方がよいでしょう。

ステートメントの区切りとコメント **Section 2-2**

大文字と小文字の区別

大文字と小文字の区別については少し注意が必要です。echo、if、while といった PHP のキーワード、ユーザが定義した関数やクラスの名前は大文字小文字を区別しません。しかし、ユーザが定義した変数名と定数名は大文字小文字を区別します。

例えば、echo 関数は小文字で書いても大文字で書いても同じコマンドとして処理されます。

---

php echo を小文字と大文字で試す

«sample» **echoSmallBig.php**

```
01:    <?php
02:    echo "こんにちは、";
03:    ECHO "お元気？ ";  ───── echo は大文字でも小文字でも同じ
04:    ?>
```

出力

```
こんにちは、お元気？
```

ただ、PHP 関数に SQL データベースを操作する SQL 文を含めるケースが多くあります。このとき、SQL 文を大文字で書くのが一般的なので、PHP コードは小文字で書くようにしておくとよいでしょう。

変数名の大文字と小文字

変数についてはあらためて説明しますが、ここでは変数名が大文字と小文字で区別されるという注意点を示しておきます。次の例では $myColor と $myCOLOR の2つの変数を使っています。2つの変数名はスペルが同じですが、大文字と小文字が区別されるので、別々の変数として処理されます。

---

php 変数名は大文字と小文字が区別される

«sample» **varSmallBig.php**

```
01:    <?php
02:    $myColor = "green";
03:    $myCOLOR = "YELLOW";  ───── $myColor と $myCOLOR は別の変数
04:    echo $myColor;
05:    echo "、";
06:    echo $myCOLOR;
07:    ?>
```

出力

```
green、YELLOW
```

コメント文の書き方

コメント文は、コードの説明を書いたり、一時的にコードが実行されないようにしたりするために用います。コードをコメントにすることを「コメントアウトする」と言います。PHP には、複数の種類のコメント文の書き方があります。

Part 2　PHP のシンタックス

Chapter 2　変数や演算子

を使った1行コメント

　行の先頭に # を書くと、その行はコメント文になります。行の途中に # を書くと、# の後ろからがコメント文になります。

```
php # を使った1行コメントの例
                                                     «sample» comment_sharp.php
01:   <?php
02:   # この行はコメントです。
03:   echo "こんにちは";
04:   #
05:   # この3行もコメントです。
06:   #
07:   echo "ありがとう";
08:   ?>
```

出力
こんにちはありがとう

// を使った1行コメント

　# と同様に行の先頭に // を書くと、その行はコメント文になります。行の途中に // を書くと、// の後ろからがコメント文になります。1行コメントは、改行または終了タグが来たところで終わります。

```
php // を使った1行コメントの例
                                                     «sample» comment_slash.php
01:   <?php
02:   // この行はコメントです。
03:   echo "こんにちは";
04:   //
05:   // この3行もコメントです。
06:   //
07:   echo "ありがとう";
08:   ?>
```

出力
こんにちはありがとう

複数行コメント（ブロックコメント）

　/* から */ の間はコメント文になります。/* 〜 */ を使うと行の途中にコメントを入れることもできます。1行コメントを含んでコメントアウトすることはできますが、/* 〜 */ のブロックコメントを含んだ範囲をさらに /* 〜 */ で囲んでコメントにすることはできません。

　次のコードを Web ブラウザで表示すると、/* 〜 */ で囲まれている2カ所は無視されて「こんにちは。さようなら。」とだけ表示されます。

ステートメントの区切りとコメント　Section 2-2

---

php /* ～ */ を使った複数行コメントの例

«sample» **comment_block.php**

```
01:  <?php
02:  echo " こんにちは。";
03:  /*
04:  //  この区間はコメントです。
05:  echo " ありがとう。";
06:  */
07:  echo /* 途中をコメント */ " さようなら。";
08:  ?>
```

出力

こんにちは。さようなら。

空白と改行

　連続した空白は1個の空白と同じです。空白行は無視されます。また、ステートメントの区切りはセミコロンなので改行も無視されます。したがって、コードを読みやすくする目的で、空白、空白行、改行を活用できます。つまり、次の2つのコードはまったく同じものとして処理されます。

---

php 空白と改行があるコード

«sample» **space1.php**

```
01:  <?php ↵
02:  $name   = " 佐藤 "; ↵
03:  $age    = 16; ↵
04:  ↵
05:  echo $name, "、", ↵
06:      $age; ↵
07:    ?>
```

出力

佐藤、16

---

php 空白と改行がないコード

«sample» **space2.php**

```
01:  <?php $name=" 佐藤 ";$age=16;echo $name,"、",$age;?>
```

出力

佐藤、16

Section 2-3
変数と定数

変数は値を一時的に保管したり、計算式などの処理を記述したりするために用います。変数は宣言文や型指定もなく手軽に利用できます。変数名は大文字と小文字を区別するので注意してください。

変数を作る

変数の作成には宣言文が必要なく、名前に $ を付けるだけですぐに利用できます。変数は値を入れた時点で作成されます。

変数名

変数名は英字またはアンダースコアから開始し、2文字目からは数字も利用できます。スペルが同じでも英字の大文字と小文字は区別されます。大文字と小文字が区別されることから、$_id と $_ID は別の変数として扱われます。

変数名の例
$price
$room1
$room2
$redCar
$_id
$_ID

変数に値を代入する

変数には値を1つだけ入れることができます。値を入れることを「代入」と呼び、値の代入は = 演算子を使って行います。次のコードは変数に値を入れたのち、echo で書き出しています。

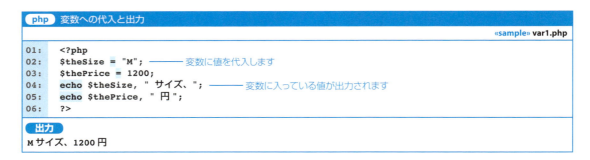

変数を使って式を作る

プログラムコードでは変数を使って式を書きます。変数を使うことで、式の処理内容が明確になる、同じ式を使って多くの値を計算できる、式を書く時点では値が決定していなくても処理のアルゴリズムを記述できるといった大きなメリットがあります。

次のコードでは3教科の得点の合計と平均点を求めています。

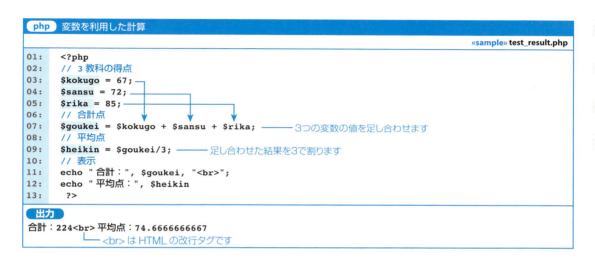

❶ NOTE

小数点以下の桁数

平均点を 74.7 のように小数点以下1位まで表示したい場合には、printf() を使って表示します（☞ P.113）。四捨五入などで小数点以下1位の値に丸めたい場合には round()、cell()、floor() といった関数を利用します（☞ P.85）。

変数に入れることができる値

変数には数値、文字列、オブジェクトなど、さまざまなタイプの値を入れることができます。PHPの変数には型のチェックがありません。次の例の $zaiko のように、文字列が入っていた変数に数値を入れるといったことができます。

php 文字列の入っていた変数に数値を入れる

«sample» **var_type.php**

```
01: <?php
02:   $zaiko = " 在庫なし "; // 文字列を入れる
03:   echo $zaiko, "<br>";
04:   $zaiko = 5; // 数値を入れる
05:   echo $zaiko;
06: ?>
```

出力
在庫なし `<br>`5

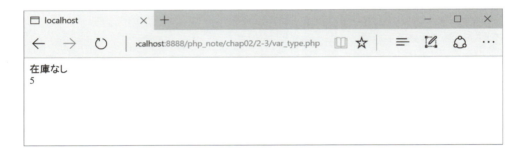

変数のスコープ（有効範囲）

変数にはスコープ（有効範囲）があり、同じプログラムコードの中であっても、変数が使われている場所が違うと同名の変数なのに値が違うといったことが起こります。

変数の有効範囲に着目したとき、変数にはローカルスコープの変数、グローバルスコープの変数、スーパーグローバル変数の3種類があります。さらに、関数の中で値が保持されるスタティック変数というものもあります。これらの違いについては、ユーザ定義関数の解説で説明します。（☞ P.87）

定義済み変数

PHP には定義済みの変数があります。それぞれの変数については、利用場面で詳しく取り上げます。$_ で始まる変数はスーパーグローバル変数と呼ばれています。

変数と定数　Section 2-3

定義済み変数	値
$GLOBALS	グローバルスコープで使用可能なすべての変数への参照。
$_SERVER	サーバ情報および実行時の環境情報。
$_GET	HTTP GET 変数。
$_POST	HTTP POST 変数。
$_FILES	HTTP ファイルアップロード変数。
$_REQUEST	HTTP リクエスト変数。
$_SESSION	セッション変数。
$_ENV	環境変数。
$_COOKIE	HTTP クッキー。
$php_errormsg	直近のエラーメッセージ。
$HTTP_RAW_POST_DATA	生の POST データ。
$http_response_header	HTTP レスポンスヘッダ。
$argc	スクリプトに渡された引数の数。
$argv	スクリプトに渡された引数の配列。

定数を定義する

定数は一度値を決めたら後から値を変更できません。逆に言えば、後から変更してはいけない値を定数として定義します。定数は const を使って定義します。定数名は変数と同じように、名前の大文字小文字を区別します。名前は慣例としてすべてを大文字にします。

const で定義した定数はプログラムコード全体のどこからでも参照できるグローバル定数です。関数定義、if 文、ループ文、try ～ catch ブロックの中で定義することはできません。

const で定数を定義する

次のコードは定数 TAX を定義し、続く計算式で使っています。使い方は変数の場合と同じように名前を書くだけです。

php 定数 TAX を const で定義する

«sample» teisu_const.php

```
01:     <?php
02:     const TAX = 0.08;
03:     $price = 1250 * (1+TAX);
04:     echo $price;
05:     ?>
```

出力
```
1350
```

ⓘ NOTE

define() で定数を定義する

定数は define() でも定義できます。定数 TAX の値は define("TAX", 0.08) のように定義します。define() ではローカル定数を定義できます。（teisu_define.php）

Part 2　PHP のシンタックス

Chapter 2　変数や演算子

定義済みの定数

　PHP には定義済みの定数があります。定義済みのコアモジュール定数とマジック定数（マジカル定数）について簡単に説明します。

コアモジュール定数

　PHP のコアで定義されている定数があります。よく利用する定数には次のようなものがあります。

コアモジュール定数	値
PHP_VERSION_ID	実行中の PHP のバージョンを整数値で表したもの。
PHP_EOL	現在の OS の改行文字。
PHP_INT_MAX	整数型の最大値。
PHP_INT_MIN	整数型の最小値。
PHP_OS	現在の OS。
TRUE	論理値の真の値（true）。
FALSE	論理値の偽の値（false）。
NULL	変数が値をもっていないことを示す。
E_ERROR	重大な実行時エラー。
E_PARSE	コンパイル時のパースエラー。

マジック定数

　マジック定数（マジカル定数）には、状況に応じた値が入っています。これらの定数は、主にデバッグ時に利用します。

マジック定数	値
__LINE__	ファイル上の現在の行番号。
__FILE__	ファイルのフルパスとファイル名。
__DIR__	ファイルが存在するディレクトリ。
__FUNCTION__	現在の関数名。
__CLASS__	クラス名。トレイトを use しているクラス名。
__TRAIT__	トレイト名。
__METHOD__	クラスのメソッド名。
__NAMESPACE__	現在の名前空間の名前。

文字や変数の値を表示する　Section 2-4

Section 2-4
文字や変数の値を表示する

変数や定数の値を文字列にして表示する方法、デバッグのために変数の値を調べる方法について解説します。文字列に変数を埋め込んで表示する方法については、「Section5-1　文字列を作る」も合わせて確認してください。

複数の値を表示する　echo

echo は HTML の中に文字列を出力するために使用します。値が１個の場合はカッコを付けた書式が使えます。HTML コードの "<br>" を出力することで Web ブラウザで改行して表示されます。

php echo で１個の値を表示する例

«sample» **echo1.php**

```
01:    <?php
02:    echo " こんにちは ";
03:    echo "<br>";
04:    echo(" ありがとう ");
05:    ?>
```

出力
こんにちは
 ありがとう

← → ↻ | localhost:8888/php_note/chap02/2-4/echo1.php 📖 ☆

こんにちは
ありがとう

複数の値を表示する

echo は値をカンマ（ , ）で区切ることで、複数の値を続けて表示できます。先の例の３行は、次のように１行で書くことができます。値が複数の場合にはカッコ付きの書式はエラーになるので注意してください。

php echo で複数の値を表示する例

«sample» **echo2.php**

```
01:    <?php
02:    echo " こんにちは ", "<br>", " ありがとう ";
03:    ?>
```

出力
こんにちは
 ありがとう

❶ NOTE

<?= 文字列 ?>
<?php echo " こんにちは "; ?> は、<?=" こんにちは "; ?> のように省略形が使えます。

43

Part 2　PHP のシンタックス

Chapter 2　変数や演算子

1個の値を表示する　print()

print() は引数で指定した値を 1 個だけ表示できる関数です。カッコは付けなくても構いません。

php　print() で値を表示する例

«sample» **print.php**

```
01:    <?php
02:    $msg = " ハローグッバイ ";
03:    print($msg);
04:    ?>
```

出力
ハローグッバイ

　文字列はピリオド（．）を使って連結できます。そこで、複数の文字列を連結して 1 個にして print() で書き出すという使い方がよくされています。次の例では、変数の $who、$age に、" さん。" と " 才 " を 1 個に連結して表示しています。

php　ピリオド（．）を使って文字列を連結する

«sample» **print_dot.php**

```
01:    <?php
02:    $who = " 田中 ";
03:    $age = 35;
04:    print $who . " さん。" . $age . " 才 ";    ——— 文字列を連結して出力します
05:    ?>
```

出力
田中さん。35 才

❶ NOTE

文字列のフォーマット
printf() を利用すると出力の書式を指定できます。また、sprintf() を使うと書式指定した文字列を変数で受け取ることができます。文字列のフォーマットについては「Section5-2 フォーマット文字列を表示する」で解説します。(☞ P.113)

デバッグのために変数の値を表示する

　デバッグ中に配列の値を確認したいことがあります。print() と echo() では、配列やオブジェクトの中身を見ることはできません。print_r() または var_dump() を使えば、文字列や数値だけでなく配列の値やオブジェクトのプロパティの値を確認できます。(配列☞ P.163、オブジェクトのプロパティ☞ P.209)

print_r()

　次の例では、配列の $colors と DateTime オブジェクトの $now を print_r() を使って書き出しています。出力結果をブラウザで見ても改行されませんが、ソースコードは見やすい形に改行されて出力されています。(DateTime ☞ P.358、P.405)

44

Section 2-4 文字や変数の値を表示する

php print_r() で配列とオブジェクトの値を確認する

«sample» print_r.php

```
01:  <?php
02:  $colors = array("red", "blue", "green");
03:  $now = new DateTime();
04:  print_r($colors);
05:  print_r($now);
06:  ?>
```

出力

```
Array
(
    [0] => red
    [1] => blue
    [2] => green
)
```
— $colors の出力結果

```
DateTime Object
(
    [date] => 2016-01-18 11:28:19.000000
    [timezone_type] => 3
    [timezone] => Asia/Tokyo
)
```
— $now の出力結果

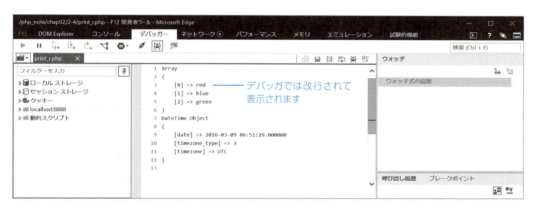

デバッガでは改行されて表示されます

ブラウザでは改行されません

var_dump()

実は print_r() では論理値と NULL を出力できません。var_dump() は論理値を出力でき、値の型も合わせて出力されることから、デバッグでは print_r() よりも var_dump() が適していることがわかります。ソースコードは見やすい形に改行されて出力されます。

Part 2　PHP のシンタックス
Chapter 2　変数や演算子

php　var_dump() を使って変数の値を確認する

«sample» var_dump.php

```php
01: <?php
02:     $msg = "おはよう"; // 文字列
03:     $colors = array("red", "blue", "green"); // 配列
04:     $now = new DateTime(); // DateTime オブジェクト
05:     $tokuten = 45; // 整数
06:     $isPass = ($tokuten>80); // 論理値
07:     $userName; // 値なし
08:     var_dump($msg);
09:     var_dump($colors);
10:     var_dump($now);
11:     var_dump($tokuten);
12:     var_dump($isPass);
13:     var_dump($userName);
14: ?>
```

出力

```
string(12) "おはよう"　――― $msg の出力
array(3) {
  [0]=>
  string(3) "red"          ――― $colors の出力
  [1]=>
  string(4) "blue"
  [2]=>
  string(5) "green"
}
object(DateTime)#1 (3) {
  ["date"]=>
  string(26) "2016-01-18 11:20:08.000000"  ――― $now の出力
  ["timezone_type"]=>
  int(3)
  ["timezone"]=>
  string(10) "Asia/Tokyo"
}
int(45) ―――――――――――――――――― $tokuten の出力
bool(false) ――――――――――― $isPass の出力
NULL ――――― $userName の出力
```

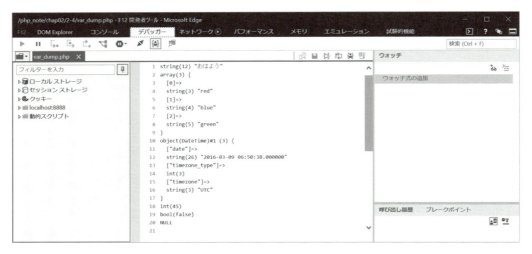

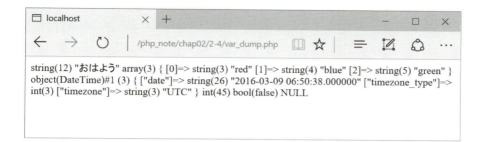

<pre> 〜 </pre> を利用して Web ブラウザでも見やすく表示する

改行コードは Web ブラウザで見ても改行して表示されません。また、空白やタブも詰めて表示されます。そういった出力は、<pre> 〜 </pre> で囲んでおくと Web ブラウザでも確認しやすくなります。

次の例では、var_dump() の出力結果を <pre> 〜 </pre> で囲んでいます。

php var_dump() の出力を <pre> 〜 </pre> で囲む

《sample》 **var_dump_pre.php**

```
<pre>
<?php
$colors = array("red", "blue", "green");
var_dump($colors);
?>
</pre>
```

```
array(3) {
  [0]=>
  string(3) "red"
  [1]=>
  string(4) "blue"
  [2]=>
  string(5) "green"
}
```
────ブラウザでも改行されて見やすくなります

Part 2 PHP のシンタックス

Chapter 2 変数や演算子

Section 2-5

演算子

演算子とは、+、- などのように、演算を行う記号のことです。算術演算子、論理演算子のように演算対象
の型に応じた演算子が用意されています。PHP では、文字列に含まれている数字をそのまま算術計算で
きるなどの暗黙の型変換（キャスト）が随所で行われます。

代入演算子

= は代入演算子です。左項に置いた変数、定数などに右項の値を代入、設定します。「$a = 1」の式で変数
$a に 1 が入ります。これが代入です。

演算子	演算式	説明
=	$a = b	$a に b の値を代入、設定する

$a に 5 が入っているとき、「$b = $a」を実行すると変数 $b に 5 が入ります。$a の値を $b に入れると $a
は空になりそうですが、$a の値は 5 のまま変化しません。代入は値を右から左へ移すのではなく、右項の値を
コピーして左項に設定する操作です。

次の例では、変数 $a に 100 を設定した後、$b に「$a + 1」を代入しています。「$a + 1」は、$a の値に
1 を足した 101 です。代入後の変数の値を var_dump() で確認するとわかるように、$a の値は操作後も 100
のまま変化せず、$b には 101 が入っています。

---

php 変数に値を代入する

«sample» **assignment1.php**

```
01:  <?php
02:  $a = 100;
03:  $b = $a + 1;
04:  var_dump($a);
05:  var_dump($b);
06:  ?>
```

出力
```
int(100)
int(101)
```

$a = $b = $c = 100 の式は右から実行され、$c、$b、$a の順に 100 が入ります。複数の変数を同じ値で
初期化したい場合に便利です。

48

演算子　Section 2-5

---

php 複数の変数を同じ値にする

«sample» assignment2.php

```php
01:    <?php
02:    $a = $b = $c = 100;
03:    var_dump($a);
04:    var_dump($b);
05:    var_dump($c);
06:    ?>
```

出力
```
int(100)
int(100)
int(100)
```

複合代入演算子

複合代入演算子は、変数自身に対する演算と代入を組み合わせたものです。たとえば、「$a += 1」は変数 $a に 1 を加算した値を変数 $a に代入します。すなわち、「$a = $a+1」と同じ結果になります。代表的な複合代入演算子には次のものがあります。複合代入演算は、文字列演算子、バイナリ演算子、配列結合にもあります。

演算子	演算式	説明
+=	$a += b	$a = ($a + b) と同じ。
-=	$a -= b	$a = ($a - b) と同じ。
*=	$a *= b	$a = ($a * b) と同じ。
/=	$a /= b	$a = ($a / b) と同じ。
%=	$a %= b	$a = ($a % b) と同じ。
.=	$a .= b	$a = ($a . b) と同じ。

---

php $a に 10 を加算する

«sample» assignment3.php

```php
01:    <?php
02:    $a = 0;
03:    $a += 10;
04:    echo $a;
05:    ?>
```

出力
```
10
```

算術演算子

算術演算子は数値計算を行う演算子です。a と b の演算を行って結果を求めますが、元になる a と b の値は変化しません。たとえば、$total - 5 は変数 $total から 5 を引いた値を求める演算ですが、計算後も変数 $total の値は変化しません。

Part 2　PHP のシンタックス

Chapter 2　変数や演算子

演算子	演算式	説明
+	+a	a の値。
-	-a	a の正負を反転した値。
+	a + b	a と b の足した値。加算
-	a - b	a から b を引いた値。減算
*	a * b	a に b を掛けた値。乗算
/	a / b	a を b で割った値。除算
%	a % b	a を b で割った余り。剰余
**	a ** b	a の b 乗。累乗

php　合計を求めて 5 を引いた最終結果を出す

«sample» total.php

```
01:    <?php
02:    $total = 80 + 40;
03:    $result = $total - 5;
04:    echo "合計 {$total}、最終結果 {$result}";
05:    ?>
```

出力

合計 120、最終結果 115

　次の例では合計金額を 4 人で割り勘した場合の 1
人当たりの金額と不足分を求めています。

> **❶ NOTE**
>
> **変数を { } で囲む**
> 変数を { } で囲むことで、前後に空白を開けずに文字列に埋め込むことができます。

php　$kingaku を 4 人で割り勘した場合の金額を求める

«sample» warikan.php

```
01:    <?php
02:    $kingaku = 5470;
03:    $amari = $kingaku % 4;        ──── 4 で割った余りを求めます
04:    $hitori = ($kingaku - $amari)/4;
05:    echo "1人 {$hitori} 円、不足 {$amari} 円";
06:    ?>
```

出力

1人 1367 円、不足 2 円

　余りを求める計算（剰余演算）では、先に演算対象の値（オペランド）を整数にします（小数点以下は切り
捨て）。たとえば、11.6%4.1 は 11%4 と同じになり、余りの値は 3 になります。

php　余りは整数で計算される

«sample» amari.php

```
01:    <?php
02:    $ans = 11.6%4.1;
03:    echo $ans;
04:    ?>
```

出力

3

演算子　Section 2-5

> **NOTE**
>
> **オペレータとオペランド**
>
> 演算子のことをオペレータ、演算対象の値のことをオペランドと呼びます。11.6%4.1 ならば、% がオペレータ、11.6 と 4.1 がオペランドです。

文字列の中の数字を使った計算

　数字が入っている文字列を計算式で使った場合、PHP では自動的に数字の部分だけを数値として取り出して計算します。

　たとえば、"3人" + "2人" は 5 になります。このように、PHP では随所で暗黙のキャスト（型のジャグリング）が行われるという特徴があります。

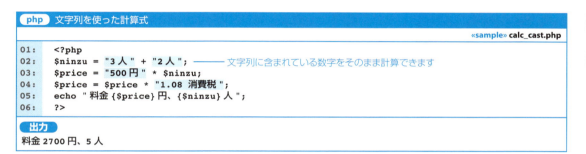

インクリメント／デクリメント

　プログラミングでは、変数に 1 を足す（インクリメント）、変数から 1 を引く（デクリメント）という演算がよく行われるので専用の演算子があります。

　++$a ならば変数 $a の値に 1 を足します。$a+1 とは違い、変数 $a の値が直接変化するので注意してください。-- の場合も同様です。--$a ならば変数 $a の値から 1 を引きます。

演算子	演算式	説明
++	++$a	$a に 1 を足す。
--	--$a	$a から 1 を引く

```
php   $a に 1 を加算した後で $a の値を $b に代入する
                                                          «sample» increment.php
01:    <?php
02:    $a = 0;
03:    $b = ++$a;  ──── 変数の前に ++ があります
04:    echo "\$a は {$a}、\$b は {$b}";  ──── "\$" のバックスラッシュは "$" を文字として表示するための
05:    ?>                                    エスケープシーケンスです。（☞ P.109）
```

出力
$a は 1、$b は 1

Part 2　PHP のシンタックス

Chapter 2　変数や演算子

ポストインクリメント、ポストデクリメント

$a++ のように ++ を変数の後ろに書くと、ステートメントを抜ける際に演算が行われます。これをポストインクリメントと呼びます。$a-- ならばポストデクリメントです。

先の例では $a に 1 を足した後で $a の値を $b に代入していますが、次の例では $a の値を $b に代入し、その後で $a に 1 を足しています。

---

php　$b に $a の値を代入した後で $a に 1 を加算する

«sample» **postincrement.php**

```
01:    <?php
02:    $a = 0;
03:    $b = $a++;  ─────── 変数の後に ++ があります
04:    echo "\$a は {$a}、\$b は {$b}";
05:    ?>
```

出力

$a は 1、$b は 0

文字のインクリメント／デクリメント

文字列に対してインクリメント／デクリメントを行うと、"19" は数値として扱われて "20" になり、"a" はアルファベットの次の文字の "b" になります。

---

php　文字列をインクリメントする

«sample» **stringincrement.php**

```
01:    <?php
02:    $myNum = "19";  ─────── 数字の文字列
03:    $myChar = "a";  ─────── アルファベットの文字列
04:    ++$myNum;
05:    ++$myChar;
06:    echo "\$myNum は {$myNum}、\$myChar は {$myChar}";
07:    ?>
```

出力

$myNum は 20、$myChar は b

---

❶ NOTE

加算子／減算子
インクリメント／デクリメントの演算子は、日本語で加算子／減算子と言います。そして、オペランドの前に置く加算子を前置加算子、後ろに置く加算子を後置加算子のように区別します。

文字列結合演算子

文字列を連結する操作はよく行われるので、ピリオド（.）が専用の演算子として用意されています。

次の例では、変数の $who、$hello に入っている文字列と " さん。" を連結しています。

演算子　Section 2-5

```
php  文字列を連結する
                                                          «sample» period.php
01:    <?php
02:    $who = " 青島 ";
03:    $hello = " こんにちは ";
04:    $msg = $who . " さん。" . $hello;
05:    echo $msg;
06:    ?>
```

```
出力
青島さん。こんにちは
```

数値の連結

　数値をピリオド連結すると自動的に文字列として扱われます。次の例では変数 $num に入っている数値を $msg1 では文字列の " 番 " と連結し、msg2 では数値の 77 と連結しています。PHP_EOL は OS に応じた改行を自動的に割り当てる定数です。

```
php  数値をピリオド連結する
                                                          «sample» period_num.php
01:    <?php
02:    $num = 19 + 1;
03:    $msg1 = $num . " 番 " . PHP_EOL;
04:    $msg2 = $num . 77; ──────── 数値同士も文字列のように連結します
05:    echo $msg1;
06:    echo $msg2;
07:    ?>
```

```
出力
20 番
2077
```

比較演算子

　比較演算子は大きさを比べる演算子です。次の比較演算子を使って作った式の結果は、true または false の論理値になります。論理値の「true ／ false」は、「YES ／ NO」、「正しい／間違い」という意味を示す値です。true でなければ false、false でなければ true というように必ずどちらかの値になります。

　比較演算子を使えば if 文、while 文の条件式を書くことができ、「80 点以上ならば合格」、「値が正の間は処理を繰り返す」といった処理を行えます。（if 文☞ P.62、while 文☞ P.73）

演算子	演算式	説明
>	a > b	a が b より大きい値のとき true
<	a < b	a が b より小さい値のとき true
>=	a >= b	a が b 以上（b を含む）の値のとき true
<=	a <= b	a が b 以下（b を含む）の値のとき true
==	a == b	a と b の値が等しいとき true
!=	a != b	a と b の値が等しくないとき true
===	a === b	a と b の値も型も等しいとき true
!==	a !== b	a と b の値または型が等しくないとき true

Part 2
Chapter
2
Chapter
3
Chapter
4
Chapter
5
Chapter
6
Chapter
7

Part 2　PHP のシンタックス

Chapter 2　変数や演算子

次の例では、変数 $a と $b の値の大きさを比較しています。$a より $b の値が大きいので、($a<$b) が true、($a>$b) が false になります。

```php
01:    <?php
02:    $a = 7;
03:    $b = 10;
04:    $hantei1 = ($a<$b);
05:    $hantei2 = ($a>$b);
06:    var_dump($hantei1);
07:    var_dump($hantei2);
08:    ?>
```

php 変数 $a と $b の値を比較する

«sample» hikaku.php

出力
```
bool(true)
bool(false)
```

次のコードは if 文での比較演算子の利用例です。$point の値が 11.6 なので、($point >= 10) が true になり echo " 合格 " が実行されます。

```php
01:    <?php
02:    $point = 11.6;
03:    if ($point >= 10) {
04:        echo " 合格 ";
05:    } else {
06:        echo " 失格 ";
07:    }
08:    ?>
```

php $point の値が 10 以上のときに合格

«sample» kensa.php

出力
```
合格
```

次の 2 つの演算子は、結果が論理値ではない特殊な演算子です。どちらも PHP 7 から利用できる演算子です。<=> は形から宇宙船と呼ばれます。

演算子	演算式	説明
<=>	a<=>b	a が b より小さい値のとき負の値、a と b が等しい値のとき 0、a が b より大きい値のとき正の値。
??	a ?? b ?? c	a、b、c の順に評価して、最初に見つかった NULL ではない値。すべてが NULL ならば NULL。

?? を使えば、値が NULL だったときに代替となる初期値を設定できます。次の例では $kosu に値が入っておらずに NULL なので、代わりに 2 を使って $price の計算式を実行しています。

54

演算子　Section 2-5

---

php NULL だったときは初期値で計算する

«sample» hikaku_NULL.php

```php
01:    <?php
02:    $price = 250 * ($kosu ?? 2);    ——— $kosu が NULL なので 2 を使って計算します
03:    var_dump($kosu);
04:    echo $price;
05:    ?>
```

出力

```
NULL
500
```

整数と文字列を比較する

文字列の数字と数値を比較するとき、== と != では文字列の数字を数値と見なして等しいかどうかを評価します。たとえば、文字列の "99" と数値の 99 を ("99" == 99) のように比べると、結果は true、つまり同じ値と判断されます。

---

php 整数と文字列を比較する

«sample» hikaku_==.php

```php
01:    <?php
02:    $hantei1 = ("99" == 99);    ——— 文字列の "99" と数値の 99 が同じかどうか比較します
03:    $hantei2 = ("99" != 99);
04:    var_dump($hantei1);
05:    var_dump($hantei2);
06:    ?>
```

出力

```
bool(true)
bool(false)
```

"99" と 99 は別の値として区別したい場合には、=== または !== を使って、値だけでなく型が等しいかどうかも比べます。この結果、("99" === 99) は等しくないと判断されて false、("99" !== 99) は true になります。キャスト演算子も合わせて参照してください（☞ P.59）

---

php 値だけでなく型も比較する

«sample» hikaku_===.php

```php
01:    <?php
02:    $hantei1 = ("99" === 99);    ——— 値だけでなく、型も同じかどうかも含めて比較します
03:    $hantei2 = ("99" !== 99);
04:    var_dump($hantei1);
05:    var_dump($hantei2);
06:    ?>
```

出力

```
bool(false)
bool(true)
```

Part 2
Chapter
2

Chapter
3

Chapter
4

Chapter
5

Chapter
6

Chapter
7

Part 2　PHP のシンタックス

Chapter 2　変数や演算子

論理演算子

　論理値の演算を行うのが論理演算子です。論理値の演算結果も論理値になります。論理演算子には次の種類があります。

演算子	演算式	説明
&&	a && b	a かつ b の両方が true のとき true。（論理積）
and	a and b	同上（論理積）
‖	a ‖ b	a または b または両方が true のとき true。（論理和）
or	a or b	同上（論理和）
xor	a xor b	a または b のどちら片方だけが true のときに true。（排他的論理和）
!	!a	a が true ならば false、false ならば true。（否定）

　論理積は「かつ」、論理和は「または」、排他的論理和は「どちらか片方」、否定は「ではない」という言葉で言い表せます。論理演算子を使った論理式は、「1 つでも 80 点以上のとき」、「すべての項目に入力があるとき」といった条件式を作る場合に利用します。

---

php　論理積、論理和、否定の演算

«sample» **boolean_operator.php**

```
01:  <?php
02:  $test1 = TRUE;
03:  $test2 = FALSE;
04:  $hantei1 = $test1 && $test2;
05:  $hantei2 = $test1 || $test2;
06:  $hantei3 = !$test1;
07:  var_dump($hantei1);
08:  var_dump($hantei2);
09:  var_dump($hantei3);
10:  ?>
```

出力

```
bool(false)
bool(true)
bool(false)
```

&& と and を使った論理式

　論理積は && と and、論理和は ‖ と or のように 2 種類の演算子があります。and と or を使って書くと次のようになります。

---

php　and、or 論理演算子を使ったコード

«sample» **boolean_and_or.php**

```
01:  <?php
02:  $test1 = TRUE;
03:  $test2 = FALSE;
04:  $hantei1 = ($test1 and $test2);  ──── and、or を使う場合は論理式をカッコでくくる必要があります
05:  $hantei2 = ($test1 or $test2);
06:  var_dump($hantei1);
07:  var_dump($hantei2);
08:  ?>
```

56

演算子　Section 2-5

出力
```
bool(false)
bool(true)
```

演算子の優先順位が原因の誤ったコード

and と or を利用する場合は、($test1 and $test2) のように、論理式をカッコでくくる必要があります。その理由は、and と or の優先順位が代入の = よりも低いからです。論理式をカッコでくくらないと先に $hantei1 = $test1 の部分が実行され、誤ったコードになります。演算子の優先順位は節の最後にまとめてあります。（☞ P.60）

php　誤ったコード

«sample» boolean_operator_NG.php
```
01:  <?php
02:  $test1 = TRUE;
03:  $test2 = FALSE;
04:  $hantei1 = $test1 and $test2;  ——— 色を付けた部分が先に実行され、誤った結果になります
05:  $hantei2 = $test1 or $test2;
06:  var_dump($hantei1);
07:  var_dump($hantei2);
08:  ?>
```
出力
```
bool(true)
bool(true)
```

三項演算子

?: は3つのオペランドがある演算子なので三項演算子と呼ばれます。書式は次のようになります。論理式が true のときと false のときで式の値が振り分けられます。

書式　三項演算子
....
論理式 **?** true のときの値 **:** false のときの値

次の例では $a、$b の値を乱数で作り、大きな方の値を bigger に代入しています。mt_rand(0,50) は、0 〜 50 の中の1つの整数を選び出します。

例では $a が 8、$b が 21 になったので、($a>$b) は false です。したがって、FLASE の値として指定してある $b が $bigger に代入されます。

57

Part 2 PHP のシンタックス

Chapter 2 変数や演算子

---

php 大きなほうの値を採用する

«sample» bigger_sankou.php

```php
01:    <?php
02:    $a = mt_rand(0,50);  ──── 0 ~ 50 の乱数を作ります
03:    $b = mt_rand(0,50);
04:    $bigger = ($a>$b)? $a : $b;
05:    echo "大きな値は {$bigger}、\$a は {$a}、\$b は {$b}";
06:    ?>
```

出力
大きな値は 21、$a は 8、$b は 21

このコードは if 文を使って次のように書くことができます。(if 文 ☞ P.62)

---

php 大きなほうの値を採用する

«sample» bigger_if.php

```php
01:    <?php
02:    $a = mt_rand(0,50);
03:    $b = mt_rand(0,50);
04:    if ($a>$b){
05:        $bigger = $a;
06:    } else {
07:        $bigger = $b;
08:    }
09:    echo "大きな値は {$bigger}、\$a は {$a}、\$b は {$b}";
10:    ?>
```

ビット演算子

ビット演算では、数値を 2 進形式にして処理します。たとえば、10 進数の 5 を 00000101 の 2 進形式にして処理します。

ビットシフト

ビットシフトは指定した方向に桁をシフトする演算です。10 進数の数値を左へ 1 桁シフトすると値が 10 倍になるように(例:5 → 50)、2 進数の値を左へ 1 桁シフトすると値が 2 倍になります(例:1 → 10)。左へ 2 桁シフトすると 4 倍です(例:1 → 100)。シフトしてあふれた桁は捨て、空いた桁は 0 で埋めます。

演算子	演算式	説明
<<	a << b	a を左へ b 桁シフトする。
>>	a >> b	a を右へ b 桁シフトする。

ビット積、ビット和、排他的ビット和、ビット否定

数値を 2 進形式にして各桁のビットごとに比較し演算します。

演算子　Section 2-5

演算子	演算式	説明
&	a & b	各桁同士を比較し、両方が 1 ならば 1、そうでなければ 0。（ビット積）
|	a | b	各桁同士を比較し、どちらかが 1 ならば 1、そうでなければ 0。（ビット和）
^	a ^ b	各桁同士を比較し、片方だけが 1 ならば 1、そうでなければ 0。（排他的ビット和）
~	~a	各桁の 1 と 0 を逆転させる。（ビット否定）

❶ NOTE

整数の表記方法

10 進形式のほかに、2 進形式、8 進形式、16 進形式があります。2 進形式は先頭が 0b でその後に 0 か 1 の数字（例：0b10101010）、8 進形式は先頭が 0 でその後に 0 〜 7 の数字（例：0567）、16 進形式は先頭が 0x でその後に 0 〜 9 または A 〜 F が続きます（例：0xA9）。

キャスト演算子

PHP では変数に型宣言が必要なく、演算によって値の型が自動変換されます。したがって、値の型を意識しないでコードを書くことができますが、型を特定したい場合もあります。そのような場合にキャスト演算子を使うことができます。ただし、元の値を変換するのではなく、値の評価を指定の型にするだけです。

演算子	演算式	説明
(int)	(int)$a	整数にする。(integer) と同じ。
(bool)	(bool)$a	論理値にする。(boolean) と同じ。
(float)	(float)$a	浮動小数点にする。(double)、(real) と同じ。
(string)	(string)$a	文字列にする。
(array)	(array)$a	配列にする。
(object)	(object)$a	オブジェクトにする。
(unset)	(unset)$a	NULL にする。

次の例では $theDate を論理値として評価し、その結果を $isAccess に代入しています。$theDate に値が入っていれば true、入っていなければ false が代入されます。

php 値が入っているかどうかを調べる

«sample» **cast_bool.php**

```
01:   <?php
02:   $theDate = new DateTime();
03:   $isAccess = (bool)$theDate;
04:   var_dump($isAccess);
05:   ?>
```

出力

```
bool(true)
```

Part 2　PHP のシンタックス

Chapter 2　変数や演算子

型演算子

instanceof は変数が指定したクラスのインスタンスかどうかを調べる演算子です。指定したクラスであれば true、そうでなければ false になります。

```
php   値が DateTime クラスかどうかを調べる
                                                          «sample» instanceof.php
01:    <?php
02:    $now = new DateTime();
03:    $isDate = $now instanceof DateTime;
04:    var_dump($isDate);
05:    ?>
```

出力
```
bool(true)
```

演算子の優先順位

(5 + 3 * 2) の式では先に (3 * 2) の演算が先に実行されるというように、演算子には実行の優先順位があります。
　次の表は演算子を実行の優先順位に並べたものです。表の上にあるほうが優先順位が高いものです。同じ行に並んでいる演算子は優先順位が同じです。優先順位が同じ場合は、結合性によってグループ分けが行われて評価順が決まります。実行順が紛らわしい式は、演算式を ( ) でくくることで無用な間違いを防ぐことができます。

　たとえば、$a = $b = $c は = が右結合なので、$a = ($b = $c) の実行順になります。$a = $b and $c は and の優先順位が = よりも低いので、($a = $b) and $c の実行順になってしまい、無意味な式になります。

演算子	結合性
clone　new	結合しない
[	左
**	右
++　--　~　(int) (float) (string) (array) (object) (bool) @	右
instanceof	結合しない
!	右
*　/　%	左
+　-　.	左
<<　>>	左
<　<=　>　>=	結合しない
==　!=　===　!==　<>　<=>	結合しない
&	左
^	左
|	左
&&	左
||	左
??	右
?:	左
=　+=　-=　*=　**=　/=　.=　%=　&=　|=　^=　<<=　>>=　=>	右
and	左
xor	左
or	左
,	左

Part 2　PHPのシンタックス

Chapter 3
制御構造

条件分岐や繰り返し処理を行うための制御構造は、プログラミングの醍醐味であるアルゴリズムを記述するために欠かせない構文です。条件式を記述するために利用する比較演算子や論理演算子と合わせて学んでください。

Section 3-1　条件によって処理を分岐する　if文
Section 3-2　値によって処理を分岐する　switch文
Section 3-3　条件が満たされている間は繰り返す
　　　　　　 while文、do-while文
Section 3-4　カウンタを使った繰り返し　for文

Section 3-1
条件によって処理を分岐する　if 文

if 文を使うと「もし〜ならば A を実行する。そうでなければ B を実行する」のように、条件を満たしているかどうかで処理を分岐させることができます。if 文には条件の数に応じるために複数の書式があります。

1 個の条件を満たせば実行する

ある 1 つの条件を満たすならば実行するという処理には、次の書式を使います。条件式は値が true か false のどちらかになる論理式を書きます。そして値が true のときだけ処理 A が実行されます。

条件式は比較演算子や論理演算子を使って書くことができます。関数やプロパティの値が true または false の論理値になるものを条件式として指定することもできます。if 文の中での処理は複数行のステートメントを実行できます。

> **書式** if 文
> ```
> if ( 条件式 ) {
>     処理 A
> }
> ```

if 文の分岐の流れを図にすると次のように表すことができます。

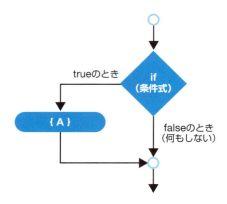

次のコードでは $tokuten が 80 以上の時に if 文の中に書いた「素晴らしい！」と表示する処理が実行されます。最初の例のように得点が 85 点ならば「素晴らしい！」と表示され、続けて if 文を抜けた後に「85 点でした。」と出力されます。

php $tokuten が 85 点だったとき

«sample» if_true.php

```
01: <?php
02: $tokuten = 85;
03: if ($tokuten>=80) {
04:     echo "素晴らしい！";   ——— $tokuten が 80 以上のときに実行されます
05: }
06: echo "{$tokuten} 点でした。"
07: ?>
```

出力
素晴らしい！85 点でした。

もし、$tokuten が 50 ならば if 文の中が実行されずに「50 点でした。」とだけ出力されます。

php $tokuten が 50 点だったとき

«sample» if_false.php

```
01: <?php
02: $tokuten = 50;
03: if ($tokuten>=80) {
04:     echo "素晴らしい！";   ——— $tokuten が 50 だと実行されません
05: }
06: echo "{$tokuten} 点でした。"
07: ?>
```

出力
50 点でした。

条件に合うときと合わないときの 2 種類の処理を作る

条件に合うときの処理と合わないときの処理を別々に用意したい場合には、if 〜 else の書式を使います。条件式が true のときに処理 A、false のときには処理 B が実行されます。

if 〜 else の分岐の流れを図にすると次のように表すことができます。

書式 if 〜 else

```
if ( 条件式 ) {
    処理 A
} else {
    処理 B
}
```

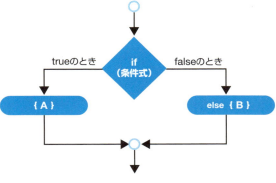

次の例では、$tokuten が 45 なので条件式の ($tokuten>=80) が false になるので、else ブロックが実行されます。したがって、「もう少しがんばりましょう！ 45 点でした。」と表示されます。

php $tokuten が 45 点のとき、else ブロックが実行される

«sample» if_else_false.php

```
01: <?php
02: $tokuten = 45;
03: if ($tokuten>=80) {
04:     echo "素晴らしい！";
05: } else {
06:     echo "もう少しがんばりましょう！";  ——— $tokuten が 80 未満のときに実行されます
07: }
08: echo "{$tokuten}点でした。"
09: ?>
```

出力
もう少しがんばりましょう！ 45 点でした。

複数の条件式で振り分ける

if 〜 else if 〜 else 〜の書式を利用することで、複数の条件式をつなげて処理方法を分岐させることができます。if 〜 else if 〜 else if 〜 else if 〜 else のように、else if を条件の数だけ連結できます。else if は elseif のように空白を詰めて書くこともできます。

書式 if 〜 else if 〜 else

```
if ( 条件式 1) {
    処理 A
} else if ( 条件式 2) {
    処理 B
} else if ( 条件式 3) {
    処理 C
……
} else {
    処理 Z
}
```

if 〜 else if 〜 else の分岐の流れを図にすると次のように表すことができます。

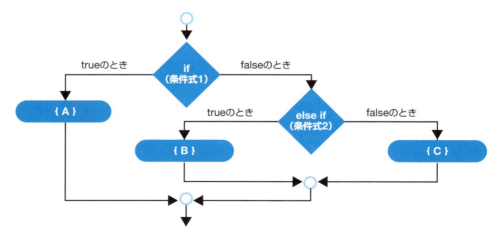

条件によって処理を分岐する　if 文　**Section 3-1**

この書式について説明しましょう。まず、(条件式 1) が true かどうかを調べし、true ならば処理 A を実行して if 文を抜けます。(条件式 1) が false ならば続く (条件式 2) を調べます。(条件式 2) が true ならば処理 B を実行して if 文を抜けます。そして、(条件式 2) が false ならば続く (条件式 3) を調べるというように、条件式が true になるまで評価を続けます。最後まで条件式が false ならば、最後の else の処理 Z を実行します。

なお、最後の else{ 処理 Z } はなくても構いません。else がない場合、すべての条件を満たさないときは何も実行せずに if 文を抜けます。

次の例では、年齢によって料金を振り分けています。年齢は $age に入れ、$age が 13 未満なら 0 円、13 ～ 15 歳は 500 円、16 ～ 19 歳は 1000 円、20 歳以上は 2000 円の値を $price に代入します。

例では $age が 18 の場合を試しています。$age が 18 の場合は、最初の ($age<13) 、次の ($age<=15) と条件を満たさずに false が続きますが、($age<=19) が true になるので $price = 1000 を実行して if 文を抜けます。

---

php　13 歳未満は 0 円、15 歳以下は 500 円、19 歳以下は 1000 円、20 歳以上は 2000 円

«sample» **if_else_if_18.php**

```php
01:  <?php
02:  $age = 18; // 年齢が 18 歳の場合
03:  if ($age<13) {
04:      $price = 0;
05:  } else if ($age<=15) {
06:      $price = 500;
07:  } else if ($age<=19) {
08:      $price = 1000;          ——— $age が 18 の場合は、この式が実行されます
09:  } else {
10:      $price = 2000;
11:  }
12:  echo "{$age} 歳なので {$price} 円です。"
13:  ?>
```

出力

18 歳なので 1000 円です。

---

if 文のネスティングと論理演算

if 文の中で if 文を使うことで、より複雑な条件分岐ができます。これを if 文のネスティングと言います。

ネスティングを利用した条件式

次の例では、数学と英語がともに 60 点以上のときに「おめでとう！合格です！」と表示し、どちらか一方でも 60 点未満ならば「残念、不合格です。」と表示します。

まず数学 $sugaku の得点が 60 点以上かどうかを調べ、60 点以上ならば英語 $eigo の得点が 60 点以上かどうかを調べます。数学が 60 点未満ならば、英語の得点はチェックせずに不合格にします。

英語も 60 点以上ならば、数学と英語の両方が 60 点以上ということになるので「おめでとう！合格です！」と表示します。数学が 60 点以上でも英語が 60 点未満ならば不合格です。

Part 2　PHP のシンタックス

Chapter 3　制御構造

---

php 　数学と英語がともに 60 点以上のときに合格

«sample» if_nesting.php

```php
01:  <?php
02:  $sugaku = 85;
03:  $eigo = 67;
04:  if ($sugaku>=60) {
05:    if ($eigo>=60) {
06:      echo "おめでとう！合格です！";
07:    } else {
08:      echo "残念、不合格です。";
09:    }
10:  } else {
11:    echo "残念、不合格です。";
12:  }
13:  ?>
```

$sugaku が 60 以上のときに、$eigo の値を評価します

$sugaku と $eigo の両方が 60 以上のときに実行されます

出力

おめでとう！合格です！

論理積を利用した条件式

　if 文のネスティングの階層が深くなるとコードの可読性が下がり、誤りの元になります。先のコードは論理積の演算子 && を使うことで、次のようにネスティングせずに書くことができます。このほうがはるかに読みやすいコードになります。（論理演算子 ☞ P.56）

---

php 　数学と英語がともに 60 点以上のときに合格

«sample» if_and.php

```php
01:  <?php
02:  $sugaku = 85;
03:  $eigo = 67;
04:  // 両方とも 60 以上のときに合格
05:  if (($sugaku>=60) && ($eigo>=60)) {
06:    echo "おめでとう！合格です！";
07:  } else {
08:    echo "残念、不合格です。";
09:  }
10:  ?>
```

出力

おめでとう！合格です！

論理和を利用した条件式

　論理和の演算子 || を利用すると数学と英語のどちらか一方でも 60 点以上ならば合格といった条件式を簡単に作ることができます。次の例では数学が 42 点で 60 点に足りていませんが、英語が 67 点なので合格になります。

条件によって処理を分岐する　if文　**Section 3-1**

| php | 数学と英語のどちらか一方でも60点以上ならば合格 |

«sample» **if_or.php**

```php
01:  <?php
02:  $sugaku = 42;
03:  $eigo = 67;
04:  // どちらか一方でも60以上ならば合格
05:  if (($sugaku>=60) || ($eigo>=60)) {
06:      echo "おめでとう！合格です！";
07:  } else {
08:      echo "残念、不合格です。";
09:  }
10:  ?>
```

出力

おめでとう！合格です！

ネスティングと論理演算を利用したif文

　ネスティングと論理演算をうまく組み合わせることで、読みやすいコードを書くことができます。次の例では、最初に性別 $sex で女性かどうかを判断し、次に年齢 $age で判断しています。年齢は30以上40未満という条件を論理積を使って1つの条件式にしています。このように、数値の範囲に入っているかどうかを判定したいときに論理積を活用します。

| php | 30代の女性のみが合格 |

«sample» **if_nesting_and.php**

```php
01:  <?php
02:  $sex = "woman";
03:  $age = 34;
04:  if ($sex == "woman") {
05:      if ($age>=30) && ($age<40) {
06:          echo "採用です。";
07:      } else {
08:          echo "30代の方を募集しています。"
09:      }
10:  } else {
11:      echo "女性のみの募集です。";
12:  }
13:  ?>
```

女性のときだけ年齢を評価します

出力

採用です。

Part 2　PHP のシンタックス

Chapter 3　制御構造

🛈 NOTE

コロンで区切った構文

各文を { } で囲まずにコロン（:）で区切る書式もあります。この書式では「else if」を空白で区切らずに elseif と書き、最後は endif; で終わります。この書式は条件によって HTML コードを選びたいときに使われます。（☞ P.275）

書式 if: ～ elseif: ～ else: ～ endif;

```
if ( 条件式 1):
　処理 A
elseif ( 条件式 2):
　処理 B
……
else:
　処理 Z
endif;
```

php　15 歳以下は 500 円、19 歳以下は 2000 円、20 歳以上は 2500 円

«sample» if_elseif_colon.php

```
01:    <!DOCTYPE html>
02:    <html>
03:    <head>
04:      <meta charset="utf-8">
05:      <title> コロンで区切った if 構文 </title>
06:    </head>
07:    <body>
08:    <?php
09:    $age = 25;  // 年齢が 25 歳の場合
10:    ?>
11:    <?php if ($age<=15):?>
12:      15 歳以下の料金は 500 円です。<br>
13:    <?php elseif ($age<=19):?>
14:      16 歳から 19 歳は 2,000 円です。<br>
15:    <?php else:?>
16:      20 歳以上の大人は 2,500 円です。<br>
17:    <?php endif;?>
18:    </body>
19:    </html>
```

出力

25 歳なので 2500 円です。

Section 3-2

値によって処理を分岐する　switch 文

条件を満たしているかどうかではなく、選んだ値が 1 なのか 2 なのかのように値によって処理を分岐したい場合は switch 文を利用します。

値で分岐する

　条件式ではなく、式の値によって処理を分岐したい場合は switch 文を利用します。switch 文の基本的な書式は次のとおりです。式の値が値 1 ならば処理 A を実行して switch 文を抜けます。同様に式の値が値 2 ならば処理 B を実行して switch 文を抜けます。式の値が値 1、値 2、値 3 とどれにも該当しない場合は default に書いた処理 Z を実行します。

　各ケースの処理は複数行のステートメントを実行できます。後で例を示しますが、default 文は省略できます。if 文の分岐の流れを図にすると次のように表すことができます。

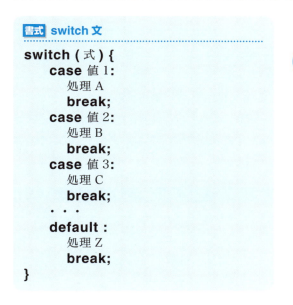
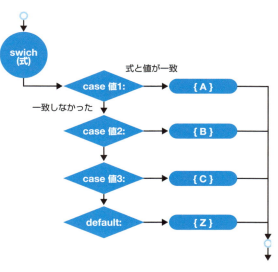

　次の例では、$color の値が "green"、"red"、"blue" のいずれであるかで処理を分岐して $price の値を設定しています。どの色にも当てはまらない場合は default が実行されて $price には 100 が代入されます。例では $color の値が "blue" なので、$price には 160 が代入されます。

Part 2　PHP のシンタックス

Chapter 3　制御構造

　これと同じ分岐処理を if 文を使って書くこともできますが、switch 文のケース分けのほうが可読性が高いコードになります。

php　色によって値段を決める

«sample» switch_1.php

```php
01: <?php
02: $color = "blue";
03: switch ($color) {
04:   case "green":
05:     $price = 120;
06:     break;
07:   case "red":
08:     $price = 140;
09:     break;
10:   case "blue":
11:     $price = 160;
12:     break;
13:   default:
14:     $price = 100;
15:     break;
16: }
17: echo "{$color} は {$price} 円 ";
18: ?>
```

出力

blue は 160 円

default を省略する

　書式の説明で書いたように、default は省略できます。default がない場合、該当するケースがない場合は何も実行せずに switch 文を抜けます。次の例では $color が "yellow" のとき、switch 文に該当するケースがありません。$price には最初に 100 が代入されているので、switch 文を抜けた時点で $price は 100 のままになっています。

php　default のケースを指定しない

«sample» switch_2.php

```php
01: <?php
02: $color = "yellow";
03: $price = 100;
04: switch ($color) {
05:   case "green":
06:     $price = 120;
07:     break;
08:   case "red":
09:     $price = 140;
10:     break;
11: }
12: echo "{$color} は {$price} 円 ";
13: ?>
```

出力

yellow は 100 円

70

値によって処理を分岐する　switch 文　Section 3-2

break せずに複数のケースを同じ処理にする

　各ケースの最後は break を実行することで switch 文を抜けます。break を書かないと、ケース内の処理を実行した後で続く case に書いてある処理を無条件で実行することになり、ケース分けの正しい結果が得られません。しかしながら、この動作をうまく活用することで、複数の値に対して同じ処理を行うことができることになります。

　たとえば、次のように case "green" を書くことで、$color が "green" または "red" の場合には、$price に 140 を設定する同じコードを実行できるようになります。ただ、このような用法は第三者が見たときに意図的なのか、誤りなのかを判断しかねるので、コメント文などでの補足説明を入れておくべきでしょう。

php green と red を同じ値段にする

«sample» **switch_3.php**

```
01:    <?php
02:    $color = "green";
03:    switch ($color) {
04:        // "green" と "red" で同じ処理を行う
05:        case "green":
06:        case "red":
07:            $price = 140;
08:            break;
09:        case "blue":
10:            $price = 160;
11:            break;
12:        default:
13:            $price = 100;
14:            break;
15:    }
16:    echo "{$color} は {$price} 円 ";
17:    ?>
```

05〜06行: case "green" で break せずに、そのまま case "red" を実行します

出力
green は 140 円

Part 2　PHP のシンタックス

Chapter 3　制御構造

---

❶ NOTE

コロンで区切った構文

各文を { } で囲まずにコロン（:）で区切る書式もあります。この書式では最後を endswitch; にします。各 case の行末はコロンではなくセミコロン（;）でも構いません。この書式は値によって HTML コードを選びたいときに使われます。

書式 switch 文

```
switch ( 式 ):
    case 値 1:
        処理 A
        break;
    case 値 2:
        処理 B
        break;
    case 値 3:
        処理 C
        break;
    ・・・
    default :
        処理 Z
        break;
endswitch;
```

Section 3-3
条件が満たされている間は繰り返す　while文、do-while文

同じ処理を繰り返す構文は複数ありますが、簡潔なコードを書くためにどの構文を利用するかを見極めることが大事です。この節では、条件が満たされている間は同じ処理を繰り返す while 文と do-while 文を紹介します。

while 文を使ったループ処理

while 文は、まず条件式のチェックを行い、条件が満たされていれば処理を行います。処理が終わったら再び条件チェックを行って、まだ繰り返すかどうかを判断します。条件が満たされなくなった時点で while 文を抜けます。書式は次のとおりです。条件式は if 文と同じように、値が true か false の論理値になる式を書きます。

while 文の繰り返しを図にすると次のように表すことができます。

書式　while 文
```
while ( 条件式 ) {
    処理
}
```

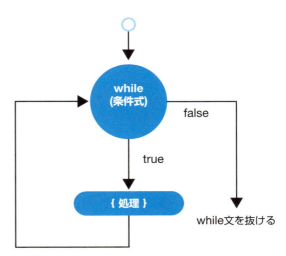

配列の値が5個になるまで繰り返す

次に示す例では、while の繰り返し処理で毎回 1 〜 30 から数値を 1 個選んで配列 $numArray に追加しています。処理する前に配列の値の個数をチェックして、5 個になったら while を抜けて繰り返しを終了します。

配列とは複数の値を入れることができるロッカーのようなものです。配列に入っている値の個数は count($numArray) で調べることができます。そこで、while (count($numArray) < 5) とすることで、個数が 5 個になった時点で条件式が false になって繰り返しを終了します。（配列☞ P.163）

ただし、この繰り返しは 5 回で済むとは限りません。というのは、選んだ値がすでに配列に入っていたならば、その値は配列に追加せずに次の繰り返しに戻るからです。

Part 2　PHP のシンタックス

Chapter 3　制御構造

乱数で選んだ値が配列になければ追加する

　1 〜 30 の乱数は、mt_rand(1,30) で作ることができます。配列に同じ値が入っていないかどうかのチェックは in_array() で行えます。if (! in_array($num, $numArray)) と条件式に否定の ! 演算子を付けているので、配列 $numArray に値 $num が入っていないときに true になります。値が入っていないならば array_push($numArray, $num) を実行して、乱数で選んだ値を配列に追加します。

　乱数を使っているのでプログラムを実行する度に結果が変わりますが、この例では 17、23、6、30、15 の 5 個の数値が配列に追加されています。

---

php 　配列に乱数が 5 個追加されるまで繰り返す

«sample» while.php

```php
01:  <?php
02:  // 空の配列を作る
03:  $numArray = array();
04:  // 配列 $numArray の値が5個になるまで繰り返す
05:  while (count($numArray) < 5){
06:      // 1 〜 30 から乱数を1個作る
07:      $num = mt_rand(1,30);
08:      // $numArray に含まれているかどうか調べる
09:      if (! in_array($num, $numArray)) {
10:          // $numArray に含まれていなければ追加する
11:          array_push($numArray, $num);
12:      }
13:  }
14:  // 5個の数値が入った配列を確認する
15:  print_r($numArray);
16:  ?>
```

$numArray の値が 5 個になるまで、このブロックを繰り返します

出力

```
Array ( [0] => 17 [1] => 23 [2] => 6 [3] => 30 [4] => 15 )
```

---

❶ NOTE

コロンを使った書式

while 文には繰り返し処理を { } で囲まない書式もあります。
この書式では最後を endwhile; にします。この書式は HTML コードを繰り返したいときに便利です。

```
while ( 条件式 ) :
    処理
endwhile;
```

---

do-while 文を使ったループ処理

　while 文は、まず処理を行った後で条件チェックを行い、条件が満たされていれば繰り返して処理するというループ処理です。do-while 文の繰り返しを図にすると次ページのように表すことができます。

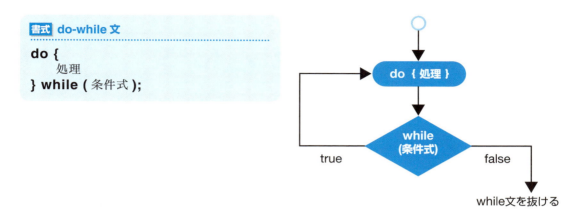

繰り返しを中断する　break

次の例では変数 $a、$b、$c の値を乱数で決めます。while(TRUE) にしているので無限にループを繰り返すコードになっていますが、3 個の値の合計が 21 になったならば break を実行してループを抜ける if 文が入れてあります。

php 合計が 21 になる3個の変数が決まるまで繰り返す

«sample» dowhile.php

```
01: <?php
02: do {
03:     // 変数に 1～13 の乱数を入れる
04:     $a = mt_rand(1, 13);
05:     $b = mt_rand(1, 13);
06:     $c = mt_rand(1, 13);
07:     $abc = $a + $b + $c;
08:     // 合計が 21 になったらループを抜ける
09:     if ($abc == 21) {
10:         break;           ──── ループを終了します
11:     }
12: } while (TRUE);
13: echo " 合計が 21 になる3個の数字。{$a}、{$b}、{$c}";
14: ?>
```

出力
合計が 21 になる3個の数字。5、9、7

Section 3-4
カウンタを使った繰り返し　for 文

カウンタを使って繰り返し回数を数えるのが for 文です。カウンタで繰り返し回数を数えるだけでなく、現在のカウンタの値を繰り返し処理の中でうまく活用するのが一般的な使い方です。for 文をネスティングさせることで、複雑な繰り返し処理を行えます。

繰り返す回数をカウンタで数える

　for 文を使うと 10 回繰り返す、100 回繰り返すというように、繰り返し回数を指定して同じ処理を実行できます。for 文には、カウンタの初期化、条件式、カウンタの更新の 3 つの要素があります。

> **書式** for 文
>
> **for (** カウンタの初期化 **;** 条件式 **;** カウンタの更新 **) {**
> 　　処理
> **}**

　カウンタの初期化を最初に 1 回だけ行ったならば、次に条件式を評価します。条件式が true ならば処理を実行してカウンタを更新します。続いて再び条件式を評価し、true ならば処理を繰り返してカウンタを更新します。これを繰り返して、条件式が false になったところで for 文を抜けて繰り返しを終了します。for 文の繰り返しを図に示すと次のように表すことができます。

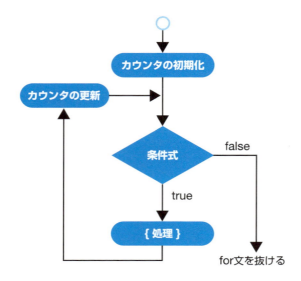

カウンタを使った繰り返し for文　Section 3-4

少し複雑な印象がありますが、次のもっともシンプルな例を見ると動作がよく理解できると思います。処理を 10 回繰り返しています。

php for 文で処理を 10 回繰り返す

«sample» **for.php**

```
01: <?php
02:   for ($i=0; $i<10; $i++){
03:     echo "{$i}回。";
04:   }
05: ?>
```

$i を 0 から 1 ずつカウントアップしながら繰り返し、10 になったらループ終了です

出力
0 回。1 回。2 回。3 回。4 回。5 回。6 回。7 回。8 回。9 回。

この for 文ではカウンタに変数 $i を使い、繰り返す度に $i の値を 1 加算します。$i が 10 になったならば処理を終了します。最初に $i を 0 に初期化しているので、処理を 10 回繰り返すことになります。カウンタの最終値は 10 ですが、echo で出力する最後の処理ではまだ 9 なので間違えないようにしてください。

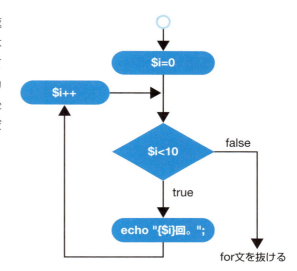

カウントダウンする

次のようにカウントダウンを使った繰り返し処理のコードを書くこともできます。次の例では、カウンタの値を $i-- のようにデクリメントするので、カウンタの値は初期値の 10 から 1 ずつ減って 0 になったところで処理を終了します。0 で for 文を抜けるので、最後に出力されるのは 1 です。

php カウンタの値を減らしていく

«sample» **for_countdown.php**

```
01: <?php
02:   for ($i=10; $i>0; $i--){
03:     echo "{$i}回。";
04:   }
05: ?>
```

カウントダウンします

出力
10 回。9 回。8 回。7 回。6 回。5 回。4 回。3 回。2 回。1 回。

Part 2　PHP のシンタックス

Chapter 3　制御構造

カウンタの値に意味をもたせた処理

　次の例ではカウンタの値を単なる繰り返し回数ではなく、人数として使います。人数が3人までなら1人1000円、4人目からは半額の500円として6人までの料金を計算しています。

---

php　カウンタを人数として計算する

«sample» **for_calc.php**

```php
01:    <?php
02:    $price = 0;
03:    for ($kazu=1; $kazu<=6; $kazu++){ ——— 人数の $kazu をカウンタとして使います
04:      if ($kazu<=3){
05:        $price += 1000;
06:      } else {
07:        $price += 500;
08:      }
09:      echo "{$kazu}人、{$price}円。";
10:    }
11:    ?>
```

出力

1人、1000円。2人、2000円。3人、3000円。4人、3500円。5人、4000円。6人、4500円。

---

❶ NOTE

コロンで区切った構文

繰り返し処理を { } で囲まずにコロン（:）で区切る書式もあります。この書式では最後を endfor; にします。

for (カウンタの初期化 **;** 条件式 **;** カウンタの更新 **):**
　　処理
endfor;

---

for 文をネスティングして使う

　for 文をネスティングする、つまり for 文の中に for 文を入れることで、複雑な繰り返し処理を行うことができます。単に複雑になりますという話ではなく、活用場面も多く有用なコードが生まれます。

　次の例はカウンタ $i の for 文の中にカウンタ $j の for 文が入れ子で入っています。これを実行すると、まず、カウンタ $i が0のときカウンタ $j が0から5までの6回が繰り返されます。次に $i が1にカウントアップされ、再びカウンタ $j が0から5まで繰り返されます。$i が3になり、$j の6回の繰り返しが終わったならば終了です。合計24回の繰り返し処理が行われます。出力は {$i}-{$j} なので、0-0｜0-1｜0-2｜0-3｜0-4｜0-5｜1-0｜1-1｜1-2｜.... の順に 3-5 ｜まで出力されます。

78

カウンタを使った繰り返し　for文　Section 3-4

```
php  for 文をネスティングする
                                                          «sample» for_nesting.php
01:   <pre>
02:   <?php
03:   for ($i=0; $i<=3; $i++){          ── カウンタ $i の外の繰り返し
04:      for ($j=0; $j<=5; $j++){
05:         echo "{$i}-{$j}" . " | ";   ── カウンタ $j の内側の繰り返し
06:      }
07:      echo PHP_EOL;
08:   }
09:   ?>
10:   </pre>
```

```
出力
<pre>
0-0 | 0-1 | 0-2 | 0-3 | 0-4 | 0-5 |
1-0 | 1-1 | 1-2 | 1-3 | 1-4 | 1-5 |
2-0 | 2-1 | 2-2 | 2-3 | 2-4 | 2-5 |
3-0 | 3-1 | 3-2 | 3-3 | 3-4 | 3-5 |
</pre>
```

繰り返しの中断とスキップ

繰り返し処理を途中で中断する、残りの処理をスキップするといったことができます。

繰り返しを中断する　break

次の例では、配列 $list から値を1個ずつ取り出して合計しています。そのとき、取り出した値がマイナスだったならば処理を中断します。配列 $list には「20, -32, 50, -5, 40」の5個の数値が入っています。(配列☞ P.163)

配列からは、$list[0] で最初の値 20、$list[1] で2番目の値 -32、$list[2] で3番目の値 50 というように順に取り出すことができます。そこで for 文のカウンタ $i を使って $list[$i] で配列の値を順に取り出します。配列からすべての値を1個ずつ取り出すのなら、繰り返す回数は配列に入っている値の個数なので、count($list) で繰り返し回数を設定します。

繰り返しの処理では、$list[$i] で取り出した値 $value がマイナスかどうかを if 文でチェックし、マイナスだったならば $sum に「マイナスの値 {$value} が含まれていたので中断しました。」と入れます。そして、break を実行して for 文の繰り返しをそこで中断します。

次の例では -32 を取り出したところで繰り返しを中断します。マイナスの値がなければ、すべての値を合計した結果を表示します。

```
php  配列にマイナスの値があったらそこで繰り返しを中断する
                                                          «sample» for_break.php
01:   <?php
02:   $list = array(20, -32, 50, -5, 40);
03:   $count = count($list); // 配列の値の個数
04:   $sum = 0;
05:   for ($i=0; $i<$count; $i++){
06:      // 配列 $list から値を1つずつ取り出す
```

```
07:        $value = $list[$i];
08:        if ($value<0){
09:            $sum = "マイナスの値 {$value} が含まれていたので中断しました。";
10:            break;         ――― $value がマイナスだったとき、繰り返しを中断します
11:        } else {
12:            $sum += $value;
13:        }
14:    }
15:    echo " 合計：$sum";
16: ?>
```

出力
合計：マイナスの値 –32 が含まれていたので中断しました。

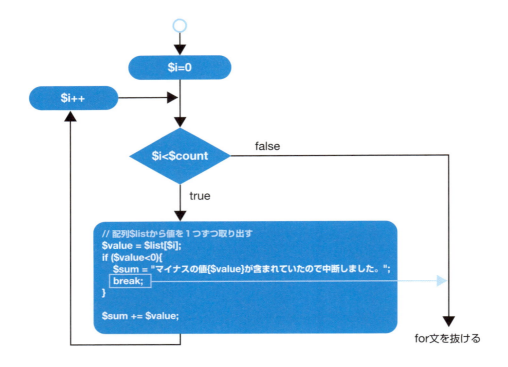

繰り返しをスキップする　continue

　continue は、今の繰り返しの回の残りの処理をスキップして次の繰り返しへ移行します。先のコードでは、配列から取り出した値にマイナスの値が見つかったところで continue を実行して合算の処理をスキップし、残りの値の取り出しを続行します。つまり、マイナスの値を合計せずにプラスの値だけを合算します。

カウンタを使った繰り返し for文　Section 3-4

php 配列に入っている正の値だけを合算する

«sample» **for_continue.php**

```php
<?php
$list = array(20, -32, 50, -5, 40);
$count = count($list); // 配列の値の個数
$sum = 0;
for ($i=0; $i<$count; $i++){
    // 配列 $list から値を1つずつ取り出す
    $value = $list[$i];
    if ($value<0){
        // 値がマイナスだったらこの繰り返し処理をスキップする
        continue;      ――― $valueがマイナスだったとき、処理をここで中断して、
    }                       次の繰り返しへとスキップします
    $sum += $value;
}
echo " 合計：$sum";
?>
```

出力
合計：110

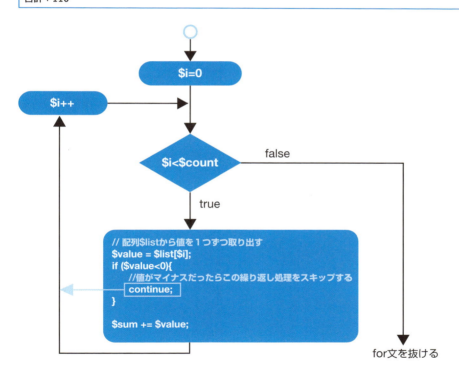

for文を抜ける

❶ NOTE

配列からすべての値を取り出す　foreach

配列から値を取り出す繰り返し処理には、専用のforeach文が用意されています。foreach文については、「Chapter6　配列」で解説します（☞ P.185）。

Part 2　PHPのシンタックス

Chapter 4

関数を使う

PHPには便利な関数がたくさんあります。この章では、関数の使い方と関数をユーザ定義する方法を説明します。後半には変数のスコープ、参照渡し、可変変数、可変関数といった、少し難しい項目もありますが、必要に応じてわかる範囲で進めればだいじょうぶです。

Section 4-1　関数
Section 4-2　ユーザ定義関数
Section 4-3　変数のスコープ
Section 4-4　より高度な関数

Section 4-1

関数

この節では関数の使い方とよく利用する関数について説明します。ここでは標準で利用できる関数を取り上げますが、次節で説明するユーザ定義関数なども含めて、関数の考え方や使い方は共通しています。

関数を使う

何度も利用する処理は関数として定義しておくと、次からはその関数を呼び出すだけで実行できるようになります。一般によく利用する処理や複雑な処理は PHP の組み込み関数として用意してあります。

関数の書式

乱数を作る mt_rand() 関数を使って関数の使い方を説明します。mt_rand() は、指定した数値の範囲から乱数を1個だけ戻す関数です。戻ってくる値を「戻り値」または「返り値」と呼びます。1〜100 の間の乱数を作るならば、mt_rand(1, 100) のように最小値と最大値を指定します。このように関数に渡す値を「引数（ひきすう、パラメータ）」と呼びます。

PHP の公式ページにある説明では、mt_rand() の書式は次のように書いてあります。この書式から3つのことがわかります。関数名は大文字小文字を区別しませんが、標準の関数は小文字で呼び出すことが慣例となっています。

書式 mt_rand() の書式

int mt_rand (int $min , int $max)

http://php.net/manual/ja/function.mt-rand.php

関数　Section 4-1

1つは戻り値の型です。int mt_rand から、int 型つまり整数を返す関数であることを示しています。次に (int $min , int $max) から、2個の引数があることがわかります。どちらも整数で、第1引数で最小値、第2引数で最大値を指定します。ただ、整数ではない値を引数にしても mt_rand() は動作します。その場合は、受け取った値を整数に変換して処理を行います。

mt_rand() で 1 ～ 100 の間の乱数を 10 個作るならば、コードは次のように書きます。mt_rand() の戻り値は変数 $num で受け取っているところにも注目して下さい。

php 1 ～ 100 の間の乱数を 10 個作る

«sample» **mt_rand.php**

```
01:    <?php
02:    for ($i=1;$i<=10;$i++){
03:        $num = mt_rand(1, 100);  ——— 1 ～ 100 から1個の整数を mt_rand()
04:        echo "{$num}, ";              関数で作り、$num に代入します
05:    }
06:    ?>
```

出力
```
42, 81, 86, 51, 72, 17, 74, 56, 50, 24,
```

よく利用する数学関数

ここでは数字を扱う関数の中から比較的よく利用する関数を紹介します。よく利用する関数には、文字列、配列、日時などを扱うものも多くありますが、それらはあらためて解説します。

関数	戻り値
abs(数値)	数値の絶対値
ceil(数値)	端数を切り上げた数値
floor(数値)	端数を切り捨てた数値
round(数値)	端数を四捨五入した数値
max(値 , 値 , ...)	値の中の最大値（sring 同士ならアルファベット順）
min(値 , 値 , ...)	値の中の最小値（sring 同士ならアルファベット順）
sqrt(数値)	数値の平方根
pow(a, b)	a の b 乗（a**b と同じ）
mt_rand()	0 から mt_getrandmax() の間の乱数
mt_rand(最小値 , 最大値)	最小値から最大値の間の乱数
pi()	円周率
sin(θ)	θ ラジアンの正弦
cos(θ)	θ ラジアンの余弦
tan(θ)	θ ラジアンの正接
is_nan(値)	値が数値のとき true、数値ではないとき false

距離と角度から高さを求める

次のコードでは、tan() を使って距離（20m）と角度（32 度）から木の高さを計算しています。tan() の角

度は、度数 *pi()/180 でラジアンに変換しています。計算結果を 10 倍した値を round() で四捨五入し 10 で割ることで、値を小数点以下 1 位に丸めて表示しています。

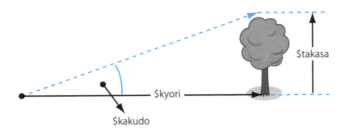

php 距離と角度から高さを求める

«sample» takasa.php

```
01: <?php
02: $kyori = 20;
03: $kakudo = 32 * pi()/180;  // 度数をラジアンに変換
04: $takasa = $kyori * tan($kakudo);
05: $takasa = round($takasa*10)/10;
06:
07: echo "木の高さは {$takasa}m です。"
08: ?>
```

出力
木の高さは 12.5m です。

ユーザ定義関数　Section 4-2

Section 4-2
ユーザ定義関数

繰り返し利用する処理や長いコードは、ユーザ定義関数としてまとめることができます。関数を定義することで、むだなコードをすっきり読みやすく整理できます。関数の細かな処理は後から組み込むことにして、先に全体の流れを作っていく場合にもユーザ定義関数は欠かせません。

関数を定義する

繰り返し利用する処理や長いコードは、ユーザ定義関数としてまとめることができます。ユーザ定義関数にすることで全体のコードが短くなるだけでなく、関数を修正するだけで機能を改善したり、間違いの訂正ができるようになります。複数の処理が含まれている長いコードを処理ごとの関数に分けることで、整理された読みやすいコードになります。

ユーザ定義関数の書式

ユーザ定義関数は、function に続いて関数名とその定義内容を書きます。関数名は英字またはアンダースコア（ _ ）から始めます。関数名の大文字小文字は区別されません。引数を受け取ることができ、処理結果は return で返します。値を返さない関数も定義できます。その場合は最後の return 文は書きません。

> **書式 ユーザ定義関数**
>
> ```
> function 関数名 ( 引数 1, 引数 2, ..., 引数 n ) {
>     処理
>     return 戻り値 ;
> }
> ```

簡単なユーザ定義関数を作る

それでは、引数で受けとった数値を 2 倍にして返す簡単な関数 double() を定義してみましょう。関数名は double、引数は $n、計算結果を return で返します。

> **php 数値を2倍にするユーザ定義関数**
>
> «sample» **func_double.php**
>
> ```php
> 01: <?php
> 02: function double($n){
> 03:   $result = $n * 2;
> 04:   return $result;
> 05: }
> 06: ?>
> ```

Part 2 PHP のシンタックス

Chapter 4 関数を使う

ユーザ定義関数を呼び出す方法は標準の関数と同じです。定義した double() を使って 125 を 2 倍にしてみましょう。double(125) を実行すると、その結果が戻って $ans に入ります。結果は 250 です。

---

php double() で 125 を 2 倍にしてみる

«sample» **func_double.php**

```php
01:   <?php
02:   $ans = double(125);
03:   echo $ans;
04:   ?>
```

出力
```
250
```

料金を計算する price() を定義する

もう少し複雑な関数 price() を定義してみましょう。price() は引数で与えられた単価と個数から料金を計算します。計算式は「単価 × 個数」ですが、これに送料 250 円がかかります。ただし、料金が 5000 円以上のときは送料は無料です。

この仕様を踏まえて price() を定義すると次のようになります。単価と個数を引数で受け取れるように price($tanka, $kosu) のように変数を指定します。料金は $tanka * $kosu で計算できますが、これに送料を加算しなければなりません。5000 円以上は送料無料なので、if 文を使って 5000 円未満のときに送料 250 円を加算する式にします。

---

php 5000 円未満では送料 250 円を加算する料金計算の関数

«sample» **func_price.php**

```php
01:   <?php
02:   function price($tanka, $kosu) {
03:     $souryo = 250;
04:     $ryoukin = $tanka * $kosu;
05:     // 5000 円未満は送料 250 円
06:     if ($ryoukin<5000){
07:       $ryoukin += $souryo;
08:     }
09:     return $ryoukin;
10:   }
11:   ?>
```

ユーザ定義関数 price() を使って計算する

先の double() の例では double() のユーザ定義文と実行文を別々の <?php ～ ?> タグで囲みましたが、price() の定義文と price() を使う文を同じタグ内に書いても構いません。

次の例では、2400 円を 2 個購入した場合と 1200 円を 5 個購入した場合を計算しています。PHP_EOL は、OS に応じた改行を自動で割り当てる定数です。

ユーザ定義関数　Section 4-2

---

php　ユーザ定義関数 price() を使って計算する

«sample» **func_price2.php**

```php
01:  <?php
02:  function price($tanka, $kosu) {
03:    $souryo = 250;
04:    $ryoukin = $tanka * $kosu;
05:    // 5000 円未満は送料 250 円          ── ユーザ定義関数 price()
06:    if ($ryoukin<5000){
07:      $ryoukin += $souryo;
08:    }
09:    return $ryoukin;
10:  }
11:
12:  // 2400 円を 2 個購入した場合と 1200 円を 5 個購入した場合
13:  $kingaku1 = price(2400, 2);
14:  $kingaku2 = price(1200, 5);          ── price() を使って計算します
15:  echo " 金額 1 は {$kingaku1} 円 " . "<br>" . PHP_EOL;
16:  echo " 金額 2 は {$kingaku2} 円 ";
17:  ?>
```

出力
金額 1 は 5050 円
金額 2 は 6000 円

ユーザ定義関数を HTML コードに組み込んだ例

　ユーザ定義関数の定義文は、その関数を呼び出すよりも後に定義されていても構いません。次のように HTML コードに PHP のコードを組み込んで使うこともできます。<?php 〜 ?> で囲まれているコードをよく見てください。

---

php　ユーザ定義関数を HTML コードに組み込む

«sample» **func_price_html.php**

拡張子は .php にします ──

```php
01:  <!DOCTYPE html>
02:  <html>
03:  <head>
04:    <meta charset="utf-8">
05:    <title> ユーザ定義関数を HTML コードに組み込む </title>
06:  </head>
07:  <body>
08:  2400 円を 2 個購入した場合の金額は
09:  <?php
10:  $kingaku1 = price(2400, 2);          ── PHP コード
11:  echo "{$kingaku1} 円 "
12:  ?>
13:  <br>
14:
15:  1200 円を 5 個購入した場合の金額は
16:  <?php
17:  $kingaku2 = price(1200, 5);          ── PHP コード
18:  echo "{$kingaku2} 円 ";
19:  ?>
20:
21:  <?php
22:  function price($tanka, $kosu) {      ── ユーザ定義関数
23:    $souryo = 250;
24:    $ryoukin = $tanka * $kosu;
```

Part 2

Chapter 2

Chapter 3

Chapter **4**

Chapter 5

Chapter 6

Chapter 7

89

```
25:      // 5000 円未満は送料 250 円
26:      if ($ryoukin<5000){
27:        $ryoukin += $souryo;
28:      }
29:      return $ryoukin;
30:    }
31:    ?>
32:    </body>
33:    </html>
```

出力

```
<!DOCTYPE html>
<html>
<head>
  <meta charset="utf-8">
  <title>ユーザ定義関数を HTML コードに組み込む</title>
</head>
<body>
2400 円を 2 個購入した場合の金額は
5050 円 <br>　————————————— 送料を加算した計算結果

1200 円を 5 個購入した場合の金額は
6000 円 </body>　————————————— 送料無料の計算結果
</html>
```

ブラウザでは右の図のように表示されます。

ユーザ定義関数は HTML コードよりも前に置くこともできます。次のように書いても結果は同じです。

php ユーザ定義関数を HTML コードより前に書く

«sample» func_price_html2.php

```
01:  <?php
02:  function price($tanka, $kosu) {
03:    $souryo = 250;
04:    $ryoukin = $tanka * $kosu;
05:    // 5000 円未満は送料 250 円　————— ユーザ定義関数
06:    if ($ryoukin<5000){
07:      $ryoukin += $souryo;
08:    }
09:    return $ryoukin;
10:  }
11:  ?>
12:  <!DOCTYPE html>
13:  <html>
14:  <head>
15:    <meta charset="utf-8">
16:    <title>ユーザ定義関数を HTML コードに組み込む</title>
17:  </head>
18:  <body>
19:  2400 円を 2 個購入した場合の金額は
```

ユーザ定義関数　Section 4-2

```php
20:    <?php
21:    $kingaku1 = price(2400, 2);
22:    echo "{$kingaku1}円"
23:    ?>
24:    <br>
25:
26:    1200円を5個購入した場合の金額は
27:    <?php
28:    $kingaku2 = price(1200, 5);
29:    echo "{$kingaku2}円";
30:    ?>
31:    </body>
32:    </html>
```

関数の中断

　関数を最後まで実行せずに中断することができます。次のwarikan()は、$totalを$ninzuで割った値を表示します。計算結果を返すのではなく、そのままecho()で出力します。このとき、第2引数の$ninzuが正の数でないときは、割り算をせずに処理を中断します。処理を中断するには、何も返さないreturnを実行します。

　この例ではwarikan()を3回試していますが、2番目はwarikan(3000, 0)で$ninzuが0なので、出力を見ると結果が表示されていないことがわかります。

---

php　人数が正ではないときは処理を中断する

«sample» warikan_return.php

```php
01:    <?php
02:    function warikan($total, $ninzu){
03:        // 人数が正ではないときは処理を中断する
04:        if ($ninzu<=0){
05:            return; // 中断する ——— 人数が0以下のとき、関数の処理を中断します
06:        }
07:        // 割り算の結果を表示する
08:        $result = $total/$ninzu;
09:        echo "{$total}円を{$ninzu}人で分けると{$result}円。";
10:        echo  "<br>" . PHP_EOL;
11:    }
12:    // 計算
13:    warikan(2500, 2);
14:    warikan(3000, 0); ——— 人数が0なので計算が中断されて、結果は出力されません
15:    warikan(5500, 4);
16:    ?>
```

出力

2500円を2人で分けると1250円。
5500円を4人で分けると1375円。

引数の省略と初期値

　引数に初期値を設定することで、引数を省略できる関数を定義することができます。書式では次のようになりますが、すべての引数に初期値を設定する必要はありません。その場合、初期値がない引数を先に指定し、

Part 2　PHP のシンタックス

Chapter 4　関数を使う

初期値がある引数は後にしなければなりません。つまり、引数 1 には初期値があるが引数 2 には初期値がないという関数は定義できません。

書式　引数に初期値が設定してあるユーザ定義関数

function 関数名 **(** 引数 1 = 初期値 1 **,** 引数 2 = 初期値 2 **, ...,** 引数 n = 初期値 n **) {**
　　処理
　　return 戻り値 **;**
}

　次の charge() は宿泊料金を計算するユーザ定義関数です。第 1 引数 $rank は宿泊ランクを "A"、"B" で指定します。第 2 引数 $days は宿泊日数です。$days=1 のように、$days には初期値が設定されているので、省略すると 1 泊の計算になります。

---

php　第 2 引数を省略した場合は 1 で計算する

«sample» param_default.php

```php
01:   <?php
02:   function charge($rank, $days=1) {
03:     switch ($rank){
04:       case "A":
05:         $ryoukin = 15000 * $days;
06:         break;
07:       case "B":
08:         $ryoukin = 12000 * $days;
09:         break;
10:       default:
11:         $ryoukin = 8000 * $days;
12:         break;
13:     }
14:     return $ryoukin;
15:   }
16:   ?>
```

第 2 引数の宿泊数が省略されたときは、$days には初期値の 1 が入ります

　では、charge() を試してみましょう。最初に charge("B", 2) のように B ランクで 2 泊の場合、次は charge("A") のように第 2 引数を省略した場合です。出力結果で確認するとわかるように、A ランクで第 2 引数を省略した場合は、1 泊で計算されています。

---

php　B ランクで 2 泊の場合と A ランクで宿泊数を省略した場合

«sample» param_default.php

```php
01:   <?php
02:   // B ランクで 2 泊の場合と A ランクで宿泊数を省略した場合
03:   $kingaku1 = charge("B", 2);
04:   $kingaku2 = charge("A");
05:   echo "金額 1 は {$kingaku1} 円 " . "<br>" . PHP_EOL;
06:   echo "金額 2 は {$kingaku2} 円 ";
07:   ?>
```

第 2 引数の宿泊数を省略

92

金額1は24000円
金額2は15000円 ────── Aランクで1泊の料金

初期値が設定されていない引数の省略

　実際には引数に初期値が設定されていなくても、引数を省略して関数を呼び出すことができます。その場合には引数が未定義のまま処理が進みます。charge() に引数を与えないと第1引数 $rank に値が入りませんが、switch 文では default で処理され、8000 * $days で料金が計算されます。$days には初期値の 1 が入っています。

php ランク、宿泊数ともに省略した場合

«sample» param_default2.php

```
01: <?php
02: // ランク、宿泊数ともに省略した場合
03: $kingaku3 = charge();
04: echo " 金額 3 は {$kingaku3} 円 ";
05: ?>
```

出力
金額 3 は 8000 円

引数の個数を固定しない

　処理内容によっては、関数定義する時点では引数の個数がわからない場合もあります。次の例の team() では第1引数にチーム名を指定し、第2引数以降にチームメンバーの名前をカンマで区切って指定します。このとき、メンバーが何人なのかわからないので、...$members のように第2引数の変数名の前に ... を付けます。すると、第2引数以降の引数の値がすべて配列 $members に入ります。

　たとえば、team("Peach", " 佐藤 ", " 田中 ", " 加藤 ") のように引数を与えると、第1引数の "Peach" は $name に入り、残りの3人の名前は配列 $members に入ります。右のコードでは引数で受け取った値を print_r() を使って確認しています。

第2引数以降の引数の個数を固定しない

«sample» func_team.php

```php
<?php
function team($name, ...$members){
  print_r($name . PHP_EOL);
  print_r($members);
}

// team() を試す
team("Peach", "佐藤", "田中", "加藤");
?>
```

出力

```
Peach
Array
(
    [0] => 佐藤
    [1] => 田中
    [2] => 加藤
)
```

―― 第2引数以降は、配列の $members に入っています

次のコードは、team() を書き替えてチームデータをストリングで返すようにしたものです。配列 $members の値は、implode("、", $members) を実行するだけで、値が「、」で区切られたストリングとして取り出すことができます。（☞ P.173）

チーム名とメンバーをチームデータにして返す

«sample» func_team2.php

```php
<?php
function team($name, ...$members){
  // 配列 $members の名前を連結する
  $list = implode("、", $members);
  return "{$name}：{$list}";
}

// チームを作る
$team1 = team("Peach", "佐藤", "田中", "加藤");
$team2 = team("カボス", "ひろし", "きえこ");
echo $team1 . "<br>" . PHP_EOL;
echo $team2;
?>
```

出力

```
Peach：佐藤、田中、加藤 <br>
カボス：ひろし、きえこ
```

ユーザ定義関数　Section 4-2

引数と返り値の型指定

ユーザ定義関数の引数および返り値（戻り値）のデータ型を指定できます。この機能は PHP 5 ではタイプヒンティングと呼ばれていました。型指定は次の書式のように行います。

> **書式　引数と返り値の型指定**
>
> **function** 関数名 **(** 型 引数1, 型 引数2, **...** **) :** 返り値の型 **{**
> 　処理
> 　**return** 返り値 **;**
> **}**

指定できるのは次のデータ型です。

データ型	説明
array	配列
callable	コールバック関数
bool	ブール値
float	浮動小数点数（float、double、実数）
int	整数値
string	文字列
クラス名／インターフェース名	指定のクラスのインスタンス
self	インスタンス自身

引数の型指定

次の例では引数の型を int 型に指定しています。int ではない値を引数で受け取ると、その値を int に変換して処理を行います。例のように 10.8 を引数で渡すと引数として受け取った時点で 10 に直されて計算されます。計算では 10 を2倍して返すので、結果は 20 になります。

> **php　引数を int 型として受け取って処理する**
>
> «sample» declare_type.php

```
01:  <?php
02:  // 引数は整数
03:  function twice(int $var) {
04:    $var *= 2;
05:    return $var;
06:  }
07:
08:  // 実行する
09:  $num = 10.8;
10:  $result = twice($num);
11:  echo "{$num} の2倍は ", $result;
12:  ?>
```

> **出力**
>
> 10.8 の2倍は 20

Part 2 　PHP のシンタックス

Chapter 4 　関数を使う

返り値の型指定

　次の例では、引数は float で受け取り、計算後の結果を int で返します。先の例と同じく 10.8 を引数として与えていますが、そのまま 10.8 を 2 倍するので 21.6 になります。これを int にして戻すので、計算結果は 21 になります。

```
php  計算結果を整数にして戻す
                                              «sample» declare_returnType.php
01:   <?php
02:   // 計算結果を整数で返す
03:   function twice(float $var):int {
04:     $var *= 2;
05:     return $var;
06:   }
07:
08:   // 実行する
09:   $num = 10.8;
10:   $result = twice($num);
11:   echo "{$num} の 2 倍は ", $result;
12:   ?>
```

出力
10.8 の 2 倍は 21

変数のスコープ　Section 4-3

Section 4-3
変数のスコープ

変数には値が有効な範囲があります。これは「変数のスコープ」と呼ばれています。ユーザ定義関数内で
変数を利用する場合は、変数のスコープを理解しておく必要があります。変数のスコープに関連して、ス
タティック変数についても説明します。

変数のスコープとは

「サッカー部の井上と演劇部の井上は別人」、「家では赤箱で通じるけど外では通じない」。これと同じように、
同じ変数名でも場所によって別物だったり、通用しなかったりします。この原因は変数が有効な範囲、すなわ
ちスコープにあります。

ローカルスコープとグローバルスコープ

次の price() 関数では、250 に変数 $kosu の値をかけて表示しています。最初に $kosu には 2 が代入され
ているので、250 * 2 が計算されて「500 円です。」と表示されるはずです。

ところが、実行してみると「2 個で 0 円です。」と誤った計算結果が出力されます。では、$kosu に 2 が入っ
ていないのかというと、echo "{$kosu} 個で " のコードが「2 個で」と出力されているように、$kosu には 2
が入っています。

---

php 個数から料金を計算する（誤ったコード）

«sample» scope_local.php

```
01:  <?php
02:  // 個数
03:  $kosu = 2;
04:
05:  // 料金を計算する
06:  function price(){
07:    $ryoukin = 250 * $kosu;  ——— この $kosu は price() の内部でだけ有効なローカル変数です
08:    echo "{$ryoukin} 円です。";
09:  }
10:  // 実行する
11:  echo "{$kosu} 個で ";
12:  price();
13:  ?>
```

出力
2 個で 0 円です。

料金の計算が誤っている原因はどこにあるのでしょうか？　その原因は、price() 関数定義の中で使われてい
る $kosu と関数定義の外で使われている $kosu が、名前は同じでも別の変数として扱われることにあります。
price() 関数定義の外では $kosu の値は 2 ですが、関数定義の中では値が未設定の変数となり、250 * $kosu

Part 2　PHP のシンタックス

Chapter 4　関数を使う

の式では $kosu は 0 と判断されて料金は 0 円になります。

　次の料金計算 taxPrice() にもまったく同じ過ちがあります。税込み価格を計算するために消費税率 0.08%を変数 $tax に入れて計算していますが、taxPrice() 関数の中で使われている $tax には値が入っていません。したがって、taxPrice(250, 4) は消費税 0% で計算されてしまい 1000 円になります。

　このように変数の有効範囲は、関数の中で定義してある変数はその範囲内のみ有効な「関数レベルのローカルスコープ」になり、関数の外で定義してある変数は「グローバルスコープ」になります。

---

php 税込みの料金を計算する（誤ったコード）

«sample» scope_local_tax.php

```php
01:    <?php
02:    // 税金
03:    $tax = 0.08;
04:
05:    // 料金を計算する
06:    function taxPrice($tanka, $kosu){
07:      $ryoukin = $tanka * $kosu * (1+$tax);
08:      echo "{$ryoukin} 円です。";
09:    }
10:    // 実行する
11:    taxPrice(250, 4);
12:    echo " 税込み " . $tax*100 , "%";
13:    ?>
```

taxPrice() の中でのみ有効な変数なので、値が入っていません

出力

1000 円です。税込み 8%

―――――― 誤った結果になります

グローバル変数

　taxPrice() が正しく計算されるようにするには、taxPrice() の内側からグローバルスコープにある変数 $taxを利用しなければなりません。その方法はとても簡単です。関数の最初に「global $tax;」の宣言文を 1 行を加えるだけです。

書式 グローバル変数

global $変数名 ;

　では、先のコードにこの 1 行を追加して、その結果を確認してみましょう。今度は 8% が上乗せされて1080 円になりました。

---

php グローバルスコープにある変数 $tax を使って計算する

«sample» scope_global_tax.php

```php
01:    <?php
02:    // 税金
03:    $tax = 0.08;
04:
05:    // 料金を計算する
06:    function taxPrice($tanka, $kosu){
07:      global $tax; // グローバル変数を使う
```

98

変数のスコープ **Section 4-3**

```
08:     $ryoukin = $tanka * $kosu * (1+$tax);
09:     echo "{$ryoukin}円です。";
10:   }
11:   // 実行する
12:   taxPrice(250, 4);
13:   echo "税込み " . $tax*100 , "%";
14:   ?>
```

今度は 0.08 が入っています

出力

1080 円です。税込み 8%

─── 正しい結果になります

---

❶ NOTE

スーパーグローバル変数

PHP の定義済み変数には、関数レベルのローカルスコープとグローバルスコープの両方をもつ、スーパーグローバル変数と呼ばれるものがあります（☞ P.255）。その中の１つの $GLOBALS は、グローバルスコープにある変数を配列で管理している変数です。先の $tax ならば、$GLOBALS["tax"] でアクセスできます。

《sample》**scope_superglobals_tax.php**

スタティック変数

　スタティック変数は関数内でのみ有効なローカルスコープの変数ですが、その値はグローバルスコープの変数と同じようにずっと保持されます。スタティック変数は次のように static を付けて初期化します。スタティック変数については、クラス定義でもあらためて説明します（☞ P.225）。

書式 スタティック変数

static $変数名 **=** 初期値 **;**

次のコードではスタティック変数 $count を使って利用回数をカウントしています。

php スタティック変数でカウントアップする

《sample》**static_count.php**

```
01:   <?php
02:   function countUp(){
03:     static $count = 0; // 初期化 ─── 初期化は最初の1回しかされません
04:     $count += 1; // カウントアップ
05:     return $count;
06:   }
07:
08:   // 10 回実行する
09:   for ($i=1; $i<=10; $i++){
10:     $num = countUp();
11:     echo "{$num}回目。";
12:   }
13:   ?>
```

出力

1 回目。2 回目。3 回目。4 回目。5 回目。6 回目。7 回目。8 回目。9 回目。10 回目。

Part 2　PHP のシンタックス

Chapter 4　関数を使う

Section 4-4

より高度な関数

この節で紹介するものは少し難易度が上がります。取り上げるのは、変数の参照渡し、可変引数、可変関数、無名関数といったものです。中級者レベルの内容になるので、プログラミング初心者が学ぶ必要はありません。

変数の値渡しと参照渡し

関数の引数に変数を渡したとき、関数には変数に入っている値が渡されます。次の例を見てください。$num には最初 5 が入っています。そして、oneUp($num) のように oneUp() に $num を渡します。$num を受け取った oneUp() では、引数に 1 を加算します。

oneUp($num) を実行した後の $num の値を確認してみると、最初の 5 のままです。oneUp() の引数として $num を渡したにも関わらず、$num の値が 1 増えていません。その理由は、oneUp() では $num に入っている 5 を受け取っただけであって、変数自体を受け取っていないからです。これを「変数の値渡し」と呼びます。

---

php　変数の値渡し

《sample》**var_reference_not.php**

```php
01: <?php
02: function oneUp($var){
03:   $var += 1;            変数の値を受け取ります
04: }
05:
06: // 実行する
07: $num = 5;
08: oneUp($num);           $num を引数にします
09: echo $num;
10: ?>
```

出力

5 ── $num の値は変化しません

変数の参照渡し

次に「変数の参照渡し」の例を見てください。oneUp() の定義文の引数に & を付けて、&$var としてあります。これだけの違いですが、$num の出力結果が 6 になります。引数の前に & を付けると、変数の値ではなく変数の参照（アドレス）を受け取ります。$num の参照を受け取った $var は、実質的に $num そのものになったと考えることができます。つまり、$var に 1 を足すということは、$num に 1 を足すことになるわけです。多くの配列関数が処理する配列を変数の参照渡しで受け取っているので、そこで利用例を見ることができます。（☞ P.175、p.177）

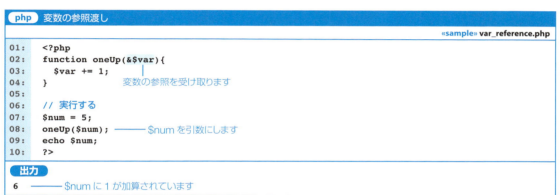

引数の個数を固定しない

「Section4-2 ユーザ定義関数」では、関数の定義で引数に …$members のように指定することで、引数の個数が決まっていない場合に対応する方法を説明しました（☞ P.93）。ここでは、関数に渡された引数を調べることができる3つの関数を使う方法について説明します。

func_get_args() は、関数に渡された引数を配列で返します。func_num_args() は、引数の個数を返します。func_get_arg() は指定した引数の値を返します。

次の myFunc() では、この3つの関数を使って引数で与えた数値の合計と平均、最後の値を表示しています。myFunc() の定義文には引数を受け取る引数変数がありませんが、何個の引数でも処理できます。例では「43, 67, 55, 75」の4個の値で試しています。なお、array_sum() は配列の値の合計を求める関数です。配列の値を操作する方法については、「Chapter6 配列」を参考にしてください（☞ P.163）。

Part 2　PHP のシンタックス

Chapter 4　関数を使う

---

php　引数の個数を固定しない関数

«sample» **func_args.php**

```php
01:  <?php
02:  function myFunc(){
03:    // すべての引数
04:    $allArgs = func_get_args();
05:    // 引数の値の合計
06:    $total = array_sum($allArgs);
07:    // 引数の個数
08:    $numArgs = func_num_args();
09:    if ($numArgs>0){
10:      $average = $total/$numArgs;
11:      // 最後の値を取り出す
12:      $lastValue = func_get_arg($numArgs-1);
13:    } else {
14:      $lastValue = $average = $total = " (データ無し) ";
15:    }
16:      echo " 合計点 ", $total, "\n";
17:      echo " 平均点 ", $average, "\n";
18:      echo " 最後の点数 ", $lastValue, "\n";
19:  }
20:
21:  // 実行する
22:  myFunc(43, 67, 55, 75);
23:  ?>
```

出力

合計点 240
平均点 60
最後の点数 75

---

❶ NOTE

バージョンの違い

func_get_arg() と func_get_args() は、以前のバージョンでは引数を受け取った時点での値を返していましたが、PHP 7 以降は現在の引数の値を返します。

可変変数

　可変変数を利用すると変数名を動的に変更できます。たとえば、$$color のようにさらに $ を重ねることで、元の $color に入っていた値を名前にした変数を作れます。

　次の例で見てみましょう。最初、変数 $color には "red" が入っています。次に $$color に 125 と代入すると変数 $red に 125 を入れたことになります。$color の値が "red" なので、$($color) は $red になると考えるとわかりやすいでしょう。

---

php　可変変数を試す

«sample» **variable_variables.php**

```php
01:  <?php
02:  $color = "red";
03:  $$color = 125;  ——— $red と同じになります
04:  echo $red;
05:  ?>
```

102

より高度な関数　Section 4-4

出力
```
125
```

　もう1つ例を示します。単価に個数を掛けて料金を計算したいとします。計算式は「$ryoukin = $tanka * $kosu」です。ところが、単価は $unitPrice、個数は $quantity の変数が割り当てられていたとします。

　ここで、$tanka = "unitPrice"、$kosu = "quantity" のように式で使いたい変数にそれぞれの変数名をストリングで割り当てます。そして「$ryoukin = $$tanka * $$kosu」のように可変変数を使って式を書きます。この式は「$ryoukin = $unitPrice * $quantity」と同等の式になります。

　配列と可変変数を組み合わせる場合にはどのように展開されるかに注意が必要です。間違いを防ぐには、${$var[0]}、あるいは、${$var}[0] のように { } を使って展開順を明確にします。

> **ⓘ NOTE**
>
> **グローバル変数と可変変数の組み合わせ**
> PHP 7 以降ではグローバル変数と可変変数を組み合わせて使うことができなくなりました。

php　可変変数を使って計算式の変数を入れ替え

«sample» **variable_variables2.php**

```php
01:  <?php
02:  $unitPrice = 230;
03:  $quantity = 5;
04:  // 変数に変数名を入れる
05:  $tanka = "unitPrice";
06:  $kosu = "quantity";
07:  // 入っている変数名の変数を使って計算する
08:  $ryoukin = $$tanka * $$kosu;
09:  echo $ryoukin . "円";
10:  ?>
```

出力
```
1150 円
```

可変関数

　可変関数はストリングの関数名から同名の関数を実行します。可変関数は、$var() のように変数に () を付けて実行します。考え方は可変変数と同じですが、指定した関数が存在するかどうかを function_exists() で確かめてから実行します。

Part 2 PHP のシンタックス

Chapter 4 関数を使う

---

php 可変関数を実行する

«sample» variable_functions.php

```php
01:  <?php
02:  function hello($who){
03:     echo "{$who} さん、こんにちは！";
04:  }
05:
06:  function bye($who){
07:     echo "{$who} さん、さよなら！";
08:  }
09:
10:  // 実行する関数名
11:  $msg = "bye";              実行する関数を決めます
12:   if (function_exists($msg)){
13:     $msg(" 金太郎 ");          選んだ関数を実行します
14:   }
15:  ?>
```

出力

金太郎さん、さよなら！

無名関数

無名関数は名前を指定しない関数で、クロージャ、ラムダ式、ラムダ関数とも言います。無名関数は、コールバック関数として関数の引数にすることがよくあります。また、無名関数は変数に入れて扱うことができ、$var() のように変数にカッコを付けて実行します。

書式 無名関数

function (引数 1, 引数 2, ... , 引数 n **) {**
　　処理
}

次の例は、無名関数を変数 $myFunc に代入して実行しています。変数への代入文なので、行末にセミコロンを付けるのを忘れないでください。代入した関数は $myFunc(" 田中 ") のように実行します。

---

php 変数 $myFunc に代入した無名関数を実行する

«sample» anonymous_func.php

```php
01:  <?php
02:  $myFunc = function($who){
03:     echo "{$who} さん、こんにちは！";        無名関数を変数 $myFunc に代入します
04:  }; // 代入文なのでセミコロンが必要
05:
06:  // 実行する
07:  $myFunc(" 田中 ");
08:  ?>
```

出力

田中さん、こんにちは！

より高度な関数　Section 4-4

無名関数で使う変数に値を設定する

　親のスコープにある変数を無名関数の中で使うには、use($var) のように use キーワード使って無名関数に変数を渡します。これは無名関数を呼び出す際に渡す引数とは違います。

　次の例で言えば $msg に " ありがとう " に代入し、その値を use ($msg) で無名関数に渡しています。これにより、「echo "{$who} さん、" . $msg」の文は「echo "{$who} さん、" . "ありがとう"」に確定します。グローバル変数とは違うので、無名関数を $myFunc に代入した後で親のスコープで $msg の値を変更しても無名関数の中の $msg の値は変化しません。

| php | 無名関数で使う変数に値を設定する |

«sample» anonymous_func_use.php

```php
01:    <?php
02:    // 無名関数で使う変数に値を設定する
03:    $msg = " ありがとう ";
04:    $myFunc = function ($who) use ($msg){
05:      echo "{$who} さん、" . $msg;
06:    };
07:
08:    // 実行する
09:    $myFunc(" 田中 ");
10:    ?>
```

出力

田中さん、ありがとう

Part 2

Chapter 2

Chapter 3

Chapter 4

Chapter 5

Chapter 6

Chapter 7

105

Part 2　PHPのシンタックス

Chapter 5

文字列

PHPはWebページを作る目的で使用するので、文字列の連結、フォーマット、文字列の取り出し、文字の変換、不要な文字の除去、検索／置換、正規表現など、文字列を扱う機能がたくさんあります。入力データのチェックでも文字列に対する知識が必要になります。

Section 5-1　文字列を作る
Section 5-2　フォーマット文字列を表示する
Section 5-3　文字を取り出す
Section 5-4　文字の変換と不要な文字の除去
Section 5-5　文字列の比較
Section 5-6　文字列の検索
Section 5-7　正規表現の基本知識
Section 5-8　正規表現でマッチした値の取り出しと置換

Part 2　PHP のシンタックス

Chapter 5　文字列

Section 5-1

文字列を作る

この節では文字列の作り方や文字列に変数を埋め込む方法、シングルクォートの文字列とダブルクォートの文字列の違いなどを改めて説明します。複数行の文字列を作ることができるヒアドキュメントとNowdoc も紹介します。

ダブルクォートで囲まれた文字列

　文字列はシングルクォートまたはダブルクォートで囲むことで作ることができます。両者の違いは、文字列の中に変数やエスケープシーケンスが含まれている場合に出てきます。

　文字列の中で変数を展開して表示したい場合や、改行などの特殊文字を埋め込みたい場合にはダブルクォートで囲んだ文字列を使います。

変数をダブルクォートで囲んだ場合

　ダブルクォートで囲んだ文字列の中に変数が入っている場合は、変数が展開されて中に入っている値に置き換えられます。

　次の例では echo で出力している $msg の値がダブルクォートで囲まれた文字列です。その中に変数の$theSize と $thePrice が含まれていますが、出力結果を見ると「M サイズ、1200 円」となって、$theSizeと $thePrice の位置に変数の値が埋め込まれているのがわかります。

---

php　ダブルクォートの中に変数を入れた場合

«sample» **var_doubleQuote.php**

```php
01:    <?php
02:    $theSize = "M";
03:    $thePrice = 1200;
04:    $msg = "$theSize サイズ、$thePrice 円";
05:    echo $msg;
06:    ?>
```

出力

M サイズ、1200 円

変数を { } で囲って埋め込む

　文字列に変数を埋め込む際に "$thePrice 円 " のように空白を詰めて書くと「$thePrice 円」が変数名になってしまうことから、"$thePrice 円 " のように変数名に続く文字との間に空白を入れなければなりません。

　しかし、先の例のように変数名と文字の間を空けて出力すると、当然ながら「M サイズ、1200 円」となって値と文字の間に空白が入ります。そこで、"{$thePrice} 円 " のように変数を { } で囲むと間に空白を入れずに変数と本文を区分できます。出力結果に { } は表示されません。

文字列を作る　Section 5-1

| php | 変数を { } で囲って埋め込む |

«sample» var_doubleQuote_trim.php

```
01:    <?php
02:    $theSize = "M";
03:    $thePrice = 1200;
04:    $msg = "{$theSize} サイズ、{$thePrice} 円 ";
05:    echo $msg;
06:    ?>
```

出力

M サイズ、1200 円 ——— 変数を囲む { } は出力されません

ダブルクォートの文字列で使えるエスケープシーケンス

改行やタブなどのような特殊文字を文字列に埋め込みたいときにバックスラッシュ \ を使ったエスケープシーケンスを利用します。

エスケープシーケンス	変換される文字列
\"	"
\n	ラインフィード（LF）
\r	キャリッジリターン（CR）
\t	水平タブ（HT）
\v	垂直タブ（VT）
\e	エスケープ（ESC）
\\	\
\$	$
\{	{
\}	}
\0 から \777	8 進形式の ASCII 文字
\x0 から \xFF	16 進形式の ASCII 文字

ドル記号 $ を表示する

ダブルクォートの中では $ は変数名の接頭辞として判断されるため、ドル記号 $ を表示するにはエスケースシーケンスを使います。次の例では、最初の「\$1」はエスケースシーケンスによって「$1」とドル記号が表示され、次の $yen は変数 $yen が展開されて 117 と表示されます。

| php | ダブルクォートの文字列の中に $ 記号を含める |

«sample» esc_seq_doubleQuote.php

```
01:    <?php
02:    $yen = 117;
03:    echo " 今日のレートは、\$1 = $yen 円です。";
04:    ?>
```

出力

今日のレートは、$1 = 117 円です。

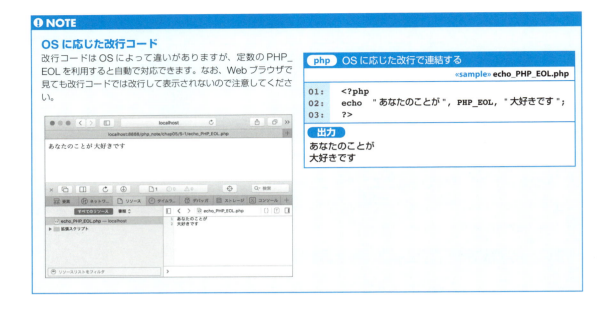

シングルクォートで囲まれた文字列

　文字列はシングルクォートで囲むことでも作ることができます。シングルクォートで囲んだ文字列の中に変数が入っている場合は、$変数名がそのまま文字として表示されます。先のダブルクォートの文字列をシングルクォートで囲んで出力結果を見ると「$theSize サイズ、$thePrice 円」となって、そのまま変数名が書き出されます。

シングルクォートの文字列で使えるエスケープシーケンス

　シングルクォートで囲まれた文字列の中で利用できるエスケープシーケンスは、次の2種類だけです。

エスケープシーケンス	変換される文字列
\'	'
\\	\

次の例では、シングルクォートの文字列に「Y's」のようにシングルクォートが含まれているので、これをエスケープシーケンスを使って「Y\'s」と入力します。

```
php  シングルクォートの文字列にシングルクォートを含める
                                                «sample» esc_seq_singleQuote.php
01:    <?php
02:    $msg= 'そこは Y\'s ROOM です。';
03:    echo $msg;
04:    ?>
```
出力
そこは Y's ROOM です。

シングルクォートの文字列の中にはダブルクォートを入れることができます。

```
php  シングルクォートの文字列にダブルクォートを含める
                                                «sample» esc_seq_singleQuote2.php
01:    <?php
02:    $msg= 'そこは "Y\'s ROOM" です。';
03:    echo $msg;
04:    ?>
```
出力
そこは "Y's ROOM" です。

ヒアドキュメント構文

複数行の文字列はヒアドキュメントと呼ばれる構文で手軽に作ることができます。ヒアドキュメントは、<<< に続いて、空白を空け、任意の識別子を使って文章を囲む構造をしています。終端の識別子はダブルクォートでは囲まず、必ず行の先頭から書き、間を空けずにセミコロンを続けてすぐに改行します。識別子は何でもよいですが、EOD、EOT、EOL、END などがよく利用されています。開始の識別子のダブルクォートの囲みは省略できます。

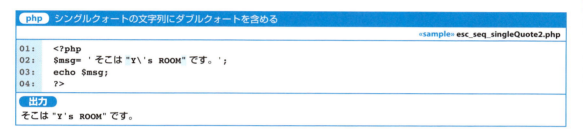

変数を展開するヒアドキュメント

次の例では $msg にヒアドキュメントを代入しています。"EOD" が開始と終端の識別子です。ヒアドキュメント内の変数 $version は「"PHP 7"」のように値の 7 に展開され、ダブルクォートもそのまま出力されています。ヒアドキュメントでは、シングルクォートもそのまま出力されます。

Part 2 PHP のシンタックス

Chapter 5 文字列

---

php 複数行の文字列をヒアドキュメントで作成する

«sample» **heredocument.php**

```php
01:  <?php
02:  $version = 7;
03:  $msg = <<< "EOD"
04:  これから一緒に "PHP $version" を学びましょう。
05:  本気出すよ。
06:  EOD;
07:  // ヒアドキュメントを表示する
08:  echo $msg;
09:  ?>
```

出力

これから一緒に "PHP 7" を学びましょう。
本気出すよ。　　　　　　　　—— 変数 $version が展開されています

Nowdoc 構文

ヒアドキュメント構文と同じような機能に Nowdoc 構文があります。Nowdoc はヒアドキュメントと同じ構造ですが、開始の識別子をシングルクォートで囲みます。

書式 Nowdoc 構文

<<< '識別子' —— 識別子をシングルクォートで囲みます
〜 任意の文字列 〜
識別子 ; —— 行の先頭から書いて、セミコロンの後はすぐに改行します

変数を展開しない Nowdoc

Nowdoc の場合は、ヒアドキュメントと違って文章内の変数を展開しません。つまり、ヒアドキュメントはダブルクォートで囲まれた文字列、Nowdoc はシングルクォートで囲まれた文字列に相当します。PHP のコードや大量のテキストを埋め込む際にエスケープが不要になるので便利です。

次の Nowdoc では、$version がそのまま文字として出力されています。

---

php 複数行の文字列を Nowdoc で作成する

«sample» **nowdoc.php**

```php
01:  <?php
02:  $version = 7;
03:  $msg = <<< 'EOD'
04:  これから一緒に "PHP $version" を学びましょう。
05:  本気出すよ。
06:  EOD;
07:  // Nowdoc を表示する
08:  echo $msg;
09:  ?>
```

出力

これから一緒に "PHP $version" を学びましょう。
本気出すよ。　　　　　　—— 変数が展開されていません

112

フォーマット文字列を表示する　Section 5-2

Section 5-2

フォーマット文字列を表示する

変数の値をそのまま出力するのではなく、フォーマット文字列を使って表示する方法について説明します。フォーマット文字列を使うと、値を表示する際に小数点以下の桁数を指定する、前ゼロを付ける、桁揃えするといった指定ができます。数値の3桁区切りを行う number_format() も紹介します。

フォーマット文字列を表示する　printf()

変数などの値は、echo()、print()、print_r() を使って文字列に埋め込んで表示できますが、いずれも値をそのまま出力するだけです（☞ P.43、p.44）。ここで説明する printf() は、出力する値の表示書式をフォーマット文字列で指定できます。printf() の f は format のことです。フォーマット文字列は書式文字列と訳されていることもあります。

たとえば、0.3333 という値に対して '%.2f' のフォーマット文字列を指定すると、0.33 と少数第2位までが出力されます。

> **書式** printf() の書式
> ....
> **printf (**'フォーマット文字列', 値 1, 値 2, ..., 値 n**)**

次の例では、円周率の M_PI を echo で出力した場合と printf() で出力した場合を比較しています。printf() では、M_PI の表示のフォーマット文字列に '%.3f' を指定しているので 3.142 のように小数第3位まで表示されます。echo の出力結果と見比べるとわかるように、小数第3位は四捨五入されています。

> **php** 小数第3位までを出力する
>
> 《sample》echo_printf.php
> ```php
> 01:    <?php
> 02:    // 円周率をそのまま出力する
> 03:    echo M_PI;
> 04:    echo "<br>", PHP_EOL; // 改行
> 05:    // フォーマット文字列を指定して出力する
> 06:    printf('%.3f', M_PI);
> 07:    ?>
> ```
>
> **出力**
> ```
> 3.14159265359<br>
> 3.142
> ```

フォーマット文字列の書き方

フォーマット文字列はシングルクォートまたはダブルクォートで囲みます。% の位置に値が置換され、その際に指定した書式が適用されます。フォーマット文字列の中に複数個の % があれば、前から順に値が置き換わります。

Part 2　PHP のシンタックス

Chapter 5　文字列

置換する値が 1 個の場合

　次の例は置換する値が 1 個の場合です。先の例の円周率 M_PI の出力では値だけを出力していましたが、今度は ' 円周率は %.2f です。' のように値を文字列に埋め込んでいます。

> **php** 文字列に値を埋め込む
>
> «sample» **printf_pi.php**
>
> ```
> 01:    <?php
> 02:    printf(' 円周率は %.2f です。', M_PI);
> 03:    ?>
> ```
>
> **出力**
>
> 円周率は 3.14 です。

置換する値が複数個の場合

　次の例では ' 最大値 %.1f、最小値 %.1f' のように置換する % が 2 個あります。その値は変数 $a と $b に入っています。出力結果を見ると、フォーマット文字列の % が $a、$b の値に順に置換され、少数第 1 位に四捨五入されて表示されています。

> **php** 変数 $a、$b の値を少数第 1 位で表示する
>
> «sample» **printf_dot_f.php**
>
> ```
> 01:    <?php
> 02:    $a = 15.69;
> 03:    $b = 11.32;
> 04:    printf(' 最大値 %.1f、最小値 %.1f', $a, $b);
> 05:    ?>
> ```
>
> **出力**
>
> 最大値 15.7、最小値 11.3

　もちろん、次のようにフォーマット文字列を変数に入れて指定することもできます。次のコードは同じ結果になります。

> **php** フォーマット文字列を変数 $format で指定する
>
> «sample» **printf_dot_f2.php**
>
> ```
> 01:    <?php
> 02:    $format = ' 最大値 %.1f、最小値 %.1f';
> 03:    $a = 15.69;
> 04:    $b = 11.32;
> 05:    printf($format, $a, $b);
> 06:    ?>
> ```
>
> **出力**
>
> 最大値 15.7、最小値 11.3

114

フォーマット文字列を表示する Section 5-2

フォーマット文字列の構文

先にも書いたようにフォーマット文字列では文字列全体をシングルクォートまたはダブルクォートで囲み、その中の % の位置に値が置き換わります。置換される値は、% に続く書式指定に従って表示されます。書式は書式修飾子で作ります。置換する値の型によって表示形式が違うので、書式修飾子の最後に型指定子を付けます。フォーマット文字列は次のような構文になっています。... は任意の文章です。1つのフォーマット文字列の中に複数の置換を埋め込むことができます。

> **書式 フォーマット文字列の構文**
>
> '... % 書式修飾子 型指定子 ...'

書式修飾子

書式修飾子には次のような種類があります。複数の書式修飾子を指定できますが、次の1から5の順番で指定しなければなりません。

1. 符号指定子

値が数値のとき、初期値では -5、9 のように負のときだけ - 符号が付き、正の場合は符号が付きません。 + の修飾子を指定すると -5、+9 のように正で + が付くようになります。

次の例では '%+d' を指定して、数値を表示しています。d は値が整数値であることを示す型指定子です。

> **php 数値が負のとき -、正のとき + を付けて表示する**
>
> «sample» **format_sign.php**

```
01:  <?php
02:  $a = -5;
03:  $b = 9;
04:  printf('%+d', $a);
05:  echo "、";
06:  printf('%+d', $b);
07:  ?>
```

> **出力**
>
> -5、+9 ——— プラスの数値には + 符号が付きます

2. パディング指定子

指定の文字数にするために、足りない分を埋める文字を指定します。文字数は後述の表示幅指定子で指定します。空白か 0 以外の文字を指定するには、全体をダブルクォートで囲み、埋める文字の前にシングルクォートを置きます。置換する値の文字数の方が多い場合は、値がそのままの文字数で表示されます。

次の例の最初の %03d の指定は、3桁になるように前を 0 で埋めます。2番目の %'*6d は 6 桁になるように * で埋めます。

115

Part 2　PHP のシンタックス

Chapter 5　文字列

---

php 文字数に足りない部分は 0 や * で埋める

«sample» **format_padding.php**

```
01:     <?php
02:     $a = 7;
03:     $b = 2380;
04:     printf(' 番号は %03d です。', $a);        ── 3 桁になるように前に 0 を付けます
05:     printf("請求額は %'*6d 円 ", $b);        ── 6 桁になるように前に * を付けます
06:     ?>
```

出力

番号は 007 です。請求額は **2380 円

次の例では、年月日が「0000-00-00」の書式になるように変数の値を埋め込んでいます。

---

php 年月日の書式を「0000-00-00」で表示する

«sample» **format_thedate.php**

```
01:     <?php
02:     $year = 1987;
03:     $month = 3;
04:     $day = 9;
05:     printf('%04d-%02d-%02d', $year, $month, $day);
06:     ?>
```

出力

1987-03-09

---

3. アラインメント指定子

指定文字数になるようにパディング指定子で埋めるとき、値を左寄せにするか右寄せにするかを指定します。- で左寄せ、+ で右寄せになります。

次の例では、最初の指定では左寄せ、後の指定では右寄せで値が表示されます。s は値が文字列であることを示す型指定子です。

---

php パディング指定子で埋めるとき、値を左寄せにするか右寄せにするか

«sample» **format_alignment.php**

```
01:     <?php
02:     $a = "23ab";
03:     printf("ID は %'#-8s です。", $a);        ── 左寄せ 8 文字で不足桁は # を埋めます
04:     printf("ID は %'*+8s です。", $a);        ── 右寄せ 8 文字で不足桁は * で埋めます
05:     ?>
```

出力

ID は 23ab#### です。ID は ****23ab です。

---

4. 幅指定子

幅指定子は、置換後に最低何文字にするかを指定します。置換する値が幅指定の文字数より少ないときは、パディング指定子で指定した文字を埋めます。値の文字数が多いときはそのまま値を表示します。ただし、かな漢字などのマルチバイト文字は正しく処理されないので注意が必要です。

次の3つの例では、$a の値は指定の4文字に足りないので「0083」のように 0 が2個補われ、$b は5文字あるのでそのまま表示されます。最後の $c は3文字なので「03-A」のように4文字になるように 0 が1個補われています。

---

php 値の最低文字数を指定する

«sample» **format_width.php**

```
01:    <?php
02:    $a = 83;
03:    $b = 92018;
04:    $c = "3-A";
05:    printf(' 番号は %04d です。', $a);  ——— 4 桁に満たないとき前に 0 を付けます
06:    printf(' 番号は %04d です。', $b);
07:    printf('ID は %04s です。', $c);  ——— 4 文字に満たないとき前に 0 を付けます
08:    ?>
```

出力

番号は 0083 です。番号は 92018 です。ID は 03-A です。

---

5. 精度指定子

ピリオドに続いて小数点以下の桁数（文字数）を指定します。浮動小数点の場合は桁数で四捨五入されますが、文字列の場合は文字数で切り捨てられます。ピリオドと数値の間に桁埋めのパディング指定子を指定できます。通常、0 を補って数値の精度を示す場合に利用します。

次の3つの例では、$a の値は小数第2位までに四捨五入されます。$b は値の桁数が足りないので、3.10 のように 0 を補って少数第2位の精度で表示されます。$c の値は文字列なので、先頭から5文字で切り取られています。ただし、かな漢字などのマルチバイト文字は正しく処理されないので注意が必要です。

---

php 小数点以下の桁数、値の文字数を指定する

«sample» **format_precision.php**

```
01:    <?php
02:    $a = 10.2582;
03:    $b = 3.1;
04:    $c = "Hypertext Preprocessor ！";
05:    printf(' 結果は %.2f です。', $a);
06:    printf(' 結果は %.02f です。', $b);
07:    printf('PHP は %.5s ...', $c);
08:    ?>
```

出力

結果は 10.26 です。結果は 3.10 です。PHP は Hyper ...

型指定子

フォーマット文字列の最後に型指定子を付けます。型指定子は、置換する値の型を指定します。すでにいくつかの例を見てきたように、数値なのか文字列なのかといった型の違いによって書式修飾子の適用のされ方が変わります。型指定子には次の種類があります。

型指定子	意味
%	% の文字を表示する。
b	整数値にした後、2進数で表示する。
c	整数値にした後、指定の ASCII コードの文字を表示する。
d	整数値にした後、10 進数で表示する。
e	倍精度数値にした後、e を使って表示する。
E	倍精度数値にした後、E を使って表示する。（大文字）
f	倍精度数値にした後、浮動小数点として表示する。
F	浮動小数点にした後、浮動小数点として表示する。
g	%e か %f で文字数が短くなるほうで表示する。
G	%E か %f で文字数が短くなるほうで表示する。
o	整数値にした後、8進数で表示する。
s	文字列にした後に表示する。
u	整数値にした後、符号無し整数値を 10 進数で表示する。
x	整数値にした後、16 進数で表示する。小文字を使う。
X	整数値にした後、16 進数で表示する。大文字を使う。

変数の値は型指定子によって次の型の値として扱われます。その値が書式に従って表示されます。

型	型指定子
文字列（string）	s
整数値（integer）	d、u、c、o、x、X、b
倍精度数値（double）	g、G、e、E、f、F

型指定子の % は他と少し違うので例を示します。これは「15.4%」のように % が置換の指定子ではなく、100 パーセントの記号としてそのまま表示したいときにエスケープシーケンスのような意味合いで使う指定子です。次の例で示すように %% と続けて書きます。

フォーマットされた文字列を返す　sprintf()

　printf() はフォーマット文字列を適用した文字列を表示しますが、sprintf() はフォーマット文字列を適用した文字列を返す関数です。sprintf() を使えば、フォーマット後の文字列を変数などに代入できます。
　次の例では3個の変数をフォーマットして文字列に埋め込み、完成した文字列を変数 %id に入れています。そして最終的に echo でほかの文字列と連結して表示しています。

フォーマット文字列を表示する　Section 5-2

| php | フォーマット済みの文字列を変数に入れて扱う |

«sample» sprintf.php

```php
01:    <?php
02:    $year = 2016;
03:    $seq = 539;
04:    $type = "P7";
05:    $id = sprintf('%04d%06d-%s', $year, $seq, $type);
06:    echo "製品 ID は ", $id, " です。";
07:    ?>
```

出力

製品 ID は 2016000539-P7 です。

置換する値を配列で指定する

　文字列の中に置換する値が複数個あるとき、printf() の代わりに vprintf() を使うと置換する値を配列で指定できます。同様に sprintf() に対して vsprintf() があります。配列についてはあらためて説明しますが、ここで例を示しておきます。（配列 ☞ P.163）

　次の例では、最大値、最小値、平均値の3つの値を配列 $data に入れておき、その値を vprintf() を使ってフォーマット文字列内の % に順に置換して表示しています。

| php | フォーマット文字列の % を配列の値で置換する |

«sample» vprintf.php

```php
01:    <?php
02:    $max = 15.69;
03:    $min = 11.32;
04:    $ave = 13.218;
05:    // 置換する配列
06:    $data = array($max, $min, $ave);
07:    // フォーマット文字列
08:    $format = ' 最大値 %.1f、最小値 %.1f、平均値 %.1f';
09:    // 値を置換して表示する
10:    vprintf($format, $data); ——— 配列に入っている値をフォーマットして出力します
11:    ?>
```

出力

最大値 15.7、最小値 11.3、平均値 13.2

Part 2 PHP のシンタックス

Chapter 5 文字列

数値の3桁区切りフォーマット

数値の3桁区切りには、専用の number_format() が用意されています。数値を引数に与えると、3桁区切りの文字列が作られます。

php 数値を3桁区切りにする

«sample» **number_format.php**

```
01:   <?php
02:   $price = 1980 * 2;
03:   $kingaku = number_format($price);
04:   echo $kingaku, "円";
05:   ?>
```

出力

3,960 円

number_format() の第2引数で小数点以下の桁数を指定できます。

php 3桁区切りし、小数第2位まで表示する

«sample» **number_format2.php**

```
01:   <?php
02:   $num = 235.365;
03:   $length = number_format($num, 2);
04:   echo $length, "m";          小数点以下2桁になるように四捨五入します
05:   ?>
```

出力

235.37m

文字を取り出す　Section 5-3

Section 5-3

文字を取り出す

文字数を調べる、文字列から文字を取り出すといった方法を説明します。文字数のチェックや文字列の抜き出しは、文字列を扱う場合の基本操作です。文字列を操作する関数には、半角英数字だけの文字列でしか利用できないものがあるので注意が必要です。

文字数を調べる

文字数は mb_strlen() で調べることができます。フォーム入力の文字数チェックなどに利用します。次の例では、文字数によって料金を計算する関数 price() を作り試しています。

php　文字数によって料金を計算する

«sample» mb_strlen.php

```php
01: <?php
02: // 文字数によって料金を計算する
03: function price($str){
04:    $kakaku = 3000;
05:    // 文字数を調べる
06:    $length = mb_strlen($str);              文字数を調べます
07:    // 11 文字目から 1 文字 100 円増し
08:    if ($length>10){
09:       $kakaku += ($length - 10)*100;
10:    }
11:    // 3 桁位取り
12:    $kakaku = number_format($kakaku);
13:    $result = "{$length} 文字 {$kakaku} 円 ";
14:    return $result;
15: }
16: ?>
17:
18: <!DOCTYPE html>
19: <html>
20: <head>
21:    <meta charset="utf-8">
22:    <title> 文字数によって料金を計算する </title>
23: </head>
24: <body>
25: <pre>
26: <?php
27: // 試す
28: $msg1 = "Hello World!";
29: $msg2= " ハローワールド ";
30: echo price($msg1);
31: echo "\n";
32: echo price($msg2);
33: ?>
34: </pre>
35: </body>
36: </html>
```

出力

```
12 文字 3,200 円
7 文字 3,000 円
```

121

Part 2　PHP のシンタックス

Chapter 5　文字列

文字列から文字を取り出す

文字列から途中の文字を取り出す場合は mb_substr() を使います。mb_substr() では、第1引数に対象の文字列、第2引数に先頭文字の位置、第3引数に取り出す文字数を指定します。

書式 文字列から途中の文字を取り出す

mb_substr (文字列 , 文字位置 , 文字数 **)**

文字位置は 0 から数え 1 文字目が 0 になります。-1 は最後の文字、-2 は最後から 2 番目の文字を指します。文字数を省略すると先頭位置から最後までの文字を取り出します。

次の例では $msg に入っている文章から途中の文字の取り出しています。mb_substr($msg, 4) は先頭の位置が 4 なので、5 文字目からの文字列を取り出します。

php 途中の文字を取り出す

«sample» **mb_substr.php**

```php
01:    <?php
02:    $msg = " 我輩は猫である。名前はまだない。";
03:    echo mb_strlen($msg), "\n"; // 文字数
04:    echo mb_substr($msg, 4), "\n"; // 5 文字目から最後まで
05:    echo mb_substr($msg, 4, 10), "\n"; // 5 文字目から 10 文字
06:    echo mb_substr($msg, -6); // 最後から 6 文字
07:    ?>
```

出力
```
16
である。名前はまだない。
である。名前はまだな
はまだない。
```

最後の文字を削除する

mb_substr() を使って文字を取り出すということは、取り出さなかった文字は削除したと考えることができます。たとえば、文字列の最後の文字を削除したいとき、先頭から最後の 1 つ手前までの文字列を取り出せば、最後の文字を削除したことになります。

次の例を試すと $msg は「春はあけぼの。」の最後の句点が取り除かれて「春はあけぼの」になります。

php 最後の文字を削除する

«sample» **mb_substr_delete.php**

```php
01:    <?php
02:    $msg = " 春はあけぼの。";
03:    $msg = mb_substr($msg, 0, -1); // 最後の文字を削除する
04:    echo $msg;
05:    ?>
```
先頭から最後の 1 つ手前

122

文字を取り出す　Section 5-3

半角英数文字だけの文字列

　半角英数文字の文字列でも mb_strlen()、mb_substr() が使えますが、文字列が半角英数文字だけならば、文字数は strlen()、文字の抜き出しには substr() を利用できます。

> **php** 半角英数文字だけの文字列から文字を抜き出す
>
> «sample» **substr.php**

```php
01:  <?php
02:  $id = "ABC1X239JP";
03:  echo substr($id, 4), "\n"; // 5 文字目から最後まで
04:  echo substr($id, 5, 3), "\n"; // 6 文字目から 3 文字
05:  echo substr($id, -2); // 最後から 2 文字
06:  ?>
```

> **出力**

```
X239JP
239
JP
```

　さらに、変数 { 文字位置 } で変数に入っている文字列の 1 文字を取り出すことができます。そこで次のコードですべての文字を 1 文字ずつ取り出すことができます。

> **php** 1 文字ずつ順に取り出す
>
> «sample» **string_index.php**

```php
01:  <?php
02:  $id = "Peace";
03:  $length = strlen($id);
04:  for ($i=0; $i<length; $i++){
05:    $chr = $id{$i};
06:    echo "{$i}-", $chr, "\n";
07:  }
08:  ?>
```

> **出力**

```
0-P
1-e
2-a
3-c
4-e
```

ⓘ NOTE

文字列のバイト数

かな漢字では strlen() は文字数の 2 倍の数を返します。つまり、strlen() は文字列のバイト数を返すわけです。strlen() で 20 以内のように制限すれば、英数文字なら 20 文字以内、かな漢字文字なら 10 文字以内のように換算できます。

Part 2　PHP のシンタックス

Chapter 5　文字列

Section 5-4

文字の変換と不要な文字の除去

Web ページの入力フォームの文字列やデータベースから取り出した値が、必ずしもそのまま利用できるとは限りません。入力フォームに入力されては困る文字が含まれていることもあります。この節では、文字を変換したり不要な文字を除去したりする方法で、目的に応じた安全な文字列を作る方法を紹介します。

全角／半角、ひらがな／カタカナの変換

mb_convert_kana() を使うことで、全角／半角を変換する、ひらがな／カタカナを変換するといったことができます。英字だけを半角にする、数字だけを半角にするといった指定もできます。

mb_convert_kana() の書式は次のようになっています。str が変換対象の文字列、option が変換オプション、encoding が文字エンコーディングです。encoding を省略した場合は内部エンコーディングが採用されます。

> **書式** 文字を変換する
>
> **mb_convert_kana(**str**,** option**,** encoding**)**

全角の英数記号、スペースを半角に変換する

全角文字の英数記号文字およびスペースを半角文字に変換するには、次のオプションを指定します。

オプション	変換
r	全角英字 → 半角英字
n	全角数字 → 半角数字
a	全角の英数記号 → 半角の英数記号
s	全角スペース → 半角スペース

次の例は、全角の英数記号文字とスペースを半角にします。英数記号文字を半角にするオプションが "a"、スペースを半角にするオプションが "s" なので、これを合わせて "as" をオプションに指定します。文字列にはマルチバイト文字が混ざっていても構いません。

> **php** 全角の英数記号、全角スペースを半角にする
>
> 《sample》alphabet2hankaku.php
>
> ```php
> 01: <?php
> 02: $msg = "Ｈｅｌｌｏ！　ＰＨＰ7をはじめよう。";
> 03: echo mb_convert_kana($msg, "as");
> 04: ?>
> ```
>
> **出力**
>
> Hello! PHP7 をはじめよう。

124

半角の英数記号およびスペースを全角に変換する

逆に半角文字の英数記号文字およびスペースを全角文字に変換するには、次のオプションを指定します。全角から半角にするオプションは小文字でしたが、半角から全角へのオプションは大文字です。

オプション	変換
R	半角英字 → 全角英字
N	半角数字 → 全角数字
A	半角の英数記号 → 全角の英数記号
S	半角スペース → 全角スペース

先ほどの例とは逆に半角の英数記号文字、スペースを全角に変換するコードは次のようになります。オプションには "AS" を指定します。

php 半角の英数記号文字、スペースを全角に変換する

«sample» alphabet2zenkaku.php

```
01: <?php
02: $msg = "Hello! PHP7 をはじめよう。";
03: echo mb_convert_kana($msg, "AS");
04: ?>
```

出力
```
Ｈｅｌｌｏ！　ＰＨＰ７をはじめよう。
```

ひらがなをカタカナに変換する

ひらがなをカタカナに変換するには、次のオプションを指定します。カタカナには全角と半角があります。

オプション	変換
h	ひらがな → 半角カタカナ
C	ひらがな → 全角カタカナ

次の例では、$yomi に入っているひらがなの読みを半角カタカナ、全角カタカナに変換しています。

php ひらがなをカタカナに変換する

«sample» hiragana2katakana.php

```
01: <?php
02: $yomi = "ふじのさぶろう";
03: $hankaku_katakana = mb_convert_kana($yomi, "h");
04: $zenkaku_katakana = mb_convert_kana($yomi, "C");
05: echo $hankaku_katakana, "\n";
06: echo $zenkaku_katakana, "\n";
07: ?>
```

出力
```
ﾌｼﾞﾉｻﾌﾞﾛｳ
フジノサブロウ
```

Part 2　PHP のシンタックス

Chapter 5　文字列

カタカナをひらがなに変換する

逆にカタカナをひらがなに変換するには、次のオプションを指定します。半角カタカナから変換する場合には、濁点がある文字を 1 文字にするかどうかの V オプションを付加できます。たとえば「が」を「か」「゛」の 2 文字ではなく「が」の 1 文字にするということです。

オプション	変換
H	半角カタカナ → ひらがな
c	全角カタカナ → ひらがな
V	濁点付きの文字を 1 文字に変換する

次の例では、半角または全角のカタカナで入っている読みをひらがなに変換しています。濁点があるカタカナは 1 文字にまとめています。したがって、"HcV" のように 3 つのオプションを重ねて指定します。

---

php　カタカナをひらがなに変換する

«sample» katakana2hiragana.php

```php
01:  <?php
02:  $yomi1 = " スコット・ラファロ ";
03:  $yomi2 = " チャーリー・ミンガス ";
04:  $hiragana1 = mb_convert_kana($yomi1, "HcV");
05:  $hiragana2 = mb_convert_kana($yomi2, "HcV");
06:  echo $hiragana1, "\n";
07:  echo $hiragana2, "\n";
08:  ?>
```

出力

```
すこっと・らふぁろ
ちゃーりー・みんがす
```

カタカナの半角／全角を変換する

カタカナには半角と全角があるので、これを変換するオプションもあります。全角カタカナに変換する K オプションには、先の H オプションと同様に濁点がある文字を 1 文字にするかどうかの V オプションを付加できます。

オプション	変換
k	全角カタカナ → 半角カタカナ
K	半角カタカナ → 全角カタカナ
V	濁点付きの文字を 1 文字に変換する

次の例では、$yomi に入っている半角カナ、ひらがなを全角カナに変換しています。濁点付きの文字は 1 文字に変換しています。全角カナはそのまま全角カナのままです。

文字の変換と不要な文字の除去　Section 5-4

---

php 半角カタカナ、ひらがなを全角カタカナに変換する

«sample» kana2zenkakukatakana.php

```php
01:    <?php
02:    $yomi1 = "ﾌｼﾞﾔﾏｻｸﾗ";
03:    $yomi2 = "あしがらきんたろう";
04:    $hiragana1 = mb_convert_kana($yomi1, "KCV");
05:    $hiragana2 = mb_convert_kana($yomi2, "KCV");
06:    echo $hiragana1, "\n";
07:    echo $hiragana2, "\n";
08:    ?>
```

出力
```
フジヤマサクラ
アシガラキンタロウ
```

英文字の大文字／小文字の変換

半角の英文字は strtoupper() で小文字を大文字に変換することができます。

---

php 小文字を大文字にする

«sample» strtoupper.php

```php
01:    <?php
02:    $msg = "Apple iPhone";
03:    echo strtoupper($msg);
04:    ?>
```

出力
```
APPLE IPHONE
```

逆に大文字を小文字に変換するには、strtolower() を利用します。

---

php 大文字を小文字にする

«sample» strtolower.php

```php
01:    <?php
02:    $msg = "Apple iPhone";
03:    echo strtolower($msg);
04:    ?>
```

出力
```
apple iphone
```

単語の先頭文字だけ大文字にする

ucfirst() は英文の先頭の文字を大文字にします。ucwords() は英文に含まれている単語の先頭の文字を大文字にします。どちらも2文字目以降は変更しないので、単語の1文字目だけ大文字にしたいならば strtolower() ですべての文字を小文字に変換した後で ucwords() で1文字目を大文字に変換します。

Part 2　PHP のシンタックス

Chapter 5　文字列

---

php　単語の先頭文字だけ大文字にする

«sample» **strtolower_ucword.php**

```php
01:    <?php
02:    $msg = "THE QUICK BROWN FOX";
03:    echo ucwords(strtolower($msg));
04:    ?>
```

出力

```
The Quick Brown Fox
```

不要な空白や改行を取り除く

　フォームに入力されたテキストの先頭や末尾には不要な空白や改行などが入っていることが考えられます。そこで、そういった不要な文字を取り除く関数があります。trim() が先頭と末尾、ltrim() が先頭（左側）、rtrim() は末尾（右側）の除去を行う関数です。

　次の例の $msg に入っている文字列には先頭にタブ、末尾に複数の空白に続いて改行が 2 個連続して入っています。これを trim() に通すと先頭と末尾にある不要な文字がすべて取り除かれています。このように、不要な文字が連続している場合も、文字を取り除いた後に繰り返して先頭と末尾の不要な文字がないかがチェックされます。

---

php　文字列の前後にある不要な文字を取り除く

«sample» **trim_default.php**

```php
01:    <?php
02:    $msg = "\tHello World!!    \n\n";
03:    $result = trim($msg);
04:    echo " 処理前 :\n";
05:    echo "[", $msg, "]\n";
06:    echo " 処理後 :\n";
07:    echo "[", $result, "]\n";
08:    ?>
```

出力

```
処理前 :
[    Hello World!!

]
処理後 :
[Hello World!!]
```

全角空白を取り除く

　初期値で取り除かれる文字は、半角空白（"0x20"）、タブ（"\t"）、改行（"\n"）、キャリッジリターン（"\r"）、NUL（"\0"）、垂直タブ（"\v"）です。つまり、初期値では全角空白を取り除くことができません。

　第 2 引数に取り除きたい文字を指定することができるので、ここで取り除きたい文字に全角空白を含めます。初期値で取り除かれる文字に加えて全角空白を取り除くには、第 2 引数を "\x20\t\n\r\0\v　" のように指定します。最後の空きは全角空白です。

次の例では、住所の前に全角空白、後ろに全角空白と改行が入っています。これを trim() で取り除いています。

---

php 前後にある全角空白と改行を削除する

«sample» **trim_charlist.php**

```php
01:  <?php
02:  $msg = "　東京都千代田区　\n\n";
03:  $result = trim($msg, "\x20\t\n\r\0\v　");
04:  echo "処理前 :\n";
05:  echo "[", $msg, "]\n";
06:  echo "処理後 :\n";
07:  echo "[", $result, "]\n";
08:  ?>
```
取り除く文字を指定します

出力
```
処理前 :
[　東京都千代田区

]
処理後 :
[ 東京都千代田区 ]
```

HTML タグ用のエンティティ変換（HTML エスケープ）

　フォームから入力された文字に < や > などの HTML タグに含まれている記号文字が混ざっているとき、その内容をそのまま使ってページ表示すると表示が崩れてしまいます。そのような文字は、htmlspecialchars() を利用して次のように & から始まる文字列（エンティティ）に置き換えます。この処理は、セキュリティ対策としても重要です。（☞ P.265）

文字	変換後の文字列（エンティティ）
&	&
"	"
'	&039;
<	<
>	>

　次の例では、$msg に「東京 <-> 京都 'Eat & Run' ツアー」のように <、>、'、& の文字が含まれています。このまま HTML コードに埋め込むわけにはいかないので、htmlspecialchars() を利用して文字を置き換えます。出力結果で確認できるようにこれらは & で始まる文字列に置き換えられています。

　なお、htmlspecialchars() の第2引数で ENT_QUOTES を指定していますが、これはシングルクォートとダブルクォートの両方を変換するためのオプションです。デフォルトではダブルクォートのみを変換します。

Part 2 PHPのシンタックス
Chapter 5 文字列

php HTMLタグ用の文字をエンティティに変換して出力する

«sample» htmlspecialchars.php

```
01: <?php
02: $msg = " 東京 <-> 京都 'Eat & Run' ツアー ";  ――― HTMLで使う文字が含まれている文字列
03: ?>
04: <!DOCTYPE html>
05: <html>
06: <head>
07:   <meta charset="utf-8">
08:   <title> エンティティ変換 </title>
09: </head>
10: <body>
11: <?php
12: // エンティティ変換を行って表示する
13: echo htmlspecialchars($msg, ENT_QUOTES, 'UTF-8');
14: ?>
15: </body>
16: </html>
```

出力

```
<!DOCTYPE html>
<html>
<head>
  <meta charset="utf-8">
  <title> エンティティ変換 </title>
</head>
<body>
東京 &lt;-&gt; 京都 &#039;Eat &amp; Run&#039; ツアー </body>  ――― 文字が置き換わっています
</html>
```

出力結果をブラウザで確認すると、エンティティに変換されている文字は元の文字で表示されています。

HTMLタグを取り除く

　文字列に含まれているHTMLタグをエンティティに変換するのではなく取り除いてしまうこともできます。HTMLタグを取り除く関数は strip_tags() です。
　次の例では $msg にHTMLタグ（<p>、<b>、
 など）が含まれた文字列が入っていますが、出力結果を見るとわかるように strip_tags() を通すとタグがすべて取り除かれています。

文字の変換と不要な文字の除去　　Section 5-4

php　文字列から HTML タグを取り除く

«sample» strip_tags.php

```
01:    <?php
02:    $msg = "<p><b> 北原白秋『砂山』</b> 海は荒海 <br> 向こうは佐渡よ <br></p>";
03:    echo strip_tags($msg);
04:    ?>
```

出力

北原白秋『砂山』海は荒海向こうは佐渡よ ─── 含まれていた HTML タグがすべて取り除かれています

セキュリティ対策　strip_tags() の第2引数を利用してはいけない

strip_tags() は、第2引数で削除せずに残すタグを指定できますが、タグの属性も残ることからセキュリティホールができます。安全に見えるタグでも残してはいけません。

URL エンコード

　URL に空白やマルチバイト文字が含まれている場合に URL エンコードが必要になります。URL エンコードを行う関数には rawurlencode() と urlencode() の2種類があります。両者の違いは空白文字の扱いです。rawurlencode() は空白文字を %20 に変換し、urlencode() は + に変換します。後者はクエリ文字列やクッキーの値で利用する形式です。

　次に示す例では、rawurlencode() を使って URL エンコードを行っています。

php　文字列を URL エンコードする

«sample» rawurlencode.php

```
01:    <?php
02:    $page = "PHP 7 サンプル .html";
03:    $path = rawurlencode($page);
04:    $url = "http://sample.com/{$path}";
05:    echo $url;
06:    ?>
```

出力

```
http://sample.com/PHP%207%E3%82%B5%E3%83%B3%E3%83%97%E3%83%AB.html
```
　　　　　　　　　　　　　　　　└─── マルチバイト文字が URL エンコードされています

URL デコード

　rawurlencode() で URL エンコードされた文字列は rawurldecode()、urlencode() で URL エンコードされた文字列は urldecode() でそれぞれデコードできます。

131

Part 2　PHP のシンタックス

Chapter 5　文字列

---

php URL デコードする

«sample» **rawurldecode.php**

```php
01:    <?php
02:    $encoded = "PHP%207%E3%82%B5%E3%83%B3%E3%83%97%E3%83%AB.html";
03:    $decoded = rawurldecode($encoded);
04:    echo $decoded;
05:    ?>
```

出力

PHP 7 サンプル .html

---

❶ NOTE

SQL クエリのエンコード

SQL クエリのエンコード方式はデータベースシステムによって異なります。本書で扱う MySQL のエンコードについては MySQL の解説に合わせて説明します。（☞ P.501）

132

文字列の比較　Section 5-5

Section 5-5

文字列の比較

この節では文字列が等しいかどうかを調べたり、アルファベット順での並びを調べたりする方法を説明します。文字列を扱う場合には、半角英数文字だけの文字列とマルチバイト文字が混ざっている文字列では結果が違ってくるので注意してください。また、文字列と数値を単純に比較すると文字列が数値として扱われてしまうので、この点にも注意が必要です。

文字列を比較する

文字列と文字列の比較は == 演算子で行うことができます。次の例の holiday() では、引数で受け取った $youbi が " 土曜日 " か " 日曜日 " のときに true になって、" ～はお休みです。" と返します。

php　文字列と文字列の比較

«sample» equal_strstr.php

```php
01:    <?php
02:    function holiday($youbi){
03:      if(($youbi == " 土曜日 ")||($youbi == " 日曜日 ")){
04:        echo $youbi, " はお休みです。\n";
05:      } else {
06:        echo $youbi, " はお休みではありません。\n";
07:      }
08:    }
09:    // 試す
10:    holiday(" 金曜日 ");
11:    holiday(" 土曜日 ");
12:    holiday(" 日曜日 ");
13:    ?>
```

出力

```
金曜日はお休みではありません。
土曜日はお休みです。
日曜日はお休みです。
```

文字列と数値を比較した場合の問題

ところが、文字列と数値を比較すると思わぬ結果を招くことがあります。次の例の check() では、引数で与えた 2 個の値が等しいかどうかをチェックしています。check("7km", "7cm") では「違う」になりますが、check("7 人 ", 7) では「同じ」になり、check("PHP7", 7) では「違う」になります。これからわかることは、文字列と文字列の比較では文字列に同じ数値が含まれていても内容が異なっていれば「違う」と正しく判断されますが、文字列と数値を比較すると結果が変わってくるということです。

文字列と数値を比較すると文字列は自動的に数値にキャスト（型変換）されます。このとき、文字列の先頭に数字があれば、その数字がキャスト後の数値になります。"7 人 " は 7 に変換されるので、check("7 人 ", 7) は「同じ」になるわけです。先頭が数値ではないとき、あるいは文字列に数値が含まれていないときは 0 に変換されます。したがって、最後の check(" 七 ", 0) は 0 と 0 の比較になって「同じ」になります。

Part 2　PHP のシンタックス

Chapter 5　文字列

---

php　文字列と数値を比較した場合

«sample» **equal_strnumber.php**

```php
01:    <?php
02:    function check($a, $b){
03:      if($a == $b){                        ── == で比較します
04:        echo "{$a} と {$b} は ", " 同じ。\n";
05:      } else {
06:        echo "{$a} と {$b} は ", " 違う。\n";
07:      }
08:    }
09:    // 試す
10:    check("7cm", "7cm");
11:    check("7km", "7cm");
12:    check("7 人 ", 7);
13:    check("PHP7", 7);
14:    check(" 七 ", 0);
15:    ?>
```

出力

```
7cm と 7cm は同じ。
7km と 7cm は違う。        ── == の比較では、比較した文字列が等しいかどうか
7 人と 7 は同じ。                 正しく判断できません
PHP7 と 7 は違う。
七と 0 は同じ。
```

厳密な比較

　文字列と数値の比較を正しく評価できるようにするには、比較に === 演算子を使います。先の check() の == を === に書き替えてテストしてみましょう。すると、同じ文字列同士の check("7cm", "7cm") 以外はすべての比較が「違う」になります。

---

php　文字列と数値を厳密に比較した場合

«sample» **identical_strnumber.php**

```php
01:    <?php
02:    function check($a, $b){
03:      if($a === $b){                       ── === で比較します
04:        echo "{$a} と {$b} は ", " 同じ。\n";
05:      } else {
06:        echo "{$a} と {$b} は ", " 違う。\n";
07:      }
08:    }
09:    // 試す
10:    check("7cm", "7cm");
11:    check("7km", "7cm");
12:    check("7 人 ", 7);
13:    check("PHP7", 7);
14:    check(" 七 ", 0);
15:    ?>
```

出力

```
7cm と 7cm は同じ。
7km と 7cm は違う。
7 人と 7 は違う。
PHP7 と 7 は違う。
七と 0 は違う。
```

文字列の比較　Section 5-5

英文字の大小比較／アルファベット順で比較する

比較演算子（<、<=、>、>=）も文字列に対して使用できますが、大小関係はアルファベット順になります。大小の比較を有効に利用できるのは半角英文字同士の場合で、大小の並びはアルファベット順になります。1文字目を比較して同じならば2文字目、3文字目と比較します。大文字と小文字では、大文字のほうが前の順になります。

次の例では、"apple" と "android" の比較で1文字目が同じなので2文字目以降を比較した結果「android、apple」の順になっています。"apple" と "APPLE" では、「APPLE、apple」の順になっています。

php 英単語をアルファベット順で比較する

«sample» str_cmp_operator.php

```php
01: <?php
02: function compare($a, $b){
03:   if($a < $b){
04:     echo "{$a}、{$b} の順。\n";
05:   } else if($a == $b){
06:     echo "{$a} と {$b} は同じ。\n";
07:   } else if($a > $b){
08:     echo "{$b}、{$a} の順。\n";
09:   }
10: }
11: // 試す
12: compare("apple", "apple");
13: compare("apple", "beatles");
14: compare("apple", "android");
15: compare("apple", "APPLE");
16: ?>
```

出力
```
apple と apple は同じ。
apple、beatles の順。
android、apple の順。
APPLE、apple の順。
```

文字列にキャストして比較する

比較演算子を使った比較ではどちらかが数値だった場合に文字列が数値にキャストされてしまいます。数値を文字列にキャストして比較したいならば (string)$varのようにキャスト演算子を利用して数値を文字列にキャストします。

次の例では、先のサンプルの compare($a, $b) を使って文字列と数値の大きさの比較を行っています。その結果、"120" と 99 では文字列の "123" が数値にキャストされるために「99、123」の順、"A5" と 0 では "A5" が 0 にキャストされてしまうために「A5 と 0 は同じ」、そして "A5" と (string)$num では $num が文字列の "99" になるので「99、A5」の順になっています。

php キャスト演算子 (string) を利用する

«sample» str_cmp_operator2.php

```php
01: <?php
02: function compare($a, $b){
03:   if($a < $b){
```

Part 2

Chapter 2

Chapter 3

Chapter 4

Chapter 5

Chapter 6

Chapter 7

135

Part 2　PHP のシンタックス

Chapter 5　文字列

```
04:        echo "{$a}、{$b} の順。\n";
05:      } else if($a == $b){
06:        echo "{$a} と {$b} は同じ。\n";
07:      } else if($a > $b){
08:        echo "{$b}、{$a} の順。\n";
09:      }
10:    }
11:    // 文字列と数値を比較する
12:    compare("120", 99);
13:    compare("A5", 0);
14:    // $num を String 型にキャストして比較する
15:    $num = 99;
16:    compare("A5", (string)$num);
17:    ?>
```

出力

```
99、120 の順。
A5 と 0 は同じ。
99、A5 の順。
```

文字列にキャストして比較する関数

文字列の大きさを比較する関数もあります。strcmp($str1, $str2) を使うと引数が数値であっても文字列にキャストして比較します。結果は $str1 が $str2 より小さいとき負の値、等しいとき 0、大きいとき正の値になります。

次の例では最初に文字列の "123" と数値の 99 を比較していますが、数値が "99" にキャストされるので「123、99」の順になります。

php strcmp() を使って比較する

«sample» strcmp.php

```
01:    function compareStr($a, $b){
02:      // 文字列にキャストして比較する
03:      $result = strcmp($a, $b);
04:      if($result < 0){
05:        echo "{$a}、{$b} の順。\n";
06:      } else if($result === 0){
07:        echo "{$a} と {$b} は同じ。\n";
08:      } else if($result > 0){
09:        echo "{$b}、{$a} の順。\n";
10:      }
11:    }
12:    // 試す
13:    compareStr("123", 99);
14:    compareStr("A123", 99);
15:    compareStr("009", 99);
16:    ?>
```

出力

```
123、99 の順。
99、A123 の順。
009、99 の順。
```

文字列の比較　Section 5-5

大文字と小文字を区別せずに比較する

strncasecmp() は引数を文字列にキャストし、英文字の大文字と小文字を区別せずに比較します。結果は strcmp() と同じように負、0、正で返します。次の例では2つの単語を大文字小文字を区別せずに比較したとき、一致するかどうかを調べています。

---

php　大文字と小文字を区別せずに比較する

«sample» strcasecmp.php

```php
01:  <?php
02:  $id1 = "AB12R";
03:  $id2 = "ab12r";
04:  // 大文字小文字を区別せずに比較する
05:  $result = strcasecmp($id1, $id2);
06:  echo "{$id1} と {$id2} を比較した結果、";
07:  if ($result == 0){
08:    echo " 一致しました。";
09:  } else {
10:    echo " 一致しません。";
11:  }
12:  ?>
```

出力

AB12R と ab12r を比較した結果、一致しました。

前方一致で比較する

strncmp() を使うと先頭の3文字が同じならば一致しているというような比較ができます。つまり、前方一致を調べることができるわけです。引数は文字列にキャストされ、英文字の大文字と小文字は区別します。大文字小文字を区別せずに比較したい場合は strncasecmp() を使います。

次の書式で言えば、str1 と str2 の len 文字目までの大小を比較します。結果は str1 のほうが小さいとき負の値、等しいとき 0、大きいとき正の値になります。

書式　前方一致で比較する
....

strncmp(str1, str2, len)

書式　大文字小文字を区別せずに前方一致で比較する
....

strncasecmp(str1, str2, len)

次の例では、引数の値が大文字小文字を区別せずに "ABC" で始まるかどうかを調べています。使う関数は strncasecmp() です。何文字目まで比較するかは "ABC" の文字数、つまり strlen($str1) でカウントします。一致するかどうかだけをチェックするので、strncasecmp() で比較した結果が 0 かどうかで判断できます。

Part 2　PHP のシンタックス

Chapter 5　文字列

php　前方一致で比較する

«sample» **strncasecmp.php**

```php
01:  <?php
02:  function check($str2){
03:    $str1 = "ABC";
04:    // $str2 が str1 ではじまっているかどうかをチェックする
05:    $result = strncasecmp($str1, $str2, strlen($str1));
06:    echo "{$str2} は ";
07:    if ($result == 0){
08:      echo "{$str1} から始まる。\n";
09:    } else {
10:      echo " その他。\n";
11:    }
12:  }
13:  // 試す
14:  $id1 = "ABCR70";
15:  $id2 = "xbcM65";
16:  $id3 = "AbcW71";
17:  $id4 = "xABC68";
18:  check($id1);
19:  check($id2);
20:  check($id3);
21:  check($id4);
22:  ?>
```

出力

ABCR70 は ABC で始まる。
xbcM65 はその他。
AbcW71 は ABC で始まる。　──── 大文字と小文字を区別せずに比較しています
xABC68 はその他。　──────── ABC が含まれていますが、先頭からではありません

文字列の検索　Section 5-6

Section 5-6
文字列の検索

この節では文字列の検索を行い、見つかった位置を調べる、指定の文字が含まれているか調べる、文字列を置換する方法を説明します。検索置換を利用することで、検索位置に文字列を挿入する、検索文字を削除するといったこともできます。なお、文字列の検索や置換は正規表現を使って行うこともできます。正規表現については次節で説明します。

文字列を検索する

文字列を検索する関数はいくつかありますが、strpos() または mb_strpos() は、検索して最初に見つかった位置を返します。マルチバイト文字の検索には mb_strpos() のほうを使います。文字の位置は 0 から数え、見つからない場合は false を返します。このとき、if 文では 0 は false と判定されるので、=== 演算子を使って厳密な判定を行う必要があります。

次の例では check() を定義して引数 1 に引数 2 の文字列が含まれているかどうかを調べています。最初の結果の「渋谷」が含まれている位置が 3 文字目になる理由は、文字位置を 0 から数えるからです。

---

php 文字列が含まれている位置を調べる

«sample» mb_strpos.php

```php
01:  <?php
02:  function check($target, $str){
03:    $result = mb_strpos($target, $str);
04:    if($result === false){
05:      echo "「{$str}」は「{$target}」には含まれていません。\n";
06:    } else {
07:      echo "「{$str}」は「{$target}」の {$result} 文字目にあります。\n";
08:    }
09:  }
10:  // 試す
11:  check("東京都渋谷区神南", "渋谷");
12:  check("東京都渋谷区神南", "新宿");
13:  check("PHP, Swift, C++", "PHP");
14:  check("PHP, Swift, C++", "Python");
15:  ?>
```

出力

「渋谷」は「東京都渋谷区神南」の 3 文字目にあります。
「新宿」は「東京都渋谷区神南」には含まれていません。
「PHP」は「PHP, Swift, C++」の 0 文字目にあります。
「Python」は「PHP, Swift, C++」には含まれていません。

---

❶ NOTE

最後に見つかった位置
最後に見つかった位置を返す strrpos() および mb_strrpos() もあります。

139

Part 2　PHP のシンタックス

Chapter 5　文字列

文字列が含まれている個数を調べる

mb_substr_count() は、検索した文字列が何個含まれているかを返す関数です。次の例では、この関数を使って「不可」が3個以上含まれているときに「再試験」にしています。

---

php　「不可」が含まれている個数を調べる

«sample» **mb_substr_count.php**

```php
01: <?php
02: function check($target){
03:   $result = mb_substr_count($target, "不可");
04:   if($result >= 3){
05:     echo "不可が {$result} 個あるので、再試験です。\n";
06:   } else {
07:     echo "合格です。\n";
08:   }
09: }
10: // 試す
11: check("優 , 不可 , 良 , 可 , 優 , 可");
12: check("可 , 優 , 不可 , 不可 , 良 , 不可");
13: check("不可 , 可 , 不可 , 不可 , 良 , 不可");
14: check("可 , 良 , 良 , 不可 , 良 , 不可");
15: ?>
```

出力

```
合格です。
不可が 3 個あるので、再試験です。
不可が 4 個あるので、再試験です。
合格です。
```

見つかった位置から後ろの文字列を取り出す

mb_strstr() は、特定の文字を検索して最初に見つかった位置から後ろにある文字列を取り出す関数です。英文字の大文字小文字を区別しないで検索するならば mb_stristr() を使います。検索した文字列が見つからない場合は false が戻ってきます。

次の例では mb_stristr() を使って検索を行う pickout() を定義しています。mb_stristr() で検索した結果が false でなければ返ってきた値を表示し、false ならば (not found) を返します。例ではこの pickout() を使って住所の検索を行っています。

---

php　見つかった位置から後ろの文字列を取り出す

«sample» **mb_stristr.php**

```php
01: <?php
02: function pickout($target, $str){
03:   $result = mb_stristr($target, $str);
04:   if($result === false){
05:     echo "(not found)\n";
06:   } else {
07:     echo "{$result}\n";
08:   }
09: }
```

140

文字列の検索　Section 5-6

```
10:     // 試す
11:     pickout("東京都港区赤坂 2-3-4", "赤坂");
12:     pickout("東京都渋谷区神南 1-1-1", "渋谷区");
13:     pickout("東京都渋谷区道玄坂 5-5-5", "原宿");
14:     ?>
```

出力

```
赤坂 2-3-4
渋谷区神南 1-1-1
(not found)
```

検索して置換する

　検索した文字を置換したい場合には str_replace() を使います。この関数はマルチバイト文字でも利用できます。英文字の大文字小文字を区別せずに検索置換したい場合には str_ireplace() を利用します。実行すると検索置換した結果が返されますが、$subject の文字列が直接書き換わるわけではありません。

書式 **検索して置換する**

str_replace($search, $replace, $subject, $count**)**

書式 **大文字小文字を区別せずに検索置換する**

str_ireplace($search, $replace, $subject, $count**)**

　第1引数 $search に検索する文字、第2引数 $replace で置換する文字、第3引数 $subject で検索対象の文字列を指定します。第4引数に変数を指定すると置換された回数が入ります。検索した文字が複数個含まれている場合には、すべてが置換されます。検索した文字が見つからなかった場合は、検索対象の文字列がそのまま返ってきます。

　次に示す例では $subject に入っている文字列の「猫」の文字を置換しています。最初は「犬」に次は「馬」に置換しています。最後に表示している $subject を見てもわかるように、str_replace() は元の文字列を直接書き替えていないことがわかります。

php **検索置換を行う**

«sample» str_replace.php

```
01:     <?php
02:     // 同じ文字列を使って別の語句に置換する
03:     $subject = "我輩は猫である。";
04:     echo str_replace("猫", "犬", $subject), "\n";  ——— 猫を犬に置換します
05:     echo str_replace("猫", "馬", $subject), "\n";  ——— 猫を馬に置換します
06:     echo $subject;
07:     ?>
```

Part 2　PHP のシンタックス

Chapter 5　文字列

出力

我輩は犬である。
我輩は馬である。
我輩は猫である。────── 元の文字列は変化しません。

---

❶ NOTE

検索置換を使って文字を削除する

検索した文字を空白 "" に置換することで、見つかった文字を削除することができます。

置換した個数を調べる

次の例では str_ireplace() を使って大文字小文字を区別せずに "Apple Pie" に含まれている "p" を "?" に置き換えています。第4引数で $count を指定しているので、$count には置換した個数が入ります。

---

php　"p" を "?" に置換し、置換した個数を調べる

«sample» str_ireplace.php

```php
01:    <?php
02:    $subject = "Apple Pie";
03:    // 大文字小文字を区別せずに置換する
04:    $result = str_ireplace("p", "?", $subject, $count);  ────── P を?に置換した文字列を作ります
05:    echo "置換前：{$subject}", "\n";
06:    echo "置換後：{$result}", "\n";
07:    echo "個数：{$count}";
08:    ?>
```

出力

置換前：Apple Pie
置換後：A??le ?ie
個数：3

検索文字と置換文字を配列で指定する

str_replace() と str_ireplace() では、第1引数と第2引数を配列で指定することもできます。つまり、複数個の検索文字を置換するとか、複数の検索文字に対して個別に置換文字を設定するといったことができるわけです。（配列 ☞ P.163）

複数の検索文字を置き換える

次の例では文字列に含まれている "p" と "e" を "?" に置き換えています。検索する文字が2種類あるので、2つの文字を配列 $search で指定しています。大文字と小文字を区別しないで置換できるように str_ireplace() を使っています。

142

文字列の検索　Section 5-6

---

php "p" と "e" を "?" に置き換える

«sample» str_ireplace2.php

```php
01:  <?php
02:  // 検索文字
03:  $search = array("p", "e");
04:  // 対象文字列
05:  $subject = "a piece of the apple pie";
06:  // 大文字小文字を区別せずに置換する
07:  $result = str_ireplace($search, "?", $subject, $count);
08:  echo "置換前：{$subject}", "\n";
09:  echo "置換後：{$result}", "\n";
10:  echo "個数：{$count}";
11:  ?>
```

出力

```
置換前：a piece of the apple pie
置換後：a ?i?c? of th? a??l? ?i?
個数：9
```

複数の検索文字をそれぞれ別の文字に置き換える

次の例では名前と年齢をそれぞれ "A" と "x" に置換しています。それぞれの置換を行うために、検索文字 $search、置換文字 $replace ともに配列で指定しています。置換文字の配列は置き換える順番で値を登録します。

---

php 名前と年齢を別の文字に置換する

«sample» str_replace2.php

```php
01:  // 検索文字
02:  $search = [" 鈴木 ", "35 歳 "];
03:  // 置換文字
04:  $replace = ["A","x 歳 "];
05:  // 対象文字列
06:  $subject = " 担当は鈴木さんです。鈴木さんは 35 歳の男性です。";
07:  $result = str_replace($search, $replace, $subject);
08:  echo "置換前：{$subject}", "\n";
09:  echo "置換後：{$result}";
10:  ?>
```

出力

```
置換前：担当は鈴木さんです。鈴木さんは 35 歳の男性です。
置換後：担当は A さんです。A さんは x 歳の男性です。
```

複数の検索文字を置き換える場合の注意点

検索文字と置き換え文字を配列で指定する場合には、検索文字を順に置き換えていくことから、先に検索置換した文字を後の検索結果で置換し直されることがあるので注意してください。

たとえば、"XG90, XG100, P10, P15" に含まれている "XG" を "XP"、"P10" を "P10a" にそれぞれ置換したいと思って次のようなコードを書いたとします。出力結果を見ると2番目の "XG100" が "XP100" ではなく、"XP10a0" に置換されています。こうなった理由は、まず "XG100" が "XP100" に置換され、続いて "XP100" の "P10" の部分が "P10a" に置換されてしまって "XP10a0" になったわけです。

143

Part 2　PHPのシンタックス

Chapter 5　文字列

---

php　置換結果が繰り返して置換されてしまうミス

«sample» **str_replace_NG.php**

```php
01:    <?php
02:    // 検索文字
03:    $search = ["XG", "P10"];
04:    // 置換文字
05:    $replace = ["XP","P10a"];
06:    // 対象文字列
07:    $subject = "XG90, XG100, P10, P15";
08:    $result = str_replace($search, $replace, $subject);
09:    echo "置換前：{$subject}", "\n";
10:    echo "置換後：{$result}";
11:    ?>
```

出力

置換前：XG90, XG100, P10, P15
置換後：XP90, XP10a0, P10a, P15

---

❶ NOTE

配列の値を置換する

str_replace()、str_ireplace() は、配列の値を検索置換することもできます。（☞ P.200）

Section 5-7

正規表現の基本知識

この節では、文字列の検索や置換をパターンを使って行う正規表現の基本を解説します。正規表現は記号が多く暗号文みたいに見えますが、ルールがわかれば意外と簡単です。文字整理を行うことが多いPHPにおいて、正規表現は強力な武器となるのでぜひ取り組んでみてください。

正規表現とは

　正規表現とは文字列をパターンで検索して、パターンにマッチするかどうかチェックする、置換する、分割するといった文字列処理を行う手法です。パターンの書き方によって、非常に高度な文字列処理を行えますが、セキュリティの脆弱性をはらむ危険性があるため複雑なパターンを書くにはある程度の習熟が不可欠です。ただ、よく利用するパターンは決まっているので、積極的に利用していきたいテクニックのひとつです。

パターンにマッチするとは？

　さて、パターンにマッチするとはどういうことでしょうか。パターンマッチで利用する関数は preg_match() です。preg_match() の書式は次のとおりです。第1引数の $pattern にパターンの文字列、第2引数の $subject に検索対象の文字列を指定して preg_match() を実行します。

> **書式** preg_match() の書式
>
> $result **= preg_match(** $pattern, $subject**)**

　preg_match() の実行結果は、パターンにマッチしたときに1、マッチしなかったときに0が戻ります。そして、パターンを解析できなかった場合など、エラーがあった場合は false になります。

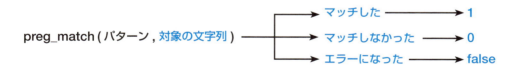

　たとえば、車のナンバーが「46-49」だとわかっているとき、文字列に「46-49」が含まれているかを正規表現を使ってチェックします。まず、調べるナンバーの「46-49」を /46-49/ のように / で囲んでパターンを作ります。

Part 2　PHP のシンタックス

Chapter 5　文字列

---

php 「46-49」が含まれているかどうかを調べる

«sample» preg_match1.php

```
01:    <?php
02:    // 探しているナンバーは「46-49」
03:    $result1 = preg_match("/46-49/u", " 確か 49-46 でした ");
04:    $result2 = preg_match("/46-49/u", " たぶん 46-49 だった ");  ——— 46-49 が含まれています
05:    $result3 = preg_match("/46-49u", "49-46");
06:    // 結果                           |
07:    var_dump($result1);      パターン式が間違っています
08:    var_dump($result2);
09:    var_dump($result3);
10:    ?>
```

出力
```
int(0)
int(1)
bool(false)
```

パターンにマッチするとは、「文字列の中にパターンが見つかった」と言い換えることができます。

示した例で言えば「確か 49-46 でした」には「46-49」が含まれていないので int(0)、「たぶん 46-49 だった」は「46-49」が含まれているので int(1) が出力されます。そして、最後のパターンにはエラーがあるので結果は bool(false) になっています。

なお、例に示すパターンには /46-49/u のように u の文字が付いています。これは UTF-8 を正しくマッチングするための修飾子です（☞ P.148）。

任意の 1 文字を含むパターン

では、「4?-49」のようにナンバーの一部が不明だったときはどうなるでしょう。正規表現を利用すれば、このような場合も検索できます。この場合のパターンは /4.-49/ です。

これでパターンマッチを行った場合、49-46 はマッチしませんが、46-49 と 41-49 はマッチします。

---

php 「4?-49」のように不明な番号がある

«sample» preg_match2.php

```
01:    <?php
02:    // 探しているナンバーは「4?-49」
03:    $result1 = preg_match("/4.-49/u", " 確か 49-46 でした ");
04:    $result2 = preg_match("/4.-49/u", " たぶん 46-49 だった ");
05:    $result3 = preg_match("/4.-49/u", "41-49 かな？ ");
06:    // 結果
07:    var_dump($result1);
08:    var_dump($result2);
09:    var_dump($result3);
10:    ?>
```

出力
```
int(0)
int(1)
int(1)
```

正規表現の基本知識　Section 5-7

任意の1文字が6～9の数字のパターン

　それでは、「4?-49」の不明な番号？が5より大きな数字つまり6～9の数字だったことがわかっていると します。正規表現ではこのようなケースでも検索することができます。この場合のパターンは /4[6-9]-49/ です。 これでパターンマッチを行うと、49-46 と 41-49 は false になり、46-49 が true になります。

> **❶ NOTE**
>
> **PCRE 関数と POSIX 拡張**
> PHP 7.0.0 では、Perl 互換の正規表現を PCRE 関数で行います。POSIX 拡張の正規表現関数は PHP 7.0.0 で削除されました。

---

php　「4?-49」の不明な番号は 6 ～ 9 である

《sample》 preg_match3.php

```php
01: <?php
02: // 探しているナンバーは「4?-49」、? は 6 ～ 9 の番号
03: $result1 = preg_match("/4[6-9]-49/u", " 確か 49-46 でした ");
04: $result2 = preg_match("/4[6-9]-49/u", " たぶん 46-49 だった ");
05: $result3 = preg_match("/4[6-9]-49/u", "41-49 かな？ ");
06: // 結果
07: var_dump($result1);
08: var_dump($result2);
09: var_dump($result3);
10: ?>
```

出力
```
int(0)
int(1)
int(0)
```

正規表現の構文

　このように正規表現を利用することで、柔軟な文字列検索が可能になります。検索パターンの基本構文は次 のようになっています。パターンには後置オプション（パターン修飾子）を付けることができます。

> **書式** **正規表現のパターン構文**
> ....
> **/** パターン **/** 後置オプション

区切り文字（デリミタ）

　パターンはスラッシュ（/）で囲みますが、この区切り文字は / でなくてもよく、英数字とバックスラッシュ 以外の文字ならば何でも使えます。したがって、ファイル名などのようにスラッシュを含む文字列を検索した い場合はスラッシュ以外の文字、たとえば # を区切り文字にしたほうがスラッシュをエスケープする必要がな くて便利です。

　次の例ではファルパスの /image/ を探します。最初のパターンはスラッシュを区切り文字にしているので、 パスを区切るスラッシュをバックスラッシュを使って /\/image\// のようにエスケープしています。2番目の

Part 2

Chapter
2

Chapter
3

Chapter
4

Chapter
5

Chapter
6

Chapter
7

147

パターンは # を区切り文字にしているので #/image/# のように読みやすくなっています。

```php
01:  <?php
02:  $filepath = "/goods/image/cat/";
03:  // 区切り文字がスラッシュの場合
04:  var_dump(preg_match("/\/image\//u", $filepath));  ——— パターンに含まれる / をエスケープしています
05:  // 区切り文字が # の場合
06:  var_dump(preg_match("#/image/#u", $filepath));
07:  ?>
```

php # をパターンの区切り文字に使う例　《sample》delimiter.php

出力
```
int(1)
int(1)
```

パターンで利用する特殊文字（メタ文字）

先の例のパターンにピリオド（ . ）や [ ] といった記号が含まれていたように、パターンには規則性を示す特殊文字（メタ文字）を含めることができます。

/4.-49/ のピリオドは、任意の 1 文字を意味しています。/4[6-9]-49/ のパターンにある [6-9] は、6 〜 9 の連続番号を意味します。[0-9] ならば数字全部を意味します。同様に [a-z] ならば小文字のアルファベット全部です。ここで使われているメタ文字は、ピリオド、[ ]、ハイフン（ - ）です。

後置オプション（PCRE パターン修飾子）

後置オプションのパターン修飾子は、パターンの解析方法を指定するオプションです。パターン修飾子には次のもの以外にもありますが、特に重要なのは u 修飾子です。UTF-8 エンコードのパターンには必ず u 修飾子を付けるようにします。他に指定がない場合は u 修飾子を付けておくとよいでしょう。

後置オプション	説明
i	アルファベットの大文字小文字を区別しない。
m	行単位でマッチングする。
s	ドット（ . ）で改行文字もマッチングする。
u	パターン文字を UTF-8 エンコードで扱う。
x	パターンの中の空白文字を無視する（\s、文字クラス内の空白を除く）

文字クラスを定義する［ ］

/4[6-9]-49/ には [ ] で囲まれた範囲があります。[ ] の式は文字クラスと呼ばれます。「文字クラス」と聞くと難しそうですが、文字クラスを使っていないパターンと文字クラスを使っているパターンを比べると文字クラスの役割が理解できます。

正規表現の基本知識　Section 5-7

文字クラスを使っていないパターン

　まずは文字クラスを使っていないパターンを見てみましょう。/赤の玉/のパターンは、「赤の玉」の文字列を含んでいる場合にマッチします。例ではパターンを $pattern に入れています。

---

php　文字クラスを使っていないパターン

«sample» charclass_notuse.php

```php
01:   <?php
02:   // 赤の玉にマッチする
03:   $pattern = "/赤の玉/u";
04:   var_dump(preg_match($pattern, "赤の玉です"));   ——— パターンが一致します
05:   var_dump(preg_match($pattern, "青の玉です"));
06:   var_dump(preg_match($pattern, "赤の箱です"));
07:   ?>
```

出力
```
int(1)
int(0)
int(0)
```

　この正規表現では「赤の玉」にしかマッチしませんが、「青の玉」、「緑の玉」もマッチするようにするにはどうしたらよいでしょうか。それが次の文字クラスを使った正規表現です。

文字クラスを使ったパターン

　赤、青、緑の3色にマッチするパターンを作りたいとき、この3色を示す特殊な1文字があると便利です。そこで[赤青緑]のように[ ]で囲った文字列を1つの文字として扱えるように文字クラスを定義するわけです。この文字クラスを使えば、「赤の玉」、「青の玉」、「緑の玉」にマッチするパターンは /[赤青緑]の玉/のように書くことができます。

---

php　文字クラスを使っているパターン

«sample» charclass_use.php

```php
01:   <?php
02:   // 赤の玉、青の玉、緑の玉のどれかにマッチする
03:   $pattern = "/[赤青緑]の玉/u";
04:   var_dump(preg_match($pattern, "それは赤の玉です"));
05:   var_dump(preg_match($pattern, "青の玉が2個です"));
06:   var_dump(preg_match($pattern, "緑の玉でした"));
07:   var_dump(preg_match($pattern, "緑の箱でした"));
08:   ?>
```

出力
```
int(1)
int(1)
int(1)
int(0)
```

Part 2　PHP のシンタックス

Chapter 5　文字列

文字クラス定義 [ ] の中で使うメタ文字

　文字クラス文字クラス [ ] の中で使うことができる
メタ文字には次の文字があり、それぞれに特殊な機能
があります。

メタ文字	説明
\	エスケープ文字
^	否定（1 文字目に置いたときのみ）
-	文字の範囲の指定

否定

　^ は [^ 青] のように使います。[^ 青] は「青」以外の文字にマッチします。次の例の /[^ 青赤] 木 / という
パターンの場合は「青木」と「赤木」ではない「？木」にマッチします。したがって、最初の「大木」にはマッ
チします。最後の「赤木、白木」は「白木」にはマッチするのでパターンが見つかったことになり 1 が戻ります。

---

php　青木または赤木ではないとき

«sample» charclass_deny.php

```php
01:    <?php
02:    // 青木または赤木ではないときにマッチする
03:    $pattern = "/[^ 青赤 ] 木 /u";
04:    var_dump(preg_match($pattern, " 大木 "));
05:    var_dump(preg_match($pattern, " 青木 "));
06:    var_dump(preg_match($pattern, " 赤木 "));
07:    var_dump(preg_match($pattern, " 赤木、白木 "));
08:    ?>
```

出力

```
int(1)
int(0)
int(0)
int(1)
```

文字の範囲の指定

　先にも例を示しましたが、ハイフンは文字の範囲を示します。すべての数字は [0-9]、小文字のアルファベッ
トは [a-z]、大文字ならば [A-Z]、すべてのアルファベットは [a-zA-Z]、英数字は [0-9a-zA-Z] のように文字ク
ラスを定義します。

　次の例では、「A1 〜 F9」の文字を検索します。数字の 0 やアルファベットの小文字、G 以降はマッチしま
せん。「1A」のように並びが逆の場合もマッチしません。

---

php　A1 〜 F9 にマッチする

«sample» charclass_range.php

```php
01:    <?php
02:    // A1 〜 F9 にマッチする
03:    $pattern = "/[A-F][1-9]/u";
04:    var_dump(preg_match($pattern, "B8"));
05:    var_dump(preg_match($pattern, "G7"));
06:    var_dump(preg_match($pattern, "D6"));
07:    var_dump(preg_match($pattern, "a2"));
08:    var_dump(preg_match($pattern, "1A"));
09:    ?>
```

正規表現の基本知識　Section 5-7

```
出力
int(1)
int(0)
int(1)
int(0)
int(0)
```

なお、[ ] の外にあるハイフンは単なる文字なので、/[A-F]-[0-9]-[0-9a-zA-Z]/ というパターンは「A-5-5」や「F-9-c」といった文字にマッチします。各文字は 1 文字ずつなので「G-17-10」はマッチしません。「a-2-9」は a が小文字なのでマッチしません。

php　大文字 - 数字 - 英数字にマッチする

«sample» charclass_range2.php

```php
01:  <?php
02:  // 大文字 – 数字 – 英数字にマッチする
03:  $pattern = "/[A-F]-[0-9]-[0-9a-zA-Z]/u";
04:  var_dump(preg_match($pattern, "A-5-5"));
05:  var_dump(preg_match($pattern, "F-9-c"));
06:  var_dump(preg_match($pattern, "G-17-10"));
07:  var_dump(preg_match($pattern, "a-2-9"));
08:  ?>
```

```
出力
int(1)
int(1)
int(0)
int(0)
```

定義済みの文字クラス

よく利用する文字クラスには、定義済みの文字クラスがあります。たとえば、[0-9] の代わりに \d、[0-9a-zA-Z] の代わりに \w、空白文字の [\n\r\t \x0B] の代わりに \s と書くことができます。ただし、これらはマルチバイト文字で意図しない結果になることもあるので、動作確認を慎重に行って使ってください。

文字クラス	意味
\d	数値。[0-9] と同じ。
\D	数値以外。[^0-9] と同じ。
\s	空白文字。[\n\r\t \x0B] と同じ。
\S	空白文字以外。[^\s] と同じ。
\w	英数文字、アンダースコア。[a-zA-Z_0-9] と同じ。
\W	文字以外。[^\w] と同じ。

文字クラス定義 [ ] の外で使うメタ文字

文字クラスを定義することで、複数の文字を 1 つの文字種のように指定できることがわかりました。しかし、8 桁の数字を指定したいとか、先頭一致で検索したいといったケースもあります。次に説明するのが、そのようなパターンを作るためのメタ文字です。

Part 2　PHP のシンタックス

Chapter 5　文字列

メタ文字	説明
\	エスケープ
^	先頭一致（複数行の場合は行の先頭）
$	終端一致（複数行の場合は行末）
.	任意の 1 文字（改行を除く）
[ ]	文字クラスの定義
|	選択肢の区切り
( )	サブパターンの囲み
{n}	n 回の繰り返し
{n,}	n 回以上の繰り返し
{n,m}	n 〜 m 回の繰り返し
*	{0,} の省略形（0 回以上の繰り返し）
+	{1,} の省略形（1 回以上の繰り返し）
?	{0,1} の省略形（0 または 1 回の繰り返し）

任意の 1 文字の指定

ピリオド（.）は任意の 1 文字（改行を除く）を表します。たとえば、/ 田中 .. 子 / というパターンならば、「田中佐知子」、「田中亜希子」のように「田中」と「子」の間に 2 文字が入る名前とマッチします。「田中幸子」は 1 文字、「田中向日葵子」は 3 文字なのでマッチしません。なお、パターンには後置オプションの u 修飾子を必ず付けてください。

php　田中？？子とマッチする名前を探す

«sample» metachar_period.php

```php
01:    <?php
02:    // 田中？？子にマッチする
03:    $pattern = "/ 田中 .. 子 /u";    間が2文字でなければなりません
04:    var_dump(preg_match($pattern, " 田中佐知子 "));
05:    var_dump(preg_match($pattern, " 田中亜希子 "));
06:    var_dump(preg_match($pattern, " 田中幸子 "));
07:    var_dump(preg_match($pattern, " 田中向日葵子 "));
08:    ?>
```

出力

```
int(1)
int(1)
int(0)
int(0)
```

先頭一致と終端一致

^ は先頭一致（スタート）、$ は終端一致（エンド）のメタ文字です。探している文字列が文の途中ではなく最初、あるいは最後にあるときだけマッチするようなパターンを書きたいときに使います。^ は [ ] の中で使うと否定になりますが、[ ] の外で使うと先頭一致になります。

たとえば、名前が「山」からはじまる人を探したいときは、/^ 山 / というパターンになります。これで検索すると「山田建設」や「山本接骨医院」はマッチしますが、「大山観光」や「藤田商店 , 山崎商店」はマッチしません。

152

正規表現の基本知識　Section 5-7

| php | 山から始まる名前にマッチする |

«sample» metachar_start.php

```php
01:    <?php
02:    // 山から始まる名前にマッチする
03:    $pattern = "/^山/u";
04:    var_dump(preg_match($pattern, "山田建設"));
05:    var_dump(preg_match($pattern, "山本接骨医院"));
06:    var_dump(preg_match($pattern, "大山観光"));
07:    var_dump(preg_match($pattern, "藤田商店，山崎商店"));
08:    ?>
```

| 出力 |

```
int(1)
int(1)
int(0)
int(0)
```

同様に $ は文字列の終わりの文字を指定します。

^ と $ の両方を使えば、文字列の最初の文字と最後の文字を指定したパターンを作ることができます。/^山..子$/ のパターンならば、山で始まり、子で終わる名前です。間にピリオドが2個あるので「山田智子」のような4文字の名前がマッチします。

| php | 山から始まり、子で終わる4文字の名前にマッチする |

«sample» metachar_startend.php

```php
01:    <?php
02:    // 山から始まり、子で終わる4文字の名前にマッチする
03:    $pattern = "/^山..子$/u";
04:    var_dump(preg_match($pattern, "山田智子"));
05:    var_dump(preg_match($pattern, "山本あさ子"));    ── 山から始まり子で終わりますが、
06:    var_dump(preg_match($pattern, "山崎貴美"));          5文字なのでマッチしません
07:    ?>
```

| 出力 |

```
int(1)
int(0)
int(0)
```

選択肢

東京または横浜にマッチするパターンを作りたいときは、/東京|横浜/ のように選択肢を | で区切ります。

| php | 東京または横浜にマッチする |

«sample» metachar_branch.php

```php
01:    <?php
02:    // 東京または横浜にマッチする
03:    $pattern = "/東京|横浜/u";
04:    var_dump(preg_match($pattern, "東京タワー"));
05:    var_dump(preg_match($pattern, "横浜駅前"));
06:    var_dump(preg_match($pattern, "新東京美術館"));
07:    var_dump(preg_match($pattern, "東横ホテル"));
08:    ?>
```

Part 2

Chapter 2

Chapter 3

Chapter 4

Chapter 5

Chapter 6

Chapter 7

Part 2　PHP のシンタックス

Chapter 5　文字列

```
出力
int(1)
int(1)
int(1)
int(0)
```

繰り返し

3 桁の数字のパターンは /[0-9][0-9][0-9]/ ですが、これが 16 桁の数字だとどうでしょう？　このような場合に繰り返しのメタ文字の {n,m} を活用します。{n,m} の n は最小繰り返し数、m は最大繰り返し数です。{n,} のように m を省略すると n 回以上の繰り返しになります。{n} ならば、n 回の繰り返しを指定します。

たとえば、/[0-9]{3}/ は数字 3 桁のパターンです。したがって /[0-9]{3}-[0-9]{2}/ ならば「123-45」のような 3 桁と 2 桁の数字をハイフンでつないだ文字列にマッチします。

php　数字 3 桁 -2 桁にマッチする

«sample» metachar_repeat1.php

```
01:    <?php
02:    // 数字 3 桁 -2 桁にマッチする
03:    $pattern = "/[0-9]{3}-[0-9]{2}/u";  ─────── [0-9] が 3 個、[0-9] が 2 個
04:    var_dump(preg_match($pattern, "123-45"));
05:    var_dump(preg_match($pattern, "090-88"));
06:    var_dump(preg_match($pattern, "11-222"));
07:    var_dump(preg_match($pattern, "abc-de"));
08:    ?>
```

```
出力
int(1)
int(1)
int(0)
int(0)
```

次の /[a-z]{4,8}/ は小文字のアルファベットの 4 文字以上 8 文字にマッチするパターンです。「cycling」や「marathon」にマッチしますが、「run」や「SURF」にはマッチしません。

php　小文字の 4 文字以上 8 文字にマッチ

«sample» metachar_repeat2.php

```
01:    <?php
02:    // 小文字の 4 ～ 8 文字にマッチする
03:    $pattern = "/[a-z]{4,8}/u";  ─────── [a-z] が 4 から 8 文字
04:    var_dump(preg_match($pattern, "cycling"));
05:    var_dump(preg_match($pattern, "marathon"));
06:    var_dump(preg_match($pattern, "run"));
07:    var_dump(preg_match($pattern, "SURF"));
08:    ?>
```

```
出力
int(1)
int(1)
int(0)
int(0)
```

正規表現の基本知識　Section 5-7

サブパターンの囲み

パターンを ( ) で囲むことでパターンの中にサブパターンを入れることができます。たとえば、「090-1234-5678」といった携帯番号は /(090|080|070)-{0,1}[0-9]{4}-{0,1}[0-9]{4}/ のパターンでチェックできます。最初の (090|080|070) の部分が ( ) で囲まれたサブパターンです。090、080、070 のいずれかとマッチします。-{,1} の部分はハイフンが 0 個か 1 個、[0-9]{4} は数字 4 桁です。

php 携帯番号にマッチする

«sample» subpattern1.php

```php
01:  <?php
02:  // 携帯番号にマッチする
03:  $pattern = "/(090|080|070)-{0,1}[0-9]{4}-{0,1}[0-9]{4}/u";
04:  var_dump(preg_match($pattern, "090-1234-5678"));
05:  var_dump(preg_match($pattern, "080-1234-5678"));
06:  var_dump(preg_match($pattern, "07012345678"));
07:  var_dump(preg_match($pattern, "12345678"));
08:  ?>
```

ハイフンが 0 個か 1 個
0-9 の数字が 4 個

出力

```
int(1)
int(1)
int(1)
int(0)
```

なお、このパターンは後ろの繰り返しをサブターンとして囲んで 2 回繰り返し、さらに {0,1} の省略形の ?、[0-9] の定義済み文字クラス \d を利用することで /(090|080|070)(-?\d{4}){2}/ のように短く書くことができます。

php 携帯番号にマッチする

«sample» subpattern2.php

```php
01:  <?php
02:  // 携帯番号にマッチする
03:  $pattern = "/(090|080|070)(-?\d{4}){2}/u";
04:  var_dump(preg_match($pattern, "090-1234-5678"));
05:  var_dump(preg_match($pattern, "080-1234-5678"));
06:  var_dump(preg_match($pattern, "07012345678"));
07:  var_dump(preg_match($pattern, "12345678"));
08:  ?>
```

このパターンが 2 個あります

出力

```
int(1)
int(1)
int(1)
int(0)
```

Part 2　PHP のシンタックス

Chapter 5　文字列

メタ文字をエスケープしたパターンを作る便利な関数

　正規表現で探したい文字列にパターンで利用するメタ文字などが含まれている場合には、その文字をエスケープしなければなりません。そのような場合に、文字列を preg_quote() に通すと必要な箇所にエスケープの \ を埋め込んでくれます。

　たとえば、「http://sample.com/php/」を検索するパターンを作りたいとき、この中のスラッシュとピリオドはエスケープする必要があります。そこでに preg_quote() を利用してこれらをエスケープした文字列に変換します。スラッシュをエスケープするには、パターンの区切り文字（デリミタ）であるスラッシュを第2引数で指定する必要があります。

　次のコードのようにエスケープ後の文字列をスラッシュで囲んでパターンを作ります。エスケープ後のパターンは /http\:\/\/sample\.com\/php\//u のようになっています。

---

php　URL に含まれるメタ文字をエスケープしてパターンを作る

«sample» preg_quote.php

```php
01:  <?php
02:  // URL に含まれるメタ文字をエスケープする
03:  $escaped = preg_quote("http://sample.com/php/", "/");
04:  $pattern = "/{$escaped}/u";
05:  echo $pattern, "\n";
06:  var_dump(preg_match($pattern, "URL は http://sample.com/php/ です "));
07:  var_dump(preg_match($pattern, "URL は http://sample.com/swift/ です "));
08:  ?>
```

出力

```
/http\:\/\/sample\.com\/php\//u
int(1)
int(0)
```

156

正規表現でマッチした値の取り出しと置換　Section 5-8

Section 5-8

正規表現でマッチした値の取り出しと置換

この節では正規表現を使ってマッチした文字列を取り出す、マッチした文字列を置換するといった方法を説明します。文字列の検索置換が行える関数については Section5-6 で解説しましたが、正規表現を使うことで、より複雑な検索置換を行えます。

マッチした文字列を取り出す

前節ではパターンとマッチしたかどうかだけを preg_match() でチェックしていましたが、preg_match() の第3引数に変数を指定すると、その変数にマッチした値が配列で入ります。

書式 preg_match() の書式

$result = **preg_match(**$pattern, $subject, &$matches**)**

書式で説明すると、マッチした値は実行結果の $result に戻るのではなく、第3引数の $matches に入ります。$result の値は、マッチした個数、またはエラーがあった場合の false です。第3引数の $matches は配列ですが、preg_match() はマッチした文字列が見つかったならばそこで走査を中断するので値は1個しか入りません。つまり、見つかった値は $matches[0] で取り出せます。

次の例では、「佐」から始まり「子」で終わる名前を / 佐 .+ 子 /u のパターンを使って取り出します。まず、preg_match() の戻り値の $result をチェックし、false ならば preg_last_error() でエラー番号を表示します。$result が正の値ならばマッチした値を配列から取り出して表示します。+ は1個以上を示すメタ文字です。したがって、.+ は任意の文字が1個以上あるパターンです。（文字クラスのメタ文字☞ P.151）

> **❶ NOTE**
>
> **&$matches は参照渡し**
> preg_match() の書式を見ると第3引数は &$matches のように変数名の前に & が付いています。これは $matches が参照渡しであることを示しています。したがって、マッチした値は引数で渡した配列に直接追加されます。（変数の値渡しと参照渡し☞ P.100）

なお、$subject をヒアドキュメントを使っている理由は、これを「佐藤有紀、佐藤ゆう子、塩田智子、杉山香」のように1行にすると、「佐」から始まり「子」で終わる名前として「佐藤有紀、佐藤ゆう子」にマッチしてしまうからです。（ヒアドキュメント☞ P.111）

Part 2　PHP のシンタックス

Chapter 5　文字列

---

php　マッチした名前を取り出す

«sample» preg_match_matches.php

```php
01:  <?php
02:  //「佐」から始まり「子」で終わる名前
03:  $pattern = "/佐.+子/u";
04:  // ヒアドキュメント
05:  $subject = <<< "names"
06:  佐藤有紀
07:  佐藤ゆう子
08:  塩田智子
09:  杉山香
10:  names;
11:  // マッチテスト
12:  $result = preg_match($pattern, $subject, $matches);
13:  // 実行結果をチェックする
14:  if ($result === false) {
15:    echo "エラー：", preg_last_error();
16:  } else if ($result == 0){
17:    echo "マッチした値はありません。";
18:  } else {
19:    echo "「", $matches[0], "」が見つかりました。";
20:  }
21:  ?>
```

出力

「佐藤ゆう子」が見つかりました。

マッチしたすべての値を取り出す

preg_match() はパターンとマッチした文字列が見つかったならばそこで走査を中断しますが、preg_match_all() は対象の文字列全体を調べて、マッチした文字列をすべてを $matches に入れます。書式は preg_match() と同じですが、複数の値を取り出すので $matches[0] には値が配列で入ります。つまり、$matches は多次元配列になります。

> **書式　マッチしたすべての値を取り出す**
>
> $result = **preg_match_all** ($pattern, $subject, &$matches)

次に示す例では、$subject に入っている複数の型式から、2012 ～ 2015 の AX 型または FX 型を探します。これにマッチするパターンは /201[2-5](AX|FX)/i です。最後の i はパターンの大文字小文字を区別しない修飾子です。つまり、ax 型や Fx 型でもマッチします。

preg_match_all() でマッチした値は $matches[0] に配列で入っていますが、値は配列なので implode() を使って配列から値を取り出して連結します。implode("、", $matches[0]) のように実行すると、$matches[0] の配列から値がすべて取り出され「、」で連結された文字列になります。

158

正規表現でマッチした値の取り出しと置換　Section 5-8

php　マッチしたすべての型式を取り出す

«sample» **preg_match_all.php**

```php
01:  <?php
02:  // 2012 ～ 2015 の AX 型または FX 型を探す。小文字でもよい。
03:  $pattern = "/201[2-5](AX|FX)/i";
04:  $subject = "2011AX, 2012Fx, 2012AF, 2013FX, 2015ax, 2016Fx";
05:  $result = preg_match_all($pattern, $subject, $matches);
06:  // 実行結果をチェックする
07:  if ($result === false) {
08:    echo "エラー：", preg_last_error();
09:  } else if ($result == 0){
10:    echo "マッチした型式はありません。";
11:  } else {
12:    echo "{$result}個マッチしました。\n";
13:    // 配列の値を取り出して文字列に連結する
14:    echo implode("、", $matches[0]);
15:  }
16:  ?>
```

出力

```
3 個マッチしました。
2012Fx、2013FX、2015ax
```

サブパターンの値を調べる

　このように preg_match() および preg_match_all() の第3引数の $matches はマッチした値が入りますが、パターンに ( ) で囲まれたサブパターンがある場合には、$matches[1]、$matches[2]・・・にサブパターンでマッチした値が順に入ります。preg_match_all() の場合は値が複数個になるので、サブパターンでマッチした値も配列になっています。

　次の例で使っているパターン /2013([A-F])-(..)/ には２個のサブパターンがあります。最初のサブパターン ([A-F]) は、大文字の A ～ F の１文字、サブパターン (..) は任意の２文字にマッチするので、/2013([A-F])-(..)/ は、「2013F-fx」といった形式にマッチします。

　このパターンを使って preg_match_all($pattern, $subject, &$matches) のようにパターンマッチを行うと、$matches[0] にマッチした値、$matches[1] に最初のサブパターン ([A-F]) でマッチした値、$matches[2] に２番目のサブパターン (..) でマッチした値がそれぞれ配列の形で入ります。

　それぞれの値は配列に入っているので、implode() を使って文字列として連結して変数 $all、$model、$type に取り出して表示します。

Part 2　PHP のシンタックス

Chapter 5　文字列

---

php　2013 の A 〜 F 型を探し、モデルとタイプを取り出す

«sample» preg_match_all_sub.php

```php
<?php
// 2013 の A 〜 F 型を探す
$pattern = "/2013([A-F])-(..)/";
$subject = "2012A-sx, 2013F-fx, 2013G-fx, 2013A-dx, 2015a-sx";
$result = preg_match_all($pattern, $subject, $matches);
// 実行結果をチェックする
if ($result === false) {
    echo "エラー：", preg_last_error();
} else if ($result == 0){
    echo "マッチした型式はありません。";
} else {
    // 配列の値を取り出して文字列に連結する
    $all =  implode("、", $matches[0]);
    $model =  implode("、", $matches[1]);
    $type =  implode("、", $matches[2]);
    echo "見つかった型式：{$all}", "\n";
    echo "モデル：{$model}", "\n";
    echo "タイプ：{$type}", "\n";
}
```

出力

```
見つかった型式：2013F-fx、2013A-dx
モデル：F、A
タイプ：fx、dx
```

正規表現を使って検索置換を行う

　preg_replace() を使うことで正規表現を使った複雑な検索置換を行うことができます。単純な文字列の検索や置換で済む場合は str_replace() のほうが高速に行えます（☞ P.141）。

　preg_replace() の機能を書式で説明すると、第3引数の $subject の文字列を $pattern のパターンで検索し、マッチした値をすべて $replacement で置換した新しい文字列を作ります。置換後の文字列は $result に入ります。マッチした値がなかった場合は元の $subject と同じ文字列が返り、エラーの場合は NULL が返ります。NULL チェックは is_null() で行うことができます。

書式 preg_replace() の書式

$result **= preg_replace (** $pattern, $replacement, $subject **)**

　次の例ではクレジットカード番号のパターンにマッチしたならば、「**** **** **** **56」のように末尾の2桁以外をアスタリスクの伏せ文字にして表示します。カード番号は4桁の数字が4回繰り返す並びですが、4桁ごとに空白が入っても入らなくてもよいようにし、最後の2桁はサブターンとして ( ) で囲んでおきます。d{4} が4桁の数字、\s? が空白があってもなくてもよいパターンを示します。

正規表現でマッチした値の取り出しと置換　Section 5-8

php クレジットカード番号を伏せ文字にする

«sample» **preg_replace.php**

```php
01:  <?php
02:  function numbermask($subject){
03:      // クレジットカード番号パターン
04:      $pattern = "/^\d{4}\s?\d{4}\s?\d{4}\s?\d{2}(\d{2})$/";
05:      $replacement = "**** **** **** **$1";
06:      $result = preg_replace($pattern, $replacement, $subject);
07:      // 実行結果をチェックする
08:      if (is_null($result)) {
09:          return "エラー：" . preg_last_error();
10:      } else if ($result == $subject) {
11:          return "番号エラー";
12:      } else {
13:          return $result;
14:      }
15:  }
16:  // 番号をチェックして伏せ文字にする
17:  $number1 = "1234 5678 9012 3456";
18:  $number2 = "6543210987654321";
19:  $num1 = numbermask($number1);
20:  $num2 = numbermask($number2);
21:  echo "{$number1} は次のようになります。\n";
22:  echo $num1, "\n";
23:  echo "{$number2} は次のようになります。\n";
24:  echo $num2, "\n";
25:  ?>
```

04行目: サブパターン
05行目: ── サブパターンと一致した文字が入ります

出力

```
1234 5678 9012 3456 は次のようになります。
**** **** **** **56
6543210987654321 は次のようになります。
**** **** **** **21
```

　最後の2桁をサブパターンとして分ける理由は、サブパターンでマッチした値は $1、$2、$3 と順に取り出せるからです。そこで、「**** **** **** **$1」で置換すると最後の2桁だけが表示されて、ほかは伏せ文字の並びになります。

パターンと置換文字を配列で指定する

　パターンと置換文字を配列で指定することで、複数の検索置換を同時に行えます。次に簡単な例を示します。開催日と開始時間をパターンで検索し、それぞれを曜日と時間で置換しています。検索置換は配列に入っている順に処理されていきます。

Part 2　PHP のシンタックス

Chapter 5　文字列

---

php　パターンと置換文字を配列で指定する

«sample» **preg_replace2.php**

```php
01:    <?php
02:    // パターンと置換文字を配列で指定する
03:    $pattern = ["/ 開催日 /u", "/ 開始時間 /u"];　——— 置き換えられる文字
04:    $replacement = [" 金曜日 ", " 午後 2:30"];　——— 見つかった文字と置き換える値
05:    $subject = " 次回は開催日の開始時間からです。";
06:    $result = preg_replace($pattern,$replacement, $subject);
07:    echo $result;
08:    ?>
```

出力

金曜日の午後 2:30 からです。

ⓘ NOTE

配列の値を検索置換する

preg_replace( ) および preg_filter( ) を使えば、配列の値を正規表現を使って検索置換できます。(配列☞ P.200)

Part 2　PHP のシンタックス

Chapter 6

配列

配列は複数の値を効率よく扱うために欠かせない機能です。配列を作る、値を追加する、値を取り出す、更新する、連結する、重複を取り除く、ソートする、検索する、関数を適用するなど、配列の操作はたくさんあります。すべてを一度に覚える必要はありませんが、どのようなことができるかをざっと見ておくことは大事です。

Section 6-1　配列を作る
Section 6-2　要素の削除と置換、連結と分割、重複を取り除く
Section 6-3　配列の値を効率よく取り出す
Section 6-4　配列をソートする
Section 6-5　配列の値を比較、検索する
Section 6-6　配列の各要素に関数を適用する

Part 2　PHP のシンタックス

Chapter 6　配列

Section 6-1

配列を作る

複数の値を扱うとき配列は欠かせません。この節では配列を作る、配列の値を調べる、変更するといった
基本的な知識と操作について解説します。

配列とは

配列を利用すると複数の値を1つのグループのように扱えるようになります。たとえば、$name1 〜
$name5 の5つの変数のそれぞれに名前が入っているとします。

```
php    変数を使ってメンバーの名前を管理する
                                                       «sample» var_names.php
01:    $name1 = " 赤井一郎 ";
02:    $name2 = " 伊藤五郎 ";
03:    $name3 = " 上野信二 ";
04:    $name4 = " 江藤幸代 ";
05:    $name5 = " 小野幸子 ";
```

これでも名前を管理することはできますが、グループ分けすることを考えた場合はどうすればよいでしょう
か。こんなとき配列を使います。配列を使うと次のように $teamA は男性3人のチーム、$teamB は女性2名
のチームとして扱えるようになります。[ ] で囲っている部分が配列です。

```
php    配列を使ってチーム分けする
                                                       «sample» array_nameList.php
01:    $teamA = [" 赤井一郎 ", " 伊藤五郎 ", " 上野信二 "];
02:    $teamB = [" 江藤幸代 ", " 小野幸子 "];
```

では、名前だけでなく年齢も合わせて扱いたい場合はどうすればよいでしょうか。ここで利用するのが連想
配列です。連想配列では、キー（添え字）と値を組み合わせて配列を作ります。

次の例では、名前は 'name'、年齢は 'age' をキーに使ってメンバーのデータを連想配列で作って変数に入れ
ています。連想配列も全体を [ ] で囲みます。

```
php    連想配列を使ってメンバーの名前と年齢を管理する
                                                       «sample» array_memberList.php
01:    $member1 = ['name' => ' 赤井一郎 ', 'age' => 29];
02:    $member2 = ['name' => ' 伊藤五郎 ', 'age' => 32];
03:    $member3 = ['name' => ' 上野信二 ', 'age' => 37];
04:    $member4 = ['name' => ' 江藤幸代 ', 'age' => 26];
05:    $member5 = ['name' => ' 小野幸子 ', 'age' => 32];
```

配列を作る　Section 6-1

各自のデータは $member1 〜 $member5 の変数に入っているので、先と同じようにメンバーを $teamA と $teamB の配列でチーム分けすることができます。

```
php  配列を使ってチーム分けする
                                                    «sample» array_memberList.php
01:    $teamA = [$member1, $member2, $member3];
02:    $teamB = [$member4, $member5];
```

インデックス配列

配列の概略がなんとなく理解できたかと思うので、もう少し詳しく配列について説明しましょう。いま見てきたように PHP の配列には、[ ] の中に値だけが入っている配列とキーと値がペアになっている連想配列の 2 種類があります。値だけが入っている配列は、連想配列に対してインデックス配列と呼ばれます。

```
書式  インデックス配列
$myArray = [ 値 1, 値 2, 値 3, ...];
```

インデックス配列は、最初の例で示した $teamA の [" 赤井一郎 ", " 伊藤五郎 ", " 上野信二 "] のような配列です。これをインデックス配列と呼ぶ理由は、並び順であるインデックス番号で値にアクセスするからです。$teamA の配列に入っているの最初の値は $teamA[0]、2 番目は $teamA[1]、3 番目は $teamA[2] のようにアクセスします。

そこで、次のように $teamA からメンバーを 1 人ずつ取り出すことができます。インデックス番号は 0 番からカウントアップするので注意してください。

```
php  配列から値を取り出す
                                                            «sample» teamAList.php
01:    <?php
02:    $teamA = [" 赤井一郎 ", " 伊藤五郎 ", " 上野信二 "];
03:    echo $teamA[0], " さん \n";
04:    echo $teamA[1], " さん \n";
05:    echo $teamA[2], " さん \n";
06:    ?>
```

```
出力
赤井一郎さん
伊藤五郎さん
上野信二さん
```

インデックス番号

| 0 | 1 | 2 |

$teamA = [" 赤井一郎 ", " 伊藤五郎 ", " 上野信二 "];

$teamA[0]　$teamA[1]　$teamA[2]

Part 2　PHP のシンタックス

Chapter 6　配列

インデックスで指した値を変更する

　インデックス番号で配列の値を調べることができましたが、インデックス番号で指定した値を書き替えることもできます。次の例では $teamA[1]、つまり配列 $teamA のインデックス番号 1 の値を変更しています。インデックス番号は 0 からカウントするので、並びでは 2 番目の値を変更します。出力結果を見ると 2 番目の「伊藤五郎」が「石丸四郎」に変更されたのがわかります。

php　配列の値を変更する

«sample» **teamAList_update.php**

```
01:    <?php
02:    $teamA = [" 赤井一郎 ", " 伊藤五郎 ", " 上野信二 "];
03:    // インデックス番号 1 の値を変更する
04:    $teamA[1] = " 石丸四郎 ";
05:    echo $teamA[0], " さん \n";
06:    echo $teamA[1], " さん \n";
07:    echo $teamA[2], " さん \n";
08:    ?>
```

出力
```
赤井一郎さん
石丸四郎さん
上野信二さん
```

配列の値の個数

　配列に入っている値の個数は count() で調べることができます。count($teamA) ならば、$teamA に入っている配列の値の数が 3 と返ります。この count() を利用することで、次のように for 文を使って効率よく配列から値を取り出すことができます。

php　for 文を利用して配列から値を取り出す

«sample» **teamAList_count.php**

```
01:    <?php
02:    $teamA = [" 赤井一郎 ", " 伊藤五郎 ", " 上野信二 "];
03:    for($i=0; $i<count($teamA); $i++){
04:      echo $teamA[$i], " さん \n";
05:    }
06:    ?>
```

出力
```
赤井一郎さん
伊藤五郎さん
上野信二さん
```

　次の例では、配列の値を HTML の <ol><li> ～ </li></ol> タグを使ってリスト表示するユーザ定義関数 teamList() を作り、$teamA と $teamB の配列をリスト表示しています。

166

配列を作る　Section 6-1

php　配列の値をリスト表示する関数を作る

«sample» **teamList.php**

```php
01:  <?php
02:  // 配列を使ってチーム分けする
03:  $teamA = [" 赤井一郎 ", " 伊藤五郎 ", " 上野信二 "];
04:  $teamB = [" 江藤幸代 ", " 小野幸子 "];
05:  // チームメンバーの名前をリスト表示する
06:  function teamList($teamname, $namelist){
07:    echo "{$teamname}", "\n";
08:    echo "<ol>", "\n";
09:    for($i=0; $i<count($namelist); $i++){
10:      echo "<li>", $namelist[$i], "</li>\n";
11:    }
12:    echo "</ol>\n";
13:  }
14:  ?>
15:
16:  <!DOCTYPE html>
17:  <html>
18:  <head>
19:    <meta charset="utf-8">
20:    <title> 名前の配列 </title>
21:  </head>
22:  <body>
23:  <!-- チームの表示 -->
24:  <?php
25:  teamList('A チーム ', $teamA);
26:  teamList('B チーム ', $teamB);
27:  ?>
28:  </body>
29:  </html>
```

名前を順に取り出します

Part 2

Chapter 2

Chapter 3

Chapter 4

Chapter 5

Chapter 6

Chapter 7

出力

```
<!DOCTYPE html>
<html>
<head>
  <meta charset="utf-8">
  <title> 名前の配列 </title>
</head>
<body>
<!-- チームの表示 -->
A チーム
<ol>
<li> 赤井一郎 </li>
<li> 伊藤五郎 </li>
<li> 上野信二 </li>
</ol>
B チーム
<ol>
<li> 江藤幸代 </li>
<li> 小野幸子 </li>
</ol>
</body>
</html>
```

167

この出力結果を Web ブラウザで見ると次のように表示されます。

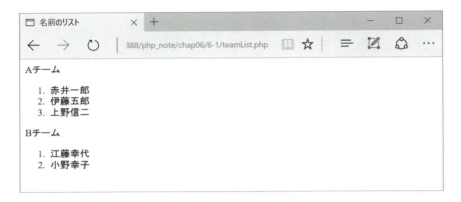

> **❶ NOTE**
> **配列からすべての値を順に取り出す**
> 配列からすべての値を順に取り出すには、foreach 文を利用する方法があります。（☞ P.185）

array() でインデックス配列を作る

インデックス配列は array() で作ることもできます。array() の書式は次のようになります。

> **書式** array() でインデックス配列を作る
>
> $myArray = **array(** 値 1, 値 2, 値 3, …**);**

たとえば、次のように配列を作ります。なお、この例で示すように配列は、print_r() または var_dump() を使って出力します。echo() では配列を出力できません。print_r() で出力すると [0] => 赤 のようにインデックス番号とその値がペアで表示されます。

php 配列を array() で作る

«sample» array_index.php

```
01: <?php
02:    $colors = array("赤", "青", "黄色");
03:    print_r($colors);
04: ?>
```

出力
```
Array
(
    [0] => 赤
    [1] => 青
    [2] => 黄色
)
```

配列を作る　Section 6-1

配列に値を追加する

　配列に値を順次追加していくことで、配列を作っていく方法もあります。まず、空の配列を作ります。空の配列は [ ] または array() で作ることができます。値を追加するには、array_push(配列, 値) のように実行するか、インデックス番号を指定せずに値を代入します。すると配列の最後に値が追加されていきます。

```php
01: <?php
02: // 空の配列を用意する
03: $colors = [];
04: $colors[] = "赤";
05: $colors[] = "青";        ——— 値を順に追加します
06: $colors[] = "黄";
07: $colors[] = "白";
08: // 確認する
09: print_r($colors);
10: ?>
```

php　空の配列に値を追加していく

«sample» array_index_add.php

出力
```
Array
(
    [0] => 赤
    [1] => 青
    [2] => 黄
    [3] => 白
)
```

　インデックス番号を指定して値を代入すると、すでに指定したインデックス番号に値があった場合は値の更新になりますが、存在しないインデックス番号を指定するとそのインデックス番号に値が納まります。その場合はインデックス番号が連番にならずに空き番ができてしまうこともあります。

　次の例では3番目に追加した " 黄 " をインデックス 5 に追加したことから、2 ～ 4は空き番になってしまいました。続いて追加した " 白 " はインデックス 6 に納まっています。

php　空の配列にインデックス番号を指定して値を代入する

«sample» array_index_add2.php

```php
01: <?php
02: // 空の配列を用意する
03: $colors = [];
04: $colors[0] = "赤";
05: $colors[1] = "青";        ——— インデックス番号を指定して値を
06: $colors[5] = "黄";             追加します
07: $colors[] = "白";
08: // 確認する
09: print_r($colors);
10: ?>
```

Part 2

Chapter 2

Chapter 3

Chapter 4

Chapter 5

Chapter 6

Chapter 7

169

Part 2　PHP のシンタックス

Chapter 6　配列

出力
```
Array
(
    [0] => 赤
    [1] => 青
    [5] => 黄
    [6] => 白 ──── インデックス番号を指定していなかったので、最後に追加されます
)
```

❶ NOTE

配列を複製する
PHP の配列はオブジェクトではないため、変数に代入するだけで複製されます。

連想配列

　連想配列はキー（添え字）と値を組み合わせた配列です。キーは整数または文字列で指定し、重複があってはいけません。連想配列の書式は次のとおりです。「キー => 値」を 1 つの要素にして各要素はカンマで区切ります。

書式　連想配列

$myArray = [キー 1 => 値 1, キー 2 => 値 2, キー 3 => 値 3, ...];

この書式は、次のように書いた方が見やすくなり、編集もやりやすくなります。

書式　連想配列

```
$myArray = [
    キー 1 => 値 1,
    キー 2 => 値 2,
    キー 3 => 値 3,
    ...
];
```

連想配列もインデックス配列と同じように array() で作ることができます。

書式　array( ) で連想配列を作る

```
$myArray = array(
    キー 1 => 値 1,
    キー 2 => 値 2,
    キー 3 => 値 3,
    ...
);
```

170

配列を作る   Section 6-1

次の連想配列 $goods は、id キーの値が "R56"、size キーの値が "M"、price キーの値が 2340 です。連想配列も echo() では表示できないので、print_r() または var_dump() で出力して確認します。

$goods

id キーの値は	"R56"
size キーの値は	"M"
price キーの値は	2340

---

php 連想配列を作る

«sample» array_key.php

```php
01:  <?php
02:  // 連想配列を作る
03:  $goods = [
04:    "id" => "R56",
05:    "size" => "M",
06:    "price" => 2340
07:  ];
08:  // 確認する
09:  print_r($goods);
10:  ?>
```

出力

```
Array
(
    [id] => R56
    [size] => M
    [price] => 2340
)
```

連想配列から値を取り出す

連想配列の値はキーを指定して取り出します。キーの指定は $goods['id'] のように [ ] の中にキーを書きます。

---

php 連想配列からキーで指した値を取り出す

«sample» array_key_access.php

```php
01:  <?php
02:  // 連想配列を作る
03:  $goods = [
04:    'id' => 'R56',
05:    'size' => 'M',
06:    'price' => 2340
07:  ];
08:  // 表示する
09:  echo "id：" . $goods['id'] . "\n";
10:  echo "サイズ：" . $goods['size'] . "\n";
11:  echo "価格：" . number_format($goods['price']) . "円 \n";
12:  ?>
```

出力

```
id：R56
サイズ：M
価格：2,340 円
```

Part 2

Chapter 6

Part 2　PHP のシンタックス

Chapter 6　配列

キーで指した値を変更する

連想配列の値をキーで指せば、その値を変更できます。それでは、先の $goods の価格を変更してみましょう。
$goods['price'] = 3500 のようにキーを指定して値を更新します。

php price キーの値を変更する

«sample» **array_key_update.php**

```php
01:  <?php
02:  // 連想配列を作る
03:  $goods = [
04:    'id' => 'R56',
05:    'size' => 'M',
06:    'price' => 2340
07:  ];
08:  // price キーの値を変更する
09:  $goods['price'] = 3500;
10:  // 表示する
11:  echo "id:" . $goods['id'] . "\n";
12:  echo "サイズ:" . $goods['size'] . "\n";
13:  echo "価格:" . number_format($goods['price']) . "円\n";
14:  ?>
```

出力

```
id：R56
サイズ：M
価格：3,500 円 ―――― price キーの値が変更されています
```

連想配列に要素を追加する

連想配列に存在しないキーを指定して値を設定すると、新規に要素を追加することになります。つまり、空の連想配列を用意し、キーを指定して値を設定していく方法で連想配列を作っていくことができます。

次の例では空の $user 配列を作り、続いて name キー、yomi キー、age キーの値を設定しています。
$user 配列にはそのようなキーがないので、キーが追加されて値も設定されます。

php 空の連想配列に要素を追加していく

«sample» **array_key_add.php**

```php
01:  <?php
02:  // 連想配列を作る
03:  $user = [];
04:  $user['name'] = "井上萌";          ―――― 配列にキーと値を追加していきます
05:  $user['yomi'] = "いのうえもえ";
06:  $user['age'] = 28;
07:  // 確認する
08:  print_r($user);
09:  ?>
```

出力

```
Array
(
    [name] => 井上萌
    [yomi] => いのうえもえ
    [age] => 28
)
```

172

配列を作る　Section 6-1

❶ NOTE

インデックス配列は連想配列？

インデックス配列を print_r() で出力すると連想配列と形式が共通していることからも気付くように、インデックス配列は、キーが 0、1、2、・・・と整数の連番が付けられた連想配列だと言えます。

ただし、インデックス配列を値でソート（並べ替え）したり、削除、挿入したりすると、インデックス番号は自動的に付け直されます。つまり、キーと値が固定のペアになっているわけではないので、その点に注意する必要があります。

文字列から配列を作る

カンマや改行などで区切られた文字列から配列を作ることができます。利用するのは explode() です。第1引数に区切り文字、第2引数に文字列を指定します。第3引数で最大個数を指定することもできます。

次の例ではカンマ（ , ）で区切った名前リストから配列を作っています。

php　カンマで区切った名前リストから配列を作る

«sample» explode_comma.php

```
01:    <?php
02:    $data = "赤井一郎 , 伊藤　淳 , 上野信二 ";　——— 値をカンマで区切った文字列
03:    $delimiter = ",";
04:    $nameList = explode($delimiter, $data);　——— 値を取り出して配列に入れます
05:    print_r($nameList);
06:    ?>
```

出力

```
Array
(
    [0] => 赤井一郎
    [1] => 伊藤　淳
    [2] => 上野信二
)
```

配列から文字列を作る

explode() の逆で配列の値を連結して1つの文字列にすることができます。利用するのは implode() です。配列の値は、指定した連結文字で連結された文字列になります。

区切り文字

explode (文字列 **,** "、" **)**　配列にする

" 札幌、京都、長崎 "　　　　　　　　　　　　　　　 [" 札幌 "," 京都 "," 長崎 "]

implode ("、" **,** 配列 **)**

文字列にする　　　連結文字

173

Part 2　PHP のシンタックス

Chapter 6　配列

　次の例では、名前に「さん」が付くように「さん、」を付けて連結しています。「さん、」は区切りだけで最後に「さん」が付かないので後から連結しています。

---

php　配列から文字列の名前リストを作る

«sample» **implode_glue.php**

```php
01:    <?php
02:    $data = ["赤井一郎", "伊藤　淳", "上野信二"];  ──── 配列に入った値
03:    $glue = "さん、";
04:    $nameList = implode($glue, $data);  ──── 値を取り出して「さん、」で連結します
05:    $nameList .= "さん";
06:    print_r($nameList);
07:    ?>
```

出力

赤井一郎さん、伊藤　淳さん、上野信二さん

配列を定数にする

　配列は define() を使って定数にできます。配列の定数化は PHP 7 で追加された機能です。

---

php　配列を定数にする

«sample» **define_array.php**

```php
01:    <?php
02:    define("RANK", ["松", "竹", "梅"]);  ──── RANK 定数を作ります
03:    echo RANK[1];
04:    ?>
```

出力

竹

174

要素の削除と置換、連結と分割、重複を取り除く　Section 6-2

Section 6-2

要素の削除と置換、連結と分割、重複を取り除く

配列関数を利用すると複数の要素を削除する／置換する／挿入する、配列を連結する、配列を切り出す、
重複した値を取り除くといったことができます。似た名前の同じような関数が多数あるので、違いをよく
理解しましょう。

配列の要素を削除する

　array_splice() を使うことで、配列から要素を削除できます。次の書式で説明すると、第 1 引数の配列
$myArray の $start で指定した位置から $length で指定した個数の要素を削除します。$length を省略すると
初期値の 0 になり 1 個も削除しません。$start をマイナスにすると後ろから数えた位置になります。実行結果
で $removed に戻るのは、削除後の配列ではなく、削除した要素の配列です。値を削除すると、値の並びのイ
ンデックス番号はリセットされます。

書式 配列の要素を削除する

$removed **= array_splice (** &$myArray, $start, $length **);**

引数の配列を直接書き替えます

　では、具体的な例で動作を確認をしてみましょう。次の例では $myArray にインデックス配列の ["a", "b",
"c", "d", "e"] が入っています。array_splice($myArray, 1, 2) を実行すると、$myArray のインデックス番号
1 から 2 個の要素、つまり "b" と "c" を削除します。そして、削除した 2 個の値は $removed に配列として代
入されます。

　出力結果で確認すると引数で渡した $myArray からは 2 個が削除されて ["a", "d", "e"]、$removed は削除
した値の配列 ["b", "c"] になっているのがわかります。

---

php インデックス配列から値を削除する

«sample» array_splice_delete.php

```php
01: <?php
02: // 元の配列
03: $myArray = ["a", "b", "c", "d", "e"];
04: // 配列の要素を削除する
05: $removed = array_splice($myArray, 1, 2);  ——— インデックス配列から値を取り除きます
06: echo '実行後：$myArray', "\n";
07: print_r($myArray);
08: echo '戻り：$removed', "\n";
09: print_r($removed);
10: ?>
```

175

Part 2　PHP のシンタックス

Chapter 6　配列

出力
```
実行後：$myArray
Array
(
    [0] => a
    [1] => d    ──── c、d が取り除かれて、インデックス番号が付け替わっています
    [2] => e
)
戻り：$removed
Array
(
    [0] => b    ──── $myArry から取り除いた値の配列 $removed
    [1] => c
)
```

array_splice()は、連想配列の場合でも同じようにインデックスで位置を指定して要素を削除します。先のコードの $myArray の配列を ["a" => 10, "b" => 20, "c" => 30, "d" =>40, "e" =>50] の連想配列にして実行すると、同じように先頭の2番目から2個の ["b" => 20, "c" => 30] が削除されて $removed に入ります。

php　連想配列の2番目から2個の要素を削除する

«sample» array_splice_delete_key.php

```php
01:    <?php
02:    // 元の配列
03:    $myArray = ["a" => 10, "b" => 20, "c" => 30, "d" => 40, "e" => 50];
04:    // 配列の要素を削除する
05:    $removed = array_splice($myArray, 1, 2);   ──── 連想配列から要素を取り除きます
06:    echo ' 実行後：$myArray', "\n";
07:    print_r($myArray);
08:    echo ' 戻り：$removed', "\n";
09:    print_r($removed);
10:    ?>
```

出力
```
実行後：$myArray
Array
(
    [a] => 10
    [d] => 40    ──── b キー、c キーの要素が削除されています
    [e] => 50
)
戻り：$removed
Array
(
    [b] => 20
    [c] => 30
)
```

❶ NOTE

指定の位置から最後まで削除する
指定の位置 $start から最後まで削除したい場合には、削除する個数を count($myArray)-$start で指定します。

要素の削除と置換、連結と分割、重複を取り除く　Section 6-2

配列の先頭／末尾の値を取り出す

array_shift() は配列の先頭の値を取り出す、array_pop() は配列の末尾の値を取り出す配列関数です。この2つの関数も array_splice() と同じように引数で渡した配列 $myArray を直接操作して値を削除してしまうので注意してください。値を取り除くと、値の並びのインデックス番号はリセットされます。

書式　配列の先頭から値を取り出す

$removed = **array_shift(**&$myArray**)**;

—— 引数の配列を直接書き替えます

書式　配列の末尾から値を取り出す

$removed = **array_pop(**&$myArray**)**;

—— 引数の配列を直接書き替えます

php　配列の先頭の値を取り出す

«sample» array_shift.php

```php
01:    <?php
02:    // 元の配列
03:    $myArray = ["a", "b", "c", "d"];
04:    // 先頭の要素を取り出す
05:    $removed = array_shift($myArray);
06:    echo '実行後：$myArray', "\n";
07:    print_r($myArray);
08:    echo '戻り：$removed', "\n";
09:    print_r($removed);
10:    ?>
```

出力

```
実行後：$myArray
Array
(
    [0] => b ——— 先頭の a が削除されて、インデックス番号が付け替わっています
    [1] => c
    [2] => d
    [3] => e
)
戻り：$removed
a
```

配列の要素を置換／挿入する

array_splice() に第4引数 $replacement を指定すると、要素の置換ができます。次の書式で説明すると、配列 $myArray の $start 位置から $length 個を削除し、それを $replacement の配列と置換します。$length を 0 にすれば1個も削除されないので、$start の位置に要素を挿入したことになります。$removed には削除された要素の配列が入ります。

Part 2 PHP のシンタックス

Chapter 6 配列

書式 配列の要素を置換する

$removed **= array_splice(** &$myArray, $start, $length=0, $replacement **);**

—— 引数の配列を直接書き替えます

では、実際に試してみましょう。次のように実行すると、$myArray のインデックス番号 1 から 3 個が削除され、代わりに $replace の ["X", "Y", "Z"] が置換されて入ります。その結果、$myArray は ["a", "X", "Y", "Z", "e"] になり、$removed には削除した ["b", "c", "d"] が入ります。

php 配列の 2 番目から 3 個の要素を置換する

«sample» array_splice_replace.php

```
01:    <?php
02:    // 元の配列
03:    $myArray = ["a", "b", "c", "d", "e"];
04:    // 置換する配列
05:    $replace = ["X", "Y", "Z"];
06:    // 配列の要素を置換する
07:    $removed = array_splice($myArray, 1, 3, $replace);
08:    echo '実行後：$myArray', "\n";
09:    print_r($myArray);
10:    echo '戻り：$removed', "\n";
11:    print_r($removed);
12:    ?>
```

出力

```
実行後：$myArray
Array
(
    [0] => a
    [1] => X
    [2] => Y ——— 置き換わった値
    [3] => Z
    [4] => e
)
戻り：$removed
Array
(
    [0] => b
    [1] => c ——— 取り除かれた値
    [2] => d
)
```

配列と配列を連結する

配列と配列を連結する方法はいくつかありますが、それぞれで結果が違うので違いをよく理解して使い分けてください。

+ 演算子で連結する

配列 A + 配列 B のように + 演算子を使って配列を連結すると、配列 B が配列 A よりも要素の個数が多いと

要素の削除と置換、連結と分割、重複を取り除く　Section 6-2

きに、その多い部分を配列 A に追加した配列 C が作られます。これは具体的な例を見るとよくわかります。

　次の例では変数 $a に ["a", "b", "c"]、変数 $b に ["d", "e", "f", "g", "h"] の配列が入っています。この2つの配列を $a + $b のように足し合わせると、その結果の $result は ["a", "b", "c", "g", "h"] になります。["a", "b", "c", "d", "e", "f", "g", "h"] にはなりません。

---

php 配列を + 演算子で連結する

«sample» array_plus.php

```php
01:    <?php
02:    $a = ["a", "b", "c"];
03:    $b = ["d", "e", "f", "g", "h"];
04:    // 配列を連結する
05:    $result = $a + $b;
06:    print_r($result);
07:    ?>
```

出力

```
Array
(
    [0] => a
    [1] => b      $a からの値
    [2] => c
    [3] => g      $b からの値
    [4] => h
)
```

$a+$b ["a", "b", "c", "g", "h"];

$a ["a", "b", "c"];

$b ["d", "e", "f", "g", "h"];

array_merge() で連結する

　次に array_merge() で配列を連結する場合を見てみましょう。書式に示すように、複数の配列を連結することができます。

書式 複数の配列を連結する

$result = **array_merge** ($array1, $array2, $array3, ...);

Part 2　PHP のシンタックス

Chapter 6　配列

では、変数 $a、$b、$c に入った配列を array_merge() で連結してみましょう。結果を見るとわかるように、["a", "b", "c"]、["d", "e", "f"]、["g", "h"] を連結すると3つが順に並んだ ["a", "b", "c", "d", "e", "f", "g", "h"] になります。

---

php インデックス配列を array_merge() で連結する

«sample» **array_merge_index.php**

```php
01:    <?php
02:    $a = ["a", "b", "c"];
03:    $b = ["d", "e", "f"];
04:    $c = ["g", "h"];
05:    // インデックス配列を連結する
06:    $result = array_merge($a, $b, $c);
07:    print_r($result);
08:    ?>
```

出力

```
Array
(
    [0] => a     $a
    [1] => b
    [2] => c
    [3] => d     $b
    [4] => e
    [5] => f
    [6] => g     $c
    [7] => h
)
```

これはインデックス配列を連結した場合の結果ですが、連想配列を array_merge() で連結した場合にキーが重複しているとどうなるかを知っておく必要があります。

次に示す例では $a が ["a"=>1, "b"=>2, "c"=>3]、$b が ["b"=>40, "d"=>50] です。この2つの配列を見比べると b キーが重複しています。このように重複するキーがあった場合、array_merge() で連結すると引数で後から指定した値が前の値を上書きします。したがって、連結後の配列は ["a"=>1, "b"=>40, "c"=>3, "d"=>50] のように b キーの値は 40 になり、すべてのキーと値が足し合わされた配列が作られます。

---

php 連想配列を array_merge() で連結する

«sample» **array_merge_key.php**

```php
01:    ?php
02:    $a = ["a"=>1, "b"=>2, "c"=>3];
03:    $b = ["b"=>40, "d"=>50];     ——— "b" キーが重複しています
04:    // 連想配列を連結する
05:    $result = array_merge($a, $b);
06:    print_r($result);
07:    ?>
```

要素の削除と置換、連結と分割、重複を取り除く　Section 6-2

出力
```
Array
(
    [a] => 1
    [b] => 40 ——— 重複しているキーの値は、
    [c] => 3          後の配列の値で上書きします
    [d] => 50
)
```

array_merge_recursive() で連結する

array_merge_recursive() も配列を連結する関数です。これは array_merge() と似ていますが、重複するキーがあった場合の連結の仕方に違いがあります。array_merge() は重複したキーがあった場合には後の配列の値が採用されましたが、array_merge_recursive() は重複したキーの値を多重配列にしてすべて残します。

では、先の array_merge() の連結を array_merge_recursive() で行ってみましょう。すると b キーの値は [2, 40] となり 2 つの値が配列で保持されています。

php 連想配列を array_merge_recursive() で連結する

《sample》 array_merge_recursive.php
```
01:  <?php
02:  $a = ["a"=>1, "b"=>2, "c"=>3];
03:  $b = ["b"=>40, "d"=>50]; ——— "b" キーが重複しています
04:  // 連想配列を連結する
05:  $result = array_merge_recursive($a, $b);
06:  print_r($result);
07:  ?>
```

出力
```
Array
(
    [a] => 1
    [b] => Array
        (
            [0] => 2 ——— 重複したキーの値が配列になります
            [1] => 40
        )

    [c] => 3
    [d] => 50
)
```

2つの配列から連想配列を作る

array_combine(keys, values) を使うと、配列 keys をキー、配列 values を値にした連想配列を作ることができます。次の例では、配列 $point がキー、配列 $split がそれに対応する値になる連想配列を作っています。

Part 2　PHP のシンタックス

Chapter 6　配列

---

php　通過地点をキー、スプリットを値にした連想配列にする

«sample» **array_combine.php**

```php
01:  <?php
02:  // 通過地点
03:  $point = ["10km", "20km", "30km", "40km", "Goal"];
04:  // スプリット
05:  $split = ["00:50:37", "01:39:15", "02:28:25", "03:21:37", "03:34:44"];      各地点での値
06:  // 通過地点をキー、スプリットを値にした連想配列にする
07:  $result = array_combine($point, $split);
08:  print_r($result);
09:  ?>
```

出力

```
Array
(                    $point の値がキーになります
    [10km] => 00:50:37
    [20km] => 01:39:15
    [30km] => 02:28:25      $split が各キーの値になります
    [40km] => 03:21:37
    [Goal] => 03:34:44
)
```

配列から重複した値を取り除く

　array_unique() を利用すると配列から重複した値を取り除くことができます。次の例では $a、$b、$c に入っている 3 つの行列を array_merge() で連結したのちに、重複した値を array_unique() で取り除いています。

---

php　配列を連結して重複を取り除く

«sample» **array_merge_unique.php**

```php
01:  <?php
02:  $a = ["green", "red", "blue"];      "blue"、"pink" が重複しています
03:  $b = ["blue", "pink", "yellow"];
04:  $c = ["pink", "white"];
05:  // 配列を連結する
06:  $all = array_merge($a, $b, $c);
07:  // 重複した値を取り除く
08:  $unique = array_unique($all);
09:  print_r($all);
10:  print_r($unique);
11:  ?>
```

出力

```
Array
(
    [0] => green
    [1] => red
    [2] => blue
    [3] => blue      $a、$b、$c を連結した配列 $all には
    [4] => pink      重複した値があります
    [5] => yellow
    [6] => pink
    [7] => white
)
```

要素の削除と置換、連結と分割、重複を取り除く　Section 6-2

```
Array
(
    [0] => green
    [1] => red
    [2] => blue
    [4] => pink
    [5] => yellow
    [7] => white
)
```

——— $unique は重複した値が取り除かれています

配列を切り出す

array_slice() を利用すると、配列を切り出して新しい配列を作ることができます。次の書式で説明すると、第1引数の $myArray の $start の位置から $length の長さだけ切り出して、$slice に代入します。$length を省略すると $start の位置から最後までが切り出されます。$start をマイナスにすると後ろから数えた位置になります。

> **書式** 配列を切り出す
>
> $slice **= array_slice(** $myArray, $start, $length**)**

次に3つの切り出し例を示します。元になる $myArray には ["a", "b", "c", "d", "e", "f"] が入っています。最初の $slice1 はインデックス番号 0 から 3 個を切り出すので、$myArray の先頭から 3 個の ["a", "b", "c"] が入ります。$slice2 はインデックス番号の 3 から 2 個を切り出すので ["d", "e"] が入ります。$slice3 はスタート位置が -3 で個数が省略されているので、後ろから 3 番目から最後までが切り出されて ["d", "e", "f"] が入ります。

インデックス番号 0 から 3 個

$slice1　["a", "b", "c", "d", "e", "f"]

インデックス番号 3 から 2 個

$slice2　["a", "b", "c", "d", "e", "f"]

後ろから 3 番目から最後まで

$slice3　["a", "b", "c", "d", "e", "f"]

Part 2　PHP のシンタックス

Chapter 6　配列

---

php　配列を切り出す

«sample» **array_slice.php**

```php
01:    <?php
02:    $myArray = ["a", "b", "c", "d", "e", "f"];
03:    // トップ3
04:    $slice1 = array_slice($myArray, 0, 3);
05:    // 4番、5番
06:    $slice2 = array_slice($myArray, 3, 2);
07:    // ラスト3
08:    $slice3 = array_slice($myArray, -3);
09:    print_r($slice1);
10:    print_r($slice2);
11:    print_r($slice3);
12:    ?>
```

出力

```
Array
(
    [0] => a
    [1] => b ——————— $slice1
    [2] => c
)
Array
(
    [0] => d
    [1] => e ——————— $slice2
)
Array
(
    [0] => d
    [1] => e ——————— $slice3
    [2] => f
)
```

---

❶ NOTE

スライス後のインデックス番号をリセットしない

array_slice() で抜き出された配列はインデックス番号がリセットされて 0 から振り直されます。抜き出した配列のインデックス番号をリセットしたくない場合は、array_slice() の第4引数に true を追加します。

Section 6-3
配列の値を効率よく取り出す

配列からすべての値を順に取り出したり、条件に合った値を抽出したりできます。また、連想配列の要素を変数に展開するといったこともできます。この節では、そういった配列の値を効率よく取り出す方法を紹介します。

配列から順に値を取り出す

foreach 文を使うことで、配列から順に値を取り出すことができます。foreach 文には、値だけを取り出す書式とキーと値の両方を取り出す書式の2種類の構文があります。

foreach 文で値を順に取り出す

インデックス配列から値を取り出すとき、次の書式を利用します。$array から順に値を $value を取り出して、すべて値に対して { } の文を繰り返し実行します。

書式 配列から値を順に取り出して繰り返す

```
foreach ( $array as $value){
    $value を使った繰り返しの処理
}
```

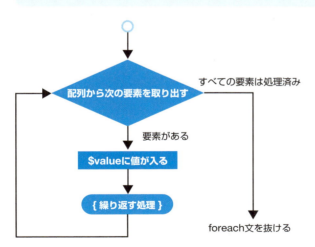

次の例では配列 $namelist から値を順に取り出し、<ol><li> ～ </li></ol> タグを使ってリスト表示しています。なお、$value の変数名は自由です。$nameList as $name とすれば、名前は $name に入ります。

Part 2　PHP のシンタックス

Chapter 6　配列

---

php　名前の配列からリストを作る

«sample» **foreach_value_list.php**

```php
01:    <?php
02:    $namelist = [" 赤井一郎 ", " 伊藤五郎 ", " 上野信二 "];
03:    echo "<ol>", "\n";
04:    // 配列から順に値を取り出す
05:    foreach($namelist as $value){
06:      echo "<li>", $value, " さん </li>\n";
07:    }
08:    echo "</ol>\n";
09:    ?>
```

出力

```
<ol>
<li> 赤井一郎さん </li>
<li> 伊藤五郎さん </li>
<li> 上野信二さん </li>
</ol>
```

```
□  配列から順に値を取り出す  ×  +                                    -  □  ×
←  →  ○  | localhost:8888/php_note/chap06/6-     □  ☆   ≡  ☑  ◌  …

   1. 赤井一郎さん
   2. 伊藤五郎さん
   3. 上野信二さん
```

次の例では配列 $valuelist から値を順に取り出し、正の値だけの合計を求めています。

---

php　配列の正の値を合計する

«sample» **foreach_value_sum.php**

```php
01:    <?php
02:    $valuelist = [5, -3, 12, 6, 9];
03:    $sum = 0;
04:    // 配列から順に値を取り出す
05:    foreach($valuelist as $value){
06:      // 正の値だけ合計する
07:      if ($value>0){
08:        $sum += $value;
09:      }
10:    }
11:    echo " 正の値の合計は {$sum} です。";
12:    ?>
```

出力

正の値の合計は 32 です。

---

❶ NOTE

配列の値を合計する

配列の値の合計は array_sum() で求めることができます。

186

Section 6-3 配列の値を効率よく取り出す

foreach 文でキーと値を順に取り出す

連想配列からキーと値を取り出すとき、次の書式を利用します。先の書式と同じように $array から順にキーと値を $key と $value に取り出して、すべて要素に対して { } の文を繰り返し実行します。

書式 配列からキーと値を順に取り出して繰り返す

```
foreach ($array as $key => $value){
    $key と $value を使った繰り返しの処理
}
```

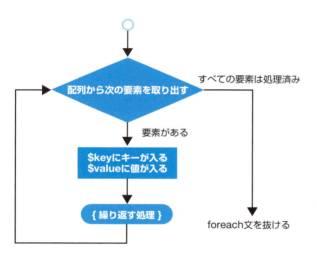

php 配列からすべてのキーと値を取り出す

«sample» foreach_keyvalue_list.php

```
01: <?php
02: $data = ["ID"=>"TR123", " 商品名 "=>" ピークハント ", " 価格 "=>14500];
03: echo "<ul>", "\n";
04: // 配列から順にキーと値を取り出す
05: foreach($data as $key => $value){
06:     echo "<li>", $key, ": ", $value, "</li>\n";
07: }
08: echo "</ul>\n";
09: ?>
```

出力
```
<ul>
<li>ID: TR123</li>
<li>商品名：ピークハント </li>
<li>価格：14500</li>
</ul>
```

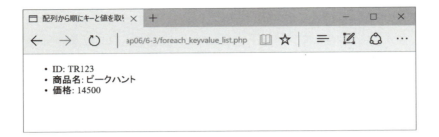

配列から条件に合う値を抽出する

　array_filter() を利用すると条件に合う値を配列から抽出することができます。array_filter() の使い方を次の書式で説明すると、$myArray の配列の値を callback で指定した関数で判定し、結果が true になった値だけを $filtered の配列に抽出します。callback 関数には配列の値が引数として渡されます。元の配列はインデックス配列でも連想配列でも構いません。

書式 配列から条件に合う値を抽出する

$filtered = **array_filter(** $myArray, callback **)**;

　少しわかりにくいので、配列から値が正のものだけを抽出する簡単な例を示します。まず、引数 $value に渡される配列の値が正ならば true を返し、0 または負ならば false を返す関数 isPlus() を定義します。そして、この isPlus() を array_filter() の第2引数のコールバック関数にします。コールバック関数は "isPlus" のように名前を文字列で指定します。実行結果を見ると正の値の要素だけが抽出されて $filtered に入ったことがわかります。

php 配列から正の値だけを抽出する

«sample» array_filter_value.php

```
01: <?php
02: // コールバック関数
03: function isPlus($value) {
04:     return $value>0;          ── 値が正なら抽出
05: }
06:
07: // 元の配列
08: $valueList = ["a"=>3, "b"=>0, "c"=>5, "d"=>-2, "e"=>4];
09: // 配列から正の値だけを抽出する
10: $filtered = array_filter($valueList, "isPlus");
11: print_r($filtered);
12: ?>
```

$valuelist から値を順に取り出して評価します

配列の値を効率よく取り出す **Section 6-3**

出力

```
Array
(
    [a] => 3
    [c] => 5     ──── 値が正の要素だけが取り出された配列になります
    [e] => 4
)
```

インデックス配列を変数に展開する

list() を使うとインデックス配列の値を効率よく変数に代入できます。list() の書式は次のように少し変わって list() に配列を代入する形式です。配列の値を代入する変数は、list() の引数として並べます。

書式 配列を変数に展開する

list($var1, $var2, $var3, **...) =** インデックス配列 **;**

次の例では、list() を使って ["a987", " 鈴木薫 ", 23] の値を、それぞれ $id、$name、$age の３つの変数に代入しています。

php 配列を変数に展開する

«sample» list_var.php

```
01:    <?php
02:    $data = ["a987", " 鈴木薫 ", 23];
03:    list($id, $name, $age) = $data;     ──── 配列 $data の値が各変数に入ります
04:    echo " 会員 ID: ", $id, "\n";
05:    echo " お名前 : ", $name, "\n";
06:    echo " 年齢 : ", $age, "\n";
07:    ?>
```

出力

```
会員 ID: a987
お名前 : 鈴木薫
年齢 : 23
```

list ($id, $name, $age) = ["a987", " 鈴木薫", 23] ;

Section 6-4
配列をソートする

配列を値の大きさで並べ替える、並びを逆順にする、シャッフルするというように、配列の要素をいろいろな方法でソートする（並べ替える）ことができます。配列をソートする関数はたくさんありますが、ここでは代表的なものを説明します。

インデックス配列のソート

小さな値から大きな値へと並んでいる並びを「昇順」、大きな値から小さな値へと並んでいる並びを「降順」と呼びます。値が数値の場合は数値の大きさ、文字列の場合はアルファベット順で並びます。

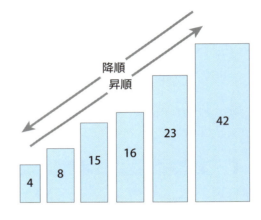

値を昇順に並べる

sort() はインデックス配列の値を昇順に並び替える関数です。次のように値を並び替えたい配列を引数で渡すと値が昇順で並び替わり、インデックス番号もリセットされます。値が並び変わった新しい配列が作られるのではなく、引数で渡した配列の値が並び替わります。この sort() に限らず、配列をソートする関数は配列を直接操作するので注意してください。

次の例では数値が入った配列を昇順にソートしています。

php 配列の値を昇順にソートする

«sample» sort.php

```
01: <?php
02:     $data = [23, 16, 8, 42, 15, 4];
03:     // 昇順にソートする
04:     sort($data);
05:     print_r($data);
06: ?>
```

出力

```
Array
(
    [0] => 4
    [1] => 8
    [2] => 15
    [3] => 16         ──── sort() では値が小→大に並びます
    [4] => 23
    [5] => 42
)
```

配列をソートする　Section 6-4

値を降順にソートする

値を降順に並べたいときは、rsort() を使います。次の例では数値が入った配列を降順にソートしています。

```php
01:  <?php
02:  $data = [23, 16, 8, 42, 15, 4];
03:  // 降順にソートする
04:  rsort($data);
05:  print_r($data);
06:  ?>
```
php 配列の値を降順にソートする

«sample» rsort.php

出力
```
Array
(
    [0] => 42
    [1] => 23
    [2] => 16 ——— rsort() では値が大→小に並びます
    [3] => 15
    [4] => 8
    [5] => 4
)
```

複製した配列をソートする

元になっている配列を直接ソートするのではなく、配列を複製してソートしたい場合があります。PHP の配列は変数に代入するだけで複製されます。そこで次のようにソートする前に複製 $clone を作成してソートします。$clone をソートした後で確認すると、元の $data の並びはそのままで、複製した $clone だけがソートされていることがわかります。

php 複製した配列をソートする

«sample» sort_clone.php

```php
01:  <?php
02:  $data = [23, 16, 8, 42, 15, 4];
03:  // 配列を複製する
04:  $clone = $data; ——— 代入で配列が複製されます
05:  // 昇順にソートする
06:  sort($clone);
07:  // 確認する
08:  echo "元：";
09:  print_r($data);
10:  echo "複製：";
11:  print_r($clone);
12:  ?>
```

出力
```
元：Array
(
    [0] => 23
    [1] => 16 ——— $data の並びは変化しません
    [2] => 8
    [3] => 42
    [4] => 15
    [5] => 4
)
複製：Array
(
    [0] => 4
    [1] => 8 ——— $clone をソートした結果
    [2] => 15
    [3] => 16
    [4] => 23
    [5] => 42
)
```

昇順に並んで、インデックスが付け替わります

191

Part 2　PHP のシンタックス

Chapter 6　配列

連想配列のソート

　連想配列を値の大きさでソートしたい場合は、昇順のソートは asort()、降順のソートは arsort() を使います。

　先の sort()、rsort() ではソート後にインデックスのキーがリセットされていますが、次の例で示すように asort() と arsort() でソートした場合は、"S" => 23、"M" => 36、"L" => 29 というキーと値の関係性が壊れません。

---

php　連想配列を値で昇順にソートする

«sample» **asort.php**

```php
01: <?php
02: $data = ["S" => 23, "M" => 36, "L" => 29];
03: // 昇順にソートする
04: asort($data);  ———— 連想配列をソートします
05: print_r($data);
06: ?>
```

出力

```
Array
(
    [S] => 23  ———— 値でソートされています
    [L] => 29
    [M] => 36
)
```

---

❶ NOTE

ソートの型のフラグ

sort() や asort() などでは、値を数値としてソートするか、文字列としてソートするかといったオプションを第 2 引数で指定できます。

ソート型のフラグ	動作
SORT_REGULAR	型変更をしない（初期値）
SORT_NUMERIC	数値として比較
SORT_STRING	文字列として比較
SORT_LOCALE-STRING	現在のロケールに基づく
SORT_NATURAL	文字列として自然順で比較する
SORT_FLAG_CASE	大文字小文字を区別しない（SORT_STRING | SORT_FLAG_CASE、SORT_NATURAL | SORT_FLAG_CASE のように使う）

配列をソートする　Section 6-4

並びをシャッフルする

shuffle() は要素の並びをランダムに並び替える、シャッフルする関数です。次の例では名前が入った配列を
シャッフルして、順番を入れ替えています。

php 値の並びをシャッフルする

«sample» shuffle.php

```php
01:    <?php
02:    $nameList = [" 田中 ", " 鈴木 ", " 佐藤 ", " 杉山 "];
03:    // 並びをシャッフルする
04:    shuffle($nameList);
05:    print_r($nameList);
06:    ?>
```

出力
```
Array
(
    [0] => 田中
    [1] => 佐藤 ——————— 値の順番が毎回変わります
    [2] => 杉山
    [3] => 鈴木
)
```

並びを逆順にする

array_reverse() を使うと配列の要素を元の並びの逆に並び替えることができます。array_reverse() は、元
の配列を変更せずに逆順にした新しい配列を作って戻します。第2引数を true にすると、インデックス番号が
リセットされません。初期値は false です。

php 値の並びを逆順にする

«sample» array_reverse.php

```php
01:    <?php
02:    $nameList = [" 田中 ", " 鈴木 ", " 佐藤 ", " 杉山 "];
03:    // 並びを逆順にする
04:    $result = array_reverse($nameList);
05:    print_r($result);
06:    ?>
```

出力
```
Array
(
    [0] => 杉山
    [1] => 佐藤 ——————— 値が逆順に並びます
    [2] => 鈴木
    [3] => 田中
)
```

Part 2　PHP のシンタックス

Chapter 6　配列

自然順に並べる

　自然順とは、文字と数値が混じっている値を ["image1", "image12", "image7"] ではなく、["image1", "image7", "image12"] のように並べるソート順です。自然順に並べるには、sort() や asort() の第2引数で SORT_NATURAL を指定するか、natsort() または natcasesort() の関数を使います。次の例では natsort() を使って値を自然順で並べ替えています。

php　値を自然順で並べる

«sample» natsort.php

```
01:    <?php
02:    $data = ["image7", "image12", "image1"];
03:    // 自然順でソートする
04:    natsort($data);
05:    print_r($data);
06:    ?>
```

出力

```
Array
(
    [0] => image1 ──────── 順番が自然順になります
    [1] => image7
    [2] => image12
)
```

❶ NOTE

配列をソートする関数

配列をソートする関数には次のものがあります。値とキーのどちらでソートするか、キーと値の関係性が維持されるか、昇順か降順かといった違いがあります。

関数名	概要	ソートの基準	キーと値の関係性	ソート順
asort()	連想配列を値で昇順にソートする	値	維持する	昇順
arsort()	連想配列を値で降順にソートする	値	維持する	降順
krsort()	連想配列をキーで降順にソートする	キー	維持する	降順
ksort()	連想配列をキーで昇順にソートする	キー	維持する	昇順
natcasesort()	大文字小文字を区別せず自然順でソートする	値	維持する	自然順
natsort()	自然順でソートする	値	維持する	自然順
rsort()	値で降順にソートする	値	維持しない	降順
shuffle()	ランダムに並べる	値	維持しない	ランダム
sort()	値で昇順にソートする	値	維持しない	昇順
uasort()	値でユーザ定義順にソートする	値	維持する	ユーザ定義
uksort()	キーでユーザ定義順にソートする	キー	維持する	ユーザ定義
usort()	値でユーザ定義順にソートする	値	維持しない	ユーザ定義

配列の値を比較、検索する　Section 6-5

Section 6-5

配列の値を比較、検索する

この節では、配列の値を比較、検索して値があるかどうかを判断したり、検索置換したりする方法を説明します。正規表現を使って配列の値を検索する方法も説明します。

配列の値を検索する

配列の検索でもっとも簡単なものは、in_array() を使った検索です。in_array() は配列に探している値があるかどうかをチェックし、値が見つかったならば true、見つからなかったならば false を返します。次の書式で説明すると、配列 $array に $value が見つかれば $isIn に true が代入されます。インデックス配列、連想配列のどちらの値でも検索できます。

> **書式** 配列に値があるかどうかチェックする
> ....
> $isIn **= in_array(** $value, $array **);**

次の例では、配列 $numList から番号を 1 個ずつ取り出し、配列 $numbers にその番号があるかどうかをチェックして結果を表示します。チェックに使う checkNumber 関数は、引数で渡された番号が $numbers に見つかれば「〜番は合格です。」見つからなければ「〜番は見つかりません。」と表示します。配列 $numbers は checkNumber 関数の外で値を設定しているので、グローバル変数にして参照しています。（グローバル変数 ☞ P.98）

> **php** 値を自然順で並べる
>
> «sample» in_array_numbers.php

```
01:    <?php
02:    // チェックする番号
03:    $numList = [1008, 1234, 1301];
04:    // 合格番号                        ——— 合格番号の配列
05:    $numbers = [1301, 1206, 1008, 1214];
06:    // 合格チェック
07:    function checkNumber($no){
08:      global $numbers;
09:      if (in_array($no, $numbers)){   ——— 合格番号に $no が含まれているかどうかをチェックします
10:        echo "{$no} 番は合格です。";
11:      } else {
12:        echo "{$no} 番は見つかりません。";
13:      }
14:    }
15:    ?>
16:
17:    <!DOCTYPE html>
18:    <html>
```

195

```
19:    <head>
20:      <meta charset="utf-8">
21:      <title> 配列を検索する </title>
22:    </head>
23:    <body>
24:    <?php
25:    // 結果リスト
26:    echo "<ol>\n";
27:    // $numList の値をすべてチェックする
28:    foreach ($numList as $value) {
29:      echo "<li>", checkNumber($value), "</li>\n";
30:    }
31:    echo "</ol>\n";
32:    ?>
33:    </body>
34:    </html>
```

出力

```
<!DOCTYPE html>
<html>
<head>
  <meta charset="utf-8">
  <title> 配列を検索する </title>
</head>
<body>
<ol>
<li>1008 番は合格です。</li>
<li>1234 番は見つかりません。</li>
<li>1301 番は合格です。</li>
</ol>
</body>
</html>
```

この出力結果を Web ブラウザで見ると次のように表示されます。

配列の値を比較、検索する　Section 6-5

文字列の配列の検索（完全一致検索）

　in_array() は文字列の検索もできます。このとき、文字列の完全一致でなければ検索できません。また、ア
ルファベットの大文字小文字を区別します。文字列の部分一致で検索したい場合や大文字小文字を区別せずに
検索したい場合は、後述する正規表現を使った検索を利用します（☞ P.139）。型も同じかどうかをチェックし
たい場合には、第3引数で true を指定します。

　次の例では名前の配列を検索しています。完全一致で検索するので、名字だけや大文字小文字が一致しない
名前は見つけることができません。

---

php 文字列の配列を検索する

«sample» in_array_string.php

```php
01:   <?php
02:   $nameList = ["田中達也", "Sam Jones", "新井貴子"];
03:   function nameCheck($name){
04:     global $nameList;
05:     if (in_array($name, $nameList)){
06:       echo "メンバーです。";
07:     } else {
08:       echo "メンバーではありません。";
09:     }
10:   }
11:   // 試す
12:   echo nameCheck("田中達也"), "\n";
13:   echo nameCheck("新井"), "\n";        ——— 完全一致ではないので false
14:   echo nameCheck("Sam Jones"), "\n";
15:   echo nameCheck("SAM JONES"), "\n";   ——— 大文字小文字が一致しないので false
16:   ?>
```

出力

```
メンバーです。
メンバーではありません。
メンバーです。
メンバーではありません。
```

---

❶ NOTE

配列と配列を比較する

　array_diff() を使えば、配列と配列を比較して未登録者のみの配列を作ることができます。（☞ P.199）

新規の値だけを追加する

　次の例では、重複がないように新規の値だけを配列に追加する関数 array_addUnique() を in_array() を利用
して作っています。第1引数で元の配列、第2引数で追加する値を渡します。追加する値が配列にすでにある
かどうかを in_array() でチェックして存在したならば false を返し、存在しなければ値を追加して true を返し
ます。第1引数には & を付けて &$array として参照渡しをしているので、引数で渡した配列を直接操作してい
ます。（参照渡し ☞ P.100）

Part 2　PHP のシンタックス

Chapter 6　配列

---

php　配列に新規の値のみを追加する

«sample» array_addUnique.php

```php
01:  <?php
02:  // 配列に新規の値のみを追加する
03:  function array_addUnique(&$array, $value){
04:    if (in_array($value, $array)){
05:      return false;
06:    } else {
07:      // 値を追加する
08:      $array[] = $value;  ——————— 値が含まれていなかったときに値を追加します
09:      return true;
10:    }
11:  }
12:  // 試す
13:  $myList = ["blue", "green"];
14:  array_addUnique($myList, "white");
15:  array_addUnique($myList, "blue");
16:  array_addUnique($myList, "red");
17:  array_addUnique($myList, "green");
18:  print_r($myList);
19:  ?>
```

出力

```
Array
(
    [0] => blue
    [1] => green
    [2] => white
    [3] => red
)
```

---

❶ NOTE

配列から重複した値を削除する

array_unique() を使うと重複した値を削除した配列を新規に作ることができます。（☞ P.182）

値が見つかった位置、キーを返す

array_search() は見つかった値のキーを返します。インデックス配列の場合は、値のインデックス番号がキーとして戻ります。複数の値が一致する場合は、一番最初に見つかった値のキーを返します。見つからなかった場合は false が返ります。

次の例では、名前の配列を検索して見つかったキーで年齢の配列から値を取り出しています。

---

php　見つかったキーで別の配列から値を取り出す

«sample» array_search.php

```php
01:  <?php
02:  // 名前の配列
03:  $nameList = ["m01"=>"田中達也", "m02"=>"佐々木真一", "w01"=>"新井貴子", "w02"=>"笠井　香"];
04:  // 年齢の配列
05:  $ageList = ["m01"=>34, "m02"=>42, "w01"=>28, "w02"=>41];
06:  function getAge($name){
07:    global $nameList;
08:    global $ageList;
```

配列の値を比較、検索する　Section 6-5

```php
09:        // 見つかった名前のキーを取り出す
10:        $key = array_search($name, $nameList);
11:        // 名前から年齢を調べる
12:        if ($key !== false){
13:            // $ageList の同じキーの年齢を取り出す
14:            $age = $ageList[$key];
15:            echo "{$name} さんは {$age} 歳です。";
16:        } else {
17:            echo "「{$name}」はメンバーではない。";
18:        }
19:    }
20:    echo getAge(" 新井貴子 "), "\n";
21:    echo getAge(" 田中達也 "), "\n";
22:    echo getAge(" 林　純一 "), "\n";
23:    echo getAge(" 佐々木真一 "), "\n";
24:    ?>
```

出力

```
新井貴子さんは 28 歳です。
田中達也さんは 34 歳です。
「林　純一」はメンバーではない。
佐々木真一さんは 42 歳です。
```

配列を比較して一致しない値を見つける

　array_diff() を使うことで、配列 A と配列 B を比較して、配列 A の中から配列 B にはない値を見つけ出すことができます。これを使うことで、未登録のみを抜き出すといったことが可能になります。

　次の例では、$checkID の配列に入っている値が、$aList と $bList の 2 つの配列に含まれているかどうかをチェックします。$aList と $bList のどちらにも見つからない値は、新規の ID として $diffID に配列で取り出されます。

php　$aList と $bList のどちらにもない値を取り出す

«sample» array_diff.php

```php
01:    <?php
02:    // チェックする配列
03:    $checkID = ["a21", "d21", "d33", "e53"];
04:    // 基準となる配列
05:    $aList = ["a12", "b15", "d21"];
06:    $bList = ["d13", "e53", "f10", "k12"];
07:
08:    // ID をチェックする
09:    $diffID = array_diff($checkID, $aList, $bList);    ──── $aList、$bList のどちらにも含まれていない
10:    foreach ($diffID as $value) {                           値を調べます
11:      echo "{$value} は新規です。\n";
12:    }
13:    ?>
```

出力

```
a21 は新規です。
d33 は新規です。
```

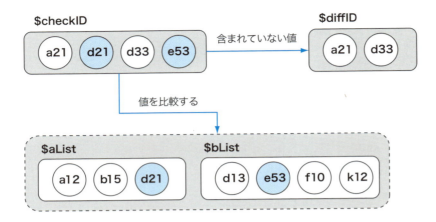

配列の値を検索置換する

「Section5-6 文字列の検索」では、str_replace()、str_ireplace()を使って文字列を置換する方法を説明しましたが（☞ P.141）、配列の文字列を検索置換することもできます。検索できるのはインデックス配列の値のみで、連想配列の値を検索置換したい場合は後述するpreg_replace()を使います。str_replace()とstr_ireplace()の違いは、検索でアルファベットの大文字小文字を区別するかどうかの違いです。配列の値を直接書き替えるのではなく、置換後の新しい配列を作って返します。

次の例では、$dataに入っているNV、ST、MDといった略語を検索して、それぞれを「New Vision」、「スリムタワー」、「マルチドライブ」に置換して表示します。

php 配列の値を検索置換して表示する

«sample» str_replace_array.php

```php
01: <?php
02: $data= ["NV15", "ST", "MD500GB"];        ── 略語を検索して置換します
03: $search = ["NV", "ST", "MD"];
04: $replacement = ["New Vision", " スリムタワー "," マルチドライブ "];
05: $result = str_replace($search, $replacement, $data);
06: echo "商品データ：\n";
07: echo $result[0], "、", $result[1], "、", $result[2];
08: ?>
```

出力
商品データ：
New Vision15、スリムタワー、マルチドライブ 500GB

配列の値を比較、検索する　Section 6-5

正規表現を使って配列を検索する（部分一致検索）

「Section5-7 正規表現の基本知識」で、preg_grep() を使って文字列を正規表現を使って検索する方法を説明しましたが、preg_grep() は配列の検索もできます。正規表現を使って配列を検索することで、文字列の部分一致、大文字小文字を区別せずに検索する、マッチした複数の値を取り出すといったことができます。

文字列が部分一致する値をすべて調べる

次の例では名前の配列 $nameList から「田」が付く名前をすべて取り出しています。

---

php　配列から「田」の付く名前を取り出す

«sample» preg_match_array.php

```php
01:  <?php
02:  $nameList = [" 田中達也 ", " 川崎賢一 ", " 山田一郎 ", " 杉山直樹 "];
03:  $pattern = "/ 田 /";
04:  // パターンにマッチする値を配列からすべて取り出す
05:  $result = preg_grep($pattern, $nameList);
06:  echo " 該当 " . count($result) . " 件 \n";
07:  foreach ($result as $value) {
08:    echo $value , "\n";
09:  }
10:  ?>
```

出力

```
該当 2 件
田中達也
山田一郎
```

マッチしなかった値の配列

preg_grep() の第3引数に PREG_GREP_INVERT を指定すると、マッチしなかった値を配列として取り出すことができます。

---

php　A または R を含まない ID を取り出す

«sample» preg_match_array_invert.php

```php
01:  <?php
02:  $data = ["R5", "E2", "E6", "A8", "R1", "G8"];
03:  $pattern = "/['A'|'R']/";        ———— A または R を含むパターン
04:  // パターンにマッチしない値を配列からすべて取り出す
05:  $result = preg_grep($pattern, $data, PREG_GREP_INVERT);  —— パターンにマッチしない値を取り出します
06:  echo " 該当しない " . count($result) . " 件 \n";
07:  // 値を改行で連結して文字列にする
08:  $resultString = implode("\n", $result);
09:  echo $resultString;
10:  ?>
```

出力

```
該当しない 3 件
E2
E6
G8
```

Part 2

Chapter 2

Chapter 3

Chapter 4

Chapter 5

Chapter 6

Chapter 7

Part 2　PHP のシンタックス

Chapter 6　配列

配列の値を正規表現で検索置換する

preg_replace() も文字列だけでなく、配列の値を正規表現で検索置換できます。ただし、配列の値を直接書き替えるのではなく、置換後の新しい配列を作って返します。先の str_replace()、str_ireplace() と違って、連想配列の値を検索できます（☞ P.200）。

次の例では $data の電話番号の形式を正規表現で検索し、末尾4桁を伏せ文字にして表示しています。

---

php　電話番号の末尾4桁を伏せ字にして表示する

«sample» **preg_replace_array.php**

```php
01:    <?php
02:    $data = [];
03:    $data[] =["name"=>" 井上真美 ", "age"=>37, "phone"=>"090-4321-9999"];
04:    $data[] =["name"=>" 坂田京子 ", "age"=>32, "phone"=>"06-3434-7788"];
05:    $data[] =["name"=>" 石岡　稔 ", "age"=>29, "phone"=>"0467-89-9191"];
06:    $data[] =["name"=>" 多田優美 ", "age"=>35, "phone"=>"59-1212"];
07:    $pattern = "/(-)\d{4}$/";
08:    $replacement = "$1****";
09:    // 配列から値を取り出す
10:    foreach ($data as $user) {
11:      // 電話番号の末尾4桁を伏せ文字に置換する
12:      $result = preg_replace($pattern, $replacement, $user);
13:      // 配列のキーと値を表示する
14:      foreach ($result as $key => $value) {
15:        echo "{$key}：", $value, "\n";
16:      }
17:    }
18:    ?>
```

出力

```
name：井上真美
age：37
phone：090-4321-****
name：坂田京子
age：32
phone：06-3434-****
name：石岡　稔
age：29
phone：0467-89-****
name：多田優美
age：35
phone：59-****
```

配列の各要素に関数を適用する　Section 6-6

Section 6-6

配列の各要素に関数を適用する

foreach 文や for 文を使うことで配列の要素を順に取り出して処理することができますが、この処理をさらに効率よく行うのが array_walk()、array_map() といった関数です。同じような機能なので混乱しそうですが、よく理解して使い分けましょう。

配列の要素で関数を繰り返し実行する

array_walk() は、各要素を引数にして指定の関数を繰り返し実行します。これは foreach 文で配列から値を取り出して処理を繰り返すのと似ています。

書式 各要素を引数にして関数を繰り返し実行する

$result = **array_walk(** &$array, $callBack, $userdata **);**
　　　　　　　　　　└──── 引数の配列を直接書き替えます

書式で説明すると、$array の配列から 1 つ要素を取り出し、それを引数として $callBack で指定した関数を実行します。実行し終えたならば、次の要素を取り出し、その要素を引数として再び $callBack 関数を実行します。この操作を配列の要素の数だけ繰り返します。引数で与えた配列 $array の値を直接書き替えるので注意してください。$userdata はオプションですが、$callBack 関数の第 3 引数として渡すことができる値です。戻り値の $result には、array_walk() の処理が成功したとき true、失敗したとき false が返ります。

$callBack で指定するコールバック関数では、配列の値、キーを順に受け止める引数をユーザ定義します。$userdata を使う場合は、コールバック関数の第 3 引数にも引数変数を用意しておきます。もし、array_walk() の第 1 引数がインデックス配列ならば、コールバック関数の第 2 引数にはキーの代わりにインデックス番号が渡されます。

書式 コールバック関数

```
function 関数名 ($value, $key, $userdata) {
    処理文
}
```

```
              1 回目の計算        2 回目の計算
array_walk (&[ キー 1=> 値 1, キー 2=> 値 2,...], myFunc, 引数 );


function myFunc ($value, $key, $userdata ){
    処理文
}
```

次の例では、array_walk($priceList, "exchangeList", $dollaryen)のように実行することで、配列$priceListに入っている円の値を、ユーザ定義したexchangeList()でドルに換算してリスト表示しています。この例では配列のキーを使用しませんが、コールバック関数exchangeList()には第2引数に$keyを指定します。

php 配列の値をドル換算してリスト表示する

«sample» array_walk.php

```php
<?php
// 通貨換算してリスト表示するコールバック関数
function exchangeList($value, $key, $rateData){
  // レート換算する
  $rate = $rateData["rate"];
  if ($rate == 0) {
    return;
  }
  $price = $value/$rate;
  // 下2桁まで表示する書式に変換する
  $exPrice = sprintf('%.02f', $price);
  // <li> タグと通貨シンボルを付けてリスト形式で表示する
  echo "<li>", $rateData["symbol"], $exPrice, "</li>";
}

// 円での値段
$priceList = [2300, 1200, 4000];
// 円／ドルのレート
$dollaryen = ["symbol"=>'$', "rate"=>112.50];
// 通貨換算してリスト表示する
echo "<ul>";
array_walk($priceList, "exchangeList", $dollaryen);
echo "</ul>";
?>
```

$dollaryen が渡ります

配列 $priceList の各値で exchangeList() を実行します

出力
`<ul><li> $20.44</li><li> $10.67</li><li> $35.56</li></ul>`

この出力結果をWebブラウザで見ると次のように表示されます。

$priceListに入っている円を$dollaryenのレートで換算してリスト表示します

配列の要素すべてに同じ関数を適用する

array_map()には2つの使い方があります。1つは指定した配列の要素にコールバック関数を適用したいときです。その場合には次のような書式で利用します。array_walk()とは違って、引数で与えた配列を直接書き替えるのではなく、コールバック関数で処理した配列が$resultに入ります。先にコールバック関数を指定す

配列の各要素に関数を適用する　Section 6-6

るので注意してください。

> **書式** 配列の個々の値でコールバック関数を実行する
>
> $result **= array_map(** $callBack, $array **);**
> 　　└─ 実行後の配列が戻ります　　　　　└─ 元の配列は変化しません

ユーザ定義するコールバック関数では、配列の値を受け取る引数を用意し、処理後の値を返します。

> **書式** コールバック関数
>
> **function** 関数名 **(**$value**) {**
> 　　処理文
> 　　**return** 値 **;**
> **}**

　次の例では、円が入っている配列 $priceYen の値を exchange() 関数でドルに換算して、戻った配列を $priceDollar に代入しています。

> **php** コールバック関数で、配列に入っている円をドルに換算する
>
> «sample» array_map.php

```php
01: <?php
02: // 通貨換算するコールバック関数
03: function exchange($value){
04:   global $rate;
05:   if ($rate == 0) {
06:     $rate = 1;
07:   }
08:   // レート換算する
09:   $exPrice = $value/$rate;
10:   // 小数第2位に丸める
11:   $exPrice = round($exPrice*100)/100;
12:   return $exPrice;
13: }
14:
15: // 円での値段
16: $priceYen = [2300, 1200, 4000];
17: // 円／ドルのレート
18: $rate = 112.50;
19: // ドル換算の値段
20: $priceDollar = array_map("exchange", $priceYen);
21: print_r($priceDollar);
22: ?>
```

> **出力**
>
> ```
> Array
> (
>     [0] => 20.44
>     [1] => 10.67
>     [2] => 35.56
> )
> ```
> $priceYen に入っている円での料金を $rate のレートで
> ドル換算して $priceDollar に入れます

205

Part 2　PHP のシンタックス

Chapter 6　配列

複数の配列を並列的に処理する

array_map() のもう 1 つの利用方法では、複数の配列を平行して処理できることを利用します。その場合は 2 個目、3 個目の配列を引数に追加します。同時に処理する配列の要素の個数は同じでなければなりません。$result には return で戻した値が配列で返ります。戻す値がないならば、return 文はなくてもかまいません。

書式　**複数の配列を並列的にコールバック関数で処理する**

$result **= array_map (** $callBack**,** $array1**,** $array2**, ...);**

書式　**コールバック関数**

function 関数名 **(** $value1**,** $value2**, ...) {**
　　処理文　┬─────────┬─ $array2 から受け取る値
　　return 値 **;**　$array1 から受け取る値
}

次の例では、通過地点の配列 $point とスプリットタイムの配列 $split を合わせてリスト表示しています。

---

php　コールバック関数で、2つの配列を合わせてリスト表示する

«sample» **array_map2.php**

```php
01:  <?php
02:  // 2つの配列の値をリストアップする
03:  function listUp($value1, $value2){
04:    // <li> タグを付けてリスト形式で表示する
05:    echo "<li>", $value1, " -- ", $value2, "</li>", "\n";
06:  }
07:
08:  // 通過地点
09:  $point = ["10km", "20km", "30km", "40km", "Goal"];
10:  // スプリット
11:  $split = ["00:50:37", "01:39:15", "02:28:25", "03:21:37", "03:34:44"];
12:  echo "<ul>", "\n";
13:  array_map("listUp", $point, $split);
14:  echo "</ul>";
15:  ?>
```

05行目: $point の値 ／ $split の値
13行目: 2つの配列の値を 1 個ずつコールバック関数に渡します

出力

```
<ul>
<li>10km -- 00:50:37</li>
<li>20km -- 01:39:15</li>
<li>30km -- 02:28:25</li>
<li>40km -- 03:21:37</li>
<li>Goal -- 03:34:44</li>
</ul>
```

$point と $split の2つの配列の値を 1 個ずつ受け取ってリスト表示されています

206

Part 2　PHPのシンタックス

Chapter 7
オブジェクト指向プログラミング

今やほとんどのプログラム言語はオブジェクト指向プログラミング（OOP）を取り入れています。もちろん、PHPもOOPでの開発に必要な機能を十分に備えています。

今後、OOPの手法を積極的に取り入れていきたい方は、その基礎知識として本章を読んでください。初心者の方は、この章を読み飛ばしても構いません。

Section 7-1　オブジェクト指向プログラミングの概要
Section 7-2　クラス定義
Section 7-3　クラスの継承
Section 7-4　トレイト
Section 7-5　インターフェース
Section 7-6　抽象クラス

Section 7-1
オブジェクト指向プログラミングの概要

この節ではオブジェクト指向プログラミング（OOP）の仕組みや用語の意味の概要を説明します。コードの書式なども示しますが、OOP 入門として登場するキーワードを知っておく程度でも構いません。他のプログラム言語での OOP を理解している人は、PHP での用語や書式の違いを確認してください。

OOP 料理店では従業員を雇う

あなたは料理店のオーナーです。料理も含めてお店のことは全部 1 人でできるんですが、数名の従業員を雇いたいところです。人を雇うからには、料理、接客、仕入れなどの仕事をやってもらわなければなりません。つまり、仕事ができる人が必要です。

これはプログラミングに置き換えることができます。なんでも 1 人でやるように、1 つのプログラムコードに機能を盛り込んでいくことはできます。関数に分けてコードを整理したとしても、全体としては機能が詰まった 1 つの大きなコードです。しかし OOP では従業員を雇うという現実に近い発想でコードを組み上げます。

できる人と物を定義して採用する

まず OOP では、料理人の Cook クラス、店員の Staff クラス、調理道具の Kitchen クラスなど、必要になる条件を満たすクラスを定めます。そしてコックを 2 人雇うなら、Cook クラスからコックを 2 人募って採用し、店員 3 人なら Staff クラスから 3 人採用します。

仕事を任せる

そして、ここからが OOP のポイントです。コックとスタッフを雇ったのですから、料理はコックに、接客やレジはスタッフに任せます。コックはオーダーを受けると自分の仕事として処理します。コックは現在のオーダーの溜まり具合や材料の在庫などにも目を配ります。料理はコックに任せているので、オーナーやスタッフや調理器具はコックの仕事を逐次見張って指示する必要はありません。2 人のコック同士も互いの仕事を見張る必要はありません。自分の仕事をやり遂げて結果を出すだけです。

コックのこうした技能は、Cook クラスに定めてある仕様です。Cook クラスがフランス料理を作れる仕様ならばフランス料理人、中華料理の仕様ならば中華料理人なるわけです。同様にスタッフの能力は Staff クラス、調理道具は Kitchen クラスの仕様で決定します。

Cook クラスのコック
・料理を作る

Staff クラスのスタッフ
・接客する

Kitchen クラスの調理道具
・調理で使う

クラスとインスタンス

　OOPの考え方を料理店でたとえました。この考え方は家電工場と家電品、車工場と車、ロボット工場とロボットのように置き換えて説明することもできます。これをOOPの用語に置き換えると、クラスとオブジェクトの関係になります。

　「クラス」は機能の仕様（設計）であり、そのクラスの仕様から作られた「もの」がオブジェクトです。厳密に言えばクラスから作られたものは「インスタンス」と呼び、「オブジェクト」はひとつ上の概念を示す用語です。

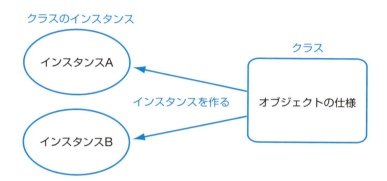

　先の例で言えば、CookクラスのインスタンスA、B、StaffクラスのインスタンスA、B、Cのように個々に区別して指し示し、どのインスタンスもオブジェクトです。意味的にインスタンスは「〜の子供」、オブジェクトは「人間」に相当します。佐藤さんの子供、鈴木さんの子供のように指し示し、どの子も「人間」です。

　この概念をもう少し広げれば、世の中のほとんどの物はクラスとインスタンスの関係にあります。iPhoneは「iPhone」クラスのインスタンス、パンは「パン」クラスのインスタンスです。それぞれにクラス（設計図、レシピ）に基づいて作られたオブジェクトです。

メソッドとプロパティ

　OOPで言うオブジェクトは、定義としてはすっきりしています。オブジェクトとは、「機能とデータをもったもの」です。プログラムコードとして機能はメソッドとして定義し、データはプロパティで定義します。したがって、オブジェクトとは「メソッドとプロパティをもったもの」と言い換えることができます。メソッドは機能を示します。つまり、実行できる処理がメソッドです。プロパティは属性です。人ならば名前、身長、年齢など、車ならば色、車種、燃料などがプロパティに相当します。プロパティは値を設定できたり、読み取れたりします。

クラス定義 ☞ P.216

オブジェクトにどんなプロパティがあり、メソッドがあるかを定義したものがクラスです。具体的なコードは続く節で詳しく説明しますが、大枠としてクラス定義は次のとおりです。

書式　プロパティとメソッドを定義するクラス

```
class クラス名 {
    プロパティの定義
    メソッドの定義
}
```

クラスの定義

（プロパティの定義／メソッドの定義）

Cook クラスならば、次のようになります。

php　Cook クラスを定義する

```
01: class Cook {
02:     // コックのプロパティ      ——— 名前や性別などの属性
03:     // コックのメソッド        ——— 料理を作るといった機能
04: }
```

クラスからインスタンスを作る ☞ P.218

クラスからインスタンスを作るには new 演算子を使います。たとえば、次のように実行すると Cook クラスのインスタンスが 2 個作られて、それぞれ $cook1 と $cook2 に入ります。

オブジェクト指向プログラミングの概要　Section 7-1

php　Cook クラスのインスタンスを作る
```
01:    $cook1 = new Cook();
02:    $cook2 = new Cook();
```

Cookクラスのインスタンス

(図：Cookクラス（コックのプロパティ、コックのメソッド）から new によって $cook1 と $cook2 のインスタンスを作る)

プロパティのアクセスとメソッドの実行　☞ P.219

　クラスのインスタンスを使って何か処理を行うには、インスタンスに命令したり、インスタンスに問い合わせたりします。もちろん、命令したり、問い合わせたりできる内容はクラスで定義されていることに限ります。
　たとえば、Cook クラスに age プロパティと omlete() メソッドが定義されているならば、次のように -> 演算子を使って $cook1 の age プロパティを設定し、$cook2 の omlete() メソッドを実行します。

php　$cook1 の年齢を 26 歳に設定する
```
01:    $cook1->age = 26;
```

php　$cook2 にオムレツをオーダーする
```
01:    $cook2->omlete();
```

$cook1　-> age = 26　　$cook1のageプロパティを26に設定する

$cook2　-> omlete()　　$cook2のomlete()メソッドを実行する

クラスの継承　☞ P.229

OOPではプログラムコードの機能を改変、拡張したいとき「継承」を使います。継承こそがOOPの醍醐味と言えるでしょう。継承ではAクラスに追加したい機能があるとき、Aクラスのコードを書き替えずに、Aクラスを継承したBクラスを作ります。そして、Aクラスに追加したい機能をBクラスに実装します。そうするとBクラスは自身で追加したコードに加えて、Aクラスから継承した機能を兼ね備えたクラスになります。

これは親が子に、師匠が弟子に技術を継承することにも似ています。子は親の記述を授かりますが、さらに自身のアイデアを追加したり、継承した技術をアレンジしたりしてオリジナルのスタイルを確立します。これが継承という手法です。

プログラム言語によって「スーパークラスとサブクラス」、「親クラスと子クラス」、「基底クラスと派生クラス」のように継承関係を違う用語で表現します。PHPの場合はparentキーワードで継承される側のクラスを指し示すので、「親クラスと子クラス」という表現がぴったりでしょう。

extends キーワード

PHPでは継承をextendsキーワードを使って記述します。次の書式で示すように、子クラスが親クラスを指定します。親クラスが自分の子クラスを指定することはできません。したがって図でも「子クラス→親クラス」のように矢印を親クラスに向けて描きます。

書式　クラスの継承

```
class 子クラス extends 親クラス {
}
```

Cookクラスを継承したFrenchCookクラスを定義するならば、次のようなコードになります。

php　Cookクラスを継承したFrenchCookクラスを定義する

```
01: class FrenchCook extends Cook {
02:     // FrenchCookで拡張する内容
03: }
```

オブジェクト指向プログラミングの概要　Section 7-1

トレイト　☞ P.236

PHP にはトレイト（trait）というコードのインクルード（読み込み）に似た仕組みがあります。トレイトでプロパティやメソッドを定義しておくと、クラス定義の最初で use キーワードでトレイトを指定するだけで、そのトレイトのコードを自分のクラスで定義してあるかのように利用できます。複数のトレイトを採用したり、トレイトを組み合わせて新しいトレイトを作ることもできます。トレイトの考え方はシンプルですが、利用する際には名前の衝突などに気を配る必要があります。

書式　トレイトの定義

```
trait トレイト名 {
    // トレイトのプロパティ
    // トレイトのメソッド
}
```

書式　トレイトを利用するクラス

```
class クラス名 {
    use トレイト名;  ─── トレイトで定義してあるプロパティやメソッドを自分のクラスの
    // クラスのコード         コードのように利用できるようになります
}
```

インターフェース　☞ P.242

インターフェースは規格のようなものです。クラスが採用しているインターフェースを見れば、そのクラスで確実に実行できるメソッドと呼び出し方がわかります。Web サービスなどで公開されている API（Application Programming Interface）がありますが、ここで使われているインターフェースという言葉と同じ意味合いで理解できます。インターフェースは interface キーワードを付けて宣言して定義し、インターフェースを採用するクラスでは implements キーワードで指定します。

書式　インターフェースの定義

```
interface インターフェース名 {
    function 関数名 ();
}
```

書式　インターフェースを採用するクラス

```
class クラス名 implements インターフェース名 {
    // クラスのコード
}                        └─── このインターフェースを採用します
```

213

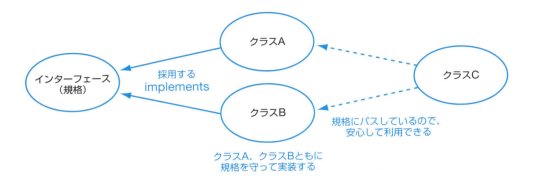

抽象クラスと抽象メソッド　☞ P.247

　メソッド宣言のみを行って処理を実装しない特殊なメソッド定義があります。abstractキーワードを付けてメソッド宣言を行うことから抽象メソッドと呼びます。そして、抽象メソッドが1つでもあるクラスにはabstractキーワードを付ける必要があり、抽象クラスと呼びます。

　抽象クラスのインスタンスを作ることはできず、必ず継承して利用します。そして、抽象メソッドの機能を子クラスでオーバーライド（上書き）して実装します。他の言語と違い、PHPの抽象メソッドには初期機能を実装できません。

　抽象クラスはインターフェースと似た側面がありますが、抽象メソッドだけでなく通常のメソッドを実装できることから、クラスとしての機能をもつことができます。クラス内のメソッドから抽象メソッドを実行することで、実際の処理は子クラスに任せる設計（デリゲート delegate）が可能になります。

書式　抽象クラス

```
abstract class 抽象クラス名 {
    abstract function 抽象メソッド名 ();     ── メソッド名を宣言するだけで、機能は定義しません
}
```

書式　抽象メソッドを実装する

```
class クラス名 extends 抽象クラス名 {
    function 抽象メソッド名 () {
        // メソッドをオーバーライドして機能を定義する
    }
}
```

Section 7-1　オブジェクト指向プログラミングの概要

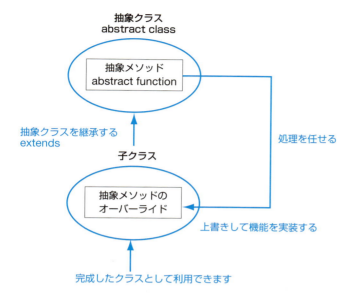

Part 2　PHP のシンタックス

Chapter 7　オブジェクト指向プログラミング

Section 7-2

クラス定義

前節でクラスやインスタンスの概念について説明しましたが、この節ではクラス定義の書式、インスタンスの作成と利用について具体的に解説します。コンストラクタ、$this、外部クラスファイルの作成と読み込み、アクセス修飾子といった新しい用語も出てきます。

クラス定義

クラス定義は class キーワードで宣言します。クラスに定義できる内容はたくさんありますが、基本的にはプロパティとメソッドです。プロパティは変数と定数で定義し、メソッドは関数で定義します。クラス名は大文字小文字を区別し、慣例として大文字から始めます。public キーワードはアクセス権を示します（☞ P.228）。public を付けると他のクラスからもアクセスできるようになります。プロパティのアクセス権は必須ですが、メソッドのアクセス権は省略できます。メソッドのアクセス権を省略すると public になります。

書式 プロパティとメソッドがあるクラス定義

```
class クラス名 {
    // プロパティ
    public const 定数名 = 値 ;
    public $変数名 ;

    // メソッド
    public function メソッド名 () {
    }
}
```

この書式で定義しているプロパティとメソッドは、インスタンスのプロパティとメソッドなので、正確にはインスタンスプロパティとインスタンスメソッドと呼びます。というのも、クラスにもプロパティとメソッドを定義できるからです。

たとえば、Staff クラスの定義は次のように書きます。Staff クラスには name プロパティ、age プロパティ、hello() メソッドが定義してあります。

216

クラス定義 Section 7-2

---

php Staff クラスを定義する

«sample» class_Staff.php

```php
01: <?php
02: // Staff クラスを定義する
03: class Staff {
04:   // インスタンスプロパティ
05:   public $name;
06:   public $age;
07:
08:   // インスタンスメソッド
09:   public function hello() {
10:     echo "こんにちは！", "\n";
11:   }
12: }
13: ?>
14:
15: <!DOCTYPE html>
16: <html>
17: <head>
18:   <meta charset="utf-8">
19:   <title>クラスを定義する</title>
20: </head>
21: <body>
22: <pre>
23: <?php
24:   // Staff クラスのインスタンスを作る
25:   $hana = new Staff();
26:   $taro = new Staff();
27:   // プロパティの値を設定する
28:   $hana->name = "花";
29:   $hana->age = 21;
30:   $taro->name = "太郎";
31:   $taro->age = 35;
32:   // インスタンスを確認する
33:   print_r($hana);
34:   print_r($taro);
35:   // メソッドを実行する
36:   $hana->hello();
37:   $taro->hello();
38: ?>
39: </pre>
40: </body>
41: </html>
```

— Staff クラス (lines 03-12)

— Staff クラスのインスタンスを作ります (lines 25-26)

プロパティの初期値

プロパティには初期値を設定できます。ただし、設定できるのは単純な値だけで、計算式などの式は指定できません。

設定できる初期値

```php
public $hour = 360;
```

設定できない初期値

```php
public $hour = 60 * 60;
```
計算式は初期値で設定できません

217

インスタンスを作る

クラスのインスタンスはnew演算子で作ります。先のStaffクラスのインスタンス$hanaと$taroを作るコードは次のようになります。「new Staff」のようにカッコを付けなくても構いません。

```
23:    <?php
24:        // Staff クラスのインスタンスを作る
25:        $hana = new Staff();
26:        $taro = new Staff();
```

インスタンスプロパティのアクセス

Staffクラスには$nameプロパティと$ageプロパティがあります。このプロパティには初期値が設定されていないので、値を設定したいと思います。インスタンスの値は、それぞれのインスタンスに -> 演算子を使ってアクセスします。

> **書式** インスタンスプロパティにアクセスする
>
> $インスタンス -> プロパティ名

次のコードはインスタンス$hanaと$taroのそれぞれの$nameプロパティと$ageプロパティに値を設定している部分です。このとき、「$hana->name」のようにプロパティ名のnameには$を付けないので注意してください。

print_r()で確認すると、2個のインスタンスが作られて、それぞれのプロパティに値が設定されていることがわかります。

クラス定義 | Section 7-2

php インスタンスプロパティに値を設定する

«sample» **class_Staff.php**

```
27:     // プロパティの値を設定する
28:     $hana->name = " 花 ";          ┐ $hana の name、age プロパティ
29:     $hana->age = 21;               ┘
30:     $taro->name = " 太郎 "         ┐ $taro の name、age プロパティ
31:     $taro->age = 35;               ┘
32:     // インスタンスを確認する
33:     print_r($hana);
34:     print_r($taro);
```

出力
```
Staff Object
(
    [name] => 花
    [age] => 21
)
Staff Object
(
    [name] => 太郎
    [age] => 35
)
```

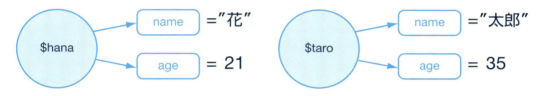

❶ NOTE

$hana->$name
「$hana->$name」は「$hana->{$name}」と解釈され、同名の変数 $name に入っている値がプロパティ名として適用されます。

インスタンスメソッドの実行

インスタンスメソッドを実行する場合も同じように -> 演算子を使います。

書式 インスタンスメソッドを実行する

$ インスタンス **->** メソッド ()

$hana と $taro に対して、hello() を実行するコードは次のとおりです。Staff クラスで定義してある hello() が実行されて、「こんにちは！」のように出力されます。

219

Part 2　PHP のシンタックス

Chapter 7　オブジェクト指向プログラミング

---

php　インスタンスメソッドを実行する

«sample» **class_Staff.php**

```
35:     //  メソッドを実行する
36:     $hana->hello();
37:     $taro->hello();
```

出力
```
こんにちは！
こんにちは！
```

インスタンス自身を指し示す　$this

どのインスタンスで hello() を実行しても同じ結果なので、「こんにちは、花です！」「こんにちは、太郎です！」のように自分の名前を入れて答えるようにしたいと思います。そうすると、Staff クラスの hello() の出力コードは次のように書けばいいように思います。

---

php　間違ったコード：自分のプロパティ $name にアクセスする

```
09:     public function hello() {
10:        echo "こんにちは、{$name} です！", "\n";
11:     }
```

$this-> プロパティ名

ところが、このコードは間違っています。$name ではプロパティ $name にはアクセスできません。$name は同名のローカル変数を探すために値は null です。プロパティ $name にアクセスするには、インスタンス自身を指し示す $this を使って、「$this->name」のように記述しなければなりません。

---

php　正しいコード：自分のプロパティ $name にアクセスする

```
09:     public function hello() {
10:        echo "こんにちは、{$this->name} です！", "\n";
11:     }
```

ところで、$name には初期値が設定されていません。値が設定されていないとき、その値は null です。そこで、is_null() 関数を使って null を判断し、値が null のときは「こんにちは！」を表示するように hello() を書き直します。これで Staff クラスは次のようになります。

クラス定義　Section 7-2

---

php　Staff クラス

«sample» class_Staff_this.php

```php
01:  <?php
02:  // Staff クラスを定義する
03:  class Staff {
04:    // インスタンスプロパティ
05:    public $name;
06:    public $age;
07:
08:    // インスタンスメソッド
09:    public function hello() {
10:      if (is_null($this->name)) {
11:        echo "こんにちは！", "\n";
12:      } else {
13:        echo "こんにちは、{$this->name} です！", "\n";
14:      }
15:    }
16:  }
17:  ?>
```

──── 書き替えた hello()

この Staff クラスでインスタンスを作って hello() メソッドを実行すると、プロパティ $name の名前を使ったあいさつ文が出力されます。

---

php　hello() メソッドを実行する

«sample» class_Staff_this.php

```php
36:    // メソッドを実行する
37:    $hana->hello();
38:    $taro->hello();
```

出力

```
こんにちは、花です！
こんにちは、太郎です！
```
──── 各インスタンスの name プロパティの値が取り出されます

コンストラクタ

いま作った Staff クラスではインスタンスを作った際に $name と $age プロパティの初期値がありません。もちろん、プロパティを定義する際になんらかの初期値を設定しておくことはできますが、名前や年齢は個別に設定する値なので初期値があっても意味がありません。そこで「new Staff(" 花 ", 21)」のようにインスタンスを作成する際に初期値を引数で渡せるようにします。

ここで使うのが「コンストラクタ」です。コンストラクタはインスタンスが作られる際に自動的に呼ばれる特殊な関数です。そこで、インスタンスを作る際に最初に実行したいことをコンストラクタに書いておきます。コンストラクタは、__construct() という名前で定義します。アンダースコア（ _ ）が最初に2個付き、インスタンスを作成する際に引数を渡すことができます。なお、コンストラクタの引数を省略した場合の初期値は、通常の関数の引数と同じように指定できます。（☞ P.91）

Part 2　PHP のシンタックス

Chapter 7　オブジェクト指向プログラミング

書式　コンストラクタ

function __construct (引数 1, 引数 2, ... **) {**
　　// インスタンス作成時に最初に実行したい処理
}

「new Staff(" 花 ", 21)」のように $name と $age プロパティの初期値を引数で渡すならば、引数として受けた値をそれぞれのプロパティに設定しなければなりません。そこでコンストラクタをもった Staff クラスは次のように書くことができます。

---

php　コンストラクタが定義してある Staff クラス

«sample» class_Staff_construct.php

```php
01: <?php
02: // Staff クラスを定義する
03: class Staff {
04:   // インスタンスプロパティ
05:   public $name;
06:   public $age;
07:
08:   // コンストラクタ
09:   function __construct($name, $age){      ——— コンストラクタを追加します
10:     // プロパティに初期値を設定する
11:     $this->name = $name;
12:     $this->age = $age;
13:   }
14:
15:   // インスタンスメソッド
16:   public function hello() {
17:     if (is_null($this->name)) {
18:       echo "こんにちは！", "\n";
19:     } else {
20:       echo "こんにちは、{$this->name} です！", "\n";
21:     }
22:   }
23: }
24: ?>
```

それでは、新しい Staff クラスを使ってインスタンスを作って試してみましょう。インスタンスを作る際にプロパティの値を渡しているので、あとから設定する必要がありません。

---

php　Staff クラスのインスタンスを作る

«sample» class_Staff_construct.php

```php
34: <?php
35:   // Staff クラスのインスタンスを作る
36:   $hana = new Staff(" 花 ", 21);
37:   $taro = new Staff(" 太郎 ", 35);
38:   // メソッドを実行する
39:   $hana->hello();
40:   $taro->hello();
41: ?>
```

222

クラス定義 | Section 7-2

> **出力**
>
> こんにちは、花です！
> こんにちは、太郎です！

クラス定義ファイルと読み込み

ところで、これまでの例では Staff クラス定義と Staff クラスを利用するコードを同じ php ファイルに書いていました。具体的には次のように書いていました。

> **php** クラス定義とクラスを利用するコードを同じファイルに書いている
>
> «sample» class_Staff_construct.php

```php
01: <?php
02: // Staff クラスを定義する
03: class Staff {
04:   // インスタンスプロパティ
05:   public $name;
06:   public $age;
07:
08:   // コンストラクタ
09:   function __construct($name, $age){
10:     // プロパティに初期値を設定する
11:     $this->name = $name;
12:     $this->age = $age;
13:   }
14:
15:   // インスタンスメソッド
16:   public function hello() {
17:     if (is_null($this->name)) {
18:       echo "こんにちは！", "\n";
19:     } else {
20:       echo "こんにちは、{$this->name}です！", "\n";
21:     }
22:   }
23: }
24: ?>
25:
26: <!DOCTYPE html>
27: <html>
28: <head>
29:   <meta charset="utf-8">
30:   <title>コンストラクタがあるクラスを利用する</title>
31: </head>
32: <body>
33: <pre>
34: <?php
35:   // Staff クラスのインスタンスを作る
36:   $hana = new Staff("花", 21);
37:   $taro = new Staff("太郎", 35);
38:   // メソッドを実行する
39:   $hana->hello();
40:   $taro->hello();
41: ?>
42: </pre>
43: </body>
44: </html>
```

Staff クラス

Staff クラスのインスタンスを作ります

クラス定義ファイルを作る

　しかし、クラスを開発する上でも活用する上でも、クラスごとにファイルを作って保存するほうが合理的です。そして、利用するファイルで外部のクラスファイルを読み込んで使うようにします。クラス定義ファイルを作る場合は、1つのファイルに1つのクラスを定義するようにし、定義するクラスと同名のファイル名にすると管理がしやすくなります。たとえば、Staffクラス定義はStaff.phpに保存します。

　また、PHPコードだけのクラスファイルではファイルの最後が終了タグ ?> で終わるので、終了タグを書かないようにします。これを間違えないために、?> を書かないことを明確に示すためにコメントアウトした状態にしておきます。

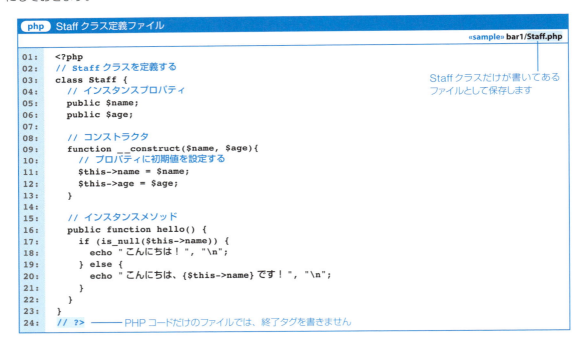

クラス定義ファイルを読み込む

　クラス定義ファイルを読み込んで利用するには、require_once() を使います。次のコードは、Staff.php と同じ階層に保存されている myBar.php のコードです。Staff.php を読み込んで Staff クラスを利用しています。クラス定義ファイルの読み込みはファイルの先頭である必要はありませんが、インスタンスを作るよりも前に読み込む必要があります。

> **! NOTE**
>
> **外部ファイルのコードを読み込むメソッド**
> 外部ファイルのコードを読み込むメソッドには、include、include_once、require、require_once があります。_once が付く include_once と require_once は、同じファイルを繰り返して読み込まない仕様です。両者の違いは読み込みエラーの対応です。include_once は警告だけで処理が続行しますが、require_once は Fatal エラーとなり処理が中断します。以上から、通常は require_once を使います。

クラス定義 | Section 7-2

---

php 同じ階層にある Staff.php を読み込んで Staff クラスを使う

«sample» bar1/myBar.php

```php
01: <?php
02:    // Staff クラスファイルを読み込む
03:    require_once("Staff.php");        ── Staff クラスを定義してあるファイルを
04: ?>                                       読み込みます
05:
06: <!DOCTYPE html>
07: <html>
08: <head>
09:    <meta charset="utf-8">
10:    <title>Staff クラスを読み込んで利用する</title>
11: </head>
12: <body>
13: <pre>
14: <?php
15:    // Staff クラスのインスタンスを作る
16:    $hana = new Staff("花", 21);       ── 外部ファイルで定義してある
17:    $taro = new Staff("太郎", 35);         Staff クラスを利用します
18:    // メソッドを実行する
19:    $hana->hello();
20:    $taro->hello();
21: ?>
22: </pre>
23: </body>
24: </html>
```

スタティックプロパティとスタティックメソッド

　クラスには、インスタンスのプロパティとメソッドだけでなく、クラス自身のクラスプロパティとクラスメソッドを設定することができます。PHPでは、これをstaticキーワードを利用して作るスタティックプロパティ（静的プロパティ）とスタティックメソッド（静的メソッド）で代替します。（スタティック変数☞ P.99）

書式 スタティックプロパティとスタティックメソッドがあるクラス定義

```
class クラス名 {
    // スタティックプロパティ
    public static const 定数名 = 値 ;
    public static $変数名 ;

    // スタティックメソッド
    public static function メソッド名 () {
    }
}
```

クラスの中からクラスメンバーにアクセスする

　このクラスメンバーをクラス内で利用するには、self:: を付けて「self::$変数名」あるいは「self:: メソッド名 ()」のようにアクセスします。

Part 2　PHP のシンタックス

Chapter 7　オブジェクト指向プログラミング

　では、Staff クラスにスタティックプロパティ $piggyBank とスタティックメソッド deposit() を定義して
みましょう。$piggyBank は貯金箱で、その貯金箱にお金を入れるメソッドが deposit() です。

　deposit() では引数で受けた値 $yen を $piggyBank に加算します。$piggyBank には self::$piggyBank の
式でアクセスします。

---

php 　クラスメンバーがある Staff クラス定義ファイル

«sample» **bar2/Staff.php**

```php
01:  <?php
02:  // Staff クラスを定義する
03:  class Staff {
04:      // クラスプロパティ
05:      public static $piggyBank = 0;              ———— クラスメンバーを定義します
06:      // クラスメソッド
07:      public static function deposit(int $yen) {
08:        self::$piggyBank += $yen;                ———— クラスメソッドの中でクラスプロパティ
09:      }                                               $piggybank を使っています
10:      // インスタンスプロパティ
11:      public $name;
12:      public $age;
13:
14:      // コンストラクタ
15:      function __construct($name, $age){
16:        // プロパティに初期値を設定する
17:        $this->name = $name;
18:        $this->age = $age;
19:      }
20:
21:      // インスタンスメソッド
22:      public function hello() {
23:        if (is_null($this->name)) {
24:          echo "こんにちは！", "\n";
25:        } else {
26:          echo "こんにちは、{$this->name}です！", "\n";
27:        }
28:      }
29:
30:      // 遅刻して罰金
31:      public function latePenalty(){
32:        // スタティックメソッドを実行
33:        self::deposit(1000);      ———— インスタンスメソッドの中でクラスメソッド deposit() を利用しています
34:      }
35:  }
36:  // ?>
```

インスタンスメソッドからクラスメソッドを実行する

　インスタンスメソッドの latePenalty() は、遅刻すると 1000 円罰金を支払うメソッドです。latePenalty()
を実行するとクラスメソッドの deposit(1000) が実行されて、クラスプロパティ $piggyBank に 1000 が加算
されます。インスタンスメンバーからクラスメンバーを利用する場合も同じように「self:: クラスメンバー」の
式で self::deposit(1000) のように実行します。

クラス定義 Section 7-2

> **❶ NOTE**
>
> **クラスメンバーとインスタンスメンバー**
> プロパティとメソッドを合わせてメンバーと呼びます。したがって、クラスのプロパティとメソッドはクラスメンバー、インスタンスの
> プロパティとメソッドをインスタンスメンバーと呼びます。また、プロパティのことをメンバー変数、メソッドのことをメンバー関数と
> 呼ぶこともあります。

クラスの外からクラスメンバーを利用する

ほかのクラスから利用する場合は「クラス名 :: クラスメンバー」でアクセスします。

次のコードでは Staff クラスの外から Staff クラスの機能を利用しています。最初に Staff.php を読み込み、次に Staff::deposit(100) のように Staff クラスのクラスメンバーを直接指して実行しています。そして、クラスプロパティに Staff::$piggyBank でアクセスして預金した結果を調べます。

続いてインスタンス $hana を作り、$hana のインスタンスメソッド latePenalty() を実行します。latePenalty() を実行すると 1000 円預金されるので、Staff::$piggyBank でアクセスして預金額をもう一度確認しています。

php Staff クラスをクラスの外から利用する

«sample» bar2/myBar.php

```php
01: <?php
02:   // Staff クラスファイルを読み込む
03:   require_once("Staff.php");
04: ?>
05:
06: <!DOCTYPE html>
07: <html>
08: <head>
09:   <meta charset="utf-8">
10:   <title>Staff クラスメンバーを使う</title>
11: </head>
12: <body>
13: <pre>
14: <?php
15: // クラスメソッドを実行する
16: Staff::deposit(100);
17: Staff::deposit(150);          Staff クラスのクラスメソッド deposit() を直接実行します
18: // クラスプロパティを確認する
19: echo Staff::$piggyBank, " 円になりました。\n";     Staff クラスのクラスプロパティ $pippyBank の
20:                                                   値を取り出します
21: // インスタンスを作る
22: $hana = new Staff(" 花 ", 21);
23: // インスタンスメソッドを実行する
24: $hana->latePenalty();          遅刻して罰金
25: // クラスプロパティを確認する
26: echo Staff::$piggyBank, " 円になりました。\n";
27: ?>
28: </pre>
29: </body>
30: </html>
```

227

Part 2　PHP のシンタックス

Chapter 7　オブジェクト指向プログラミング

> **出力**
> 250 円になりました。
> 1250 円になりました。

アクセス修飾子

　クラスメンバーのアクセス権は、public、protected、private の3種類のアクセス修飾子で設定します。適切な使い分けには OOP に対する中級者レベルの理解が必要になる場面があります。

修飾子	アクセス権
public	どこからでもアクセスが可能
protected	定義したクラスと子クラスからアクセス可能
private	定義したクラス内のみでアクセスが可能

　リードオンリーまたはライトオンリーのプロパティを作りたいといった場合に、protected や private のアクセス修飾子を利用してプロパティの読み書きを禁止に設定し、public なメソッドを介してアクセスできるようにするといった手法を使います。

Section 7-3

クラスの継承

この節ではクラス継承の定義とその使い方を具体的に示します。クラス継承では、親クラスの機能をそのまま利用するだけでなく、上書きして変更することもできます。このオーバーライドと呼ばれる機能を積極的に使うために、親クラスのメソッドを直接指し示すことができたり、逆にオーバーライドを禁止したりすることもできます。

クラスを継承する

クラスの継承とは、既存のクラスを拡張するように自身のクラスを定義する方法です。クラスAをもとにクラスBを作りたいとき、クラスAを継承して追加変更したい機能だけをクラスBで定義します。ベースになるクラスAのコードを改変せずに拡張するので、拡張による影響がクラスAには及ばないというメリットがあります。

クラスの継承には extends キーワードを使います。クラスAを継承してクラスBを作る場合、クラスAが親クラス、クラスBが子クラスという関係になります。

書式 クラスの継承

```
class 子クラス extends 親クラス {
}
```

親クラスの Player クラス

では実際にクラス継承を簡単な例で試してみましょう。まず、親クラスとなる Player クラスを用意します。Player クラスには $name プロパティ、コンストラクタ、マジックメソッドの __toString()、そして who() メソッドが定義してあります。

Part 2　PHP のシンタックス

Chapter 7　オブジェクト指向プログラミング

---

php　親クラスにする Player クラス

«sample» **ex_Player_Soccer/Player.php**

```php
01: <?php
02: // Player クラスを定義する
03: class Player {
04:   // インスタンスプロパティ
05:   public $name;
06:
07:   // コンストラクタ
08:   function __construct($name = ' 名無し '){
09:     // プロパティに初期値を設定する          ── 引数が省略された場合の初期値
10:     $this->name = $name;
11:   }
12:
13:   // ストリングにキャストされたとき返す文字列
14:   public function __toString() {
15:     return $this->name;             ── マジックメソッドの定義
16:   }
17:
18:   // インスタンスメソッド
19:   public function who() {
20:     echo "{$this->name} です。", "\n";
21:   }
22: }
23: // ?>
```

子クラスの Soccer クラス

　次に Player クラスの子クラスとなる Soccer クラスを作ります。Soccer クラスは Player クラスを継承するので、最初に Player クラスを定義している Player.php ファイルを読み込みます。

　次に「class Soccer extends Player」のように Player クラスを親クラスに指定して Soccer クラスを定義します。Soccer クラスには play() メソッドを定義しています。play() メソッドでは {$this->name} のように Soccer クラスでは定義していない $name プロパティを使っている点に注目してください。

---

php　Player クラスを継承する子クラスの Soccer クラス

«sample» **ex_Player_Soccer/Soccer.php**

```php
01: <?php
02: // Player クラス定義ファイルを読み込む
03: require_once("Player.php");
04: // Soccer クラスを定義する
05: class Soccer extends Player {  ────── Player クラスを継承します
06:   // インスタンスメソッド
07:   public function play() {
08:     echo "{$this->name} がシュート！", "\n";
09:   }
10: }
11: // ?>
```

クラスの継承 **Section 7-3**

Soccer クラスのインスタンスを作って利用する

では、子クラスの Soccer クラスを使って継承の機能を確かめてみます。次のコードを使って Soccer クラスのインスタンスを作ります。

php Soccer クラスのインスタンスを作って試すコード

«sample» **ex_Player_Soccer/myGame.php**

```php
01: <?php
02:    // クラスファイルを読み込む
03:    require_once("Soccer.php");
04: ?>
05:
06: <!DOCTYPE html>
07: <html>
08: <head>
09:    <meta charset="utf-8">
10:    <title>Soccer クラスを利用する </title>
11: </head>
12: <body>
13: <pre>
14: <?php
15:    // Soccer クラスのインスタンスを作る
16:    $player1 = new Soccer(" シンジ ");
17:    // 親クラスのメソッドを試す
18:    $player1->who();            ─── who() は親クラスの Player クラス
19:    // 子クラスのメソッドを試す          で定義してあります
20:    $player1->play();
21: ?>
22: <!-- マジックメソッドを試す -->
23: <?php
24:    // Soccer クラスのインスタンスを作る
25:    $player2 = new Soccer(" つばさ ");
26:    // __toString() メソッドを試す
27:    echo "{$player2}";          ─── マジックメソッドの __toString() で文字列に
28: ?>                                  キャストされます
29: </pre>
30: </body>
31: </html>
```

クラスファイルを読み込む

まず最初に Soccer.php ファイルを読み込んでおきます。

php Soccer.php ファイルを読み込んでおく

«sample» **ex_Player_Soccer/myGame.php**

```php
02:    // クラスファイルを読み込む
03:    require_once("Soccer.php");
```

親クラスのコンストラクタ

次に Soccer クラスのインスタンスを new Soccer(" シンジ ") のように作ります。ここでプロパティ $name の初期値を渡していますが、これは親クラスの Player クラスで定義されているコンストラクタが名前を受け取って $name に設定しています（☞ P.230）。

231

Part 2　PHP のシンタックス

Chapter 7　オブジェクト指向プログラミング

---

php 親クラスのコンストラクタに名前を渡す

«sample» ex_Player_Soccer/myGame.php

```
15:     // Soccer クラスのインスタンスを作る
16:     $player1 = new Soccer(" シンジ ");
```

親クラスのメソッドと子クラスのメソッドを試す

次に親クラスのメソッド who() と子クラスのメソッド play() を試してみます。メソッドを呼び出す式を見たとき、どちらも「$player1-> メソッド ()」の式なので、式を見ただけでは親クラスのメソッドなのか子クラスのメソッドなのかを区別することはできません。どちらもインスタンスのメソッドとして同じように利用できています。

---

php 親クラスのメソッドと子クラスのメソッドを試す

«sample» ex_Player_Soccer/myGame.php

```
15:     // Soccer クラスのインスタンスを作る
16:     $player1 = new Soccer(" シンジ ");
17:     // 親クラスのメソッドを試す
18:     $player1->who();            ———— 親クラスの Player クラスで定義してある who() が実行されます
19:     // 子クラスのメソッドを試す
20:     $player1->play();
```

出力

```
シンジです。
シンジがシュート！
```

マジックメソッド　__toString() を試す

Player クラスには __toString() というメソッドが定義されています。これはマジックメソッドと呼ばれる特殊なメソッドの１つで、インスタンスがストリングにキャストされたときに返す値を定義できます。Player クラスでは $name プロパティの値を返しています。

---

php ストリングにキャストされたとき返す文字列

«sample» ex_Player_Soccer/Player.php

```
14:     public function __toString() {
15:       return $this->name;            ———— マジックメソッドの __toString() で文字列にキャストされます
16:     }
```

Soccer クラスは Player クラスを継承しているので、__toString() の機能も利用できます。インスタンス $player2 を作って、echo で出力すると $name プロパティの値が表示されます。

---

php マジックメソッドを試す

«sample» ex_Player_Soccer/myGame.php

```
24:     // Soccer クラスのインスタンスを作る
25:     $player2 = new Soccer(" つばさ ");
26:     // __toString() メソッドを試す
27:     echo "{$player2}";
```

出力

```
つばさ
```

クラスの継承　**Section 7-3**

子クラスのコンストラクタから親クラスのコンストラクタを呼び出す

では、子クラスにコンストラクタが定義されているときにはどうなるでしょうか？　次の Runner クラスは Soccer クラスと同じように Player クラス（☞ P.230）を継承して作られていますが、年齢の $age プロパティが追加してあります。そして、この $age プロパティの初期値をインスタンス作成時に設定したいと思います。しかし、インスタンス作成時には $name プロパティの値も引数で受け取る必要があります。

つまり、インスタンスを作る際に new Runner(" 福士 ", 23) のように名前と年齢の両方の値を受け取り、名前は親クラスの Player クラスのコンストラクタに送り、年齢は子クラスの Runner クラスのコンストラクタで処理できるようにしなければなりません。

そこで、次の Runner クラスのコンストラクタのように、子クラスのコンストラクタから親クラスのコンストラクタを parent::__construct($name) のように呼び出して値を渡します。これで、親クラスで $name の初期値が設定され、続いて子クラスの $age も初期化できます。

---

php Runner クラス

«sample» ex_Player_Run/Runner.php

```php
01: <?php
02: // Player クラス定義ファイルを読み込む
03: require_once("Player.php");
04: // Runner クラスを定義する
05: class Runner extends Player {          ——— Player クラスを継承しています
06:   // プロパティ
07:   public $age;          ——— Runner クラスでは $age プロパティのみが定義されています
08:
09:   // コンストラクタ
10:   function __construct($name, $age){
11:     // 親クラスのコンストラクタを呼ぶ
12:     parent::__construct($name);          ——— Player クラスのコンストラクタに
13:     // プロパティに初期値を設定する          $name を渡します
14:     $this->age = $age;
15:   }
16:
17:   // インスタンスメソッド
18:   public function play() {
19:     echo "{$this->name} が走る！", "\n";
20:   }
21: }
22: // ?>
```

インスタンスを親クラスと子クラスのコンストラクタで初期化する

では実際に Runner クラスのインスタンスを作って試してみましょう。new Runner(" 福士 ", 23) でインスタンス $runner1 を作って print_r($runner1) で確認すると、$name と $age の両方のプロパティに値が設定されていることを確認できます。

233

Part 2　PHP のシンタックス

Chapter 7　オブジェクト指向プログラミング

---

php　Runner クラスを試してみる

«sample» ex_Player_Run/myRace.php

```php
01:  <?php
02:    // クラスファイルを読み込む
03:    require_once("Runner.php");
04:  ?>

14:  <?php
15:    // Runner クラスのインスタンスを作る
16:    $runner1 = new Runner("福士", 23);
17:    // インスタンスを確認する
18:    print_r($runner1);
19:  ?>
```

名前は親クラスの Player クラスの
コンストラクタに渡されます

出力

```
Runner Object
(
    [age] => 23 ————————— 子クラスで定義しているプロパティ
    [name] => 福士 ————— 親クラスで定義しているプロパティ
)
```

親クラスのメソッドをオーバーライドして書き替える

　クラス継承している親クラスのメソッドをそのまま使うのではなく、子クラスで同じ名前のメソッドを定義することで、親クラスの同名のメソッドを上書きすることができます。この手法をオーバーライドと呼びます。

　先の Runner クラスでは $age プロパティを追加しましたが、親クラスの Player クラスの who() メソッドでは $name プロパティのみを表示しています。

---

php　Player クラスの who() メソッド

«sample» ex_Player_Run_who/Player.php

```php
18:    // インスタンスメソッド
19:    public function who() {
20:      echo "{$this->name} です。", "\n";
21:    }
```

　そこで、この who() を子クラスの Runner クラスでオーバーライドして、年齢も表示する who() に変えたいと思います。

---

php　who() をオーバーライドした Runner クラス

«sample» ex_Player_Run_who/Runner.php

```php
01:  <?php
02:  // Player クラス定義ファイルを読み込む
03:  require_once("Player.php");
04:  // Runner クラスを定義する
05:  class Runner extends Player { ————— Player クラスを継承しています
06:    // プロパティ
07:    public $age;
08:
09:    // コンストラクタ
10:    function __construct($name, $age){
```

234

クラスの継承　　**Section 7-3**

```
11:        // 親クラスのコンストラクタを呼ぶ
12:        parent::__construct($name);
13:        // プロパティに初期値を設定する
14:        $this->age = $age;
15:    }
16:
17:    // オーバーライドする
18:    public function who() {
19:        echo "{$this->name}、{$this->age} 歳です。", "\n";
20:    }
21:
22:    // インスタンスメソッド
23:    public function play() {
24:        echo "{$this->name} が走る！", "\n";
25:    }
26: }
27: // ?>
```

―――― Player クラスの who() を
オーバーライドしています

オーバーライドした who() を試す

それでは Runner クラスのインスタンスを作って who() メソッドを試してみましょう。

php　Runner クラスのインスタンスでオーバーライドした who() を試す

«sample» ex_Player_Run_who/myRace.php

```
01: <?php
02:    // クラスファイルを読み込む
03:    require_once("Runner.php");
04: ?>
05:
06: <!DOCTYPE html>
07: <html>
08: <head>
09:   <meta charset="utf-8">
10:   <title>Runner クラスを利用する</title>
11: </head>
12: <body>
13: <?php
14:    // Runner クラスのインスタンスを作る
15:    $runner1 = new Runner("福士", 23);
16:    // オーバーライドした who() を試す
17:    $runner1->who();　―――――― Runner クラスで定義した who() が実行されます
18: ?>
19: </body>
20: </html>
```

出力

福士、23 歳です。

---

❶ NOTE

継承の禁止、オーバーライドの禁止

final class 〜のようにクラス定義に final キーワードを付けることで継承されないように制限できます。同様に final function 〜のように
メソッド定義に final キーワードを付けることで、子クラスからのオーバーライドを禁止できます。

235

Section 7-4
トレイト

クラス継承では親クラスを 1 個しか指定できませんが、トレイトでは複数のトレイトを同時に指定してコードを活用することができます。この節ではトレイトの定義と利用について説明します。

トレイトを定義する

トレイトは次に示すようにクラス定義と似た書式で定義できます。クラスを継承したトレイトを定義することもできます。トレイトもクラスファイルと同じように個別にファイル保存すると管理しやすくなります。

書式　トレイトの定義

```
trait トレイト名 {
    // トレイトのプロパティ
    // トレイトのメソッド
}
```

書式　親クラスを指定したトレイトの定義

```
trait トレイト名 extends 親クラス {
    // トレイトのプロパティ
    // トレイトのメソッド
}
```

DateTool トレイトを定義する

次の例では DateTool トレイトを定義しています。DateTool トレイトには、ymdString() と addYmdString() の2つの関数が定義してあります。ymdString() は引数で受け取った DateTime クラスの日付データを「2016 年 03 月 15 日」といった年月日のストリングにして返します。addYmdString() は引数で受け取った日付の指定日数後の日付を年月日のストリングにして返します。

php　2つの関数がある DateTool トレイト

«sample» ex_trait/DateTool.php

```
01: <?php
02: // DateTool トレイトを定義する
03: trait DateTool {
04:     // DateTime を年月日の書式で返す
05:     public function ymdString($date) {
06:         $dateString = $date->format('Y年m月d日');
07:         return $dateString;
08:     }
```

```
09:
10:        // 指定日数後の年月日で返す
11:        public function addYmdString($date, $days) {
12:          $date->add(new DateInterval("P{$days}D"));
13:          return $this->ymdString($date);
14:        }
15:    }
16:    // ?>
```

トレイトの使い方

トレイトを利用するには、use キーワードでトレイトを指定します。同時に複数のトレイトを指定して利用することができます。外部ファイルのトレイトを使う場合は、先に require_once() で読み込んでおいてください。

書式 **トレイトを利用するクラス**

```
class クラス名 {
    use トレイト名 , トレイト名 , ... ;
    // クラスのコード
}
```

DateTool トレイトを利用する Milk クラスを定義する

では、先に作った DateTool トレイトを利用する Milk クラスを作ってみます。Milk クラスでは use DateTool で DateTool トレイトの利用を宣言しておき、コンストラクタで $theDate プロパティと $limitDate プロパティの値を設定で DateTool トレイトの関数を使って年月日のストリングを作って保存しています。

まず、DateTime クラスのインスタンス $now を作ります。$now には現在の日時データが入ります。これを DateTool トレイトで定義してある ymdString() を使って年月日のストリングにして $theDate に保存し、addYmdString() を使って 10 日後の年月日を求めて $limitDate に保存します。$this-> で指していることからもわかるように、どちらの関数も Milk クラスで定義してある関数のように使うことができます。

php DateTool トレイトを利用している Milk クラス

«sample» **ex_trait/Milk.php**

```
01:    <?php
02:    require_once("DateTool.php");
03:    // Milk クラスを定義する
04:    class Milk {
05:      // DateTool トレイトを使用する
06:      use DateTool;  ————————DateTool トレイトの利用を宣言します
07:      // プロパティ宣言
08:      public $theDate;
09:      public $limitDate;
10:
```

237

Part 2　PHP のシンタックス

Chapter 7　オブジェクト指向プログラミング

```
11:        function __construct(){
12:            // 今日の日付
13:            $now = new DateTime();
14:            // 年月日に直して設定する
15:            $this->theDate = $this->ymdString($now);
16:            // 10 日後の日付
17:            $this->limitDate = $this->addYmdString($now, 10);
18:        }
19:    }
20:    // ?>
```

DateTool トレイトで定義してある
メソッドを自分のメソッドのように
使います

10 日後の日付を作ります

Milk クラスのインスタンスを作って確かめる

　Milk クラスのインスタンス $myMilk を作って、2 つのプロパティに値が設定されたかどうかを確かめてみます。$myMilk->theDate を見ると作った日付、$myMilk->limitDate を見るとその 10 日後の日付が入っています。

php　Milk クラスのインスタンスを作ってプロパティを調べる

«sample» ex_trait/myMilkShop.php

```
01:    <?php
02:        // Milk クラスファイルを読み込む
03:        require_once("Milk.php");
04:        // Milk クラスのインスタンスを作る
05:        $myMilk = new Milk();
06:        echo "作成日 :", $myMilk->theDate;
07:        echo "\n";
08:        echo "期限日 :", $myMilk->limitDate;
09:    ?>
```

出力
作成日 :2016 年 03 月 15 日
期限日 :2016 年 03 月 25 日

メソッドの衝突を解決する

　複数のトレイトを使うと同じ名前でメソッドが定義されていることがあります。そのような場合にどのトレイトのメソッドを使うかを指定する方法があります。

同じ名前のメソッドがあるトレイト

　まず、TaroTool トレイトと HanaTool トレイトを用意します。どちらにも hello() があって、名前が衝突しています。TaroTool トレイトには「今日は水曜日です。」のように今日の曜日を表示する weekday() も定義してあります。

トレイト　Section 7-4

```php
php    TaroTool トレイトを定義する
                                                    «sample» trait_insteadof/TaroTool.php
01:  <?php
02:  // TaroTool トレイトを定義する
03:  trait TaroTool {
04:    public function hello() {  ——— TaroTool トレイトには hello() があります
05:      echo "ハロー！";
06:    }
07:
08:    // 今日の曜日
09:    public function weekday() {
10:      $week = ["日", "月", "火", "水", "木", "金", "土"];
11:      $now = new DateTime();
12:      $w = (int)$now->format('w');
13:      $weekday = $week[$w];
14:      echo "今日は ", $weekday, " 曜日です。";
15:    }
16:  }
17:  // ?>
```

```php
php    HanaTool トレイトを定義する
                                                    «sample» trait_insteadof/HanaTool.php
01:  <?php
02:  // HanaTool トレイトを定義する
03:  trait HanaTool {
04:    public function hello() {  ——— HanaTool トレイトにも hello() があります
05:      echo "ごきげんよう。";
06:    }
07:  }
08:  // ?>
```

insteadof キーワードを使って名前の衝突を避ける

名前の衝突を避けるには insteadof キーワードを使います。「A instead of B」は「B の代わりに A」という意味なので、insteadof もそのように使います。

次の MyClass クラスは TaroTool トレイトと HanaTool トレイトを利用します。トレイトを指定する use 文では、TaroTool、HanaTool と 2 つのトレイトの指定に加えてブロック文が付いています。ブロック文では「HanaTool::hello insteadof TaroTool」のように HanaTool トレイトの hello() を使うことを宣言しています。

```php
php    2つのトレイトを使う MyClass クラス
                                                    «sample» trait_insteadof/MyClass.php
01:  <?php
02:  require_once("TaroTool.php");
03:  require_once("HanaTool.php");
04:  // MyClass クラスを定義する
05:  class MyClass {
06:    // 2つのトレイトを使用する
07:    use TaroTool, HanaTool {  ——————— TaroTool と HanaTool の2つのトレイトの利用を宣言します
08:      HanaTool::hello insteadof TaroTool;
09:    }                         HanaTool の hello() を使うことを宣言します
10:  }
11:  // ?>
```

239

Part 2　PHP のシンタックス

Chapter 7　オブジェクト指向プログラミング

では、実際に MyClass クラスのインスタンスを作り、どちらの hello() が利用されるかを確認してみましょう。次のように試してみると、「ごきげんよう。」と表示されて HanaTool トレイトの hello() が実行されたことがわかります。また、weekday() の結果も表示されるので TaroTool トレイトも利用できています。

---

php　MyClass クラスでどちらの hello() が使われるかを試す

«sample» trait_insteadof/myClassTest.php

```php
01:  <?php
02:    // MyClass クラスファイルを読み込む
03:    require_once("MyClass.php");
04:    // MyClass クラスのインスタンスを作る
05:    $myObj = new MyClass();
06:    $myObj->hello();  ──────── hello() を実行します
07:    echo "\n";
08:    $myObj->weekday();
09:  ?>
```

出力

ごきげんよう。 ──────── TaroTool ではなく HanaTool の hello() が実行されています
今日は水曜日です。

メソッドに別名を付ける

このように insteadof を使うことで hello() は HanaTool トレイトで定義してあるものを使うことを指定できましたが、TaroTool トレイトの hello() も使いたいという場合もあるかもしれません。

そのような場合には、as 演算子を使って TaroTool トレイトの hello() には taroHello() のように別名を付けることで呼び出せるようにします。

次の例では hello() は HanaTool トレイトの hello() を使うという指定に加えて、TaroTool トレイトの hello() には taroHello()、HanaTool トレイトの hello() にも hanaHello() の別名を付けています。

---

php　衝突しているメソッドに別名を付けて利用できるようにする

«sample» trait_as/MyClass.php

```php
01:  <?php
02:  require_once("TaroTool.php");
03:  require_once("HanaTool.php");
04:  // MyClass クラスを定義する
05:  class MyClass {
06:    // 2つのトレイトを使用する
07:    use TaroTool, HanaTool {
08:      TaroTool::hello as taroHello;  ────── 2つの hello() に別名を付けます
09:      HanaTool::hello as hanaHello;
10:      HanaTool::hello insteadof TaroTool;
11:    }
12:  }                         単に hello() が呼ばれたときは HanaTool の hello() を実行します
13:  // ?>
```

240

トレイト　**Section 7-4**

　このMyClassクラスを使って試してみると、それぞれのトレイトで定義してあるhello()をtaroHelloトレイトはtaroHello()で、HanaToolトレイトはhanaHello()で実行できることがわかります。

---

php　MyClass クラスで別名を付けた hello() を試す

«sample» trait_as/myClassTest.php

```php
01:    <?php
02:       // MyClass クラスファイルを読み込む
03:       require_once("MyClass.php");
04:       // MyClass クラスのインスタンスを作る
05:       $myObj = new MyClass();
06:       $myObj->hello();
07:       echo "\n";
08:       $myObj->taroHello();
09:       echo "\n";
10:       $myObj->hanaHello();
11:    ?>
```

出力

```
ごきげんよう。
ハロー！
ごきげんよう。
```

241

Section 7-5
インターフェース

この節ではインターフェースについて簡単に解説します。インターフェースを効果的に使いこなすには中級者レベルの経験が必要になるかもしれませんが、コードの書き方を理解することは初心者にも難しくありません。

インターフェース

インターフェースはクラスで実装すべきメソッドを規格として定めるものです。たとえば、MyClass クラスが RedBook インターフェースを採用するならば、MyClass クラスは RedBook インターフェースで定められているメソッドを必ず実装しなければなりません。ただ、インターフェースではメソッドの機能については定めていないので、MyClass クラスがメソッドにどんな機能を実装するかについては関知しません。これは、日本の規格に合っている電化製品ならばコンセントに差せますが、どんな機能の製品なのかまでは関知しないのに似ています。

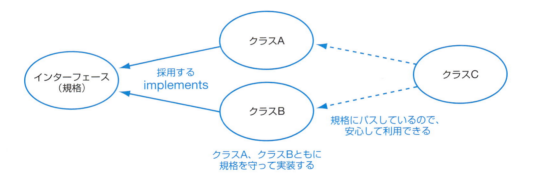

インターフェースを定義する

インターフェースではメソッドと定数を定義できます。メソッドは名前と引数の形式だけを定義し、機能の実装は行いません。アクセス権は public のみが設定可能です。指定を省略すると初期値の public が適用されるので指定する必要はありません。

書式 **インターフェースの定義**

```
interface インターフェース名 {
    const 定数 = 値;
    function 関数名( 引数 , 引数 , ... );
}
```

インターフェース　Section 7-5

ほかのインターフェースを継承したインターフェースも作ることもできます。その場合の書式は次のとおりです。

書式 ほかのインターフェースを継承したインターフェース

```
interface 子インターフェース名 exitends 親インターフェース名 {
    const 定数 = 値 ;
    function 関数名 ( 引数 , 引数 , ... );
}
```

もっと簡単な例として WorldRule インターフェースを作ってみます。WorldRule インターフェースでは、hello() メソッドの実装だけを指定しています。

---

php WorldRule インターフェース

《sample》**ex_interface/WorldRule.php**

```
01:  <?php
02:  interface WorldRule {
03:    function hello();        ──── WorldRule インターフェースの規格では、
04:  }                                 hello() を実装しなければなりません
05:  // ?>
```

インターフェースを採用する

インターフェースを採用するクラスでは、implements でインターフェースを指定します。継承と違って、複数のインターフェースを採用できます。

書式 インターフェースを採用するクラス

```
class クラス名 implements インターフェース名 , インターフェース名 , ... {
    // クラスのコード
}
```

もし、クラスの継承も行う場合は次の書式になります。

書式 インターフェースを採用するクラスに親クラスがある場合

```
class クラス名 extends 親クラス名 implements インターフェース名 , インターフェース名 , ... {
    // クラスのコード
}
```

243

Part 2 PHP のシンタックス

Chapter 7 オブジェクト指向プログラミング

　先の WorldRule インターフェースを採用する MyClass クラスは、implements キーワードで WorldRule を指定してクラス定義します。WorldRule インターフェースで必ず実装しなければならないのは hello() です。ここでは hello() が実行されたならば「こんにちは！」と表示するようにしています。

---

php WorldRule インターフェースを採用している MyClass クラス

«sample» ex_interface/MyClass.php

```php
01:    <?php
02:    require_once("WorldRule.php");
03:
04:    class MyClass implements WorldRule {
05:
06:        // WorldRule インターフェースで指定されているメソッド
07:        public function hello(){
08:            echo "こんにちは！", "\n";
09:        }
10:        // MyClass 独自のメソッド
11:        public function thanks(){
12:            echo "ありがとう", "\n";
13:        }
14:    }
15:    // ?>
```

（04行目右注）WorldRule インターフェースを採用します

（07-08行目右注）WorldRule インターフェースで指定されている hello() を実装します

GameBook インターフェースを作る

　次の例では、GameBook インターフェースを作ります。GameBook インターフェースには、newGame()、play()、isAlive() の3つのメソッドが宣言してあります。newGame() には引数、isAlive() には戻り値の型が指定してあります（戻り値の型 ☞ P.95）。

　GameBook インターフェースで指示されているのは、「newGame() は持ち点 $point で新しいゲームを開始しなさい」、「play() でゲームを実行しなさい」、「isAlive() でゲームの結果がわかるように true ／ false で返しなさい」という3点です。

---

php GameBook インターフェース

«sample» gamebook/GameBook.php

```php
01:    <?php
02:    interface GameBook {
03:        function newGame($point);
04:        function play();
05:        function isAlive():bool;
06:    }
07:    // ?>
```

（03行目右注）newGame() には引数が1個あります

（05行目右注）戻り値が bool 型でなければなりません

GameBook インターフェースを採用した MyGame クラス

　次の MyGame クラスでは、先の GameBook インターフェースを採用しています。したがって、インターフェースの指定に基づいて、newGame()、play()、isAlive() の3つのメソッドを実装しています。

244

まず、newGame() では引数で受けた値を $hitPoint プロパティに設定しています。play() ではゲームの内容を実装します。どのようなゲームかというと 0 〜 50 の乱数 $num を作り、$num が偶数ならば $num だけポイントつまり $hitPoint に加算し、$num が奇数ならば $num だけポイントを減らします。そして、isAlive() では現在のポイント $hitPoint が 0 より大きければ true、0 またはマイナスならば false を返しています。

php GameBook インターフェースを採用している MyGame クラス

«sample» gamebook/MyGame.php

```php
01: <?php
02: require_once("GameBook.php");
03:
04: class MyGame implements GameBook {          ——— GameBook インターフェースを採用します
05:   public $hitPoint;
06:
07:   function __construct($point = 50){
08:     $this->newGame($point);          ——— インスタンスの作成と同時にゲームを開始します
09:   }
10:
11: /* GameBook インターフェースで指定されているメソッド */
12:   // ニューゲーム
13:   public function newGame($point = 50){          ——— インターフェースの指定に基づいて引数が 1 個です
14:     $this->hitPoint = $point;
15:   }
16:   // ゲーム開始
17:   public function play(){
18:     $num = random_int(0,50);
19:     if ($num%2 == 0){
20:       echo "{$num} ポイント増えました！", "\n";
21:       $this->hitPoint += $num;
22:     } else {
23:       echo "{$num} ポイント減りました。", "\n";
24:       $this->hitPoint -= $num;
25:     }
26:     echo " 現在 {$this->hitPoint} ポイント ", "\n";
27:   }
28:   // 勝敗のチェック
29:   public function isAlive():bool{          ——— インターフェースの指定に基づいて戻り値の型を
30:     return ($this->hitPoint > 0);               bool 値にしています
31:   }
32: }
33: // ?>
```

MyGame クラスを試してみる

では、MyGame クラスのインスタンスを作ってゲームをしてみましょう。play() を実行する度に 1 回ゲームが行われるので、for 文を使って play() を 10 回繰り返します。繰り返す度に isAlive() をチェックして、false ならば繰り返しをブレイクして抜けています。

Part 2　PHP のシンタックス

Chapter 7　オブジェクト指向プログラミング

---

php　ゲームを試してみる

«sample» **gamebook/playMyGame.php**

```php
01:  <?php
02:    // MyGame クラスファイルを読み込む
03:    require_once("MyGame.php");
04:    // MyGame クラスのインスタンスを作る
05:    $myPlayer = new MyGame();
06:    for ($i=0; $i<10; $i++){
07:      $myPlayer->play();
08:      if (! $myPlayer->isAlive()) {
09:        break;
10:      }
11:    }
12:    echo "ゲーム終了", "\n";
13:  ?>
```

—— 10 回プレイします

—— false になったら break します

出力

```
42 ポイント増えました！
現在 92 ポイントです。
14 ポイント増えました！
現在 106 ポイントです。
0 ポイント増えました！
現在 106 ポイントです。
27 ポイント減りました。
現在 79 ポイントです。
47 ポイント減りました。
現在 32 ポイントです。
45 ポイント減りました。
現在 -13 ポイントです。
ゲーム終了
```

—— 1 回の play() でポイントが増減して
　　現在ポイントが出ます

—— マイナスになるとゲーム終了です

246

抽象クラス　Section 7-6

Section 7-6

抽象クラス

この節では抽象クラスとその利用方法について簡単に説明します。抽象クラスは機能的にインターフェースと似ていますが、実装の方法からクラス継承の特殊なかたちと考えるとわかりやすいかもしれません。

抽象クラスを定義する

抽象クラスとは、抽象メソッドがあるクラスのことをいいます。抽象メソッドはメソッドの宣言だけで機能を実装していないメソッドで、抽象クラスを継承した子クラスで必ずオーバーライドして機能を実装しなければなりません。抽象メソッドには public、protected、private のアクセス権を指定することができます。

次の書式で示すように、抽象メソッドには abstract キーワードを付けます。抽象メソッドを宣言したならば、クラス定義にも abstract キーワードを付けます。

書式　抽象クラス

```
abstract class 抽象クラス名 {
    abstract function 抽象メソッド名 ( 引数 , 引数 , ...);
    // 抽象クラスの機能の実装
}
```

次の ShopBiz クラスは抽象メソッド thanks() をもった抽象クラスです。ShopBiz クラスには、$uriage プロパティと sell() メソッドも実装されています。sell() メソッドでは、抽象メソッドの thanks() を実行していますが、thanks() は子クラスで実装することを前提にしているので、この時点では thanks() がどのような実装になるのかは不明のまま実行しています。つまり、thanks() の機能は子クラスにまかせているわけです。これを OOP では「委譲」と表現します。

php　抽象メソッド thanks() をもった抽象クラス ShopBiz

«sample» ex_abstract/ShopBiz.php

```php
01: <?php
02: abstract class ShopBiz {
03:   // 抽象メソッド
04:   abstract function thanks();
05:   // インスタンスメンバー
06:   protected $uriage = 0;
07:   protected function sell($price){
08:     if (is_numeric($price)){
09:       echo "{$price} 円です。";
10:       $this->uriage += $price;
11:     }
12:
```

247

```
13:         // 子クラスで実装されるメソッドを呼び出す
14:         $this->thanks();  ──────── 抽象メソッドの thanks() の機能は、ShowBiz クラスの子クラスで実装します
15:     }
16: }
17: // ?>
```

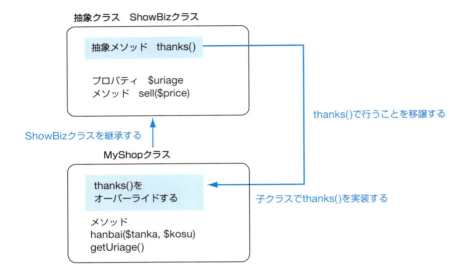

抽象クラスを継承して抽象メソッドを実装する

　抽象クラスのインスタンスを直接作ることはできません。抽象クラスは必ず継承して使います。そして、抽象クラスを継承した子クラスでは抽象メソッドを必ずオーバーライドして機能を実装しなければなりません。抽象メソッドにアクセス権が設定されている場合には、子クラスでオーバーライドする場合には同じかそれよりも緩いアクセス権を設定しなければなりません。

> **書式** 抽象クラスを継承して抽象メソッドを実装する
>
> ```
> class クラス名 extends 抽象クラス名 {
>     function 抽象メソッド名 () {
>         // メソッドをオーバーライドして機能を定義する
>     }
>     // 子クラスの機能の実装
> }
> ```

ShopBiz 抽象クラスを継承する

　次の MyShop クラスは先の ShopBiz 抽象クラスを継承しているクラスです。したがって、ShopBiz クラスで宣言されている抽象メソッドの thanks() をオーバーライドして実装しています。さらに hanbai() を定義し、

抽象クラス **Section 7-6**

その中で親クラスである ShopBiz クラスの sell() を呼び出して使っています。

thanks() は「ありがとうございました。」と表示するだけですが、hanbai() では引数で受け取った単価と個数から金額 $price を求めて、継承している sell($price) を実行しています。getUriage() では、ShopBiz クラスの sell() で加算している uriage プロパティの値を調べて表示します。

php ShopBiz クラスを継承した MyShop クラス

«sample» ex_abstract/MyShop.php

```php
01: <?php
02: require_once("ShopBiz.php");
03:
04: class MyShop extends ShopBiz {
05:     // ShopBiz 抽象クラスで指定されているメソッド
06:     public function thanks(){
07:         echo "ありがとうございました。", "\n";        ─── ShopBiz クラスの抽象メソッド thanks() を実装します
08:     }
09:
10:     // 販売する
11:     public function hanbai($tanka, $kosu){
12:         $price = $tanka * $kosu;
13:         // ShopBiz 抽象クラスから継承しているメソッドを実行
14:         $this->sell($price);        ─── ShowBiz クラスの sell() の中で thanks() が実行されます
15:     }
16:     // 売上合計を調べる
17:     public function getUriage(){
18:         echo "売上合計は、{$this->uriage} 円です。";
19:     }
20: }
21: // ?>
```

MyShop クラスのインスタンスを作って試してみる

それでは MyShop クラスのインスタンス $myObj を作って、hanbai() と getUriage() を試してみましょう。$myObj->hanbai(240, 3) を実行すると値段が計算されて sell() に渡され、「720 円です。ありがとうございました。」と表示されます。「ありがとうございました。」は抽象メソッド thanks() をオーバーライドした結果です。$myObj->getUriage() を実行した結果は「売上合計は、1120 円です。」のように表示されます。

php MyShop クラスのインスタンスを作って試す

«sample» ex_abstract/myShopTest.php

```php
01: <?php
02:     // MyShop クラスファイルを読み込む
03:     require_once("MyShop.php");
04:     // MyShop クラスのインスタンスを作って試す
05:     $myObj = new MyShop();
06:     $myObj->hanbai(240, 3);
07:     $myObj->hanbai(400, 1);
08:     $myObj->getUriage();
09: ?>
```

出力

```
720 円です。ありがとうございました。      ─── ShowBiz クラスの抽象メソッド thanks() に
400 円です。ありがとうございました。          機能が実装されて使われています
売上合計は、1120 円です。
```

Part 3　Web ページを作る

Chapter 8
フォーム処理の基本

Web サービスを行う上でフォーム入力は欠かせない機能です。フォームは HTML で作りますが、ユーザからの入力データは PHP で処理します。フォームから送られてくる、GET リクエスト、POST リクエストのデータを安全に処理するために必要になる基本的な知識を説明します。

Section 8-1　HTTP の基礎知識
Section 8-2　フォーム入力処理の基本
Section 8-3　フォームの入力データのチェック
Section 8-4　隠しフィールドで POST する
Section 8-5　クーポンコードを使って割引率を決める
Section 8-6　フォームの作成と結果表示を同じファイルで行う

Part 3　Webページを作る

Chapter 8　フォーム処理の基本

Section 8-1
HTTP の基礎知識

Webページのフォームの入力処理を理解するには、WebサーバとWebブラウザの間で行われるやり取り、すなわち HTTP（HyperText Transfer Protocol）について知っておくことが大事です。この節では HTTP の基本を簡単に説明します。

HTTP リクエストと HTTP レスポンス

　Web ブラウザで Web ページを開いたりフォーム入力を行うと、Web サーバと Web ブラウザの間でデータのやり取りが行われます。このやりとりは、HTTP という仕様（プロトコル）に基づいて行われます。

　Web ブラウザは、ブラウザの情報やフォーム入力データなどのデータのヘッダを添えて、開きたい Web ページのアドレスを Web サーバに要求します。この要求を「リクエスト」といいます。

　Web ページからの要求を受けた Web サーバは、サーバ情報や処理結果を示すエラーコードやメッセージのヘッダを添えて、Web ページのコンテンツを回答します。この回答を「レスポンス」といいます。

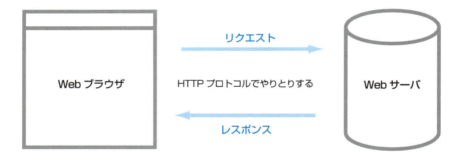

　このやり取りの内容は Web ブラウザの開発ツール機能などで確認することができます。Windows 10 の Microsoft Edge の場合は、開発者ツールの「ネットワーク」の「ヘッダー」にリクエストとレスポンスの内容が表示されます。たとえば、「ハローワールド」と表示するだけの helloWorld.html を開いた場合を見てみましょう。

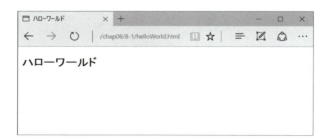

このページを表示した場合のブラウザとサーバのやり取りは次のようになります。

Windows 10 の Microsoft Edge の開発者ツール　　　　　ヘッダを開きます

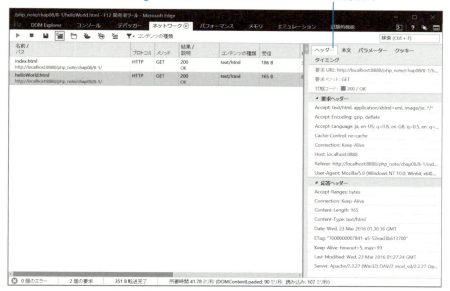

OS X の Safari の場合は開発メニューの Web インスペクタの「リソース」にリクエストとレスポンスのヘッダの一内容が表示されます。

OS X の Safari の Web インスペクタ　リソースを開きます

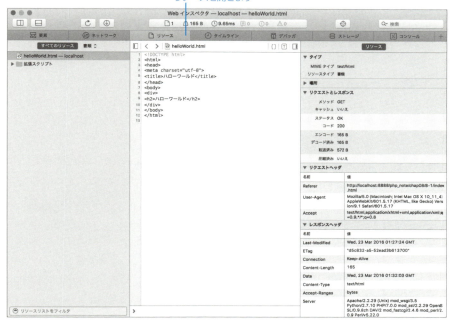

リクエストの内容

リクエストの最初は次のようなHTTPメソッドです。この行ではメソッドとドキュメントのURL、そしてプロトコルのバージョンを送っています。

<u>GET</u> /index.html HTTP/1.1
　HTTPメソッド

先の開発ツールの図では、メソッドはリクエストの「要求メソッド」、「メソッド」の項目にGETと表示されています。HTTPメソッドでもっともよく用いられるのがGETとPOSTです。WebブラウザのアドレスバーにURLを入力してWebページを表示する場合にもGETでリクエストされます。

Windows 10のMicrosoft Edgeの開発ツール

要求メソッド: GET

OS XのSafariのWebインスペクタ

メソッド　GET

また、ボタンやフォーム入力のHTMLで次のようなコードを目にしたことがあると思います。ここでは、method属性でPOSTが指定されています。

\<form method="POST" action="entry.php"\>

リクエストには、この後にUser-Agent、Acceptが続きます。User-AgentはWebブラウザの情報、AcceptはMIMEタイプの指定です。

レスポンスの内容

Webサーバからのレスポンスの最初の1行は次に示すようなHTTPステータスです。この行ではプロトコルのバージョンに続いて、処理結果のコードとメッセージが書いてあります。コードの200番台は成功、300番台はリダイレクト、400番台はクライアントエラー、500番台はサーバエラーを示します。

HTTP/1.1 200 OK ────── HTTPステータス

レスポンスには、この後にDate、Server、Content-Type、Content-Lengthが続きます。Serverは、Webサーバのソフトウエア情報です。

HTTP の基礎知識　Section 8-1

スーパーグローバル変数

PHP では Web サーバへのリクエストの情報、つまり、フォーム入力やクッキーの値、アップロードファイルの情報、サーバ側の環境変数、セッションの情報などを参照したり操作したりするためのスーパーグローバル変数をもっています。スーパーグローバル変数はどこからでも参照できる配列です。詳しくは改めて説明しますが、まとめると次のような配列があります。

変数名	内容
$_GET	GET リクエスト（クエリ情報）のパラメータ。パラメータ名が配列のキーになる。
$_POST	POST リクエストのパラメータ。パラメータ名が配列のキーになる。
$_COOKIE	クッキーの値。クッキーの名前が配列のキーになる。
$_SESSION	セッション変数。
$_FILES	アップロードされたファイルの情報。
$_SERVER	Web サーバに関する情報。
$_ENV	サーバ側の環境変数。環境変数名が配列のキーになる。

上記以外に $_REQUEST があります。これは $_GET、$_POST、$_COOKIE をまとめた配列ですが、同名のキーが上書きされるといった理由から利用しない方がよいとされています。

GET と POST の違い

Web ブラウザから Web サーバへデータを送る HTTP メソッドでよく利用されるのが GET と POST です。GET と POST の違いは大きく3つあります。

1. GET はリクエストを URL に付けるのでブックマークできる

GET はパラメータを URL 形式にエンコードしたクエリ情報（クエリ文字列）を作って送信します。URL のアドレスの後に？を付けて、キーと値のペアを続けた部分がクエリ文字列です。複数のパラメータがある場合は & でつなぎます。

書式　クエリ文字列
....
URL? キー 1**=** 値 **&** キー 2**=** 値 **&** キー 3**=** 値

次の図で示す URL にはクエリ文字列の「?goukei=2500&ninzu=3」が付いています。このクエリ文字列には、goukei キーと ninzu キーの2つのパラメータが含まれています。

パラメータ1　　　パラメータ2

http://localhost:8888/ ... /warikan.php?goukei=2500&ninzu=3

URL　　　　　　　　　クエリ文字列

Part 3
Chapter
8
Chapter
9
Chapter
10
Chapter
11

このリクエストの内容はWebブラウザのアドレスバーに表示されてしまうことから、これをブックマークすることができてしまいます。ブックマークを呼び出すとGETリクエストを実行した場合と同じ結果になります。これは場合によっては便利なこともありますが、本来は好ましくありません。

また、アドレスバーに表示されたリクエストをもとにして、パラメータの値を変更したリクエストを再発行するといったことも簡単にできます。

図で示すようにGETリクエストは<a>タグを使って簡単に送信することができます。なお、フォームを使ってGETリクエストを送信する方法は次節で説明します（☞ P.261）。

1. リンクをクリックしてGETリクエストを送ります

```
<a href="http://localhost:8888/php_note/chap08/8-2/get/warikan.php?goukei=2500&ninzu=3">割り勘を計算する</a>
```

3. アドレスバーにはクエリ文字列が表示されます

2. クエリの結果が表示されました

一方のPOSTはフォームのパラメータをURLに含めるのではなく、リクエストの本文に含めて送ります。したがって、GETのようにリクエスト内容を簡単に見られることがなく、ブックマークすることもできません。

| セキュリティ対策 | 機密保持には暗号化通信を使う |

アドレスバーに表示されないので、POSTリクエストの内容が安全に保護されているということではありません。機密を保持した通信を行うには、SSLなどの暗号化通信を利用してください。

2. GET で送信できるデータサイズに制限がある

　POST のデータサイズは無制限であるのに対し、GET のクエリ情報には制限があります。利用する Web ブラウザ、サーバによってデータサイズの制限は異なりますが、URL のアドレスとの合計サイズでの上限があります。データサイズの制限がない実行環境であっても、極端に長い URL は動作が遅くなってしまうことがあります。

3. GET のレスポンスはキャッシュされるが POST はキャッシュされない

　GET リクエストに対するレスポンスはキャッシュされます。したがって、同じ内容の GET リクエストは毎回同じ結果になります。つまり、いつも内容が変化しないレスポンスを得たい場合のリクエストに向いています。GET で毎回最新のレスポンスを得たい場合には、パラメータに時刻を付けることで毎回のリクエストを変更するといったテクニックが利用されていることがあります。

　これに対して POST リクエストに対するレスポンスはキャッシュされません。したがって、掲示板やショッピングカートの内容を表示したいといった場合には POST を使います。データベースの更新に GET を使ってはいけません。

Part 3　Web ページを作る

Chapter 8　フォーム処理の基本

Section 8-2
フォーム入力処理の基本

フォームにはテキストフィールドだけでなく、ラジオボタンやプルダウンメニューなど多くのタイプがありますが、基本的には同じように処理します。まずは簡単な例でフォーム処理の基本を見てみましょう。さらにセキュリティ対策として必要な HTML エスケープと文字エンコードのチェックするコードも紹介します。ユーザ定義関数 es() と cken() は次節からも利用します。

送信フォームを作る

　HTML で送信フォームを作り、フォームのアクションで php プログラムを実行します。具体的には、フォームは <form> タグで囲み、その中に <input> タグでテキストフィールドや送信ボタンを作ります。<form> タグの method 属性で "POST" または "GET" を指定し、action 属性で実行する PHP ファイルを指定します。

使用するメソッド　　　　　　　　　　　　実行する PHP ファイル

```
<form method="POST" action="calc.php">
```

　　この中にテキストフィールドや送信ボタンなどの
　　UI 部品を指定します

```
</form>
```

テキストフィールドの値を POST メソッドで送信する

　次の例で示すフォームには、単価と個数のテキストフィールドがあり、「計算する」ボタンをクリックすると 2 つのテキストフィールドに入力された値を POST メソッドで calc.php に送ります。
　calc.php では、フォームの値を取り出して「単価 × 個数」の計算結果を新しいページで表示します。

4. 結果が表示されたページが開きます

php POST メソッドのフォームを表示する

《sample》post/calcForm.php

```
01: <!DOCTYPE html>
02: <html lang="ja">
03: <head>
04: <meta charset="utf-8">
05: <title> フォーム入力処理の基本（POST）</title>
06: <link href="../../css/style.css" rel="stylesheet">
07: </head>
08: <body>
09: <div>
10:
11: <form method="POST" action="calc.php">
12:   <ul>
13:     <li><label> 単価：<input type="number" name="tanka" ></label></li>
14:     <li><label> 個数：<input type="number" name="kosu" ></label></li>
15:     <li><input type="submit" value=" 計算する " ></li>
16:   </ul>
17: </form>
18:
19: </div>
20: </body>
21: </html>
```

11 行目：POST リクエストするフォームを作ります

テキストフィールドを作る

　テキストフィールドは <input> タグで作り、type 属性で UI の形状を指定します。type 属性については改めて説明しますが、ここで重要なのは name 属性です。単価のテキストフィールドの name 属性には "tanka"、個数のテキストフィールドの name 属性には "kosu" と設定してあることに注目してください。

　「単価：」、「個数：」のラベルとテキストフィールドを <label> 〜 </label> で囲むとラベルをクリックしたときに該当するテキストフィールドにフォーカスが移動するようになります。

php 単価と個数を入力するテキストフィールドを作る

《sample》post/calcForm.php

```
13:     <li><label> 単価：<input type="number" name="tanka" ></label></li>
14:     <li><label> 個数：<input type="number" name="kosu" ></label></li>
```

Part 3　Web ページを作る

Chapter 8　フォーム処理の基本

送信ボタンを作る

送信ボタンも <input> タグで作ります。type を "submit" にするとボタンになり、value の値がボタン名として表示されます。

---

php 送信ボタンを作る

«sample» post/calcForm.php

```
15:        <li><input type="submit" value=" 計算する " ></li>
```

POST された値を取り出す

フォームの送信ボタンが表示されると <form> タグの action 属性に設定されていた calc.php が呼び出されます。calc.php では、フォーム内の 2 つのテキストフィールドの値を取り出して計算を行います。calc.php のコードは次のような内容です。

なお、ここでは単価と個数に数値が入っていることを前提に処理しています。本来ならば値が入力されているか、数値計算ができる値であるかといったことをチェックする必要があります。入力データのチェックについては次節で説明します。

---

php POST メソッドを処理する PHP コード

«sample» post/calc.php

```
01:    <!DOCTYPE html>
02:    <html lang="ja">
03:    <head>
04:      <meta charset="utf-8">
05:      <title> フォーム入力の値で計算する </title>
06:      <link href="../../css/style.css" rel="stylesheet">
07:    </head>
08:    <body>
09:    <div>
10:    <?php
11:      // フォーム入力の値を得る（単価と個数）
12:      $tanka = $_POST["tanka"];          ——— POST された値を取り出します
13:      $kosu = $_POST["kosu"];
14:      // 計算する
15:      $price = $tanka * $kosu;
16:      // 表示する（3桁位取り）
17:      $tanka = number_format($tanka);
18:      $price = number_format($price);
19:      echo "単価 {$tanka} 円 × {$kosu} 個 は {$price} 円です。"
20:    ?>
21:    </div>
22:    </body>
23:    </html>
```

POSTされた値を調べる

POSTされた値は $_POST グローバル変数に入ります。$_POST はフォームの input 項目の値の配列になります。入力された各値は、name 属性に付けた名前をキーにして配列 $_POST に保存されます。先の calcForm.html において、各 <input> タグの name 属性で「単価：」には "tanka"、「個数：」には "kosu" という名前を付けてあるので、単価は $_POST["tanka"]、個数は $_POST["kosu"] でアクセスできます。number_format() は数値を3桁位取りして表示する関数です（☞ P.120）。

php POSTされた値を取り出す

«sample» post/calc.php

```
11:     // フォーム入力の値を得る（単価と個数）
12:     $tanka = $_POST["tanka"];
13:     $kosu = $_POST["kosu"];
```

フォームのボタンで GET メソッドで送信する場合

パラメータを URL に付加する形式の GET メソッドは、前節で説明したように <a> タグを使って簡単に送信することができますが、<form> タグの method 属性を "GET" にすれば POST リクエストと同じようにフォームを使って送ることもできます。

次の例で示すフォームには、番号を入力するテキストフィールドがあり、番号を入力して「調べる」ボタンをクリックすると入力された番号を GET メソッドで checkNo.php に送ります。

checkNo.php では、GET リクエストのクエリ文字列から番号を取り出して、登録番号の配列に入っているかどうかをチェックして、その結果を新しいページで表示します。

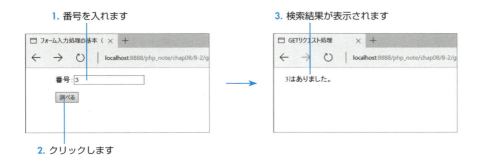

Part 3　Web ページを作る

Chapter 8　フォーム処理の基本

php　GET メソッドのフォームを表示する

«sample» get/checkNoForm.php

```
01: <!DOCTYPE html>
02: <html lang="ja">
03: <head>
04: <meta charset="utf-8">
05: <title> フォーム入力処理の基本（GET）</title>
06: <link href="../../css/style.css" rel="stylesheet">
07: </head>
08: <body>
09: <div>
10:                       ──GET メソッドでテキストフィールドの値を送ります
11: <form method="GET" action="checkNo.php">
12:   <ul>
13:     <li><label> 番号：<input type="number" name="no"></label></li>
14:     <li><input type="submit" value=" 調べる " ></li>
15:   </ul>
16: </form>
17:
18: </div>
19: </body>
20: </html>
```

GET された値を調べる

　GET された値は $_GET グローバル変数に入ります。$_POST と同様に $_GET もフォームの input 項目の値の配列になります。入力された各値は、name 属性に付けた名前をキーにして配列 $_GET に保存されます。先の checkNoForm.html において、番号を入力する <input> タグの name には "no" という名前を付けてあるので、番号は $_GET["no"] でアクセスできます。配列の中に番号があるかどうかは in_array() で判断しています（☞ P.195）。

php　GET メソッドを処理する PHP コード

«sample» get/checkNo.php

```
01: <!DOCTYPE html>
02: <html lang="ja">
03: <head>
04:   <meta charset="utf-8">
05:   <title>GET リクエスト処理 </title>
06:   <link href="../../css/style.css" rel="stylesheet">
07: </head>
08: <body>
09:   <div>
```

```
10:   <?php
11:     // GET リクエストのパラメータの値を受け取る
12:     $no = $_GET["no"];          ——— GETされた値を取り出します
13:     // 番号リスト
14:     $nolist = [3, 5, 7, 8, 9];
15:     // 検索する
16:     if (in_array($no, $nolist)){
17:       echo "{$no}はありました。";
18:     } else {
19:       echo "{$no}は見つかりません。";
20:     }
21:   ?>
22:   </div>
23:   </body>
24: </html>
```

マルチバイト文字を URL エンコードする

　GET リクエストのクエリ文字にマルチバイトが含まれている場合は、パラメータを URL エンコードしして から添付します。URL エンコードは rawurlencode() で行い、逆のデコードは rawurldecode() で行います。 URL エンコードの必要がないブラウザもありますが、すべてのブラウザが対応していないのでこの処理を行い ます。

　なお、POST メソッドを使う場合は PHP がエンコードとデコードを自動で行ってくれるので、このような 処理は必要ありません。

1. "東京" を URL エンコードしてクエリ文字列を作り、GET リクエストを送ります。

2. URL エンコードされた文字列

3. URL デコードして表示しています

Part 3 Webページを作る

Chapter 8 フォーム処理の基本

次の例では、$url と $data を使って「{$url}?data={$data}」の式でクエリ文字列を作っています。値をそのまま代入するとクエリ文字列は「checkData.php?data=" 東京 "」になりますが、data の値が " 東京 " というマルチバイト文字なので、式に代入する前に $data を URL エンコードします。URL エンコードした結果で連結するとクエリ文字列は「checkData.php?data=%E6%9D%B1%E4%BA%AC」になります。

php マルチバイト文字を URL エンコードして GET リクエストする

«sample» get_multibyte/getRequest.php

```
01: <!DOCTYPE html>
02: <html lang="ja">
03: <head>
04: <meta charset="utf-8">
05: <title>URL エンコード（GET）</title>
06: <link href="../../css/style.css" rel="stylesheet">
07: </head>
08: <body>
09: <div>
10: <?php
11: // URL エンコードする
12: $data = " 東京 ";
13: $data = rawurlencode($data);
14: // クエリ文字列のリンクを作る
15: $url = "checkData.php";
16: echo "<a href={$url}?data={$data}>", " 送信する ", "</a>";
17: ?>
18: </div>
19: </body>
20: </html>
```
クエリ文字列を作ります

GET リクエストを受け取って URL デコードする

受け取ったリクエストが URL エンコードされているものでも、$_GET で値を取り出すのは同じです。data キーの値ならば、$_GET["data"] で取り出すことができます。次の checkData.php では、取り出した値を rawurldecode() で URL デコードして元の文に戻して表示しています。

php GET リクエストを受け取り URL デコードする

«sample» get_multibyte/checkData.php

```
01: <!DOCTYPE html>
02: <html lang="ja">
03: <head>
04: <meta charset="utf-8">
05: <title>GET リクエスト処理 </title>
06: <link href="../../css/style.css" rel="stylesheet">
07: </head>
08: <body>
09: <div>
10: <?php
11: // GET リクエストのパラメータの値を受け取る
12: $data = $_GET["data"];
13: // URL デコードする
14: $data = rawurldecode($data);          読めるようにデコードします
15: echo "「{$data}」を受け取りました。";
16: ?>
17: </div>
18: </body>
19: </html>
```

	Section 8-2
	フォーム入力処理の基本

セキュリティ対策　クロスサイトスクリプティング（XSS 対策）

GET リクエストはブラウザのアドレスバーの URL を書き替えるだけで改ざんできます。ユーザが送信内容を自由に入力できるフォーム入力は、簡単に HTML コードや JavaScript コードなどを送信できます。
このような改ざんを使ってブラウザで不正なスクリプトを実行させる攻撃手法を「クロスサイトスクリプティング（XSS）」と呼びます。ユーザに悪意がなくても、不用意に入力した <、> などの HTML コードで使う文字をそのまま表示するとブラウザでのレイアウトが崩れるといった不具合が出てしまいます。

不正な文字を HTML エスケープする

XSS に対抗する基本的な対策は、ユーザから受け取った値をブラウザに表示する前に、htmlspecialchars() を使用して値から不正な文字を HTML エスケープすることです。具体的には < > & " ' の5個の特殊文字を HTML エンティティ（&lt、&gt、&amp、&quot、&#039）に変換します。HTML エンティティに変換された文字は、ブラウザでは元の文字で表示されます。htmlspecialchars() の書式は次のとおりです。第2引数には必ず ENT_QUOTES を指定します。なお、エンティティ変換せずに HTML コードを完全に取り除く方法もあります（☞ P.130）。

書式　XSS 対策のための htmlspecialchars()

htmlspecialchars(値 , ENT_QUOTES, 'UTF-8')

受け取ったデータを HTML エスケープする

先の例の checkData.php で XSS 対策を行うには、rawurldecode() で URL デコードした後で htmlspecialchars() を使って不正な文字を取り除く HTML エスケープを実行します。この処理はユーザから受け取ったデータをブラウザに表示する前に必ず行う必要があります。

php　GET で受け取った値を URL デコードし、続いて HTML エスケープする

«sample» xss_htmlspecialchars/checkData.php

```php
    ...
10: <?php
11:    // GET リクエストのパラメータの値を受け取る
12:    $data = $_GET["data"];
13:    // URL デコードする
14:    $data = rawurldecode($data);
15:     // XSS 対策
16:    $data = htmlspecialchars($data, ENT_QUOTES, 'UTF-8');    ← HTML エスケープします
17:    echo "「{$data}」を受け取りました。";
18: ?>
19:    ...
```

では実際に checkData.php に不正なコードの入った GET リクエストを送って試してみましょう。先の例の getRequest.php を実行して checkData.php を呼び出し、アドレスバーに表示されたリクエスト文字列の data の値を「<h1>Good
Bye!</h1>」に変更してページを読み込み直します。

すると htmlspecialchars() を通してない場合は HTML コードを表示して「Good Bye!」の文字が大きく改行されて表示されますが、htmlspecialchars() と通して表示すると HTML コードが「<h1>Good
Bye!</h1>」のようにエンティティされて変更した文字列がそのまま表示されます。

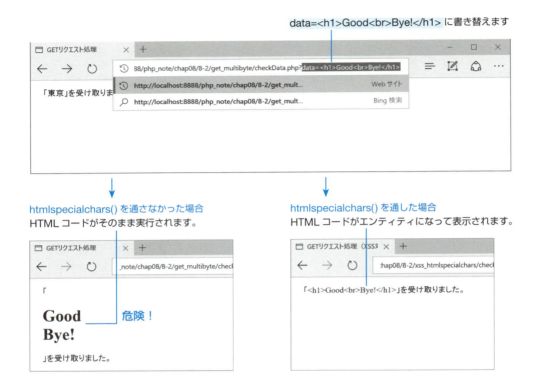

htmlspecialchars() を便利に使うためのユーザ定義関数 es()

ユーザからのデータをブラウザに表示する前に htmlspecialchars() を通して HTML エスケープを行うことが必須となりますが、この処理を行うために array_map() をうまく利用したユーザ定義関数を作っておくと便利です（array_map() ☞ P.204）。

次の util.php に定義している es() では引数 $data を is_array() でチェックして、$data の値が配列ではない場合はそのまま htmlspecialchars() を実行し、配列ならば array_map() を使って値を順に __METHOD__ つまり es() で処理する式を return します。これは再帰呼び出しという手法です。こうすることで、es() は引数が 1 個の値でも配列でも htmlspecialchars() で処理できる関数になります。

フォーム入力処理の基本　Section 8-2

php 引数に対して htmlspecialchars() を実行する es()

《sample》lib_es/lib/util.php

```php
01:  <?php
02:  // XSS 対策のための HTML エスケープ
03:    function es($data, $charset){
04:      // $data が配列のとき
05:      if (is_array($data)){
06:        // 再帰呼び出し
07:        return array_map(__METHOD__, $data);
08:      } else {
09:        // HTML エスケープを行う
10:        return htmlspecialchars($data, ENT_QUOTES, $charset);
11:      }
12:    }
```

07行目 → 配列の場合は、値を1つずつ引数にして、再帰呼び出しします

❶ NOTE

__METHOD__ を利用した再帰呼び出し

array_map() でコールしている __METHOD__ は、現在実行中のメソッド自身を指す特殊な定数（マジック定数）です。ここでは es() を指すので、es() の中で es() を使っていることになります。この手法を再帰呼び出しと言います。

es() を試してみる

では、この es() を試してみましょう。es() は lib フォルダの中の util.php に定義してある関数なので、require_once("lib/util.php") で読み込んで利用します。次の例では $myCode には1個の文字列が入っており、$myArray は複数の文字列が入っている配列です。

php es() をテストする

《sample》lib_es/esSample.php

```php
01:  <!DOCTYPE html>
02:  <html lang="ja">
03:  <head>
04:    <meta charset="utf-8">
05:    <title>XSS 対策 es()</title>
06:    <link href="../../css/style.css" rel="stylesheet">
07:  </head>
08:  <body>
09:  <div>
10:  <pre>
11:  <?php
12:  // util.php を読み込む
13:  require_once("lib/util.php");
14:  // HTML タグの入ったデータを用意する
15:  $myCode = "<h2>テスト1</h2>";
16:  $myArray = ["a"=>"<p>赤</p>", "b"=>"<script>alert('hello')</script>"];
17:  // es() で HTML エスケープして表示する
18:  echo '$myCode の値：', es($myCode);
19:  echo "\n\n";
20:  echo '$myArray の値：';
21:  print_r(es($myArray)) ;
22:  ?>
23:  </pre>
```

18行目 → 変数 $mycode の値を HTML エスケープします

21行目 → 配列 $myArray に入っているすべての値を HTML エスケープします

```
24:        </div>
25:    </body>
26: </html>
```

出力

```
$myCodeの値：&lt;h2&gt;テスト1&lt;/h2&gt;

$myArrayの値：Array
(
    [a] => &lt;p&gt;赤&lt;/p&gt;
    [b] => &lt;script&gt;alert(&#039;hello&#039;)&lt;/script&gt;
)
```

———— HTMLコードが安全に置換されています

　プログラムを実行するとブラウザには変数と配列の値がそのまま表示されますが、実際に出力された結果を確認すると値に含まれている特殊文字がエンティティ変換されています。

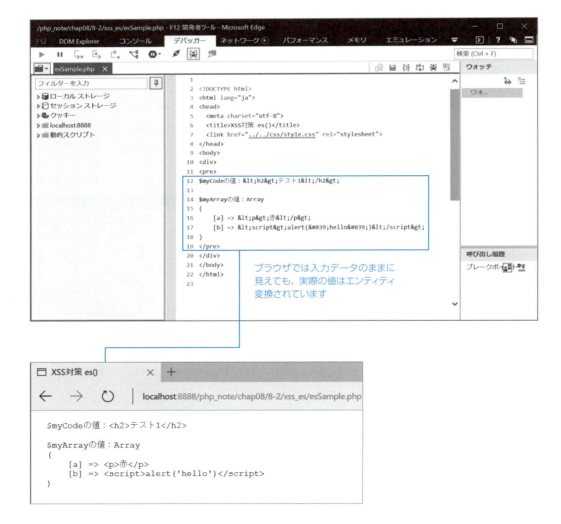

ブラウザでは入力データのままに見えても、実際の値はエンティティ変換されています

Section 8-2 フォーム入力処理の基本

セキュリティ対策　不正なエンコーディングによる攻撃

POST や GET で送られてくるデータの文字エンコードのチェックを行っておくことも大事です。文字エンコードのチェックは mb_check_encode() で行うことができます。

文字エンコードを行うユーザ定義関数　cken()

mb_check_encode() を使って文字エンコードのチェックを効率よく行う cken() を、先の es() と同様に util.php に定義しておきましょう。この関数は $_GET、$_POST、$_SESSION などの配列に含まれている値のエンコードをチェックすることを前提にしています。

foreach 文で配列から値を順に $value に取り出し、もし入っていた値が配列ならば implode() を使って値を 1 個の文字列に連結しておいてから、mb_check_encoding() で文字エンコードをチェックします（1 階層の多次元配列までに対応）。文字エンコードが一致しないときは $result に false を代入して foreach 文の繰り返しをブレイクします。

最終的に $result が初期値の true のままであれば文字エンコードは正しく、途中で false が代入されていれば文字エンコードは一致していないことになります。

php　配列の文字エンコードのチェックを行う

«sample» lib_cken/lib/util.php

```php
14:    // 配列の文字エンコードのチェックを行う
15:    function cken(array $data){
16:      $result = true;
17:      foreach ($data as $key => $value) {
18:        if (is_array($value)){
19:          // 含まれている値が配列のとき文字列に連結する
20:          $value = implode("", $value);         ──── 配列に入っている値を連結したストリングにしてチェックします
21:        }
22:        if (!mb_check_encoding($value)){
23:          // 文字エンコードが一致しないとき
24:          $result = false;
25:          // foreach での走査をブレイクする
26:          break;
27:        }
28:      }
29:      return $result;
30:    }
31:    // ?>
```

cken() をテストする

それでは cken() をテストしてみましょう。ここでは、利用環境が UTF-8 のときに Shift-JIS の文字列が入っている配列をテストします。mb_convert_encoding() で Shift-JIS に変換した文字列 $sjis_string を作成し、これを配列に入れて cken() でチェックします。なお、現在の利用環境の内部エンコードは mb_internal_encoding() で調べることができます。

Part 3　Webページを作る

Chapter 8　フォーム処理の基本

---

php　cken() をテストする

«sample» **lib_cken/ckenSample.php**

```php
11:  <?php
12:  // util.php を読み込む
13:  require_once("lib/util.php");
14:  // Shift-JIS のデータを用意する          テスト用に Shift-JIS に変換します
15:  $utf8_string = " こんにちは。";
16:  $sjis_string = mb_convert_encoding($utf8_string, 'Shift-JIS');
17:  // 内部エンコーディングを調べる
18:  $encoding = mb_internal_encoding();
19:  // cken() でチェックする
20:  if (cken([$sjis_string])) {
21:    echo ' 配列の値は、', $encoding, ' です。';
22:  } else {
23:    echo ' 配列の値は、', $encoding, ' ではありません。';
24:  }
25:  ?>
```

不正なエンコーディングによ　×　＋

← → ○ | localhost:8888/php_note/chap08/8-2/lib_cken/ckenSample.php

配列の値は、UTF-8ではありません。

読み込んでいる CSS

　最後にこのサンプルで適用している CSS ファイルのコードを示しておきます。この CSS ファイルはこの後の節のサンプルでも利用します。したがって、個々のサンプルでは使用していない属性の指定なども含まれています。

---

css　共通のスタイルシート

«sample» **css/style.css**

```css
01:  @charset "UTF-8";          16:
02:                             17:  a{
03:  div{                       18:    color: #5e78c1;
04:    margin: 1em;             19:    text-decoration: none;
05:  }                          20:  }
06:                             21:  a:hover{
07:  li {                       22:    color: #b04188;
08:    list-style-type: none;   23:    text-decoration: underline;
09:    margin-bottom: 1em;      24:  }
10:  }                          25:
11:                             26:  .error {
12:  ol > li {                  27:    color: #FF0000;
13:    list-style-type: decimal; 28: }
14:    margin-bottom: 0;
15:  }
```

270

Section 8-3

フォームの入力データのチェック

入力フォームの処理では、間違いなく入力したかどうかをユーザ本人に確認してもらったり、入力忘れがないかどうかといったことをチェックしたりする必要があります。文字数を調べる、正規表現を使ってチェックする、文字種を変換するといった操作については「Chapter 5　文字列」で詳しく取り上げているので、そちらを参考にしてください。

値が入っているかどうかチェックする

　フォームに入力された値を利用する前に、値が妥当かどうか、そもそも値が入っているかどうかを調べる必要があります。次の例では、まず名前を入力するフォームを nameCheckForm.php で表示し、「送信する」ボタンで nameCheck.php を実行します。たとえば、名前に「井上」が入力されていたならば、その名前を使って「こんにちは、井上さん。」のように表示します。名前が入力されていなかったならば、再び nameCheckForm.php を表示する「戻る」ボタンを表示します。

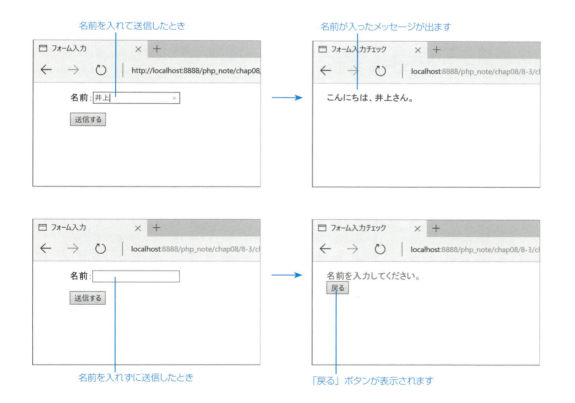

Part 3　Web ページを作る

Chapter 8　フォーム処理の基本

名前を入力するフォームを作る

　入力フォームを表示するコードは次のとおりです。リクエストには POST メソッドを使い、名前を入力する
<input> タグの name 属性には "name" を指定しています。なお、このコードには PHP コードが含まれてい
ないので、拡張子を .html にして HTML ファイルとして保存しても構いません。

php　入力フォームを表示する

«sample» check_name/nameCheckForm.php

```
01:  <!DOCTYPE html>
02:  <html lang="ja">
03:  <head>
04:  <meta charset="utf-8">
05:  <title> フォーム入力 </title>
06:  <link href="../../css/style.css" rel="stylesheet">
07:  </head>
08:  <body>
09:  <div>
10:    <form method="POST" action="nameCheck.php">
11:      <ul>
12:        <li><label> 名前：<input type="text" name="name" ></label></li>
13:        <li><input type="submit" value=" 送信する " ></li>
14:      </ul>
15:    </form>
16:  </div>
17:  </body>
18:  </html>
```

入力フォームを作ります

「送信する」ボタンで実行するコード

　「送信する」ボタンで呼ばれるのは次の nameCheck.php です。name テキストフィールドの値を $_POST
から取り出して調べます。

php　入力フォームに値が入っているかどうかで分岐する

«sample» check_name/nameCheck.php

```
01:  <!DOCTYPE html>
02:  <html lang="ja">
03:  <head>
04:    <meta charset="utf-8">
05:    <title> フォーム入力チェック </title>
06:    <link href="../../css/style.css" rel="stylesheet">
07:  </head>
08:  <body>
09:  <div>
10:
11:  <?php
12:    require_once("../../lib/util.php");
13:    // 文字エンコードの検証
14:    if (!cken($_POST)){
15:      $encoding = mb_internal_encoding();
16:      $err = "Encoding Error! The expected encoding is " . $encoding ;
17:      // エラーメッセージを出して、以下のコードをすべてキャンセルする
18:      exit($err);
19:    }
20:    // HTML エスケープ（xss 対策）
```

フォームの入力データのチェック　Section 8-3

```php
21:    $_POST = es($_POST);
22:  ?>
23:
24:  <?php
25:    // エラーフラグ
26:    $isError = false;
27:    // 名前を取り出す
28:    if (isset($_POST['name'])){
29:      $name = trim($_POST['name']);
30:      if ($name===""){
31:        // 空白のときエラー
32:        $isError = true;
33:      }
34:    } else {
35:      // 未設定のときエラー
36:      $isError = true;
37:    }
38:  ?>
39:
40:  <?php if ($isError): ?>
41:    <!-- エラーがあったとき -->
42:    <span class="error">名前を入力してください。</span>
43:    <form method="POST" action="nameCheckForm.php">
44:      <input type="submit" value=" 戻る " >
45:    </form>
46:  <?php else: ?>
47:    <!-- エラーがなかったとき -->
48:    <span>
49:    こんにちは、<?php echo $name; ?> さん。
50:    </span>
51:  <?php endif; ?>
52:
53:  </div>
54:  </body>
55:  </html>
```

——— エラーがあったかどうかで処理を分岐します

Part 3
Chapter
8

Chapter
9

Chapter
10

Chapter
11

文字エンコードが正しくなければ続く処理をキャンセルする

　まず最初に文字エンコードのチェックを行います。使用している cken() は前節で説明した util.php で定義してあるユーザ定義関数です（☞ P.269）。util.php を利用するために、先だって util.php を読み込んでいます。

　cken($_POST) が false のときは、exit($err) を実行しています。exit($err) を実行すると、$err に入れているエラーメッセージを表示し、以下に続くコードの実行をすべてキャンセルします。メッセージの最後の $encoding には、mb_internal_encoding() で調べた内部エンコーディングの文字エンコード名が入っています。文字化けしないようにメッセージは英文で書いています。

> **php** 文字エンコードの検証
>
> «sample» check_name/nameCheck.php
>
> ```php
> 12:    require_once("../../lib/util.php");
> 13:    // 文字エンコードの検証
> 14:    if (!cken($_POST)){
> 15:      $encoding = mb_internal_encoding();
> 16:      $err = "Encoding Error! The expected encoding is " . $encoding ;
> 17:      // エラーメッセージを出して、以下のコードをすべてキャンセルする
> 18:      exit($err);
> 19:    }
> ```

——— PHP が使うエンコードを調べます

273

Part 3 Web ページを作る

Chapter 8 フォーム処理の基本

> **① NOTE**
>
> **exit() と die()**
>
> exit() と die() は同じ機能です。どちらも引数で与えたメッセージを出力した後に、続くコードの実行をすべてキャンセルします。コードの続行を突然終える exit() は多用すべきではありません。

HTML エスケープ

次に XSS 対策のために $_POST の値を HTML エスケープしておきます。使用している es() は、cken() と同様に util.php で定義してあるユーザ定義関数です（☞ P.267、p.269）

php	HTML エスケープ
	«sample» **check_name/nameCheck.php**

```
21:        $_POST = es($_POST);
```

名前が入力されているかどうか確認する

まず最初に isset() で $_POST['name'] に値が設定されているかどうかをチェックします。この値が false になるのは、このページが nameCheckForm.php の入力フォームから正しく開かれなかったときです。次に $_POST['name'] が空白かどうかをチェックします。空白が入っている場合があるので、trim() を使って値の前後の空白を取り除いたあとでチェックします。空白ならば $isError に true を代入します。

php	値がセットされているか、空白でないかチェックする
	«sample» **check_name/nameCheck.php**

```
25:      // エラーフラグ
26:      $isError = false;
27:      // 名前を取り出す            ─── 変数に値が設定されているときに true になります
28:      if (isset($_POST['name'])){
29:        $name = trim($_POST['name']);
30:        if ($name===""){       ─── 前後の余白を取り除いた結果が空ならばエラーです
31:          // 空白のときエラー
32:          $isError = true;
33:        }
34:      } else {
35:        // 未設定のときエラー
36:        $isError = true;
37:      }
```

実行する HTML コードを if 文で条件分岐する

エラーがあるかないかで表示内容を変更する場合、if 文を使って条件分岐すればよいことは予想できますが、ここでの if 文の使われ方は PHP らしい独特なものです。

if 文の制御文を <?php if ($isError): ?>、<?php else: ?>、<?php endif ?> のように、PHP の開始タグ、終了タグで細かく区分して、実行する HTML コードのブロックを指定します。このようにすることで PHP で

274

フォームの入力データのチェック　Section 8-3

HTMLコードを出力する必要がなく、コードをすっきり記述できます。サンプルのコードでは、次の部分にあたります。

---

php 実行するHTMLコードをif文で分岐する

«sample» check_name/nameCheck.php

```
40:    <?php if ($isError): ?>
41:      <!-- エラーがあったとき -->
42:      <span class="error">名前を入力してください。</span>
43:      <form method="POST" action="nameCheckForm.php">
44:        <input type="submit" value="戻る" >
45:      </form>
46:    <?php else: ?>
47:      <!-- エラーがなかったとき -->
48:      <span>
49:        こんにちは、<?php echo $_POST['name']; ?>さん。
50:      </span>
51:    <?php endif; ?>
```

<?php if ($isError): ?>

> true のときに実行される HTML コード

<?php else: ?>

> false のときに実行される HTML コード

<?php endif ?>

$isError が true のときはエラーがあったことになります。$isError が true のときに実行するのは、<?php if ($isError): ?> と <?php else: ?> で囲まれたブロックです。このブロックでエラーメッセージを表示して「戻る」ボタンをフォームで作って表示します。

次の例で示しますが、一般的な書式でも同じようにブロックを分割して書くことができます。

書式 if 文の一般的な書式で書いた場合

<?php if (条件式){ ?>
   <!-- TRUE ときの HTML コード -->
<?php } else { ?>
   <!-- FALSE ときの HTML コード -->
<?php } ?>

Part 3
Chapter
8

Chapter
9

Chapter
10

Chapter
11

Part 3 Webページを作る
Chapter 8 フォーム処理の基本

> **❶ NOTE**
>
> **制御構造の別の構文**
> if:else:endif; だけでなく、switch:case:endswitch;、foreach:endforeach;、for:endfor;、while:endwhile; のように同様の構文があります。

入力された値が数値かどうか、0 でないかをチェックする

次の例ではフォーム入力された合計金額と人数から割り勘を計算します。割り勘の計算では、入力値が数値でなければならず、また、人数が0人のときは割り算がエラーになります。そこでこのようなエラーが起きないように入力値をチェックします。

フォームに入力された値に問題がなければ計算結果を表示しますが、エラーがあったならばエラーの内容をリスト表示します。

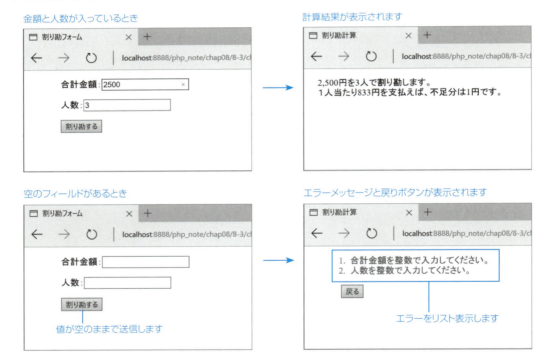

合計金額と人数を入力するフォームを作る

入力フォームを表示するコードは次のとおりです。リクエストには POST メソッドを使い、合計金額のテキストフィールドには "goukei"、人数のテキストフィールドには "ninzu" の name が付けられています。<input> タグの type 属性を "number" にしているので HTML5 に対応しているブラウザならば数値しか入力できませんが、対応していないブラウザもあるので入力値のチェックが必要です。

フォームの入力データのチェック　Section 8-3

HTML5に対応したブラウザでは、type ="number" を
指定すると整数以外は入力できなくなります

php 入力フォームを表示する

«sample» check_number/warikanForm.php

```
01: <!DOCTYPE html>
02: <html lang="ja">
03: <head>
04: <meta charset="utf-8">
05: <title>フォーム入力</title>
06: <link href="../../css/style.css" rel="stylesheet">
07: </head>
08: <body>
09: <div>                              入力フォーム
10:   <form method="POST" action="warikan.php">
11:     <ul>
12:       <li><label>合計金額：<input type="number" name="goukei" ></label></li>
13:       <li><label>人数：<input type="number" name="ninzu" ></label></li>
14:       <li><input type="submit" value="割り勘する" ></li>
15:     </ul>
16:   </form>
17: </div>
18: </body>
19: </html>
```

「割り勘する」ボタンで実行するコード

　「割り勘する」ボタンで呼ばれるのは次の warikan.php です。goukei テキストフィールドと ninzu テキストフィールドの値を $_POST から取り出してチェックし、割り勘の計算結果を表示します。もし入力値にエラーがあれば、計算を行わずにエラーメッセージを表示します。エラーの有る無しをエラーフラグで管理するのではなく、エラーメッセージを配列に登録していく方式を使っています。

php 入力フォームに値が計算できる数値かどうかで分岐する

«sample» check_number/warikan.php

```
01: <!DOCTYPE html>
02: <html lang="ja">
03: <head>
04:   <meta charset="utf-8">
05:   <title>割り勘計算</title>
06:   <link href="../../css/style.css" rel="stylesheet">
07: </head>
08: <body>
```

277

Part 3　Web ページを作る

Chapter 8　フォーム処理の基本

```php
09:    <div>
10:    <?php
11:      require_once("../../lib/util.php");
12:      // 文字エンコードの検証
13:      if (!cken($_POST)){
14:        $encoding = mb_internal_encoding();
15:        $err = "Encoding Error! The expected encoding is " . $encoding ;
16:        // エラーメッセージを出して、以下のコードをすべてキャンセルする
17:        exit($err);
18:      }
19:      // HTML エスケープ（XSS 対策）
20:      $_POST = es($_POST);
21:    ?>
22:
23:    <?php
24:      // エラーメッセージを入れる配列
25:      $errors = [];
26:    ?>
27:
28:    <?php
29:      // 合計金額のチェック
30:      if (isset($_POST['goukei'])){
31:        $goukei = $_POST['goukei'];
32:        if (!ctype_digit($goukei)){
33:          // 0 以上の整数ではないときエラー                    ──── POST された合計金額をチェックします
34:          $errors[] = " 合計金額を整数で入力してください。";
35:        }
36:      } else {
37:        // 未設定のエラー
38:        $errors[] = " 合計金額が未設定 ";
39:      }
40:      // 人数のチェック
41:      if (isset($_POST['ninzu'])){
42:        $ninzu = $_POST['ninzu'];
43:        if (!ctype_digit($ninzu)){
44:          // 0 以上の整数ではないときエラー                    ──── POST された人数をチェックします
45:          $errors[] = " 人数を整数で入力してください。";
46:        } else if ($ninzu==0) {
47:          // 0 のときエラー
48:          $errors[] = "0 人では割れません。";
49:        }
50:      } else {
51:        // 未設定エラー
52:        $errors[] = " 人数が未設定 ";
53:      }
54:    ?>
55:                   ──── 配列 $errors の値が 0 個でないときはエラーがあったことになります
56:    <?php
57:    if (count($errors)>0){
58:      // エラーがあったとき
59:      echo '<ol class="error">';
60:      foreach ($errors as $value) {              ──── エラーの内容をリスト表示します
61:        echo "<li>", $value , "</li>";
62:      }
63:      echo "</ol>";
64:    ?>
65:
66:    <!-- 戻るボタンのフォーム -->
67:      <form method="POST" action="warikanForm.php">
68:        <ul>
```

278

```
69:            <li><input type="submit" value=" 戻る " ></li>
70:         </ul>
71:      </form>
72:
73:      <?php                    エラーがなかったときに実行する内容
74:      } else {
75:         // エラーがなかったとき
76:         $amari = $goukei % $ninzu;
77:         $price = ($goukei - $amari) / $ninzu;
78:         // 3桁位取り
79:         $goukei_fmt = number_format($goukei);
80:         $price_fmt = number_format($price);
81:         // 表示する
82:         echo "{$goukei_fmt} 円を {$ninzu} 人で割り勘します。", "<br>";
83:         echo " 1人当たり {$price_fmt} 円を支払えば、不足分は {$amari} 円です。";
84:      }
85:      ?>
86:      </div>
87:   </body>
88: </html>
```

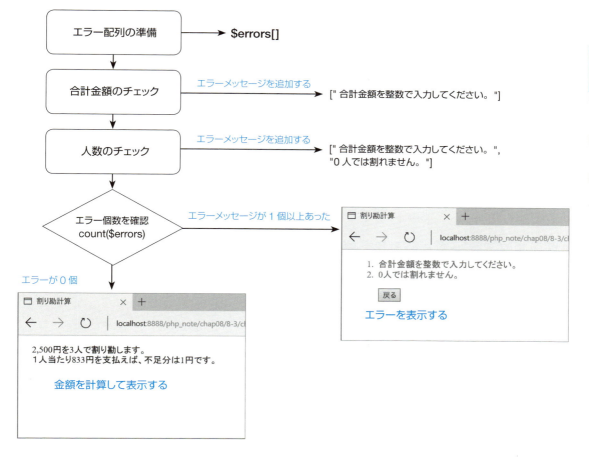

Part 3　Web ページを作る

Chapter 8　フォーム処理の基本

> **❶ NOTE**
>
> **HTML5 の入力制限機能**
>
> HTML5 には required、min、max、maxlength、pattern といった入力制限機能がありますが、HTML5 に対応していないブラウザがあるのはもちろんのこと、実際にサーバに送られてくる値は必ずチェックしなければなりません。

数値かどうかをチェックする

　フォームに数値として使える値が入力されたかどうかをチェックしたいとき、ctype_digit() または is_numeric() を使って判定できます。フォームからの入力は文字列になるので、is_float() や is_int() はそのままでは使えません。

　ctype_digit() はすべての文字が 0-9 の数字かどうかを判定します。つまり、0 以上の整数ならば true となりますが、- の符号が付いた負の数字やピリオドが入った小数点を含んだ数字は false になります。is_numeric() は小数点や +- 符号を含んだ数字、さらに 16 進数表記の文字列を数値と判断して true を返します。

値をチェックしてエラーメッセージを登録していく

　入力値にエラーがあったならば最後にエラーメッセージを表示したいので、まず最初にメッセージを追加していく配列 $errors を初期化して用意しておきます。

---

php　エラーメッセージを追加していく配列を初期化しておく

«sample» check_number/warikan.php

```
24:     // エラーメッセージを入れる配列
25:     $errors = [];
```

　POST された合計金額が整数かどうかは ctype_digit() を使ってチェックできます。0 以上の整数ではないとき「合計金額を整数で入力してください。」というメッセージを $errors に追加します。

---

php　合計金額が整数ではないときエラーメッセージを追加する

«sample» check_number/warikan.php

```
29:     // 合計金額のチェック
30:     if (isset($_POST['goukei'])){
31:       $goukei = $_POST['goukei'];
32:       if (!ctype_digit($goukei)){ ———————— 整数チェック
33:         // 0 以上の整数ではないときエラー
34:         $errors[] = " 合計金額を整数で入力してください。";
35:       }
36:     } else {
37:       // 未設定のエラー
38:       $errors[] = " 合計金額が未設定 ";
39:     }
```

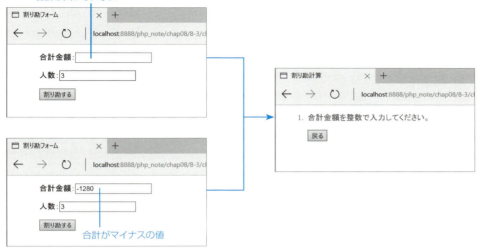

人数が整数であるか、0人でないかをチェックする

人数は1以上の整数でなければならないので、先に整数かどうかをチェックし、整数の場合はさらに0でないかをチェックします。

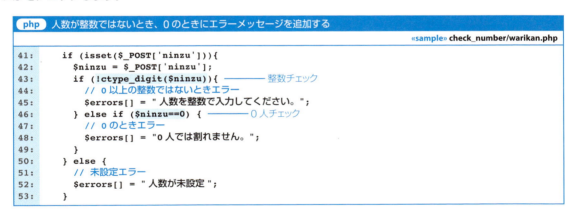

人数に0を入力したとき

0人では割れないというエラーが出ます

Part 3　Web ページを作る

Chapter 8　フォーム処理の基本

エラーがあったかどうかを判断して分岐する

　最終的にエラーがあったかどうかは、$errors にエラーメッセージが入っているかどうかで判断します。ここで先の例の nameCheck.php と同じように if 文を使った分岐を行います。今回は一般的な if{ } else{ } を使っていますが、<?php ?> で区切られている範囲をよく確認してみてください。戻りのフォームを直接 HTML で記述できるように、if 文の中にあってこの部分だけが PHP タグの外にあります。

---

php　エラーがあったかどうかを判断して分岐する

«sample» check_number/warikan.php

```php
56:    <?php
57:    if (count($errors)>0){
58:        // エラーがあったとき
59:        echo '<ol class="error">';
60:        foreach ($errors as $value) {
61:            echo "<li>", $value , "</li>";
62:        }
63:        echo "</ol>";                          ── true のとき
64:    ?>
65:
66:    <!-- 戻るボタンのフォーム -->
67:        <form method="POST" action="warikanForm.php">
68:            <ul>                               ── PHP の if の構造文に
69:                <li><input type="submit" value="戻る " ></li>   HTML が入っています
70:            </ul>
71:        </form>
72:
73:    <?php
74:    } else {
75:        // エラーがなかったとき
76:        $amari = $goukei % $ninzu;
77:        $price = ($goukei - $amari) / $ninzu;
78:        // 3桁位取り
79:        $goukei_fmt = number_format($goukei);
80:        $price_fmt = number_format($price);    ── false のとき
81:        // 表示する
82:        echo "{$goukei_fmt} 円を {$ninzu} 人で割り勘します。", "<br>";
83:        echo " 1 人当たり {$price_fmt} 円を支払えば、不足分は {$amari} 円です。";
84:    }
85:    ?>
```

エラーメッセージ表示する

　配列 $errors に入っている値の個数を count() で調べて 1 個以上ならば foreach 文でエラーメッセージを取り出し、<ul> タグを使ってリスト表示します。なお、エラーメッセージの文字色と <li> のスタイルは読み込んでいる style.css で指定してあります。

282

フォームの入力データのチェック **Section 8-3**

---

php 配列にメッセージが入っていたらリスト表示する

«sample» check_number/warikan.php

```php
56:   <?php
57:   if (count($errors)>0){
58:     // エラーがあったとき
59:     echo '<ol class="error">';
60:     foreach ($errors as $value) {        ——— $errors 配列からすべての値を取り出します
61:       echo "<li>", $value , "</li>";
62:     }
63:     echo "</ol>";
64:   ?>
```

「戻る」のボタンを表示する

「戻る」のボタンはフォームを使って作り、クリックしたならば入力フォーム画面の warikanForm.php を実行します。この例ではエラーがあったときだけ「戻る」ボタンを表示していますが、この部分のコードを if 文の外に出せばエラーがあってもなくても「戻る」ボタンを表示できます。

---

php 「戻る」のボタンを表示する

«sample» check_number/warikan.php

```php
66:   <!-- 戻るボタンのフォーム -->
67:     <form method="POST" action="warikanForm.php">
68:       <ul>
69:         <li><input type="submit" value=" 戻る " ></li>
70:       </ul>
71:     </form>
```

---

❶ NOTE

前回入力しておいた値をフィールドに残しておきたい

ページを戻って入力フォーム画面を表示し直すと完全に初期の状態からのやり直しになります。フォーム入力画面に戻ってきたとき、前回入力した値をフィールドに残しておきたい場合は、次節で説明する hidden タイプの活用するか（☞ P.286）、あるいはセッションの機能を活用します（☞ P.384）。

正規表現を使って郵便番号のチェックする

正規表現を利用すると入力された値を厳密にかつ効率よくチェックできます。正規表現の使い方については、「Section5-7　正規表現の基本知識」と「Section5-8　正規表現でマッチした値の取り出しと置換」で詳しく、多くの例を使って解説したのでそちらを参考にしてください。

ここではよく利用する例として郵便番号の入力を正規表現でチェックする方法を示します。なお、HTML5からは <input> タグに pattern 属性を追加して正規表現での入力制限ができますが、その場合にもサーバ側では値のチェックが必要です。

Part 3
Chapter
8

Chapter
9

Chapter
10

Chapter
11

Part 3　Web ページを作る

Chapter 8　フォーム処理の基本

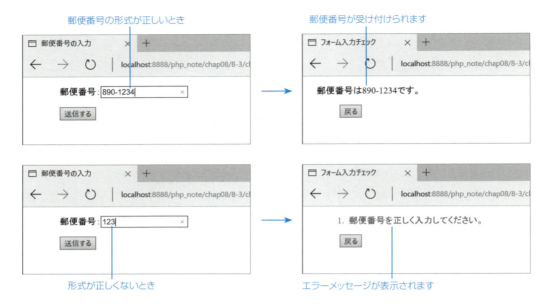

郵便番号を入力するフォームを作る

先に郵便番号を入力するフォームを作る部分のコードを示しておきます。これまでの入力フォームを作るコードと同じです。<input> の type は "text"、name は "zip" にしてあります。

php 郵便番号を入力するフォームを作る

«sample» check_zip/zipCheckForm.php

```
10:     <form method="POST" action="zipCheck.php">
11:       <ul>
12:         <li><label>郵便番号：<input type="text" name="zip" ></label></li>
13:         <li><input type="submit" value="送信する" ></li>
14:       </ul>
15:     </form>
```

郵便番号をチェックする

フォームで入力した郵便番号をチェックするコードは次のとおりです。基本的な流れはこれまでと同じです。文字エンコードの検証と HTML エスケープの処理を行った後で $_POST['zip'] から &zip に値を取り出してチェックします。

郵便番号は「123-4567」という形式、つまり「3 桁の数字 - 4 桁の数字」をしています。これを正規表現のパターンで書くと "/^[0-9]{3}-[0-9]{4}$/" になります。preg_match() を使って &zip をチェックして、戻り値が true ではないときが郵便番号エラーと判断できます。（正規表現☞ P.145）

php 郵便番号を入力するフォームを作る

«sample» check_zip/zipCheck.php

```
01:     <!DOCTYPE html>
02:     <html lang="ja">
03:     <head>
```

フォームの入力データのチェック　Section 8-3

```php
04:     <meta charset="utf-8">
05:     <title> フォーム入力チェック </title>
06:     <link href="../../css/style.css" rel="stylesheet">
07:   </head>
08:   <body>
09:   <div>
10:
11:   <?php
12:     require_once("../../lib/util.php");
13:     // 文字エンコードの検証
14:     if (!cken($_POST)){
15:       $encoding = mb_internal_encoding();
16:       $err = "Encoding Error! The expected encoding is " . $encoding ;
17:       // エラーメッセージを出して、以下のコードをすべてキャンセルする
18:       exit($err);
19:     }
20:     // HTML エスケープ（XSS 対策）
21:     $_POST = es($_POST);
22:   ?>
23:
24:   <?php
25:     // エラーメッセージを入れる配列
26:     $errors = [];
27:     if(isset($_POST['zip'])){
28:       // 郵便番号を取り出す
29:       $zip = trim($_POST['zip']);
30:       // 郵便番号のパターン
31:       $pattern = "/^[0-9]{3}-[0-9]{4}$/";  ——— 郵便番号のパターンでチェックします
32:       if (!preg_match($pattern, $zip)){
33:         // 郵便番号の形式になっていない
34:         $errors[] ="郵便番号を正しく入力してください。";
35:       }
36:     } else {
37:       // 未設定エラー
38:       $errors[] ="郵便番号を正しく入力してください。";
39:     }
40:   ?>
41:
42:   <?php
43:   if (count($errors)>0){
44:     // エラーがあったとき
45:     echo '<ol class="error">';
46:     foreach ($errors as $value) {
47:       echo "<li>", $value , "</li>";
48:     }
49:     echo "</ol>";
50:   } else {
51:     // エラーがなかったとき
52:     echo " 郵便番号は {$zip} です。";
53:   }
54:   ?>
55:
56:   <!-- 戻りボタンのフォーム -->
57:     <form method="POST" action="zipCheckForm.php">
58:       <ul>
59:         <li><input type="submit" value=" 戻る "></li>
60:       </ul>
61:     </form>
62:
63:   </div>
64:   </body>
65:   </html>
```

Part 3

Chapter

8

Chapter

9

Chapter

10

Chapter

11

Section 8-4
隠しフィールドで POST する

hidden タイプを利用することで、フォームでユーザが入力する値とは別に用意した値を POST リクエストに含ませることができます。戻るボタンでフォーム入力ページに戻ったときに入力しておいた値を初期値として表示する方法も紹介します。

隠しフィールドを使う

フォームの <input> タグの type 属性で "hidden" を指定すると見えない隠しフィールドになります。この機能を活用することで、ユーザ入力ではない値を POST リクエストに含ませることができます。

次のフォームでは「割引率」、「単価」、「個数」の 3 つの値を POST しますが、ユーザに入力してもらうのは「個数」のテキストフィールドだけです。

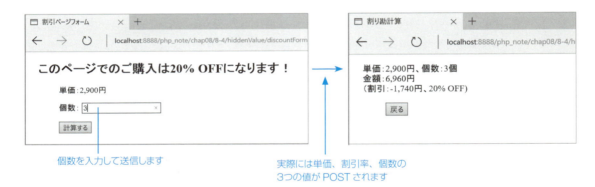

個数だけを入力するフォームを作る

入力フォームを表示するコードは次のとおりです。割引率と単価を入力する <input> タグの type 属性を "hidden" にし、value 属性で入力値を設定している点に注目してください。

```php
入力フォームを表示する                                       «sample» hiddenValue/discountForm.php
01:    <!DOCTYPE html>
02:    <html lang="ja">
03:    <head>
04:    <meta charset="utf-8">
05:    <title>割引購入ページ</title>
06:    <link href="../../css/style.css" rel="stylesheet">
07:    </head>
08:    <body>
09:    <div>
```

```
10:    <?php
11:      // 割引率
12:      $discount = 0.8;
13:      $off = (1 - $discount)*100;
14:      if ($discount>0){
15:        echo "<h2>このページでのご購入は {$off}% OFF になります！</h2>";
16:      }
17:      // 単価の設定
18:      $tanka = 2900;
19:      // 3桁位取り
20:      $tanka_fmt = number_format($tanka);
21:    ?>
22:
23:    <!-- 入力フォームを作る -->
24:    <form method="POST" action="discount.php">
25:      <!-- 隠しフィールドに割引率と単価を設定して POST する -->
26:      <input type="hidden" name="discount" value="<?php echo $discount; ?>">
27:      <input type="hidden" name="tanka" value="<?php echo $tanka; ?>">
28:      <ul>
29:        <li><label>単価：<?php echo $tanka_fmt; ?>円</label></li>
30:        <li><label>個数：
31:          <input type="number" name="kosu">
32:        </label></li>
33:        <li><input type="submit" value=" 計算する " ></li>
34:      </ul>
35:    </form>
36:  </div>
37: </body>
38: </html>
```

変数に入っている値を POST します

見えない入力フォームを作る

POST リクエストに割引率と単価を含めるには、ユーザが値を入力するフォームを作る場合と同じように <input> タグで割引率と単価の入力部品を作ります。そして <input> タグの type 属性の値を "hidden" にして見えない隠しフィールドにし、先に値を設定しておいた割引率 $discount と単価 $tanka のそれぞれの値を value に設定します。

ここでは入力フォームの作成を HTML コードで直接書いているので、「value="<?php echo $discount; ?>"」のように値の入った変数を書き出す部分だけを PHP タグで囲みます。

php 隠しフィールドを作る

«sample» hiddenValue/discountForm.php

```
26:    <input type="hidden" name="discount" value="<?php echo $discount; ?>">
27:    <input type="hidden" name="tanka" value="<?php echo $tanka; ?>">
```

セキュリティ対策　**hidden タイプで受け取った値も安全ではない**

ユーザ入力ができない hidden タイプのフォームから受け取った値ならば安全ということはありません。hidden タイプのフォームはソースコードには表示されるので、改ざんされると困る値をそのまま送ることは危険です。（対応方法 ☞ P.297）

Part 3 Web ページを作る

Chapter 8 フォーム処理の基本

「計算する」ボタンで実行するコード

「計算する」ボタンで実行する discount.php では、POST された値を $_POST で受け取って処理します。hidden タグを使って POST されたデータもほかのデータとの区別はありません。個々の値は $_POST から次のように変数に取り出すことができます。見えないフィールドからの入力であっても改ざんの危険はあるので入力チェックも行います。

php POST で渡された値を取り出す

«sample» hiddenValue/discount.php

```php
24:     // エラーメッセージを入れる配列
25:     $errors = [];
26:     // 割引率の入力値（隠しフィールド）
27:     if(isset($_POST['discount'])) {
28:       $discount = $_POST['discount'];
29:       // 入力値のチェック
30:       if (!is_numeric($discount)){
31:         // 数値ではないときエラー
32:         $errors[] = " 割引率の数値エラー ";
33:       }
34:     } else {
35:       // 未設定エラー
36:       $errors[] = " 割引率が未設定 ";
37:     }
38:     // 単価の入力値（隠しフィールド）
39:     if(isset($_POST['tanka'])) {
40:       $tanka = $_POST['tanka'];
41:       // 入力値のチェック
42:       if (!ctype_digit($tanka)){
43:         // 整数ではないときエラー
44:         $errors[] = " 単価の数値エラー ";
45:       }
46:     } else {
47:       // 未設定エラー
48:       $errors[] = " 単価が未設定 ";
49:     }
```

discount.php の全体のコードは次のとおりです。処理の手順などは前節の割り勘計算と基本的に同じです。最初に文字エンコードの検証と HTML エスケープを行い、続いて入力値のチェックをします。入力値にエラーがなければ計算をして結果を表示し、入力値にエラーがあったならばエラーメッセージを表示します。

隠しフィールドで POST する　Section 8-4

php POST で渡された値を使って計算する

«sample» **hiddenValue/discount.php**

```php
01: <!DOCTYPE html>
02: <html lang="ja">
03: <head>
04:   <meta charset="utf-8">
05:   <title> 金額の計算 </title>
06:   <link href="../../css/style.css" rel="stylesheet">
07: </head>
08: <body>
09: <div>
10: <?php
11:   require_once("../../lib/util.php");
12:   // 文字エンコードの検証
13:   if (!cken($_POST)){
14:     $encoding = mb_internal_encoding();
15:     $err = "Encoding Error! The expected encoding is " . $encoding ;
16:     // エラーメッセージを出して、以下のコードをすべてキャンセルする
17:     exit($err);
18:   }
19:   // HTML エスケープ（xss 対策）
20:   $_POST = es($_POST);
21: ?>
22:
23: <?php
24:   // エラーメッセージを入れる配列
25:   $errors = [];
26:   // 割引率の入力値（隠しフィールド）
27:   if(isset($_POST['discount'])) {
28:     $discount = $_POST['discount'];
29:     // 入力値のチェック
30:     if (!is_numeric($discount)){
31:       // 数値ではないときエラー
32:       $errors[] = " 割引率の数値エラー ";           ── 隠しフィールドから値を受け取ります
33:     }
34:   } else {
35:     // 未設定エラー
36:     $errors[] = " 割引率が未設定 ";
37:   }
38:   // 単価の入力値（隠しフィールド）
39:   if(isset($_POST['tanka'])) {
40:     $tanka = $_POST['tanka'];
41:     // 入力値のチェック
42:     if (!ctype_digit($tanka)){
43:       // 整数ではないときエラー
44:       $errors[] = " 単価の数値エラー ";
45:     }
46:   } else {
47:     // 未設定エラー
48:     $errors[] = " 単価が未設定 ";
49:   }
50: ?>
51:
52: <?php
53:   // 個数の入力値
54:   if(isset($_POST['kosu'])) {
55:     $kosu = $_POST['kosu'];                         ── 入力フィールドからの値を受け取ります
56:     // 入力値のチェック
57:     if (!ctype_digit($kosu)){
```

Part 3 Web ページを作る

Chapter 8 フォーム処理の基本

```php
58:            // 整数ではないときエラー
59:            $errors[] = " 個数は正の整数で入力してください。";
60:        }
61:    } else {
62:        // 未設定エラー
63:        $errors[] = " 個数が未設定 ";
64:    }
65: ?>
66:
67: <?php
68: if (count($errors)>0){
69:    // エラーがあったとき
70:    echo '<ol class="error">';
71:    foreach ($errors as $value) {
72:        echo "<li>", $value , "</li>";
73:    }
74:    echo "</ol>";
75: } else {
76:    // エラーがなかったとき（端数は切り捨て）
77:    $price = $tanka * $kosu;
78:    $discount_price = floor($price * $discount);      ——— floor() は切り捨ての関数です
79:    $off_price = $price - $discount_price;
80:    $off_per = (1 - $discount)*100;
81:    // 3桁位取り
82:    $tanka_fmt = number_format($tanka);
83:    $discount_price_fmt = number_format($discount_price);
84:    $off_price_fmt = number_format($off_price);
85:    // 表示する
86:    echo " 単価：{$tanka_fmt} 円、", " 個数：{$kosu} 個", "<br>";
87:    echo " 金額：{$discount_price_fmt} 円 ", "<br>";
88:    echo " （割引：-{$off_price_fmt} 円、{$off_per}% OFF)", "<br>";
89: }
90: ?>
91:
92: <!-- 戻りボタンのフォーム -->
93:    <form method="POST" action="discountForm.php">
94:        <ul>
95:          <li><input type="submit" value=" 戻る " ></li>
96:        </ul>
97:    </form>
98:
99: </div>
100: </body>
101: </html>
```

戻ったページに前回の入力値を残しておく

「戻る」ボタンで入力フォームに戻ったとき、新規にフォーム入力画面を表示すると入力フィールドの値は空になっています。やはり、前のページに戻った場合には前回入力した値が残っている方が親切です。このような場合にも hidden タイプの入力を利用できます。

なお、ページ間の移動で値を持ち回りたいときはセッション変数を利用する方法があります。セッション変数については改めて説明します。（☞ P.368）

隠しフィールドでPOSTする | Section 8-4

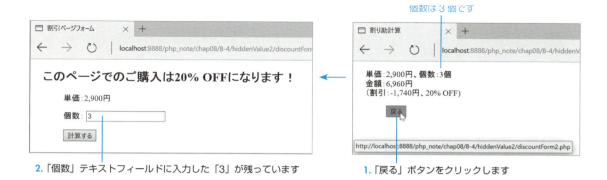

2.「個数」テキストフィールドに入力した「3」が残っています

1.「戻る」ボタンをクリックします

戻るボタンで個数を渡す

　割引ページフォームでフォーム入力された「個数」の値はPOSTされ渡されてきていて$kosuに入っています。そこで「戻る」ボタンで割引購入ページに戻る際のPOSTデータに$kosuの値を含めて送り返します。

　その方法は「割引率」と「単価」の渡した方と同じで、見えない入力フォームを使います。先のサンプルdiscount.phpの最後にある「<!-- 戻るボタンのフォーム -->」のHTMLコード部分を次のように書き替えます。これで「戻る」ボタンをクリックすると$kosuの値がPOSTされます。

php 個数を入力フォームに渡す「戻る」ボタン

«sample» hiddenValue_default/discount.php

```
92:    <!-- 戻るボタンのフォーム -->
93:    <form method="POST" action="discountForm.php">
94:      <!-- 隠しフィールドに個数を設定してPOSTする -->
95:      <input type="hidden" name="kosu" value="<?php echo $kosu; ?>">
96:      <ul>
97:        <li><input type="submit" value=" 戻る " ></li>
98:      </ul>
99:    </form>
```

「戻る」ボタンで開いたとき前回入力した値を表示する

　個数の入力フォームを表示するコードは基本的には元のものと違いはありませんが、「戻る」ボタンでPOSTされた値を受け取って、「個数」テキストフィールドの初期値として設定するコードが追加されています。戻りにはユーザ入力はありませんが、念のために最初に文字エンコードの検証とHTMLエスケープも行っています。次のコードの色を敷いてある範囲が追加したコードです。

php 前回の値を表示する入力フォーム

«sample» hiddenValue_default/discountForm.php

```
01:    <!DOCTYPE html>
02:    <html lang="ja">
03:    <head>
04:    <meta charset="utf-8">
05:    <title> 割引購入ページ </title>
```

Part 3　Web ページを作る

Chapter 8　フォーム処理の基本

```
06:    <link href="../../css/style.css" rel="stylesheet">
07:    </head>
08:    <body>
09:    <div>
10:      <?php
11:        require_once("../../lib/util.php");
12:        // 文字エンコードの検証
13:        if (!cken($_POST)){
14:          $encoding = mb_internal_encoding();
15:          $err = "Encoding Error! The expected encoding is " . $encoding ;
16:          // エラーメッセージを出して、以下のコードをすべてキャンセルする
17:          exit($err);
18:        }
19:        // HTML エスケープ（XSS 対策）
20:        $_POST = es($_POST);
21:      ?>
22:
23:      <?php
24:        /* 再入力ならば前回の値を初期値にする */
25:        // 個数に値があるかどうか
26:        if (isset($_POST['kosu'])){
27:          $kosu = $_POST['kosu']; ——— 前回の値が入ります
28:        } else {
29:          $kosu = "";
30:        }
31:      ?>
32:
33:      <?php
34:        // 割引率
35:        $discount = 0.8;
36:        $off = (1 - $discount)*100;
37:        if ($discount>0){
38:          echo "<h2>このページでのご購入は {$off}% OFF になります！</h2>";
39:        }
40:        // 単価の設定
41:        $tanka = 2900;
42:        // 3桁位取り
43:        $tanka_fmt = number_format($tanka);
44:      ?>
45:
46:    <!-- 入力フォームを作る -->
47:    <form method="POST" action="discount2.php">
48:      <!-- 隠しフィールドに割引率と単価を設定して POST する -->
49:      <input type="hidden" name="discount" value="<?php echo $discount; ?>">
50:      <input type="hidden" name="tanka" value="<?php echo $tanka; ?>">
51:      <ul>
52:        <li><label>単価：<?php echo $tanka_fmt ?>円</label></li>
53:        <li><label>個数
54:          <input type="number" name="kosu" value="<?php echo $kosu; ?>">
55:        </label></li>
56:        <li><input type="submit" value=" 計算する " ></li>
57:      </ul>
58:    </form>
59:    </div>
60:    </body>
61:    </html>
```

292

POSTリクエストに値があれば取り出す

「戻る」ボタンで開いたかどうかは、isset()を使って$_POST['kosu']に値がセットされているかどうかで判断します。値がセットされているならば$kosuにその値を取り出しておきます。

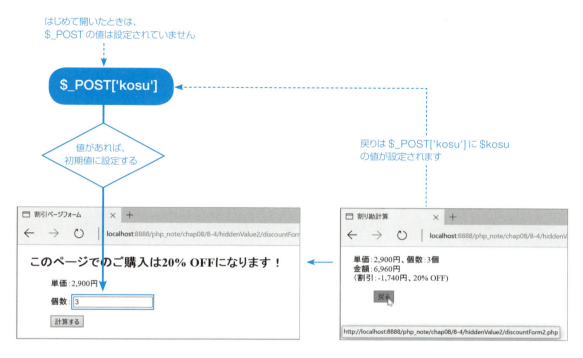

```
23:    <?php
24:        /* 再入力ならば前回の値を初期値にする */
25:        // 個数に値があるかどうか
26:        if (isset($_POST['kosu'])){
27:            $kosu = $_POST['kosu'];
28:        } else {
29:            $kosu = "";
30:        }
31:    ?>
```

«sample» hiddenValue_default/discountForm.php

入力フォームに $kosu の値を初期値として表示する

個数を入力するテキストフィールドに$kosuに入れた値を表示するには、<input>タグにvalue属性に値を設定します。フォームを作る部分はHTMLコードで直接書いているので、「value="<?php echo $kosu; ?>"」のように指定します。

Part 3　Web ページを作る

Chapter 8　フォーム処理の基本

---

php | 「個数」テキストフィールドに値を表示する

«sample» **hiddenValue_default/discountForm.php**

```php
46:        <!-- 入力フォームを作る  -->
47:        <form method="POST" action="discount2.php">
48:          <!-- 隠しフィールドに割引率と単価を設定して POST する  -->
49:          <input type="hidden" name="discount" value="<?php echo $discount; ?>">
50:          <input type="hidden" name="tanka" value="<?php echo $tanka; ?>">
51:          <ul>
52:            <li><label> 単価：<?php echo $tanka_fmt; ?> 円 </label></li>
53:            <li><label> 個数：
54:              <input type="number" name="kosu" value="<?php echo $kosu; ?>">
55:            </label></li>
56:            <li><input type="submit" value=" 計算する " ></li>
57:          </ul>
58:        </form>
```

前回の値が初期値として入ります

294

Section 8-5

クーポンコードを使って割引率を決める

フォーム入力の値に限らずユーザから送られてくる値に不正がないかどうかはチェックする必要があります。割引率や価格などは直接の値をそのまま受け渡さないくふうが必要です。この節では、前節で作った割引ページフォームを改良して、クーポンコードと商品 ID を使って割引率と価格の改ざんに対処する方法を説明します。

割引率と価格を安全に渡す

前節で隠しフィールドを説明するために使ったサンプルでは、割引率と価格を隠しフィールドの値にしてサーバ側に POST していました。しかし、もし割引率 99%、価格 1 円というように改ざんされると大きな被害が発生します。

重要な値を直接送らない

このような改ざんに対応するために行わなければならないことは少なくありませんが、最低限行うべきことの重要なことの 1 つに、直接送らないという対処の仕方があります。

次のサンプルでは、割引率や商品にクーポンコードや商品 ID を付けておき、サーバとやり取りする情報はそのような識別 ID だけにします。実際に割引率を表示したり金額を計算したりする場合には、クーポンコードや商品 ID を引数にして別ファイルに用意した配列やデータベースから取り出した値を使います。これならば正しいクーポンコードや商品 ID がわからないと不正ができません。もし、発行されていないクーポンコードや商品 ID の問い合わせがあったならばエラーとして処理します。

Part 3　Webページを作る
Chapter 8　フォーム処理の基本

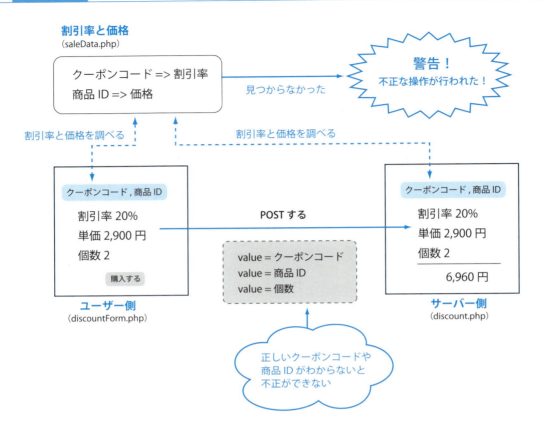

> **❶ NOTE**
> **セッション変数を活用する**
> Webページ間で値を受け渡したい場合、スーパーグローバル変数の1つであるセッション変数 $_SESSION を活用する方法があります。（☞ P.368）

割引購入ページと金額計算ページの両方から参照するデータ

　まず、割引購入ページ（discountForm.php）と金額計算ページ（discount.php）の両方から参照する共有ファイル（saledata.php）を用意します。共有ファイルには割引率の配列 $couponList と価格の $priceList の2つの配列があり、クーポンコードで割引率を調べる getCouponRate() と商品IDで価格を調べる getPrice() を定義します。

296

クーポンコードを使って割引率を決める　Section 8-5

php 割引率と価格の値が書いてある共有ファイル

«sample» **value_safety/saledata.php**

```php
01: <?php
02:   // 販売データ                    クーポンコードの割引率と商品の価格
03:   $couponList = ["nf23qw"=>0.75, "ha45as"=>0.8, "hf56zx"=>8.5];
04:   $priceList = ["ax101"=>2300, "ax102"=>2900];           このデータを外部ファイルや
05:                                                           データベースからの読み込み
06:   // クーポンコードで割引率を調べて返す                      にするとさらに安全です
07:   function getCouponRate($code){
08:     global $couponList;
09:     // 該当するクーポンコードがあるかどうかチェックする
10:     $isCouponCode = array_key_exists($code, $couponList);
11:     if ($isCouponCode){
12:       return $couponList[$code]; ————— 割引率を返します
13:     } else {
14:       // 見つからなかったならば NULL を返す
15:       return NULL;
16:     }
17:   }
18:
19:   // 商品 ID で価格を調べて返す
20:   function getPrice($id){
21:     global $priceList;
22:     // 該当する商品 ID があるかどうかチェックする
23:     $isGoodsID = array_key_exists($id, $priceList);
24:     if ($isGoodsID){
25:       return $priceList[$id]; ————— 価格を返します
26:     } else {
27:       // 見つからなかったならば NULL を返す
28:       return NULL;
29:     }
30:   }
31:
32: // ?>
```

Part 3
Chapter
8
Chapter
9
Chapter
10
Chapter
11

不正なクーポンコード、商品 ID の問い合わせがあったらエラーにする

　getCouponRate() と getPrice() では引数のクーポンコード／商品 ID で値を調べる前に、array_key_exists() を使って問い合わせがあったクーポンコード／商品 ID のキーが配列に存在するかどうかを事前にチェックします。そして、結果が false のときは NULL（未定義）を返します。

> **❶ NOTE**
>
> **配列のキーの存在をチェックしない場合**
> 配列にキーが存在するかどうかをチェックせずに $couponList[$code] や $priceList[$id] を実行すると不正なクーポンコードや商品 ID が使われたときにインデックスエラーが発生します。

割引購入ページを作る

　割引購入ページは前節の hiddenValue_default/discountForm.php（☞ P.291）と基本的には同じです。違う点は2箇所有ります。1つ目は、saleData.php からセールデータを読み込んでクーポンコードと商品 ID から割引率 $discount と単価 $tanka を設定する点です。2つ目は、フォームの隠しフィールドから割引率と単価を送信する際にもクーポンコードと商品 ID を送る点です。

297

Part 3　Web ページを作る

Chapter 8　フォーム処理の基本

---

php　割引率と単価を POST しなくて済むようにクーポンコードと商品 ID を使う

«sample» **value_safety/discountForm.php**

```php
01: <!DOCTYPE html>
02: <html lang="ja">
03: <head>
04: <meta charset="utf-8">
05: <title> 割引購入ページ </title>
06: <link href="../../css/style.css" rel="stylesheet">
07: </head>
08: <body>
09: <div>
10:   <?php
11:     require_once("../../lib/util.php");
12:     // 文字エンコードの検証
13:     if (!cken($_POST)){
14:       $encoding = mb_internal_encoding();
15:       $err = "Encoding Error! The expected encoding is " . $encoding ;
16:       // エラーメッセージを出して、以下のコードをすべてキャンセルする
17:       exit($err);
18:     }
19:     // HTML エスケープ（XSS 対策）
20:     $_POST = es($_POST);
21:   ?>
22:
23:   <?php
24:     /* 再入力ならば前回の値を初期値にする */
25:     // 個数に値があるかどうか
26:     if (isset($_POST['kosu'])){
27:       $kosu = $_POST['kosu'];
28:     } else {
29:       $kosu = "";
30:     }
31:   ?>
32:
33:   <?php
34:     // セールデータを読み込む
35:     require_once("saleData.php");
36:     // クーポンコードと商品 ID
37:     $couponCode = "ha45as";
38:     $goodsID = "ax102";
39:     // 割引率と単価
40:     $discount = getCouponRate($couponCode);
41:     $tanka = getPrice($goodsID);
42:     // 割引率と単価に値があるかどうかチェックする
43:     if (is_null($discount)||is_null($tanka)){
44:       // エラーメッセージを出して、以下のコードをすべてキャンセルする
45:       $err = '<div class="error"> 不正な操作がありました。</div>';
46:       exit($err);
47:     }
48:   ?>
49:
50:   <?php
51:     $off = (1 - $discount)*100;
52:     if ($discount>0){
53:       echo "<h2> このページでのご購入は {$off}% OFF になります！ </h2>";
54:     }
55:     // 3桁位取り
56:     $tanka_fmt = number_format($tanka);
57:   ?>
```

$discount と $tanka の値を直接書かずに式で求めます

クーポンコードと商品 ID から割引率と単価を調べます

クーポンコードを使って割引率を決める　Section 8-5

```
58:
59:        <!-- 入力フォームを作る  -->
60:        <form method="POST" action="discount.php">
61:            <!-- 隠しフィールドにクーポンコードと商品 ID を設定して POST する  -->
62:            <input type="hidden" name="couponCode" value="<?php echo $couponCode; ?>">
63:            <input type="hidden" name="goodsID" value="<?php echo $goodsID; ?>">
64:            <ul>
65:                <li><label>単価：<?php echo $tanka_fmt; ?>円</label></li>
66:                <li><label>個数：
67:                    <input type="number" name="kosu" value="<?php echo $kosu; ?>">
68:                </label></li>
69:                <li><input type="submit" value=" 計算する " ></li>
70:            </ul>
71:        </form>
72:    </div>
73:    </body>
74:    </html>
```

────── 割引率と価格を直接書きません

クーポンコードから割引率、商品 ID から価格をセットする

前準備として $couponList と $priceList が書いてある saleData.php を読み込んでおき、次にクーポンコード $couponCode と商品 ID $goodsID の値を設定します。そして、saleData.php に定義してある getCouponRate() と getPrice() を使って割引率と単価を求めます。

php 共通のセールデータを読み込んで割引率と価格を取り出して変数にセットする

«sample» value_safety/discountForm.php

```
34:        // セールデータを読み込む
35:        require_once("saleData.php");
36:        // クーポンコードと商品 ID
37:        $couponCode = "ha45as";
38:        $goodsID = "ax102";
39:        // 割引率と単価
40:        $discount = getCouponRate($couponCode);
41:        $tanka = getPrice($goodsID);
```

────── クーポンコードの割引率と商品 ID の価格が
　　　 書いてあるコードを読み込みます

不正なコードが使われたならば警告して処理をキャンセルする

$discount と $tanka に読み込んだ値のどちらかが NULL だったときは、不正なコードが使われたことになるので、exit() を使って「不正な操作がありました。」というエラーメッセージを出して続くコードの処理をすべてキャンセルします。

php 不正なコードが使われたならば警告する

«sample» value_safety/discountForm.php

```
42:        // 割引率と単価に値があるかどうかチェックする
43:        if (is_null($discount)||is_null($tanka)){
44:            // エラーメッセージを出して、以下のコードをすべてキャンセルする
45:            $err = '<div class="error"> 不正な操作がありました。</div>';
46:            exit($err); ────── 処理を中断します
47:        }
```

Part 3
Chapter
8
Chapter
9
Chapter
10
Chapter
11

299

隠しフィールドの値にクーポンコードと商品 ID を設定する

値が揃ったところで入力フォームを作ります。入力フォームには 2 つの隠しフィールドと個数を入力するフィールドがあります。この部分は前節と同じなので説明は不要でしょうが、ただ 1 つここで重要なのが、2 つの隠しフィールドでは割引率の代わりにクーポンコード $couponCode、価格の代わりに商品 ID$goodsID を value に設定するという点です。name 属性も "couponCode" と "goodsID" にします。

php　クーポンコードと商品 ID の隠しフィールド

«sample» value_safety/discountForm.php

```
61:     <!-- 隠しフィールドにクーポンコードと商品 ID を設定して POST する -->
62:     <input type="hidden" name="couponCode" value="<?php echo $couponCode; ?>">
63:     <input type="hidden" name="goodsID" value="<?php echo $goodsID; ?>">
```

開発ツールを使ってソースコードを見ると隠しフィールドに設定されている値も見ることができますが、ソースコードには参照しているセールデータに関する記述はありません。フォームの value にはクーポンコードや商品 ID が入っているので、割引率や価格を直接書き替えるといった不正を防ぐことができます。

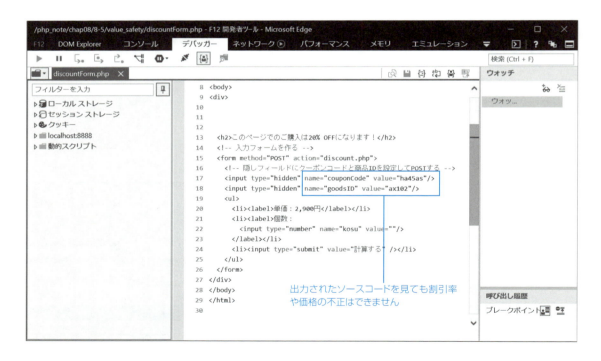

クーポンコードを使って割引率を決める　Section 8-5

POST されたリクエストを処理する

　POST されたリクエストを処理する discount.php のコードも前節の hiddenValue_default/discount.php と基本的には同じです。違う部分は隠しフィールドから送られてきた値がクーポンコードと商品 ID なので、共通のセールデータを読み込んで割引率と価格に置き換える必要がある点です。送られてきたクーポンコードと商品 ID がセールデータに見つからなければ、POST データに改ざんがあった可能性があります。

| php | POST されたリクエストを処理する |

«sample» value_safety/discount.php

```php
01: <!DOCTYPE html>
02: <html lang="ja">
03: <head>
04:   <meta charset="utf-8">
05:   <title> 金額の計算 </title>
06:   <link href="../../css/style.css" rel="stylesheet">
07: </head>
08: <body>
09: <div>
10: <?php
11:   require_once("../../lib/util.php");
12:   // 文字エンコードの検証
13:   if (!cken($_POST)){
14:     $encoding = mb_internal_encoding();
15:     $err = "Encoding Error! The expected encoding is " . $encoding ;
16:     // エラーメッセージを出して、以下のコードをすべてキャンセルする
17:     exit($err);
18:   }
19:   // HTML エスケープ（xss 対策）
20:   $_POST = es($_POST);
21: ?>
22:
23: <?php
24:   // エラーメッセージを入れる配列
25:   $errors = [];
26:   // クーポンコード
27:   if (isset($_POST['couponCode'])) {
28:     $couponCode = $_POST['couponCode'];
29:   } else {
30:     // 未設定エラー
31:     $couponCode = "";
32:   }
33:   // 商品 ID
34:   if (isset($_POST['goodsID'])) {
35:     $goodsID = $_POST['goodsID'];
36:   } else {
37:     // 未設定エラー
38:     $goodsID = "";
39:   }
40: ?>
41:
42: <?php
43:   // セールデータを読み込む
44:   require_once("saleData.php");
45:   // 割引率と単価
46:   $discount = getCouponRate($couponCode);
```

クーポンコードと商品 ID を使って、割引率と単価を調べます

Part 3

Chapter

8

Chapter

9

Chapter

10

Chapter

11

Part 3　Webページを作る

Chapter 8　フォーム処理の基本

```php
47:     $tanka = getPrice($goodsID);
48:     // 割引率と単価に値があるかどうかチェックする
49:     if (is_null($discount)||is_null($tanka)){
50:         // エラーメッセージを出して、以下のコードをすべてキャンセルする
51:         $err = '<div class="error">不正な操作がありました。</div>';
52:         exit($err);
53:     }
54: ?>
55:
56: <?php
57:     // 個数の入力値
58:     if(isset($_POST['kosu'])) {
59:         $kosu = $_POST['kosu'];
60:         // 入力値のチェック
61:         if (!ctype_digit($kosu)){
62:             // 整数ではないときエラー
63:             $errors[] = "個数は整数で入力してください。";
64:         }
65:     } else {
66:         // 未設定エラー
67:         $errors[] = "個数が未設定";
68:     }
69: ?>
70:
71: <?php
72: if (count($errors)>0){
73:     // エラーがあったとき
74:     echo '<ol class="error">';
75:     foreach ($errors as $value) {
76:         echo "<li>", $value , "</li>";
77:     }
78:     echo "</ol>";
79: } else {
80:     // エラーがなかったとき（端数は切り捨て）
81:     $price = $tanka * $kosu;
82:     $discount_price = floor($price * $discount);
83:     $off_price = $price - $discount_price;
84:     $off_per = (1 - $discount)*100;
85:     // 3桁位取り
86:     $tanka_fmt = number_format($tanka);
87:     $discount_price_fmt = number_format($discount_price);
88:     $off_price_fmt = number_format($off_price);
89:     // 表示する
90:     echo "単価:{$tanka_fmt}円、", "個数:{$kosu}個", "<br>";
91:     echo "金額:{$discount_price_fmt}円", "<br>";
92:     echo "（割引:-{$off_price_fmt}円、{$off_per}% OFF)", "<br>";
93: }
94: ?>
95:
96: <!-- 戻りボタンのフォーム -->
97:     <form method="POST" action="discountForm.php">
98:         <!-- 隠しフィールドに個数を設定してPOSTする -->
99:         <input type="hidden" name="kosu" value="<?php echo $kosu; ?>">
100:        <ul>
101:          <li><input type="submit" value="戻る" ></li>
102:        </ul>
103:     </form>
104:
105: </div>
106: </body>
107: </html>
```

クーポンコードを使って割引率を決める　Section 8-5

該当するクーポンコード、商品 ID があるかどうかチェックする

　入力フォームから POST されたクーポンコード、商品 ID、そして個数を $_POST から取り出して計算する流れはこれまでと同じです。まず、POST されたクーポンコードと商品 ID を $_POST から取り出します。もし、値が設定されていないときは "" を代入して変数を空に初期化しておきます。値を空にしておけば続く値チェックでエラーとして処理されます。

php　POST されたクーポンコードと商品 ID を取り出す

«sample» value_safety/discount.php

```
26:     // クーポンコード
27:     if (isset($_POST['couponCode'])) {
28:         $couponCode = $_POST['couponCode'];
29:     } else {
30:         // 未設定エラー
31:         $couponCode = "";
32:     }
33:     // 商品 ID
34:     if (isset($_POST['goodsID'])) {
35:         $goodsID = $_POST['goodsID'];
36:     } else {
37:         // 未設定エラー
38:         $goodsID = "";
39:     }
```

　次に POST されたクーポンコードと商品 ID から割引率と価格を調べるために saleData.php を読み込み、続いて saleData.php で定義してある getCouponRate() と getPrice() でクーポンコードと商品 ID から割引率と単価を調べ、もしどちらかの値が NULL だったならば不正な操作があったと判断して続く処理をすべてキャンセルします。この部分は先の discountForm.php （☞ P.291） と共通の処理です。

php　クーポンコードと商品 ID から割引率と単価を調べる

«sample» value_safety/discount.php

```
43:     // セールデータを読み込む
44:     require_once("saleData.php");
45:     // 割引率と単価
46:     $discount = getCouponRate($couponCode);
47:     $tanka = getPrice($goodsID);
48:     // 割引率と単価に値があるかどうかチェックする
49:     if (is_null($discount)||is_null($tanka)){
50:         // エラーメッセージを出して、以下のコードをすべてキャンセルする
51:         $err = '<div class="error">不正な操作がありました。</div>';
52:         exit($err);
53:     }
```

Part 3
Chapter
8

Chapter
9

Chapter
10

Chapter
11

Part 3　Webページを作る

Chapter 8　フォーム処理の基本

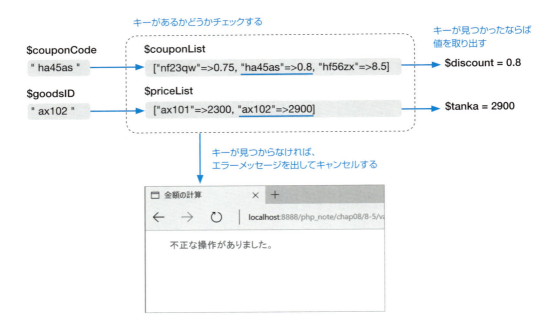

　セキュリティ対策　　クーポンコードの発行と管理

ここではクーポンコードと商品価格の値が配列で書いてある saledata.php ファイルをサーバに保存していますが、さらなる安全性を考慮するならば、このような値はデーターベースで管理すべきです。その場合の変更は saledata.php だけで済みます。

Section 8-6

フォームの作成と結果表示を同じファイルで行う

この節ではフォームの作成と処理結果の表示を同じ PHP ファイルで行う方法、つまり同じ URL でどちらも実行する方法を説明します。1つのファイルでフォーム処理が完結します。サーバからの情報を取り出すスーパーグローバル変数 $_SERVER も利用します。

1つのファイルでフォーム処理の入出力を行う

前節までの例ではフォーム入力のページと処理結果を表示するページを分けて2ページを使って表示していました。つまり、入力用の PHP ファイルと出力用の PHP ファイルを作っていましたが、これを1つのファイルで書くこともできます。これまでのサンプルでは、出力ページの URL が直接開かれた場合にどう対応するかに触れずにきましたが、入出力が同じ URL になるので、その対処もおのずと組み込むことになります。

マイル数を入力するとキロメートルに換算できるページ

次の例では、テキストフィールドにマイル数を入力するとキロメートルに換算した結果を同じページに表示します。換算結果が同じページに表示されるので、続けて別の値を換算することができます。

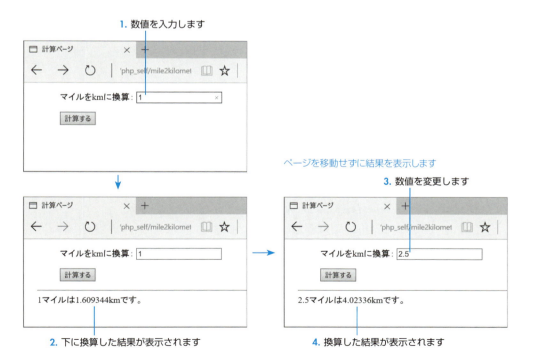

1. 数値を入力します
2. 下に換算した結果が表示されます

ページを移動せずに結果を表示します

3. 数値を変更します
4. 換算した結果が表示されます

Part 3　Web ページを作る

Chapter 8　フォーム処理の基本

php　マイルを km に換算するフォームページ

«sample» php_self/mile2kilometer.php

```php
01: <!DOCTYPE html>
02: <html lang="ja">
03: <head>
04: <meta charset="utf-8">
05: <title>計算ページ</title>
06: <link href="../../css/style.css" rel="stylesheet">
07: </head>
08: <body>
09: <div>
10:   <?php
11:   require_once("../../lib/util.php");
12:   // 文字エンコードの検証
13:   if (!cken($_POST)){
14:     $encoding = mb_internal_encoding();
15:     $err = "Encoding Error! The expected encoding is " . $encoding ;
16:     // エラーメッセージを出して、以下のコードをすべてキャンセルする
17:     exit($err);
18:   }
19:   // HTML エスケープ（XSS 対策）
20:   $_POST = es($_POST);
21:   ?>
22:
23:   <?php
24:   // POST された値を取り出す
25:   if (isSet($_POST["mile"])){
26:     // 数値かどうか確認する
27:     $isNum = is_numeric($_POST["mile"]);
28:     if ($isNum){
29:       // 数値ならば計算式とフォーム表示の値で使う
30:       $mile = $_POST["mile"];
31:       $error = "";
32:     } else {
33:       $mile = "";
34:       $error = '<span class="error">←数値を入力してください。</span>';
35:     }
36:   } else {
37:     // POST された値がないとき
38:     $isNum = false;
39:     $mile = "";
40:     $error = "";
41:   }
42:   ?>
43:
44:   <!-- 入力フォームを作る（現在のページに POST する） -->
45:   <form method="POST" action="<?php echo es($_SERVER['PHP_SELF']); ?>">
46:     <ul>
47:       <li>
48:         <label>マイルを km に換算：
49:         <input type="text" name="mile" value="<?php echo $mile; ?>">
50:         </label>
51:         <!-- エラー表示 -->
52:         <?php echo $error; ?>
53:       </li>
54:       <li><input type="submit" value=" 計算する " ></li>
55:     </ul>
56:   </form>
57:
```

―$_POST に値があるので
このページがフォーム入力
の action で再度開きます

―$_POST に値がないので
このページがはじめて開きます

現在開いているページに POST します

POST された入力値（マイル）を表示します

```
58:    <?php
59:      // $mile が数値であれば計算結果を表示する
60:      if ($isNum) {
61:        echo "<HR>";
62:        $kilometer = $mile * 1.609344;
63:        echo "{$mile} マイルは {$kilometer}km です。";
64:      }
65:    ?>
66:  </div>
67:  </body>
68:  </html>
```

$mile に数値が入っているとき
km に換算して表示します

ページがはじめて開いたのか POST で開いたのかを判断する

　ポイントは先にも書いたように、このページのフォーム入力で再びこのページを開くところにあります。次の図がこの処理の大まかな流れです。$_POST["mile"] の値が設定されているかどうかで、はじめて開いたのか、フォームで POST されて開いたのかどうかを区別します。はじめてならば空の入力フォームを表示し、POST に値があればその入力値（マイル数）をフォームに表示し、キロメートルに換算した計算結果を表示します。

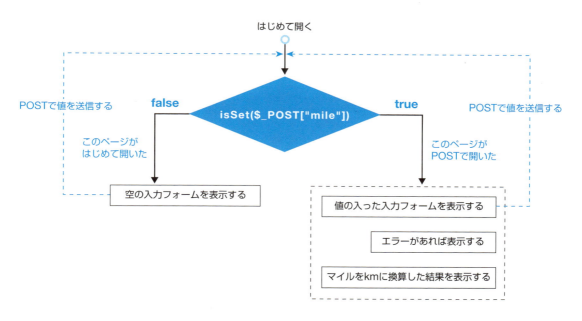

　このページをはじめて開いたときは、テキストフィールドが空でもエラーメッセージが表示されません。計算結果も出力されません。

Part 3　Webページを作る
Chapter 8　フォーム処理の基本

最初は空のテキストフィールドが表示されます

空での計算結果もエラーメッセージもありません

POSTで開いたとき

　isSet($_POST["mile"]) が true のときは POST で値が送られてきたときです。まず、その値が数値かどうかを is_numeric() で判定し、数値ならばその値を $mile に代入します。$isNum の値は換算を実行するかどうかの判断で使うので true を代入します。値が入っていても数値ではない場合は $mile を空にし、$error にはエラーメッセージを入れておきます。

　isSet($_POST["mile"]) が false のときは POST ではないので、$isNum を false にし、$mile と $error は空にしておきます。

php　POSTでページが開いたかどうかで処理を分岐する

《sample》 **php_self/mile2kilometer.php**

```php
24:      // POSTされた値を取り出す
25:      if (isSet($_POST["mile"])){
26:          // 数値かどうか確認する
27:          $isNum = is_numeric($_POST["mile"]);
28:          if ($isNum){
29:              // 数値ならば計算式とフォーム表示の値で使う
30:              $mile = $_POST["mile"];          ←入力されたマイル数を取り出します
31:              $error = "";
32:          } else {
33:              $mile = "";
34:              $error = '<span class="error">←数値を入力してください。</span>';
35:          }
36:      } else {
37:          // POSTされた値がないとき
38:          $isNum = false;
39:          $mile = "";
40:          $error = "";
41:      }
42:  ?>
```

数値以外が入力されたならばエラーメッセージを出す

　is_numeric() はマイナスも含めて小数点がある値も数値として判断しますが、空白や数値以外の文字が入っていると false になります。is_numeric($_POST["mile"])、つまり、$isNum の値が false のときは $error にエラーメッセージを入れます。この値は入力フォームを表示する際に表示しますが、エラーがなければ空にしているので、エラーがあるときだけメッセージが表示されることになります。

入力フォームを作る

　POST で開いた場合もそうでない場合も入力フォームは表示します。テキストフィールドの value は $mile を設定します。POST で数値が送られてきているならば、$mile にはその値が入っているので、フィールドには入力したままの値が表示されます。

```
49:         <input type="text" name="mile" value="<?php echo $mile; ?>">
```

現在のページ $_SERVER['PHP_SELF'] に POST する

　このフォームの最大のポイントは、現在開いているページに値を POST するところです。現在開いているファイル名は、スーパーグローバル変数の $_SERVER を使い、$_SERVER['PHP_SELF'] で調べることができます。この値を利用するならば「action="<?php echo htmlspecialchars($_SERVER['PHP_SELF'], ENT_QUOTES, 'UTF-8'); ?>"」で POST 先を指定できます。

　現在開いているページは mile2kilometer.php なので「action="mile2kilometer.php"」と書いたのと同じことになりますが、$_SERVER['PHP_SELF'] を使うことで後からファイル名を変更したときなどに書き替える必要がないコードになります。サンプルでは読み込んでいる util.php の es() を使って htmlspecialchars() を適用できるので、action を次のように書くことができます。

Part 3 Web ページを作る
Chapter 8 フォーム処理の基本

php	現在のページに POST する

«sample» **php_self/mile2kilometer.php**

```
45:     <form method="POST" action="<?php echo es($_SERVER['PHP_SELF']); ?>">
```

 セキュリティ対策 $_SERVER['PHP_SELF'] も XSS 攻撃対象になる

$_SERVER['PHP_SELF'] の値はパラメータ改ざんの危険があります。この XSS 攻撃に対応するするためには、htmlspecialchars() で HTML エスケープを行います。

マイルをキロメートルに換算する

マイルをキロメートルに換算して、その結果を表示するかどうかは $mile が数値かどうかで決めます。この判定結果はすでに $isNum に入れているので、$isNum が true ならば換算式を実行して表示します。

php	$mile が数値ならば計算結果を表示する

«sample» **php_self/mile2kilometer.php**

```
60:     if ($isNum) {
61:       echo "<HR>";
62:       $kilometer = $mile * 1.609344;
63:       echo "{$mile} マイルは {$kilometer}km です。";
64:     }
```

❶ NOTE

サーバ情報　$_SERVER

スーパーグローバル変数の $_SERVER には、サーバのさまざまな情報が入っています。サンプルで使用した 'PHP_SELF' のほかにも、'REQUEST_METHOD' ページを開くために使ったメソッド、'QUERY_STRING' GET リクエストの URL の ? 以降の内容、'REMOTE_ADR' リクエストしたマシンの IP アドレス、そして、このページをリクエストする前にブラウザが開いていたページを示す 'HTTP_REFERER' などがあります。詳しくは、PHP の公式サイトを参照してください。

http://php.net/manual/ja/reserved.variables.server.php

Part 3　Webページを作る

Chapter 9
いろいろなフォームを使う

フォーム入力にはラジオボタン、チェックボックス、プルダウンメニューなど、いろいろなUIの形式があります。この章ではそれぞれのケースに対して、フォームの作り方から値の受け取り方まで、値のチェック方法も含めてPHPをどのように組み込んでいけばよいかを説明します。

Section 9-1　ラジオボタンを使う
Section 9-2　チェックボックスを使う
Section 9-3　プルダウンメニューを使う
Section 9-4　リストボックスを使う
Section 9-5　スライダーを使う
Section 9-6　テキストエリアを使う
Section 9-7　日付フィールドを利用する

Part 3　Webページを作る
Chapter 9　いろいろなフォームを使う

Section 9-1
ラジオボタンを使う

HTMLのフォームにはテキストボックス以外にもいろいろなタイプがあります。ラジオボタンは複数の選択肢の中から1つだけを選ぶ場合に利用されるUIです。タイプが違っても基本的な処理方法は前節で解説したテキストボックスと同じです。

ラジオボタンで1つだけ選択する

　ラジオボタンは複数の選択肢の中から必ず1個を選ぶ入力フォームです。たとえば、次のサンプルで示すように「男性／女性」のどちらかを選択する、「独身／既婚／同棲中」から1つを選ぶといったぐあいです。ラジオボタンの選択肢はグループ化され、その中から1個を選ぶとグループ内の残りの選択肢は選択が解除されます。
　なお、ラジオボタンと同じように複数の選択肢の中から必ず1個を選ぶフォーム入力には <select> タグで作るプルダウンメニューがあります（☞ P.327）。

「男性／女性」、「独身／既婚／同棲中」のラジオボタンを作る

　このサンプルのコードは次のとおりです。「男性／女性」、「独身／既婚／同棲中」の2グループのラジオボタンを作り、「送信する」ボタンをクリックすると選択内容を現在のページに POP で送信します。ページが再度開いたところで送信の内容をチェックし、ラジオボタンで選択されている項目を画面の下に表示します。画面に表示するラジオボタンの選択状態も送られてきた値に合わせて選択します。
　「送信する」ボタンで現在のページに送信する仕組みは前節の「Section8-6 フォームの作成と結果表示を同じファイルで行う」で解説した mile2kilometer.php（☞ P.306）とほぼ同じです。

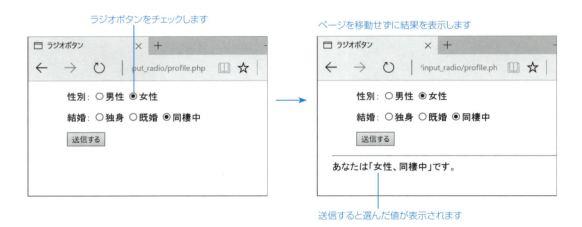

312

ラジオボタンを使う　Section 9-1

php　「男性／女性」、「独身／既婚／同棲中」のラジオボタンを作る

«sample» **input_radio/profile.php**

```
01:  <!DOCTYPE html>
02:  <html lang="ja">
03:  <head>
04:  <meta charset="utf-8">
05:  <title> ラジオボタン </title>
06:  <link href="../../css/style.css" rel="stylesheet">
07:  </head>
08:  <body>
09:  <div>
10:    <?php
11:    require_once("../../lib/util.php");
12:    // 文字エンコードの検証
13:    if (!cken($_POST)){
14:        $encoding = mb_internal_encoding();
15:        $err = "Encoding Error! The expected encoding is " . $encoding ;
16:        // エラーメッセージを出して、以下のコードをすべてキャンセルする
17:        exit($err);
18:    }
19:    // HTML エスケープ（xss 対策）
20:    $_POST = es($_POST);
21:    ?>
22:
23:    <?php
24:    // エラーを入れる配列
25:    $error = [];
26:    // POST された「性別」を取り出す
27:    if (isSet($_POST["sex"])){
28:        // 性別かどうか確認する
29:        $sexValues = [" 男性 "," 女性 "];
30:        // $sexValues に含まれている値ならば true
31:        $isSex = in_array($_POST["sex"], $sexValues);
32:        if ($isSex){
33:            // 選択されている値を取り出す
34:            $sex = $_POST["sex"];          ——————— ラジオボタンで選ばれた性別の値を取り出します
35:        } else {
36:            $sex = "error";
37:            $error[] = " 「性別」に入力エラーがありました。 ";
38:        }
39:    } else {
40:        // POST された値がないとき
41:        $isSex = false;
42:        $sex = " 男性 ";
43:    }
44:    // POST された「結婚」を取り出す
45:    if (isSet($_POST["marriage"])){
46:        //「結婚」かどうか確認する
47:        $marriageValues = [" 独身 "," 既婚 ", " 同棲中 "];
48:        // $marriageValues に含まれている値ならば true
49:        $isMarriage = in_array($_POST["marriage"], $marriageValues);
50:        if ($isMarriage){
51:            // 選択されている値を取り出す
52:            $marriage = $_POST["marriage"];  ——————— ラジオボタンで選ばれた結婚の値を取り出します
53:        } else {
54:            $marriage = "error";
55:            $error[] = " 「結婚」に入力エラーがありました。 ";
56:        }
57:    } else {
```

Part 3

Chapter
8

Chapter
9

Chapter
10

Chapter
11

Part 3　Webページを作る

Chapter 9　いろいろなフォームを使う

```php
 58:        // POST された値がないとき
 59:        $isMarriage = false;
 60:        $marriage = " 独身 ";
 61:      }
 62:    ?>
 63:
 64:    <?php
 65:    // 初期値でチェックするかどうか
 66:    function checked($value, $question){
 67:      if (is_array($question)){
 68:        // 配列のとき、値が含まれていれば true
 69:        $isChecked = in_array($value, $question);
 70:      } else {
 71:        // 配列ではないとき、値が一致すれば true
 72:        $isChecked = ($value===$question);
 73:      }
 74:      if ($isChecked) {
 75:        // チェックする
 76:        echo "checked";
 77:      } else {
 78:        echo "";
 79:      }
 80:    }
 81:    ?>
 82:
 83:    <!-- 入力フォームを作る（現在のページに POST する) -->
 84:    <form method="POST" action="<?php echo es($_SERVER['PHP_SELF']); ?>">
 85:      <ul>
 86:        <li><span> 性別：</span>
 87:          <label><input type="radio" name="sex" value=" 男性 " <?php checked(" 男性 ", $sex); ?> > 男性 </label>
 88:          <label><input type="radio" name="sex" value=" 女性 " <?php checked(" 女性 ", $sex); ?> > 女性 </label>
 89:        </li>
 90:        <li><span> 結婚：</span>
 91:          <label><input type="radio" name="marriage" value=" 独身 " <?php checked(" 独身 ", $marriage) ; ?> > 独身 </label>
 92:          <label><input type="radio" name="marriage" value=" 既婚 " <?php checked(" 既婚 ", $marriage); ?> > 既婚 </label>
 93:          <label><input type="radio" name="marriage" value=" 同棲中 " <?php checked(" 同棲中 ", $marriage); ?> > 同棲中 </label>
 94:        </li>
 95:        <li><input type="submit" value=" 送信する " ></li>
 96:      </ul>
 97:    </form>
 98:
 99:    <?php
100:    // 「性別」と「結婚」が受信されていれば結果を表示する
101:    $isSubmited = $isSex && $isMarriage;
102:    if ($isSubmited) {
103:      echo "<HR>";
104:      echo " あなたは「{$sex}、{$marriage}」です。";
105:    }
106:    ?>
107:    <?php
108:    // エラー表示
109:    if (count($error)>0){
110:      echo "<HR>";
111:      // 値を "<br>" で連結して表示する
112:      echo '<span class="error">', implode("<br>", $error), '</span>';
113:    }
114:    ?>
115:  </div>
116:  </body>
117:  </html>
```

性別のラジオボタン

結婚しているかどうかのラジオボタン

結果の表示

ラジオボタンを使う　　Section 9-1

ラジオボタンを作る

　ラジオボタンはフォームの <input> タグで type 属性を「type="radio"」に設定して作ります。選択肢のグループは name 属性で指定します。ラジオボタンは必ず 1 個を選択するので、最初に選択しておく選択肢には checked を追加します。選択しているラジオボタンの value に設定されている値が name 属性で指定したグループ名の変数の値として送信されます。

> **書式　ラジオボタンを作る**
> ....
> **<form method="**POST または GET**" action="** 送信先 **">**
> 　**<input type="**radio**" name="** グループ **" value="** 値 1 **" checked>** 選択肢 1
> 　**<input type="**radio**" name="** グループ **" value="** 値 1 **" >** 選択肢 2
> 　　**・・・**
> **</form>**

　サンプルでは性別は「name="sex"」でグループ分けしています。最初にどちらのボタンを選択しておくかは checked() で決めています。これはフォーム送信後に再びこのページを表示する際に、送信時に選択しておいたボタンが選ばれているようにするためです。checked() については後述します。

> **php　「性別」のラジオボタン**
> 　　　　　　　　　　　　　　　　　　　　　　　　　　　　　　　　　**«sample» input_radio/profile.php**
> ```
> 87:    <label><input type="radio" name="sex" value=" 男性 " <?php checked(" 男性 ", $sex); ?> > 男性 </label>
> 88:    <label><input type="radio" name="sex" value=" 女性 " <?php checked(" 女性 ", $sex); ?> > 女性 </label>
> ```

　結婚の選択肢は 3 個有ります。結婚は「name="marriage"」でグループ分けしています。

> **php　「結婚」のラジオボタン**
> 　　　　　　　　　　　　　　　　　　　　　　　　　　　　　　　　　**«sample» input_radio/profile.php**
> ```
> 91:    <label><input type="radio" name="marriage" value=" 独身 " <?php checked(" 独身 ", $marriage) ; ?> > 独身 </label>
> 92:    <label><input type="radio" name="marriage" value=" 既婚 " <?php checked(" 既婚 ", $marriage); ?> > 既婚 </label>
> 93:    <label><input type="radio" name="marriage" value=" 同棲中 " <?php checked(" 同棲中 ", $marriage); ?> > 同棲中 </label>
> ```

選択されているラジオボタンを調べる

　「送信する」ボタンをクリックすると「性別」のラジオボタンで選ばれている値と「結婚」のラジオボタンで選ばれている値が現在開いているページに POST されます。ラジオボタンの場合も前節のテキストボックスの値を POST したときと同じように $_POST から値を取り出します。性別グループで選ばれた値は、name に設定したグループ名を使い $_POST["sex"] で取り出します。

　以下は性別グループのラジオボタンのコードの部分を説明しますが、結婚グループのラジオボタンの処理も全く同じように行っています。

Part 3

Chapter
8

Chapter
9

Chapter
10

Chapter
11

315

POSTされた値をチェックする

まず最初に (isSet($_POST["sex"])) で POST された値があるかどうかをチェックし、値があるならばその値が確かに性別グループの値であるか、つまり " 男性 " か " 女性 " のどちらかであるかを配列を使ってチェックします。

php 「性別」かどうか確認する

«sample» input_radio/profile.php

```
26:     // POSTされた「性別」を取り出す
27:     if (isSet($_POST["sex"])){
28:         // 性別かどうか確認する
29:         $sexValues = [" 男性 "," 女性 "];
30:         // $sexValuesに含まれている値ならばtrue
31:         $isSex = in_array($_POST["sex"], $sexValues);
```

POSTされた値がラジオボタンの選択肢の値かどうかをチェックします

$_POST["sex"] が性別グループの値であれば変数 $sex にその値を代入します。$_POST["sex"] で受け取った値が性別グループにはない値だったならば、$sex には "error" と代入して配列 $error にエラーメッセージを追加します。

php 「性別」の値ならばチェックされている値を取り出す

«sample» input_radio/profile.php

```
32:     if ($isSex){
33:         // 選択されている値を取り出す
34:         $sex = $_POST["sex"];
35:     } else {
36:         $sex = "error";
37:         $error[] = " 「性別」に入力エラーがありました。 ";
38:     }
```

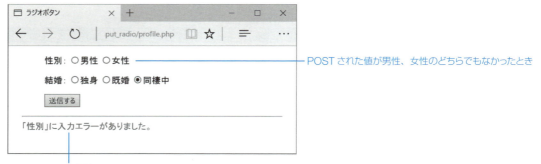

POSTされた値が男性、女性のどちらでもなかったとき

エラーメッセージが表示されます

POSTされた値がないとき

isSet($_POST["sex"]) の値がない場合はページが直接開かれたときなので、$isSex を false にします。$isSex の値は選択した結果を画面の下に表示するかどうかを判断するために使っている値です。$sex を " 男性 " に設定する理由は、ページを最初に開いたときは「男性」が選ばれている状態からはじめるためです。

ページが直接開かれたとき

«sample» input_radio/profile.php

```
39:        } else {
40:            // POST された値がないとき
41:            $isSex = false;
42:            $sex = " 男性 ";           ──── ラジオボタンの初期値にします
43:        }
```

セキュリティ対策　ラジオボタンでも値のチェックをする

ラジオボタンで選ばれた値をチェックする必要はないように思えますが、実際にはどのような値が送られてくるかわかりません。チェックボックスやプルダウンメニューなどを使って値が選ばれている場合も同様です。ユーザから受け取った値は必ずチェックする必要があります。

どのラジオボタンを選択するか決める

　書式の説明で書いたように <input type="radio" name="sex" value=" 男性 " checked> のように <input> タグに「checked」が付いたラジオボタンが選択状態になります。このサンプルではフォームを送信して再び同じページを開くので、送信前に選んでおいたラジオボタンが選択されているように checked() で「checked」を追加するかどうかを決めます。

　checked() でどのような処理を行っているかを確認すると、第 2 引数の $question が配列かどうかを判断して、$question が配列だった場合は第 1 引数 $value が $question に含まれているかどうか、配列ではなかった場合は $value と $question が一致するかどうかを判定し、結果が true だった場合に "checked" を返しています。

ラジオボタンをチェックするかどうかを決める

«sample» input_radio/profile.php

```
65:        // 初期値でチェックするかどうか
66:        function checked($value, $question){
67:            if (is_array($question)){        ──── 配列のとき true
68:                // 配列のとき、値が含まれていれば true
69:                $isChecked = in_array($value, $question);
70:            } else {
71:                // 配列ではないとき、値が一致すれば true
72:                $isChecked = ($value===$question);   ──── ラジオボタンは一択なので、値をそのまま比較します
73:            }
74:            if ($isChecked) {
75:                // チェックする
76:                echo "checked";             ──── "checked" が返ったラジオボタンが選択されます
77:            } else {
78:                echo "";
79:            }
80:        }
```

「性別」の 2 つのラジオボタンを作る <input> タグをあらためて確認すると次のようなコードです。

Part 3　Web ページを作る

Chapter 9　いろいろなフォームを使う

---

php　「性別」のラジオボタン

«sample» input_radio/profile.php

```
87:    <label><input type="radio" name="sex" value=" 男性 " <?php checked(" 男性 ", $sex); ?> >男性 </label>
88:    <label><input type="radio" name="sex" value=" 女性 " <?php checked(" 女性 ", $sex); ?> >女性 </label>
```

　男性のラジオボタンで見ると checked(" 男性 ", $sex) の第 2 引数の $sex には POST で送られてきたラジオボタンの値が入っています。つまり $sex には " 男性 " か " 女性 " のどちらかが入っています。$sex は配列ではないので、checked() では " 男性 " と $sex が一致するかどうかを比較します。

　もし、POST で送られてきた値が " 男性 " ならば checked(" 男性 ", $sex) の戻り値は "checked" で、checked(" 女性 ", $sex) は空になります。つまり、出力結果は次のようになります。「結婚」のラジオボタンのチェックの処理も checked() を使って、まったく同じように行うことができます。

出力　　　　　　　　　　　　　　　　　　　　　　　　　checked() で出力された値

```
<label><input type="radio" name="sex" value=" 男性 " checked >男性 </label>
<label><input type="radio" name="sex" value=" 女性 " >女性 </label>
```

　ところで、ラジオボタンを使っている限り checked() の第 2 引数の $question が配列になることはないので、配列かどうかで処理を分けている部分は不要に見えます。$question が配列の場合にも対応している理由は、次節で説明するチェックボックスでも利用できるようするためです。

選ばれている結果を表示する

　最後に選ばれているラジオボタンの値を表示します。$isSex と $isMarriage の両方が true のときに値が送信されている場合なので、どちらも true のときに $sex と $marriage の値を表示します。

---

php　「性別」と「結婚」の両方がチェックされていれば結果を表示する

«sample» input_radio/profile.php

```
101:       $isSubmited = $isSex && $isMarriage;
102:       if ($isSubmited) {
103:         echo "<HR>";
104:         echo " あなたは 「{$sex}、{$marriage}」 です。 ";
105:       }
```

あなたは「男性、既婚」です。 ──────── 選ばれた値を表示します

318

Section 9-2

チェックボックスを使う

チェックボックスは複数の選択肢の中から複数を選びたい場合に利用される UI です。チェックボックスの作り方は前節のラジオボタンと同じく <input> タグで作りますが、選択された値を処理する方法が違ってきます。前節のラジオボタンの説明と比較しながらその違いを理解してください。

チェックボックスで複数を選択する

　チェックボックスは複数の選択肢の中から複数を選ぶことができる入力フォームです。たとえば、次のサンプルで示すように「朝食／夕食」から選択する、「カヌー／ MTB ／トレラン」から選ぶといったぐあいです。チェックボックスの選択肢はグループ化され、選ばれた値がグループごとの配列で管理されます。

　なお、チェックボックスと同じように複数の選択肢の中から複数を選ぶことができるフォーム入力には <select> タグで作るリストボックスがあります（☞ P.335）。

「朝食／夕食」、「カヌー／ MTB ／トレラン」のチェックボックスを作る

　このサンプルのコードは次のとおりです。「朝食／夕食」、「カヌー／ MTB ／トレラン」の2グループのチェックボックスを作り、「送信」ボタンをクリックすると選択内容を現在のページに POP で送信します。ページが再度開いたところで送信の内容をチェックし、チェックボックスで選択されている項目を画面の下に表示します。画面に表示するチェックボックスの選択状態も送られてきた値に合わせて選択します。全体の処理の流れは、前節のラジオボタンの作り方で説明した profile.php（☞ P.313）と同じです。

チェックしているチェックボックスの値が表示されます

Part 3　Webページを作る

Chapter 9　いろいろなフォームを使う

---

php 「朝食／夕食」、「カヌー／ MTB ／トレラン」のチェックボックスを作る

«sample» **input_checkbox/tourplan.php**

```php
01: <!DOCTYPE html>
02: <html lang="ja">
03: <head>
04: <meta charset="utf-8">
05: <title> チェックボックス </title>
06: <link href="../../css/style.css" rel="stylesheet">
07: </head>
08: <body>
09: <div>
10:   <?php
11:   require_once("../../lib/util.php");
12:   // 文字エンコードの検証
13:   if (!cken($_POST)){
14:     $encoding = mb_internal_encoding();
15:     $err = "Encoding Error! The expected encoding is " . $encoding ;
16:     // エラーメッセージを出して、以下のコードをすべてキャンセルする
17:     exit($err);
18:   }
19:   // HTML エスケープ（xss 対策）
20:   $_POST = es($_POST);
21:   ?>
22:
23:   <?php
24:   // エラーを入れる配列
25:   $error = [];
26:   if (isSet($_POST["meal"])){
27:     // 「食事」かどうか確認する
28:     $meals = [" 朝食 "," 夕食 "];
29:     // $meals に含まれていない値があれば取り出す
30:     $diffValue = array_diff($_POST["meal"], $meals);
31:     // 規定外の値が含まれていなければ OK
32:     if (count($diffValue)==0){
33:       // チェックされている値を取り出す
34:       $mealChecked = $_POST["meal"];    ──── チェックボックスで選ばれている食事を取り出します
35:     } else {
36:       $mealChecked = [];
37:       $error[] = " 「食事」に入力エラーがありました。";
38:     }
39:   } else {
40:     // POST された値がないとき
41:     $mealChecked = [];
42:   }
43:
44:   // POST された「ツアー」を取り出す
45:   if (isSet($_POST["tour"])){
46:     // 「ツアー」かどうか確認する
47:     $tours = [" カヌー ","MTB", " トレラン "];
48:     // $tours に含まれていない値があれば取り出す
49:     $diffValue = array_diff($_POST["tour"], $tours);
50:     // 規定外の値が含まれていなければ OK
51:     if (count($diffValue)==0){
52:       // チェックされている値を取り出す
53:       $tourChecked = $_POST["tour"];    ──── チェックボックスで選ばれているツアーを取り出します
54:     } else {
55:       $tourChecked = [];
56:       $error[] = " 「ツアー」に入力エラーがありました。";
57:     }
```

320

Section 9-2 チェックボックスを使う

```php
58:     } else {
59:       // POST された値がないとき
60:       $tourChecked = [ ];
61:     }
62:   ?>
63:
64:   <?php
65:     // 初期値でチェックするかどうか
66:     function checked($value, $question){
67:       if (is_array($question)){
68:         // 配列のとき、値が含まれていれば true
69:         $isChecked = in_array($value, $question);
70:       } else {
71:         // 配列ではないとき、値が一致すれば true
72:         $isChecked = ($value===$question);
73:       }
74:       if ($isChecked) {
75:         // チェックする
76:         echo "checked";
77:       } else {
78:         echo "";
79:       }
80:     }
81:   ?>
82:
83:   <!-- 入力フォームを作る（現在のページに POST する）-->
84:   <form method="POST" action="<?php echo es($_SERVER['PHP_SELF']); ?>">
85:     <ul>
86:       <li><span> 食事：</span>
87:         <label><input type="checkbox" name="meal[]" value=" 朝食 " <?php checked(" 朝食 ", $mealChecked); ?> >朝食 </label>
88:         <label><input type="checkbox" name="meal[]" value=" 夕食 " <?php checked(" 夕食 ", $mealChecked); ?> >夕食 </label>
89:       </li>
90:       <li><span> ツアー：</span>
91:         <label><input type="checkbox" name="tour[]" value=" カヌー " <?php checked(" カヌー ", $tourChecked) ; ?> >カヌー </label>
92:         <label><input type="checkbox" name="tour[]" value="MTB" <?php checked("MTB", $tourChecked); ?> >MTB</label>
93:         <label><input type="checkbox" name="tour[]" value=" トレラン " <?php checked(" トレラン ", $tourChecked); ?> > トレラン </label>
94:       </li>
95:       <li><input type="submit" value=" 送信する " ></li>
96:     </ul>
97:   </form>
98:
99:   <?php
100:     // 「食事」と「ツアー」のどちらかがチェックされていれば結果を表示する
101:     $isSelected = count($mealChecked)>0 || count($tourChecked)>0;
102:     if ($isSelected) {
103:       echo "<HR>";
104:       // 値を" と " で連結して表示する
105:       echo " お食事：", implode(" と ", $mealChecked), "<br>";
106:       echo " ツアー：", implode(" と ", $tourChecked), "<br>";
107:     } else {
108:       echo "<HR>";
109:       echo " 選択されているものはありません。";
110:     }
111:   ?>
112:   <?php
113:     // エラー表示
114:     if (count($error)>0){
115:       echo "<HR>";
116:       // 値を "<br>" で連結して表示する
117:       echo '<span class="error">', implode("<br>", $error), '</span>';
```

Part 3   Web ページを作る

Chapter 9   いろいろなフォームを使う

```
118:        }
119:    ?>
120:    </div>
121:    </body>
122:    </html>
```

チェックボックスを作る

チェックボックスはフォームの <input> タグで type 属性を「type="checkbox"」に設定して作ります。選択肢のグループは name 属性を同じ名前にします。このとき、グループ名に "meal[ ]" のように末尾に [ ] を付けて配列であることを示します。最初に選択しておくチェックボックスには checked を追加します。選択されているチェックボックスの value の値はグループ名で指定した配列に追加されます。フォームの値を送信するとその配列が送られます。

書式 チェックボックスを作る
....

<form method="POST または GET" **action=**" 送信先 "**>**
　　<input type="checkbox" **name=**" グループ配列 []" **value=**" 値 1" **checked>** 選択肢 1
　　<input type="checkbox" **name=**" グループ配列 []" **value=**" 値 2" **>** 選択肢 2
　　・・・
</form>

サンプルでは食事は「name="meal[]"」でグループ分けしています。最初に選択しておくかは checked() で決めています。これはフォーム送信後に再びこのページを表示する際に、送信時に選択しておいたチェックボックスが選ばれているようにするためです。checked() の機能は前節で説明したとおりです（☞ P.317）。

---

php 「食事」のチェックボックス

«sample» **input_checkbox/tourplan.php**

```
87:    <label><input type="checkbox" name="meal[]" value=" 朝食 " <?php checked(" 朝食 ", $mealChecked); ?> > 朝食 </label>
88:    <label><input type="checkbox" name="meal[]" value=" 夕食 " <?php checked(" 夕食 ", $mealChecked); ?> > 夕食 </label>
```

ツアーの選択肢は 3 個あります。ツアーは「name="tour[]"」でグループ分けしています。

---

php 「ツアー」のチェックボックス

«sample» **input_checkbox/tourplan.php**

```
91:    <label><input type="checkbox" name="tour[]" value=" カヌー "
                    <?php checked(" カヌー ", $tourChecked) ; ?> > カヌー </label>
92:    <label><input type="checkbox" name="tour[]" value="MTB"
                    <?php checked("MTB", $tourChecked); ?> >MTB</label>
93:    <label><input type="checkbox" name="tour[]" value=" トレラン "
                    <?php checked(" トレラン ", $tourChecked); ?> > トレラン </label>
```

322

チェックボックスを使う **Section 9-2**

選択されているチェックボックスを調べる

「送信する」ボタンをクリックすると「食事」のチェックボックスで選ばれている値と「ツアー」のチェックボックスで選ばれている値が現在開いているページに POST されます。チェックボックスの場合も $_POST から値を取り出します。食事グループで選ばれた値は、name に設定したグループ配列名を使い $_POST["meal"] で取り出します。$_POST["meal[]"] ではないので注意してください。

以下は食事グループのチェックボックスのコードの部分を説明しますが、ツアーグループのチェックボックスの処理も全く同じように行っています。

POST された値をチェックする

まず最初に (isSet($_POST["meal"])) で POST された値があるかどうかをチェックし、値があるならばその値が確かに食事グループの値かどうかをチェックします。このチェックには、配列同士を比較する array_diff() を利用します。array_diff(配列 A, 配列 B) を実行すると配列 A に配列 B に含まれていない値があったときにその値の配列を返します。したがって、次の $diffValue には POST された配列 meal グループに [" 朝食 "," 夕食 "] にはない値があればそれを取り出します。

---

php 「食事」かどうか確認する

«sample» input_checkbox/tourplan.php

```php
28:         $meals = [" 朝食 "," 夕食 "];
29:         // $meals に含まれていない値があれば取り出す
30:         $diffValue = array_diff($_POST["meal"], $meals);
```

---

count($diffValue) でチェックして、$diffValue の値の 0 個ならば送られてきた値は規定内なので $_POST["meal"] の値を $mealChecked に代入します。もし、$diffValue に何かが入っていれば、チェックボックスで選ぶことができる値以外の値が入った配列が送られてきたことになります。その場合は配列 $error にエラーメッセージを追加します。

---

php 「食事」の値ならばチェックされている値を取り出す

«sample» input_checkbox/tourplan.php

```php
31:         // 規定外の値が含まれていなければ OK
32:     if (count($diffValue)==0){
33:         // チェックされている値を取り出す
34:         $mealChecked = $_POST["meal"];
35:     } else {
36:         $mealChecked = [];
37:         $error[] = " 「食事」に入力エラーがありました。";
38:     }
```

Part 3

Chapter
8

Chapter
9

Chapter
10

Chapter
11

Part 3　Webページを作る
Chapter 9　いろいろなフォームを使う

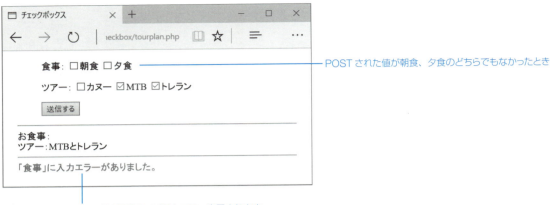

チェック項目ではない値が送られてくるとエラー表示されます

POSTされた値がないとき

isSet($_POST["meal"])の値がない場合はページが直接開かれたときなので、$mealCheckedを[ ]にして、何もチェックされていない状態にします。

php　ページが直接開かれたとき　　　　　　　　　　　　　　　«sample» input_checkbox/tourplan.php

```
39:     } else {
40:         // POSTされた値がないとき
41:         $mealChecked = [];
42:     }
```

チェックボックスをチェックするかどうか決める

チェックボックスもラジオボタンと同様で <input> タグに「checked」が付いたチェックボックスが選択状態になります。このサンプルではフォームを送信して再び同じページを開くので、送信前に選んでおいたチェックボックスが選択されているように checked() で「checked」を追加するかどうかを決めます。

checked() については前節で説明しましたが、チェックボックスの場合は選択している値が配列に入っているので、checked() の第2引数 $question が配列の場合の処理を実行します。つまり、in_array($value, $question) で値が含まれるかどうかを判断して、含まれていたならば "checked" を返します。

php　チェックボックスをチェックするかどうか決める　　　　　　«sample» input_checkbox/tourplan.php

```
65:     // 初期値でチェックするかどうか
66:     function checked($value, $question){
67:         if (is_array($question)){
68:             // 配列のとき、値が含まれていればtrue
69:             $isChecked = in_array($value, $question);
70:         } else {
```

チェックボックスは複数選択なので、配列で比較します

324

チェックボックスを使う　Section 9-2

```
71:            // 配列ではないとき、値が一致すれば true
72:            $isChecked = ($value===$question);
73:        }
74:        if ($isChecked) {
75:            // チェックする
76:            echo "checked";          ──── "checked" が返ったチェックボックスが選択されます
77:        } else {
78:            echo "";
79:        }
80:    }
```

「食事」のチェックボックスを作る <input> タグであらためて確認すると、朝食は checked(" 朝食 ", $mealChecked)、夕食は checked(" 夕食 ", $mealChecked) を実行します。$mealChecked は選択している値が入っている配列です。

php　「食事」のチェックボックス

«sample» input_checkbox/tourplan.php

```
87:    <label><input type="checkbox" name="meal[]" value=" 朝食 "
                        <?php checked(" 朝食 ", $mealChecked); ?> > 朝食 </label>
88:    <label><input type="checkbox" name="meal[]" value=" 夕食 "
                        <?php checked(" 夕食 ", $mealChecked); ?> > 夕食 </label>
```

選ばれている結果を表示する

最後にチェックされているチェックボックスの値を表示します。チェックされているチェックボックスの値は、「食事」と「ツアー」がそれぞれ $mealChecked と $tourChecked の配列に入っているので、count() で値の個数を調べ、どちらかに値が入っていれば結果を表示します。

ここでは、implode() を使って配列の値を連結した文字列に変換して表示しています。implode(" と ", $mealChecked) とすれば、$mealChecked に入っている値を「と」で連結して出力できます。

php　チェックされている値を出力する

«sample» input_checkbox/tourplan.php

```
100:    // 「食事」と「ツアー」のどちらかがチェックされていれば結果を表示する
101:    $isSelected = count($mealChecked)>0 || count($tourChecked)>0;
102:    if ($isSelected) {
103:        echo "<HR>";
104:        // 値を" と" で連結して表示する
105:        echo " お食事 :", implode(" と ", $mealChecked), "<br>";
106:        echo " ツアー :", implode(" と ", $tourChecked), "<br>";
```

Part 3

Chapter

8

Chapter

9

Chapter

10

Chapter

11

チェックされている値が「と」で連結されています

選択されているチェックボックスがないとき

　$mealChecked と $tourChecked の両方とも空ならば、選択されているチェックボックスがないということなので「選択されているものはありません。」と表示します。

　ただ、チェックボックスで何も選択せずに送信するというケースも許可するならこのような対応になりますが、最低1個はチェックするといった制限を設けるならば、チェックされている個数をカウントして対応する必要があります。

php 選択されているチェックボックスがないとき

«sample» input_checkbox/tourplan.php

```
107:        } else {
108:            echo "<HR>";
109:            echo " 選択されているものはありません。";
110:        }
```

選択されている項目がない場合

Section 9-3
プルダウンメニューを使う

プルダウンメニューは、ラジオボタンと同じく複数の選択肢の中から1つだけを選ぶ場合に利用されるUIです。プルダウンメニューは次節で説明するリストボックスと同じく <select> タグで作りますが、選択された値を処理する方法は1個の値を選ぶラジオボタンと共通しています。そこで、この節のサンプルはラジオボタンの説明で使用したサンプルをベースにしています。

プルダウンメニューで1つだけ選択する

　プルダウンメニューはラジオボタンと同様に複数の選択肢の中から必ず1個を選ぶ使い方をする入力フォームです。たとえば、次のサンプルで示すように「男性／女性」のどちらかを選択する、「独身／既婚／同棲中」から1つを選ぶといったぐあいです。プルダウンメニューのメニューアイテムを1つ選ぶとメニュー内の残りのメニューアイテムの選択が解除されます。

　プルダウンメニューとラジオボタンは機能が似ているので、処理方法にも共通点が多くあります。そこで、ここでは「Section9-1　ラジオボタンを使う」のサンプル profile.php をプルダウンメニューで作った場合に書き直しています。（☞ P.312）

> **❶ NOTE**
> **ラジオボタンとプルダウンメニューの使い分け**
> ラジオボタンは選択肢がすべて見えている状態ですが、選択肢の個数に合わせてレイアウトを変える必要があります。プルダウンメニューは選択肢の数では見た目が変わらないというメリットがありますが、クリックするまでどのような選択肢があるのかがわからないのが難点とも言えます。この両者の違いを踏まえて使い分けるとよいでしょう。

「男性／女性」、「独身／既婚／同棲中」のプルダウンメニューを作る

　このサンプルのコードは次のとおりです。「男性／女性」、「独身／既婚／同棲中」の2メニューのプルダウンメニューを作り、「送信する」ボタンをクリックすると選択内容を現在のページに POP で送信します。ページが再度開いたところで送信の内容をチェックし、プルダウンメニューで選択されているメニューアイテムの値を画面の下に表示します。画面に表示するプルダウンメニューの選択状態も送られてきた値に合わせて選択します。

メニューから性別を選びます

メニューから既婚かどうかを選びます

Part 3　Web ページを作る

Chapter 9　いろいろなフォームを使う

メニューで選んだ値が表示されます

php 「男性／女性」、「独身／既婚／同棲中」のプルダウンメニューを作る

«sample» select_pulldownprofile.php

```
01:   <!DOCTYPE html>
02:   <html lang="ja">
03:   <head>
04:   <meta charset="utf-8">
05:   <title>プルダウンメニュー</title>
06:   <link href="../../css/style.css" rel="stylesheet">
07:   </head>
08:   <body>
09:   <div>
10:     <?php
11:     require_once("../../lib/util.php");
12:     // 文字エンコードの検証
13:     if (!cken($_POST)){
14:       $encoding = mb_internal_encoding();
15:       $err = "Encoding Error! The expected encoding is " . $encoding ;
16:       // エラーメッセージを出して、以下のコードをすべてキャンセルする
17:       exit($err);
18:     }
19:     // HTML エスケープ（XSS 対策）
20:     $_POST = es($_POST);
21:     ?>
22:
23:     <?php
24:     // エラーを入れる配列
25:     $error = [];
26:     // POST された「性別」を取り出す
27:     if (isSet($_POST["sex"])){
28:       // 性別かどうか確認する
29:       $sexValues = [" 男性 "," 女性 "];
30:       $isSex = in_array($_POST["sex"], $sexValues);
31:       // $sexValues に含まれている値ならば OK
32:       if ($isSex){
33:         // 性別ならば処理とフォーム表示の値で使う
34:         $sex = $_POST["sex"];              プルダウンメニューで選ばれた性別の値を取り出します
35:       } else {
36:         $sex = "error";
37:         $error[] = "「性別」に入力エラーがありました。";
38:       }
39:     } else {
40:       // POST された値がないとき
41:       $isSex = false;
```

328

プルダウンメニューを使う　Section 9-3

```php
42:        $sex = " 男性 ";
43:    }
44:
45:    // POST された「結婚」を取り出す
46:    if (isSet($_POST["marriage"])){
47:        //「結婚」かどうか確認する
48:        $marriageValues = [" 独身 "," 既婚 ", " 同棲中 "];
49:        $isMarriage = in_array($_POST["marriage"], $marriageValues);
50:        // $marriageValues に含まれている値ならば OK
51:        if ($isMarriage){
52:            // 性別ならば処理とフォーム表示の値で使う
53:            $marriage = $_POST["marriage"];          ── プルダウンメニューで選ばれた結婚の値を取り出します
54:        } else {
55:            $marriage = " 独身 ";
56:            $error[] = "「結婚」に入力エラーがありました。";
57:        }
58:    } else {
59:        // POST された値がないとき
60:        $isMarriage = false;
61:        $marriage = " 独身 ";
62:    }
63:    ?>
64:
65:    <?php
66:    // 初期値で選択するかどうか
67:    function selected($value, $question){
68:        if (is_array($question)){
69:            // 配列のとき、値が含まれていれば true
70:            $isSelected = in_array($value, $question);
71:        } else {
72:            // 配列ではないとき、値が一致すれば true
73:            $isSelected = ($value===$question);
74:        }
75:        if ($isSelected) {
76:            // 選択する
77:            echo "selected";
78:        } else {
79:            echo "";
80:        }
81:    }
82:    ?>
83:
84:    <!-- 入力フォームを作る（現在のページに POST する）-->
85:    <form method="POST" action="<?php echo es($_SERVER['PHP_SELF']); ?>">
86:        <ul>
87:            <li><span> 性別：</span>              ── 性別のプルダウンメニュー
88:                <select name="sex">
89:                    <option value=" 男性 " <?php selected(" 男性 ", $sex); ?> > 男性 </option>
90:                    <option value=" 女性 " <?php selected(" 女性 ", $sex); ?> > 女性 </option>
91:                </select>
92:            </li>
93:            <li><span> 結婚：</span>              ── 結婚しているかどうかのプルダウンメニュー
94:                <select name="marriage">
95:                    <option value=" 独身 " <?php selected(" 独身 ", $marriage) ; ?> > 独身 </option>
96:                    <option value=" 既婚 " <?php selected(" 既婚 ", $marriage); ?> > 既婚 </option>
97:                    <option value=" 同棲中 " <?php selected(" 同棲中 ", $marriage); ?> > 同棲中 </option>
98:                </select>
99:            </li>
100:           <li><input type="submit" value=" 送信する " ></li>
101:       </ul>
```

Part 3

Chapter 8

Chapter 9

Chapter 10

Chapter 11

Part 3　Web ページを作る

Chapter 9　いろいろなフォームを使う

```
102:     </form>
103:
104:     <?php
105:       // 「性別」と「結婚」が入力されていれば結果を表示する
106:       $isSubmited = $isSex && $isMarriage;
107:       if ($isSubmited) {                              ———— 結果の表示
108:         echo "<HR>";
109:         echo " あなたは「{$sex}、{$marriage}」です。";
110:       }
111:     ?>
112:     <?php
113:     // エラー表示
114:     if (count($error)>0){
115:       echo "<HR>";
116:       // 値を "<br>" で連結して表示する
117:       echo '<span class="error">', implode("<br>", $error), '</span>';
118:     }
119:     ?>
120:   </div>
121:   </body>
122: </html>
```

プルダウンメニューを作る

　プルダウンメニューはフォーム内に <select> タグで作ります。そして、<select> タグの子要素としてプルダウンメニューの選択肢のぶんだけ <option> タグを挿入します。プルダウンメニューは必ず 1 つのメニューアイテムを選択するので、最初に選択しておくメニューアイテムには selected を追加します。選択しているプルダウンメニューで選んだ value に設定されている値は、<select> タグの name 属性で指定したメニュー名の変数の値として送信されます。

書式 プルダウンメニューを作る
....

```
<form method="POST または GET" action=" 送信先 ">
    <select name=" メニュー ">
        <option value=" 値 1" selected> 選択肢 1 </option>
        <option value=" 値 2"> 選択肢 2 </option>
        ・・・
    </select>
</form>
```

　サンプルの性別は <select name="sex"> タグです。最初にどのメニューアイテムを選択しておくかは selected() で決めています。これはフォーム送信後に再びこのページを表示する際に、送信時に選択しておいたボタンが選ばれているようにするためです。selected() はラジオボタンの説明で示した profile.php で使っている checked() とほとんど同じですが（☞ P324）、返す値が "selected" なので別の関数として定義しています。

330

Section 9-3 プルダウンメニューを使う

```php
「性別」のプルダウンメニュー
                                    «sample» select_pulldownprofile.php
88:    <select name="sex">
89:        <option value=" 男性 " <?php selected(" 男性 ", $sex); ?> >男性 </option>
90:        <option value=" 女性 " <?php selected(" 女性 ", $sex); ?> >女性 </option>
91:    </select>
```

結婚のメニューアイテムは 3 つあります。結婚は <select name="marriage"> タグです。

```php
「結婚」のプルダウンメニュー
                                    «sample» select_pulldownprofile.php
94:    <select name="marriage">
95:        <option value=" 独身 " <?php selected(" 独身 ", $marriage) ; ?> >独身 </option>
96:        <option value=" 既婚 " <?php selected(" 既婚 ", $marriage); ?> >既婚 </option>
97:        <option value=" 同棲中 " <?php selected(" 同棲中 ", $marriage); ?> >同棲中 </option>
98:    </select>
```

選択されているメニューアイテムを調べる

「送信する」ボタンをクリックすると「性別」のプルダウンメニューで選ばれている値と「結婚」のプルダウンメニューで選ばれている値が現在開いているページに POST されます。プルダウンメニューの場合もやはり $_POST から値を取り出します。性別メニューで選ばれた値は、name に設定したメニュー名を使い $_POST["sex"] で取り出します。

以下は「性別」のプルダウンメニューのコードの部分を説明しますが、「結婚」のプルダウンメニューの処理も全く同じように行っています。なお、コードを見比べるとわかるように、この部分はラジオボタンの場合の処理とまったく同じです。

POST された値をチェックする

まず最初に (isSet($_POST["sex"])) で POST された値があるかどうかをチェックし、値があるならばその値が確かに性別メニューの値であるか、つまり " 男性 " か " 女性 " のどちらかであるかを配列を使ってチェックします。

```php
「性別」かどうか確認する
                                    «sample» select_pulldownprofile.php
26:        // POST された「性別」を取り出す
27:        if (isSet($_POST["sex"])){
28:            // 性別かどうか確認する
29:            $sexValues = [" 男性 "," 女性 "];
30:            $isSex = in_array($_POST["sex"], $sexValues);
```

Part 3

Chapter 8

Chapter 9

Chapter 10

Chapter 11

$_POST["sex"] が性別メニューの値であれば変数 $sex にその値を代入します。$_POST["sex"] で受け取った値が性別メニューにはない値だったならば、$sex には "error" と代入して配列 $error にエラーメッセージを追加します。

php 「性別」の値ならば選択されている値を取り出す

«sample» select_pulldownprofile.php

```
32:     if ($isSex){
33:         // 性別ならば処理とフォーム表示の値で使う
34:         $sex = $_POST["sex"];  ——— 選択されている値を取り出します
35:     } else {
36:         $sex = "error";
37:         $error[] = "「性別」に入力エラーがありました。";
38:     }
```

POST された値がないとき

isSet($_POST["sex"]) の値がない場合はページが直接開かれたときなので、$isSex を false にします。$isSex の値は選択した結果を画面の下に表示するかどうかを判断するために使っている値です。$sex を " 男性 " に設定する理由は、ページを最初に開いたときは「男性」が選ばれている状態からはじめるためです。

php ページが直接開かれたとき

«sample» select_pulldownprofile.php

```
39:     } else {
40:         // POST された値がないとき
41:         $isSex = false;
42:         $sex = " 男性 ";
43:     }
```

 セキュリティ対策 | **プルダウンメニューでも値のチェックをする**

プルダウンメニューで選ばれた値をチェックする必要はないように思いますが、実際にはどのような値が送られてくるかわかりません。ユーザから受け取った値は必ずチェックする必要があります。

プルダウンメニューを使う　Section 9-3

どのメニューアイテムを選択するか決める

書式の説明で書いたように <option> タグに「selected」が付いたメニューアイテムが選択状態になります。このサンプルではフォームを送信して再び同じページを開くので、送信前に選んでおいたメニューアイテムが選択されているように selected() で「selected」を追加するかどうかを決めます。selected() はラジオボタンで説明した checked() と同じ機能ですが、返す値が「checked」ではなく「selected」であるところが違っています。

---

php メニューアイテムをチェックするかどうかを決める

«sample» **select_pulldownprofile.php**

```php
67:     function selected($value, $question){
68:       if (is_array($question)){
69:         // 配列のとき、値が含まれていれば true
70:         $isSelected = in_array($value, $question);
71:       } else {
72:         // 配列ではないとき、値が一致すれば true
73:         $isSelected = ($value===$question);    ── プルダウンメニューは一択なので、値をそのまま比較します
74:       }
75:       if ($isSelected) {
76:         // 選択する
77:         echo "selected";    ── "selected" が返ったプルダウンメニューが選択されます
78:       } else {
79:         echo "";
80:       }
81:     }
```

「性別」のプルダウンメニューを作る <option> タグであらためて確認すると、男性は selected(" 男性 ", $sex)、女性は selected(" 女性 ", $sex) を実行します。$sex は選択している値が入っている変数です。もし $sex に " 女性 " が入っていたならば、「性別」のプルダウンメニューは女性が選択されている状態になります。

---

php 「性別」のプルダウンメニュー

«sample» **input_checkbox/tourplan.php**

```php
88:   <select name="sex">
89:     <option value=" 男性 " <?php selected(" 男性 ", $sex); ?> >男性 </option>
90:     <option value=" 女性 " <?php selected(" 女性 ", $sex); ?> >女性 </option>
91:   </select>
```

ところで、プルダウンメニューを使っている限り checked() の第 2 引数の $question が配列になることはないので、必ず ($value===$question) の比較式が使われます。$question が配列の場合にも対応している理由は、次節で説明するリストボックスでも利用できるようするためです。

Part 3

Chapter
8

Chapter
9

Chapter
10

Chapter
11

333

選ばれている結果を表示する

最後に選ばれているメニューアイテムの値を表示します。$isSex と $isMarriage の両方が true のときに値が送信されている場合なので、どちらも true のときに $sex と $marriage の値を表示します。

php 「性別」と「結婚」の両方がチェックされていれば結果を表示する

«sample» select_pulldownprofile.php

```
106:      $isSubmited = $isSex && $isMarriage;
107:      if ($isSubmited) {
108:        echo "<HR>";
109:        echo " あなたは「{$sex}、{$marriage}」です。";
110:      }
```

Section 9-4
リストボックスを使う

リストボックスは複数の選択肢の中から複数を選びたい場合に利用される UI です。リストボックスはプルダウンメニューと同様に <select> タグを使って作りますが、選択後の処理方法は複数の値を選ぶチェックボックスと共通しています。そこで、この節のサンプルはチェックボックスの説明で使用したサンプルをベースにしています。

リストボックスで複数を選択する

リストボックス（リストメニュー）は複数の選択肢の中から複数を選ぶことができる入力フォームです。たとえば、次のサンプルで示すように「朝食／夕食」から選択する、「カヌー／ MTB ／トレラン」から選ぶといったぐあいです。リストボックスの選択肢はグループ化され、選ばれた値がグループごとの配列で管理されます。

リストボックスとチェックボックスは機能が似ているので、処理方法にも共通点が多くあります。そこで、ここでは「Section9-2　チェックボックスを使う」のサンプル tourplan.php をリストボックスで作った場合に書き直しています。（☞ P.319）。

> **❶ NOTE**
> **チェックボックスとリストボックスの使い分け**
> チェックボックスは選択肢がすべて見えている状態ですが、選択肢の個数に合わせてレイアウトを変える必要があります。リストボックスは選択肢の数では見た目が変わらないというメリットがありますが、スクロールするまでどのような選択肢があるのかがわからないのが難点とも言えます。この両者の違いを踏まえて使い分けるとよいでしょう。

「朝食／夕食」、「カヌー／ MTB ／トレラン」のリストボックスを作る

このサンプルのコードは次のとおりです。「朝食／夕食」、「カヌー／ MTB ／トレラン」の２グループのリストボックスを作り、「送信する」ボタンをクリックすると選択内容を現在のページに POP で送信します。ページが再度開いたところで送信の内容をチェックし、リストボックスで選択されている項目を画面の下に表示します。画面に表示するリストボックスの選択状態も送られてきた値に合わせて選択します。

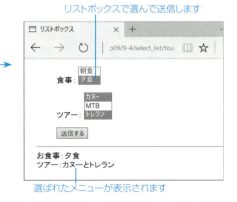

リストボックスで選んで送信します

選ばれたメニューが表示されます

Part 3　Web ページを作る

Chapter 9　いろいろなフォームを使う

---

php　「朝食／夕食」、「カヌー／ MTB ／トレラン」のリストボックスを作る

«sample» **select_list/tourplan.php**

```php
01: <!DOCTYPE html>
02: <html lang="ja">
03: <head>
04: <meta charset="utf-8">
05: <title> リストボックス </title>
06: <link href="../../css/style.css" rel="stylesheet">
07: </head>
08: <body>
09: <div>
10:   <?php
11:   require_once("../../lib/util.php");
12:   // 文字エンコードの検証
13:   if (!cken($_POST)){
14:     $encoding = mb_internal_encoding();
15:     $err = "Encoding Error! The expected encoding is " . $encoding ;
16:     // エラーメッセージを出して、以下のコードをすべてキャンセルする
17:     exit($err);
18:   }
19:   // HTML エスケープ（XSS 対策）
20:   $_POST = es($_POST);
21:   ?>
22:
23:   <?php
24:   // エラーを入れる配列
25:   $error = [];
26:   if (isSet($_POST["meal"])){
27:     //「食事」かどうか確認する
28:     $meals = [" 朝食 "," 夕食 "];
29:     // $meals に含まれていない値があれば取り出す
30:     $diffValue = array_diff($_POST["meal"], $meals);
31:     // 規定外の値が含まれていなければ OK
32:     if (count($diffValue)==0){
33:       // チェックされている値を取り出す
34:       $mealSelected = $_POST["meal"]; ———————— リストボックスで選ばれている食事を取り出します
35:     } else {
36:       $mealSelected = [];
37:       $error[] = "「食事」に入力エラーがありました。";
38:     }
39:   } else {
40:     // POST された値がないとき
41:     $mealSelected = [];
42:   }
43:
44:   // POST された「ツアー」を取り出す
45:   if (isSet($_POST["tour"])){
46:     //「ツアー」かどうか確認する
47:     $tours = [" カヌー ","MTB", " トレラン "];
48:     // $tours に含まれていない値があれば取り出す
49:     $diffValue = array_diff($_POST["tour"], $tours);
50:     // 規定外の値が含まれていなければ OK
51:     if (count($diffValue)==0){
52:       // チェックされている値を取り出す
53:       $tourSelected = $_POST["tour"]; ———————— リストボックスで選ばれているツアーを取り出します
54:     } else {
55:       $tourSelected = [];
56:       $error[] = "「ツアー」に入力エラーがありました。";
57:     }
```

336

```php
58:        } else {
59:            // POST された値がないとき
60:            $tourSelected = [];
61:        }
62:    ?>
63:
64:    <?php
65:    // 初期値で選択するかどうか
66:    function selected($value, $question){
67:        if (is_array($question)){
68:            // 配列のとき、値が含まれていれば true
69:            $isSelected = in_array($value, $question);
70:        } else {
71:            // 配列ではないとき、値が一致すれば true
72:            $isSelected = ($value===$question);
73:        }
74:        if ($isSelected) {
75:            // 選択する
76:            echo "selected";
77:        } else {
78:            echo "";
79:        }
80:    }
81:    ?>
82:
83:    <!-- 入力フォームを作る（現在のページに POST する） -->
84:    <form method="POST" action="<?php echo es($_SERVER['PHP_SELF']); ?>">
85:        <ul>
86:            <li><span>食事：</span>                      ─── 食事のリストボックス
87:                <select name="meal[]" size="2" multiple>
88:                    <option value="朝食" <?php selected("朝食", $mealSelected); ?> >朝食</option>
89:                    <option value="夕食" <?php selected("夕食", $mealSelected); ?> >夕食</option>
90:                </select>
91:            </li>
92:            <li><span>ツアー：</span>                     ─── ツアーのリストボックス
93:                <select name="tour[]" size="3" multiple>
94:                    <option value="カヌー" <?php selected("カヌー", $tourSelected) ; ?> >カヌー</option>
95:                    <option value="MTB" <?php selected("MTB", $tourSelected); ?> >MTB</option>
96:                    <option value="トレラン" <?php selected("トレラン", $tourSelected); ?> >トレラン</option>
97:                </select>
98:            </li>
99:            <li><input type="submit" value=" 送信する " ></li>
100:        </ul>
101:    </form>
102:
103:    <?php
104:    // 「食事」と「ツアー」が入力されていれば結果を表示する
105:    $isSelected = count($mealSelected)>0 || count($tourSelected)>0;
106:    if ($isSelected) {
107:        echo "<HR>";
108:        // 値を " と " で連結して表示する
109:        echo "お食事：", implode(" と ", $mealSelected), "<br>";       ─── 結果の表示
110:        echo "ツアー：", implode(" と ", $tourSelected), "<br>";
111:    } else {
112:        echo "<HR>";
113:        echo " 選択されているものはありません。";
114:    }
115:    ?>
116:    <?php
117:    // エラー表示
```

Part 3　Web ページを作る

Chapter 9　いろいろなフォームを使う

```
118:      if (count($error)>0){
119:        echo "<HR>";
120:        // 値を "<br>" で連結して表示する
121:        echo '<span class="error">', implode("<br>", $error), '</span>';
122:      }
123:      ?>
124:    </div>
125:  </body>
126: </html>
```

リストボックスを作る

　リストボックスはフォーム内に <select> タグで作ります。<select> タグの size 属性で表示する行数を指定し、複数の選択肢を同時に選択可能にする場合は multiple を追加し、name 属性のリスト名には name="meal[]" のように末尾に [ ] を付けて配列であることを示します。

　リストボックスに表示するアイテムは <select> タグの子要素として選択肢のぶんだけ <option> タグを挿入します。最初に選択しておくアイテムには selected を追加します。リストで選択されているアイテムの value の値はリスト名で指定した配列に追加されます。フォームの値を送信するとその配列が送られます。

> **書式　リストボックスを作る**
>
> ```
> <form method="POST または GET" action=" 送信先 ">
>     <select name=" リスト [ ]" size=" 行数 " multiple>
>         <option value=" 値 1" selected> 選択肢 1 </option>
>         <option value=" 値 2"> 選択肢 2 </option>
>         ・・・
>     </select>
> </form>
> ```

　サンプルでは食事は「name="meal[ ]"」でメニュー分けしています。最初に選択しておくかは selected() で決めています。これはフォーム送信後に再びこのページを表示する際に、送信時に選択しておいたリストボックスが選ばれているようにするためです。selected() はラジオボタンの説明で示した profile.php（☞ P.324）で使っている checked() とほとんど同じですが、返す値が "selected" なので別の関数として定義しています。

> **php　「食事」のリストボックス**
>
> 《sample》 select_list/tourplan.php
>
> ```
> 87:    <select name="meal[]" size="2" multiple>
> 88:        <option value=" 朝食 " <?php selected(" 朝食 ", $mealSelected); ?> > 朝食 </option>
> 89:        <option value=" 夕食 " <?php selected(" 夕食 ", $mealSelected); ?> > 夕食 </option>
> 90:    </select>
> ```

　ツアーの選択肢は 3 個あります。ツアーは「name="tour[ ]"」でメニュー分けしています。

リストボックスを使う　Section 9-4

```php
「ツアー」のリストボックス                           «sample» select_list/tourplan.php

93:    <select name="tour[]" size="3" multiple>
94:      <option value=" カヌー " <?php selected(" カヌー ", $tourSelected) ; ?> > カヌー </option>
95:      <option value="MTB" <?php selected("MTB", $tourSelected); ?> >MTB</option>
96:      <option value=" トレラン " <?php selected(" トレラン ", $tourSelected); ?> > トレラン </option>
97:    </select>
```

選択されているリストボックスを調べる

「送信する」ボタンをクリックすると「食事」のリストボックスで選ばれている値と「ツアー」のリストボックスで選ばれている値が現在開いているページに POST されます。リストボックスの場合も $_POST から値を取り出します。食事グループで選ばれた値は、name に設定したメニュー配列名を使い $_POST["meal"] で取り出します。$_POST["meal[]"] ではないので注意してください。

以下は食事グループのリストボックスのコードの部分を説明しますが、ツアーグループのリストボックスの処理も全く同じように行っています。

POST された値をチェックする

まず最初に (isSet($_POST["meal"])) で POST された値があるかどうかをチェックし、値があるならばその値が確かに食事メニューの値かどうかをチェックします。このチェックには、配列同士を比較する array_diff() を利用します。array_diff(配列 A, 配列 B) を実行すると配列 A に配列 B に含まれていない値があったときにその値の配列を返します。したがって、次の $diffValue には POST された配列 meal メニューに [" 朝食 "," 夕食 "] にはない値があればそれを取り出します。

```php
「食事」かどうか確認する                           «sample» select_list/tourplan.php

28:    $meals = [" 朝食 "," 夕食 "];
29:    // $meals に含まれていない値があれば取り出す
30:    $diffValue = array_diff($_POST["meal"], $meals);
```

count($diffValue) でチェックして、$diffValue の値の 0 個ならば送られてきた値は規定内なので $_POST["meal"] の値を $mealSelected に代入します。もし、$diffValue に何かが入っていれば、リストボックスで選ぶことができる値以外の値が入った配列が送られてきたことになります。その場合は配列 $error にエラーメッセージを追加します。

```php
「食事」の値ならばチェックされている値を取り出す       «sample» select_list/tourplan.php

31:      // 規定外の値が含まれていなければ OK
32:      if (count($diffValue)==0){
33:        // チェックされている値を取り出す
34:        $mealSelected = $_POST["meal"];
35:      } else {
36:        $mealSelected = [];
37:        $error[] = " 「食事」に入力エラーがありました。";
```

Part 3

Chapter
8

Chapter
9

Chapter
10

Chapter
11

POSTされた値がないとき

isSet($_POST["meal"])の値がない場合はページが直接開かれたときなので、$mealSelectedを[ ]にして、何もチェックされていない状態にします。

```php
ページが直接開かれたとき
                                                          «sample» select_list/tourplan.php
39:     } else {
40:         // POSTされた値がないとき
41:         $mealSelected = [];
42:     }
```

メニューアイテムを選択するかどうか決める

書式の説明で書いたように<option>タグに「selected」が付いたメニューアイテムが選択状態になります。このサンプルではフォームを送信して再び同じページを開くので、送信前に選んでおいたメニューアイテムが選択されているようにselected()で「selected」を追加するかどうかを決めます。selected()はラジオボタンで説明したchecked()と同じ機能ですが、返す値が「checked」ではなく「selected」であるところが違っています。

リストボックスの場合は選択している値が配列に入っているので、checked()の第2引数$questionが配列の場合の処理を実行します。つまり、in_array($value, $question)で値が含まれるかどうかを判断して、含まれていたならば"selected"を返します。

リストボックスを使う　Section 9-4

---

php　リストボックスをチェックするかどうかを決める

《sample》 select_list/tourplan.php

```php
65:        // 初期値で選択するかどうか
66:        function selected($value, $question){
67:          if (is_array($question)){
68:            // 配列のとき、値が含まれていれば true
69:            $isSelected = in_array($value, $question);
70:          } else {
71:            // 配列ではないとき、値が一致すれば true
72:            $isSelected = ($value===$question);
73:          }
74:          if ($isSelected) {
75:            // 選択する
76:            echo "selected";
77:          } else {
78:            echo "";
79:          }
80:        }
```

69: ──── リストボックスの場合は複数選択なので配列です

76: ──── リストボックスで選択します

「食事」のリストボックスを作る <option> タグであらためて確認すると、朝食は selected(" 朝食 ", $mealSelected)、夕食は selected(" 夕食 ", $mealSelected) を実行します。$mealSelected は選択している値が入っている配列です。もし $mealSelected の値が [" 朝食 ", " 夕食 "] ならば、「食事」のリストボックスは朝食と夕食の両方が選択されている状態になります。

---

php　「食事」のリストボックス

《sample》 select_list/tourplan.php

```php
87:        <select name="meal[]" size="2" multiple>
88:          <option value=" 朝食 " <?php selected(" 朝食 ", $mealSelected); ?> >朝食 </option>
89:          <option value=" 夕食 " <?php selected(" 夕食 ", $mealSelected); ?> >夕食 </option>
90:        </select>
```

選ばれている結果を表示する

最後にチェックされているリストボックスの値を表示します。チェックされているリストボックスの値は、「食事」と「ツアー」がそれぞれ $mealSelected と $tourChecked の配列に入っているので、count() で値の個数を調べ、どちらかに値が入っていれば結果を表示します。

ここでは、implode() を使って配列の値を連結した文字列に変換して表示しています。implode(" と ", $mealSelected) とすれば、$mealSelected) に入っている値を「と」で連結して出力できます。

---

php　チェックされている値を出力する

《sample》 select_list/tourplan.php

```php
104:        // 「食事」と「ツアー」のどちらかがチェックされていれば結果を表示する
105:        $isSelected = count($mealSelected)>0 || count($tourSelected)>0;
106:        if ($isSelected) {
107:          echo "<HR>";
108:          // 値を " と " で連結して表示する
109:          echo "お食事:", implode(" と ", $mealSelected), "<br>";
110:          echo "ツアー:", implode(" と ", $tourSelected), "<br>";
```

109: ──── 選ばれている値を「と」で連結します

Part 3

Chapter 8

Chapter 9

Chapter 10

Chapter 11

Part 3　Webページを作る

Chapter 9　いろいろなフォームを使う

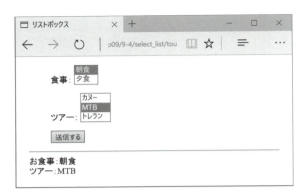

選択されているリストボックスがないとき

　$mealSelectedと$tourCheckedの両方とも空ならば、選択されているリストボックスがないということなので「選択されているものはありません。」と表示します。

php　選択されているリストボックスがないとき

«sample» select_list/tourplan.php

```
111:        } else {
112:            echo "<HR>";
113:            echo " 選択されているものはありません。";
114:        }
```

食事もツアーも選択されていないとき

342

Section 9-5

スライダーを使う

スライダーは設定した最小値と最大値の範囲から、ドラッグ操作で値を選択するUIです。スライダーはラジオボタンやチェックボックスと同じく <input> タグで作ります。ここでは5段階のスライダーを作る例を示します。

スライダーで値を選択する

スライダーは最大値と最小値の範囲内で、スライドバーをドラッグして値を決めるUIです。スライダーが示す値は最大値と最小値の範囲内の連続した数値ではなく、「0, 2, 4, 6, …」のようにステップ間隔を指定して刻むことができます。

5段階で選ぶスライダーを作る

次のサンプルでは甘みを「甘い、少し甘い、普通、少し苦い、苦い」の5段階で選べるスライダーを作ります。「送信する」ボタンをクリックすると、スライダーで選んだ値が現在のページにPOSTされます。ページが再度開いたところで送信の内容をチェックし、スライダーで選んだ値を画面の下に表示します。表示するスライダーも送られてきた値を指すように設定します。

スライダーをドラッグして値を決めます　　送信すると現在の値が更新されます

php 甘みを5段階で示すスライダーを作る

«sample» input_range/slider.php

```
01: <!DOCTYPE html>
02: <html lang="ja">
03: <head>
04: <meta charset="utf-8">
05: <title>スライダー</title>
06: <link href="../../css/style.css" rel="stylesheet">
07: </head>
08: <body>
09: <div>
10:   <?php
11:   require_once("../../lib/util.php");
```

Part 3　Webページを作る

Chapter 9　いろいろなフォームを使う

```php
12:      // 文字エンコードの検証
13:      if (!cken($_POST)){
14:        $encoding = mb_internal_encoding();
15:        $err = "Encoding Error! The expected encoding is " . $encoding ;
16:        // エラーメッセージを出して、以下のコードをすべてキャンセルする
17:        exit($err);
18:      }
19:      // HTML エスケープ（XSS 対策）
20:      $_POST = es($_POST);
21:   ?>
22:
23:   <?php
24:      // エラーを入れる配列
25:      $error = [];
26:      // 甘味の値の範囲
27:      $min = 1;              ——— スライダーの値の範囲
28:      $max = 5;
29:      // POST された値を取り出す
30:      if (isSet($_POST["taste"])){
31:        $taste = $_POST["taste"];   ——— スライダーで選ばれている甘みを取り出します
32:        // 値が整数かつ範囲内かどうかをチェックする
33:        $isTaste = ctype_digit($taste) && ($taste>=$min) && ($taste<=$max);
34:        if (!$isTaste){
35:          $error[] = "甘味の値にエラーがありました。";
36:          $taste = $min;
37:        }
38:      } else {
39:        // POST された値がないとき
40:        $taste = round(($min+$max)/2);
41:        $isTaste = true; // 初期値も甘味を表示する
42:      }
43:   ?>
44:
45:   <!-- 入力フォームを作る（現在のページに POST する）-->
46:   <form method="POST" action="<?php echo es($_SERVER['PHP_SELF']); ?>">
47:     <ul>
48:       <li><span>甘味：</span>          ——— スライダーを作ります
49:         <input type="range" name="taste" min="1" max="5" step="1" value="<?php echo $taste;?>" >
50:       </li>
51:       <li><input type="submit" value="送信する" ></li>
52:     </ul>
53:   </form>
54:
55:   <?php
56:      // 甘味が入力されていれば表示する
57:      if ($isTaste) {
58:        $tasteList = ["甘い", "少し甘い", "普通", "少し苦い", "苦い"];
59:        echo "<HR>";
60:        echo "甘味は「{$taste}.{$tasteList[$taste-1]}」です。";   ——— 選択されている値を甘味に
61:      }                                                              置き換えて表示します
62:   ?>
63:   <?php
64:      // エラー表示
65:      if (count($error)>0){
66:        echo "<HR>";
67:        // 値を "<br>" で連結して表示する
68:        echo '<span class="error">', implode("<br>", $error), '</span>';
69:      }
70:   ?>
71:   </div>
72:   </body>
73:   </html>
```

スライダーを使う　Section 9-5

スライダーをつくる

スライダーはフォームの <input> タグで type 属性を「type="range"」に設定して作ります。min にスライダーの範囲の最小値、max に最大値、step には値のステップ間隔を指定します。value にはスライダーの初期値を設定します。

書式　スライダーを作る

```
<form method="POST または GET" action=" 送信先 ">
  <input type="range" name=" スライダー名 " min=" 最小値 " max=" 最大値 "
                              step=" ステップ間隔 " value=" 初期値 " >
  ・・・
</form>
```

サンプルでは 1 個のスライダ「name="taste"」を作ります。最初の値には甘みの値 $taste を設定します。これはフォーム送信後に再びこのページを表示する際に、送信時に設定した位置をスライダーが指しているようにするためです。

php　「甘み」のスライダー

«sample» input_range/slider.php

```
49:    <input type="range" name="taste" min="1" max="5" step="1" value="<?php echo $taste;?>" >
```

スライダーの値を調べる

「送信する」ボタンをクリックするとスライダーで選ばれている値が現在開いているページに POST されます。スライダーの場合も POST された値は $_POST から取り出します。name に設定したスライダ名を使い $_POST["taste"] で取り出します。

POST された値をチェックする

まず最初に (isSet($_POST["taste"])) で POST された値があるかどうかをチェックし、値があるならばその値が最小値 $min と最大値 $max の範囲内の整数かどうかをチェックします。

345

php 「甘み」かどうか確認する

«sample» input_range/slider.php

```
26:     // 甘みの値の範囲
27:     $min = 1;
28:     $max = 5;
29:     // POST された値を取り出す
30:     if (isSet($_POST["taste"])){
31:         $taste = $_POST["taste"];          ── スライダーの値を取り出します
32:         // 値が整数かつ範囲内かどうかをチェックする
33:         $isTaste = ctype_digit($taste) && ($taste>=$min) && ($taste<=$max);
34:         if (!$isTaste){                    ── 最小値～最大値の間の整数かどうか
35:             $error[] = " 甘みの値にエラーがありました。";       チェックします
36:             $taste = $min;
37:         }
```

値が甘みの値の範囲ならば変数 $taste にその値を代入し、値が範囲外の値だったならば $taste には最小値 $min を代入して配列 $error にエラーメッセージを追加します。

値が範囲外だったときにエラーメッセージが表示されます

> **! NOTE**
> **ステップ間隔が 1 ではないときのチェック**
> step の値つまり値のステップ間隔が 1 ではないときは、(値 - 最小値) をステップ間隔で割った余りが 0 かどうかでステップ間隔の値かどうかをチェックできます。

POST された値がないとき

isSet($_POST["taste"]) の値がない場合はページが直接開かれたときなので、スライダーが中央を指すように最大値と最小値の中間の値を求めて $taste に代入します。ユーザが選んだ値ではありませんが、現在の値を示すために $isTaste は true にします。

php ページが直接開かれたとき

«sample» input_range/slider.php

```
38:     } else {
39:         // POST された値がないとき
40:         $taste = round(($min+$max)/2);
41:         $isTaste = true;  // 初期値の甘みも表示する
42:     }
```

スライダーを使う | Section 9-5

セキュリティ対策　**スライダーでも値のチェックをする**

スライダーで選ばれた値をチェックする必要はないように思えますが、実際にはどのような値が送られてくるかわかりません。ユーザから受け取った値は必ずチェックする必要があります。

選ばれている結果を表示する

$isTaste が true のときに正しい値を受信しているのでスライダーの値を表示します。この例では値と甘みが 1 対 1 で対応しているので、値に対応する甘みを配列 $tasteList に入れておき、受信した $taste に対応する甘みを $tasteList[$taste-1] で取り出します。最後にこれを $taste の値とともに連結して表示します。

php　$isTaste が ture ならば、値が示す甘みを表示する

«sample» input_range/slider.php

```
55:     <?php
56:         // 甘みが入力されていれば表示する
57:         if ($isTaste) {
58:             $tasteList = ["甘い", "少し甘い", "普通", "少し苦い", "苦い"];
59:             echo "<HR>";
60:             echo "甘みは「{$taste}.{$tasteList[$taste-1]}」です。";
61:         }
62:     ?>
```

347

Part 3　Web ページを作る

Chapter 9　いろいろなフォームを使う

Section 9-6

テキストエリアを使う

ユーザから自由にコメント文を送ってもらいたいといった場合は、複数行のテキストを入力できるテキストエリアを使います。テキストエリアには自由に文章を入力できる反面、入力された HTML タグ、PHP タグ、あるいは改行をどう処理するか、何文字まで受け付けるかといった考慮すべき課題があります。

テキストエリアで複数行を送信する

<input> タグで作るテキストボックスは 1 行の文しか入力できませんが、<textarea> タグで作るテキストエリアには複数行の文を入力できます。

次のサンプルではテキストボックスに入力したテキストを現在のページに POST し、それを受け取って表示します。POST されたテキストを安全に表示するために HTML エンコードに加えて、さらに HTML タグや PHP タグの削除と文字数の制限も行います。入力結果をブラウザに表示する場合ために、改行コードの前に
 コードを挿入する処理も行います。

---

php 安全にテキストを入力できるテキストエリアを作る

«sample» **textarea/note.php**

```php
01: <!DOCTYPE html>
02: <html lang="ja">
03: <head>
04: <meta charset="utf-8">
05: <title> テキストエリア </title>
06: <link href="../../css/style.css" rel="stylesheet">
07: </head>
08: <body>
09: <div>
10:   <?php
11:   require_once("../../lib/util.php");
12:   // 文字エンコードの検証
13:   if (!cken($_POST)){
14:     $encoding = mb_internal_encoding();
15:     $err = "Encoding Error! The expected encoding is " . $encoding ;
16:     // エラーメッセージを出して、以下のコードをすべてキャンセルする
17:     exit($err);
18:   }
19:   ?>
20:
21:   <?php
22:   // POST されたテキスト文を取り出す
23:   if (isSet($_POST["note"])){
24:     $note = $_POST["note"];
25:     // HTML タグや PHP タグを削除する
26:     $note = strip_tags($note);
27:     // 最大 150 文字だけ取り出す（改行コードもカウントする）
28:     $note = mb_substr($note, 0, 150);
29:     // HTML エスケープを行う
```

テキストエリアを使う　Section 9-6

```
30:          $note = es($note);
31:      } else {
32:          // POST された値がないとき
33:          $note = "";
34:      }
35:  ?>
36:
37:  <!-- 入力フォームを作る（現在のページに POST する） -->
38:  <form method="POST" action="<?php echo es($_SERVER['PHP_SELF']); ?>">
39:      <ul>
40:        <li><span> ご意見：</span>
41:          <textarea name="note" cols="30" rows="5" maxlength="150" placeholder=" コメントをどうぞ ">
42:            <?php echo $note; ?>
43:          </textarea>
44:        </li>
45:        <li><input type="submit" value=" 送信する " ></li>
46:      </ul>
47:  </form>
48:
49:  <?php
50:      // テキストが入力されていれば表示する
51:      $length = mb_strlen($note);
52:      if ($length>0) {
53:          echo "<HR>";
54:          // 改行コードの前に <br> に挿入する
55:          $note_br = nl2br($note, false);
56:          echo $note_br;
57:      }
58:  ?>
59:  </div>
60:  </body>
61:  </html>
```

テキストエリアを作ります

テキストエリアを作る

　テキストエリアはフォームに <textarea> タグを書いて作ります。name 属性にテキストエリア名を設定し、残りの属性はオプションとして cols に横幅の文字数、rows に表示行数、maxlength に入力できる文字数、そして placeholder にグレイで表示しておくプレースホルダを設定します。プレースホルダは入力前のテキストエリア内に薄くグレイで説明文として表示されます。<textarea> と </textarea> の間で指定するテキストは、テキストエリア内に初期値として表示する文章です。

書式 テキストエリアを作る

<form method="POST または GET" **action=**" 送信先 "**>**
　　<textarea name=" テキストエリア名 " **cols=**" 横幅 " **rows=**" 行数 "
　　maxlength=" 文字数 " **placeholder=**" プレースホルダ文 "**>** 入力テキスト **</textarea>**
　　・・・
</form>

Part 3

Chapter
8

Chapter
9

Chapter
10

Chapter
11

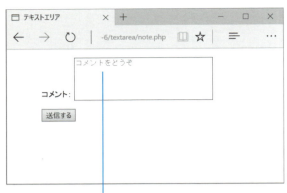

「コメントをどうぞ」というプレースホルダが表示されます

> **① NOTE**
>
> **プレースホルダ**
> プレースホルダを指定する placeholder 属性は、<input> タグでも利用できます。

　サンプルでは次のように横 30 文字、縦 5 行、最大文字数 150 のテキストエリアを作り、プレースホルダとして「コメントをどうぞ」を表示しています。後述するように POST 送信して再表示した場合は、テキストエリアにはそのときに入力しておいたテキストから HTML タグが除かれたものが表示されます。

php　テキストエリアを作る

«sample» **textarea/note.php**

```
41:    <textarea name="note" cols="30" rows="5" maxlength="150" placeholder="コメントをどうぞ">
42:      <?php echo $note; ?>
43:    </textarea>
```

テキストエリアから POST されたテキストを処理する

　「送信する」ボタンをクリックするとテキストエリアに入力されているテキストが現在のページに POST されます。POST されたテキストは name 属性で指定しておいた "none" を使って、$_POST["note"] で取り出すことができます。

POST された値を処理する順番

　これまでのフォーム入力の例では、まず最初に util.php で定義しておいた cken() と es() を使って $_POST に対して文字エンコードの検証と HTML エスケープの処理をあらかじめ行っていました。しかし今回はテキストから HTML タグを削除し、文字数制限の処理もしたいので、ここでは es() での HTML エスケープを行わずに cken() を使った文字エンコードの検証だけを行っておきます（☞ P.269）。テキストデータの処理は実施する順番が大事です。次の順番で行います。

テキストエリアを使う　Section 9-6

1. 文字エンコードが正しいかどうか検証する。
2. HTML タグ、PHP タグを削除する。
3. 文字数制限内のテキストだけ取り出す。
4. HTML エスケープを行う。

HTML タグを削除する

次にこれまでのように (isSet($_POST["note"])) で POST された値があるかどうかをチェックします。値が
あるならばその値を $note に取り出して、ここから $note に取り出したテキストデータの処理を開始します。

まずは HTML タグや PHP タグの削除です。この処理は strip_tags($note) で行うことができますが、文字
数の制限や HTML エスケープの処理をする前に行う必要があります。

php POST された値があるならば HTML タグを削除する

«sample» **textarea/note.php**

```
23:     if (isSet($_POST["note"])){
24:         $note = $_POST["note"];
25:         // HTML タグや PHP タグを削除する
26:         $note = strip_tags($note);
```

> **❶ NOTE**
>
> **strip_tags() が削除するタグ**
> strip_tags() は NULL バイト、HTML タグ、PHP タグを取り除きます。ただし、本当に HTML タグであるかどうかを検証しないので、
> < と > で囲まれているテキストは HTML でなくても削除してしまいます。

文字数を制限する

テキストエリアを作った際に <textarea> タグの maxlength 属性で文字数の上限を指定できますが、ブラウ
ザがこの属性に必ずしも対応しているとは限りません。そこで文字数の上限についても PHP で制限を設ける
必要があります。ここで利用するのがマルチバイト文字のテキストから文字数を取り出す mb_substr() です。
mb_substr($note, 0, 150) のように実行すると、$note の先頭から 150 文字目までを取り出します。このと
きテキストエリアやブラウザの画面では表示されない改行コードなども文字数としてカウントしています。改
行コードが \n ならば、改行は 2 文字として数えます。

php 最大 150 文字だけ取り出す

«sample» **textarea/note.php**

```
28:     $note = mb_substr($note, 0, 150);  ——— 150 文字制限
```

HTML エスケープを行う

HTML タグを削除してもまだ HTML タグとして利用される文字が単独で残っている可能性があります。そ
こで最後に HTML エスケープの処理を行います。ここでは最初に読み込んでいる util.php で定義済みの es()
で行っていますが、これは htmlspecialchars($note, ENT_QUOTES, 'UTF-8') を実行するのと同じです。(☞

351

Part 3　Web ページを作る
Chapter 9　いろいろなフォームを使う

P.266）

　以上の処理を行うと、次のようにテキストエリアに HTML タグや PHP タグが入力されても取り除かれ、さらにタグが除かれたテキストに残った > や < といった HTML の要素は HTML エンティティに変換されます。HTML タグを取り除いた時点で制限文字数を超えたぶんは切り捨てられます。

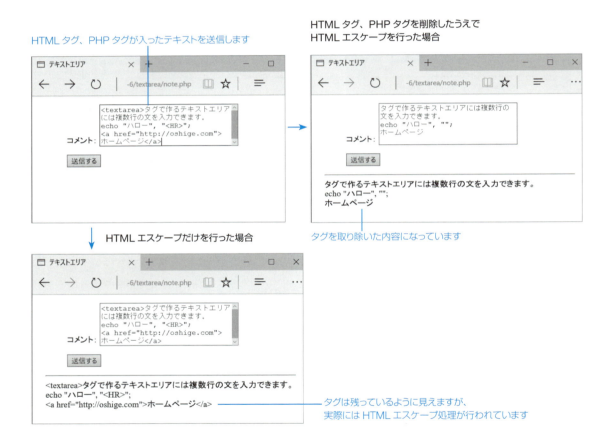

　セキュリティ対策　**HTML タグの削除と HTML エスケープ**

HTML タグを削除する場合は、HTML エスケープを行うより先に行わなければ意味がありません。セキュリティ対策だけで言えば、HTML エスケープを行うならば HTML タグは削除しなくても構いません。HTML タグを削除する strip_tags() では第 2 引数で取り除かないタグを指定できますが、タグの属性を使った攻撃を受ける可能性が発生します。

Section 9-6 テキストエリアを使う

受け取ったテキストを表示する

　最後にテキストエリアから送られてきたテキストを画面の下に表示しましょう。すでに HTML エンコードなどの処理は終わっていますが、ブラウザに表示するには改行コードの位置で改行して表示されるようにする必要があります。全体を <pre> タグで囲む方法もありますが、ここでは改行コードの前に
 タグを挿入する方法にします。

改行コードの前に
 を挿入する

　まず、mb_strlen($note) で $note に入っている文字数を確認します。確かにテキストが入っているならば、nl2br($note, false) を使って改行コードの前に
 を挿入したテキスト $note_br を作り、これを画面に表示します。

改行コードの前に
 に挿入して表示する　　　　　　　　　　　　　　«sample» textarea/note.php

```
50:     // テキストが入力されていれば表示する
51:     $length = mb_strlen($note);
52:     if ($length>0) {
53:       echo "<HR>";
54:       // 改行コードの前に <br> に挿入する
55:       $note_br = nl2br($note, false);    ブラウザで改行されるように <br> を挿入します
56:       echo $note_br;
57:     }
```

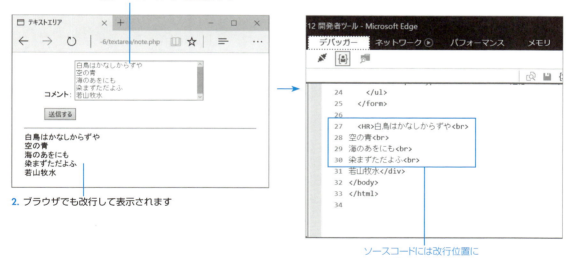

1. 改行があるテキストを送信します

2. ブラウザでも改行して表示されます

ソースコードには改行位置に
 が挿入されています

Part 3　Web ページを作る
Chapter 9　いろいろなフォームを使う

Section 9-7
日付フィールドを利用する

HTML5 では <input> タグで type="date" の属性を指定すると日付入力のための UI を表示できます。その場合、"date" に未対応ブラウザからの入力に対する処理が必要です。また、年月日ごとのプルダウンメニューで日付を選ぶこれまでの方法も知っておく必要があります。この節では、この 2 つの方法で日付を入力する例を説明します。

type="date" を使って日付を入力する

HTML5 では <input> タグで type="date" の属性を指定するだけで、日付書式のデータを入力できる日付フィールドになります。日付フィールではカレンダーなどを使って日付を選ぶことができるようになります。これにより、「9 月 31 日」などの存在しない日を指定する誤りを未然に防げ、「2016/8/1」といった日付書式を強要する必要もなくなります。

次に各種 Web ブラウザでの type="date" への対応の例を示します。次に示したのは Microsoft Edge 8、Google Chrome 49、Opera 36、Safari 9 です。Safari 9 は未対応のブラウザです。

Microsoft Edge 8

Google Chrome 49

Opera 36

Safari 9

Safari 9 は type="date" に未対応です

354

Section 9-7 日付フィールドを利用する

入力された日付の曜日を求める

　次のサンプルは、<input> タグで type="date" を指定して簡単な日付フィールドを作っています。日付を入力して「送信する」ボタンをクリックすると日付の妥当性をチェックした後、正しい日付ならばその日付の曜日を求めて合わせて表示します。type="date" に未対応のブラウザから入力された値が正しい日付形式になっていないことがあり得るので、日付チェックでは正規表現を使って日付形式のチェックを行った後で、さらに日付として正しいかどうかの妥当性をチェックしています。送信した日付は日付フィールドに残るので、誤った日付を入力したい場合は修正が簡単です。

1. クリックするとカレンダーが表示されます
2. 日付を確定します
3. 日付を送信すると曜日と合わせて表示されます
4. 入力した日が残っているので修正が簡単です

php 選んだ日付の曜日を求めて合わせて表示する

«sample» type_date/datefield.php

```
01:    <!DOCTYPE html>
02:    <html lang="ja">
03:    <head>
04:    <meta charset="utf-8">
05:    <title>日付フィールド</title>
06:    <link href="../../css/style.css" rel="stylesheet">
07:    </head>
08:    <body>
09:    <div>
10:      <?php
11:      require_once("../../lib/util.php");
12:      // 文字エンコードの検証
13:      if (!cken($_POST)){
14:        $encoding = mb_internal_encoding();
15:        $err = "Encoding Error! The expected encoding is " . $encoding ;
16:        // エラーメッセージを出して、以下のコードをすべてキャンセルする
17:        exit($err);
18:      }
19:      // HTML エスケープ（XSS 対策）
20:      $_POST = es($_POST);
21:      ?>
22:
23:      <?php
24:      // エラーを入れる配列
25:      $error = [];
26:      // POST された日付を取り出す
27:      if (!empty($_POST["theDate"])){
```

Part 3 Web ページを作る

Chapter 9 いろいろなフォームを使う

```php
28:     // 日付文字列を取り出す
29:     $postDate = trim($_POST["theDate"]);            ——————— POST された日付を取り出します
30:     // 全角を半角にする
31:     $postDate = mb_convert_kana($postDate, "as");
32:     // 日付形式のパターン (YYYY-M-D または YYYY/M/D)
33:     $pattern1 = preg_match("/^[0-9]{4}-[0-9]{1,2}-[0-9]{1,2}$/", $postDate);
34:     $pattern2 = preg_match("#^[0-9]{4}/[0-9]{1,2}/[0-9]{1,2}$#", $postDate);
35:     // 年月日を配列にする                              ——————— YYYY-M-D、YYYY/M/D の2つの日付パターンを
36:     if ($pattern1){                                          許可します
37:       $dateArray = explode("-", $postDate);
38:     }
39:     if ($pattern2){
40:       $dateArray = explode("/", $postDate);
41:     }
42:     if ($pattern1||$pattern2){
43:       // 正しい日付形式だったとき
44:       $theYear = $dateArray[0];
45:       $theMonth = $dateArray[1];
46:       $theDay = $dateArray[2];
47:       // 日付の妥当性チェック
48:       $isDate = checkdate($theMonth, $theDay, $theYear);
49:       if ($isDate){
50:         // 日付オブジェクトを作る
51:         $dateObj = new DateTime($postDate);
52:       } else {
53:         $error[] = " 日付として正しくありません。";
54:       }
55:     } else {                                        ——————— エラーメッセージでは今日の日付を使って例を示します
56:       // 正しい日付形式ではなかったとき
57:       $today = new DateTime();
58:       $today1 = $today->format("Y-n-j");
59:       $today2 = $today->format("Y/n/j");
60:       $error[] =" 日付は次のどちらかの形式で入力してください。<br>{$today1} または {$today2}";
61:       $isDate = false;
62:     }
63:   } else {
64:     $isDate = false;
65:     $postDate = "";
66:   }
67:   ?>
68:
69:   <!-- 入力フォームを作る（現在のページに POST する）-->
70:   <form method="POST" action="<?php echo es($_SERVER['PHP_SELF']); ?>">
71:     <ul>
72:       <li><span> 日付を選ぶ：</span>
73:         <input type="date" name="theDate" value=<?php echo "{$postDate}" ?>>
74:       </li>
75:       <li><input type="submit" value=" 送信する " ></li>      ——————— 日付の入力フォームを作ります
76:     </ul>
77:   </form>
78:
79:   <?php
80:   // 正しい日付であれば表示する
81:   if ($isDate) {
82:     // 日付を年月日の書式にする
83:     $date = $dateObj->format("Y 年 m 月 d 日 ");
84:     // 日付から曜日を求める
85:     $w = (int)$dateObj->format("w");
86:     $week = [" 日 ", " 月 ", " 火 ", " 水 ", " 木 ", " 金 ", " 土 "];
87:     $youbi = $week[$w];
```

356

日付フィールドを利用する　Section 9-7

```
88:        echo "<HR>";
89:        echo "{$date} は、{$youbi} 曜日です。";  ──── POST された日付と曜日を表示します
90:      }
91:      ?>
92:
93:      <?php
94:      // エラー表示
95:      if (count($error)>0){
96:        echo "<HR>";
97:        // 値を "<br>" で連結して表示する
98:        echo '<span class="error">', implode("<br>", $error), '</span>';
99:      }
100:     ?>
101: </div>
102: </body>
103: </html>
```

日付フィールドを作る

カレンダーなどを使って日付入力ができる日付フィールドを作る方法は簡単です。最初に書いたようにフォームの <input> タグで type="date" の属性を指定するだけです。このサンプルでは次のように書いています。value の値には選ばれている日付が入ります。

php　日付フィールドを作る

《sample》type_date/datefield.php

```
70:      <form method="POST" action="<?php echo es($_SERVER['PHP_SELF']); ?>">
71:        <ul>
72:          <li><span> 日付を選ぶ：</span>
73:            <input type="date" name="theDate" value=<?php echo "{$postDate}" ?>>
74:          </li>
75:          <li><input type="submit" value=" 送信する " ></li>
76:        </ul>
77:      </form>
```

POST された日付をチェックする

日付を選んで「送信する」をクリックするとこれまでと同じようにこのページに POST されます。まず、$_POST の値のエンコードチェックと HTML エスケープを行ってから、$_POST["theDate"] に入っている日付のチェックを行います。

なお、これまでは isset($_POST["theDate"]) で値があるかどうかをチェックしてきましたが、ここでは empty() を使ってチェックします。このサンプルでは正規表現を使って日付形式をチェックしているのでよいのですが、値が空だと $postDate で日付オブジェクトを作ろうとしたときにエラーになります。

php　$_POST["theDate"] が空ではないかチェックする

《sample》type_date/datefield.php

```
26:      // POST された日付を取り出す
27:      if (!empty($_POST["theDate"])){
```

> **!NOTE**
>
> **empty() が空とみなす値**
> empty() は「!isset($var) || $var == false」と同じです。empty() は次の値を空とみなします。
> ""、0、0.0、"0"、NULL、FALSE、空の配列、宣言されただけで値が設定されていない変数

全角文字を半角に変換する

　type="date" に対応していないブラウザからの入力された日付が全角文字で入力されていることを考慮して、日付形式のチェックを行う前にデータを半角に変換しておきます。（☞ P.124）

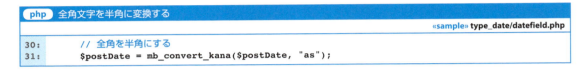

```
30:        // 全角を半角にする
31:        $postDate = mb_convert_kana($postDate, "as");
```

日付形式かどうかチェックする

　次に type="date" に未対応のブラウザから入力された値が正しい形式になっていないことが想定されるので、それを正規表現を使ってチェックします（☞ P.145）。$pattern1 は「YYYY-M-D」、$pattern2 は「YYYY/M/D」の形式とマッチします。どちらの形式でも処理的に問題ありません。日付形式に当てはまらない場合は $error[] にエラーメッセージを追加します。エラーメッセージでは今日の日付を使って「2016-4-13 または 2016/4/13」のように入力例を示します。

```
32:        // 日付形式のパターン (YYYY-M-D または YYYY/M/D)
33:        $pattern1 = preg_match("/^[0-9]{4}-[0-9]{1,2}-[0-9]{1,2}$/", $postDate);
34:        $pattern2 = preg_match("#^[0-9]{4}/[0-9]{1,2}/[0-9]{1,2}$#", $postDate);
           ・・・
42:        if ($pattern1||$pattern2){
           ・・・  （日付形式なので、次は妥当性のチェック）
55:        } else {
56:            // 正しい日付形式ではなかったとき
57:            $today = new DateTime();
58:            $today1 = $today->format("Y-n-j");
59:            $today2 = $today->format("Y/n/j");
60:            $error[] ="日付は次のどちらかの形式で入力してください。<br>{$today1} または {$today2}";
61:            $isDate = false;
62:        }
```

日付の妥当性のチェック

　日付の妥当性のチェックは checkdate() で行います。checkdate(月, 日, 年) のように実行すると「2016年2月29日」は存在するが「2017年2月29日」は存在しないといった閏年のチェックも含めて日付の妥当性のチェックができます。これを行うには、$_POST["theDate"] から年、月、日の値を取り出す必要があります。

　先の正規表現でのパターンチェックで、入力された日付が YYYY-m-d か YYYY/m/d のどちらのパターンなのかわかるので、先の $pattern1 ならば explode("-", $postDate)、後の $pattern2 ならば explode("/", $postDate) で [YYYY, m, d] の配列 $dateArray に変換します。配列にする理由は年月日を分けたいからです。

```php
// 年月日を配列にする
35:
36:     if ($pattern1){
37:         $dateArray = explode("-", $postDate);   ← ハイフンで区切られた年月日
38:     }
39:     if ($pattern2){
40:         $dateArray = explode("/", $postDate);   ← スラッシュでで区切られた年月日を配列に分解します
41:     }
```

《sample》 type_date/datefield.php

　配列 $dateArray に分けたところで、年、月、日を $theYear、$theMonth、$theDay に取り出します。

```php
42:     if ($pattern1||$pattern2){
43:         // 正しい日付形式だったとき
44:         $theYear = $dateArray[0];   ← 年
45:         $theMonth = $dateArray[1];  ← 月
46:         $theDay = $dateArray[2];    ← 日
```

《sample》 type_date/datefield.php

　年、月、日を各変数に取り出したならば、checkdate($theMonth, $theDay, $theYear) で判定します。日付として正しければ日付オブジェクトを作り、正しくなかったならば $error[] にエラーメッセージを追加します。

php　日付の妥当性チェック

«sample» type_date/datefield.php

```
47:         // 日付の妥当性チェック
48:         $isDate = checkdate($theMonth, $theDay, $theYear);
49:         if ($isDate){
50:            // 日付オブジェクトを作る
51:            $dateObj = new DateTime($postDate);
52:         } else {
53:            $error[] = " 日付として正しくありません。";
54:         }
```

日付から曜日を求めて表示する

　正しい日付が入力されていたならば、$dateObj->format("Y 年 m 月 d 日 ") で日付を年月日の書式にし、$dateObj->format("w") で曜日を $w に取り出します。$w は日曜日を 0 とした 0 〜 6 の数字なので、[" 日 "," 月 "," 火 "," 水 "," 木 "," 金 "," 土 "] の配列 $week を用意して $week[$w] で曜日名にして表示します。

php　日付から曜日を求めて表示する

«sample» type_date/datefield.php

```
80:         // 正しい日付であれば表示する
81:         if ($isDate) {
82:            // 日付を年月日の書式にする
83:            $date = $dateObj->format("Y 年 m 月 d 日 ");
84:            // 日付から曜日を求める
85:            $w = (int)$dateObj->format("w");
86:            $week = [" 日 ", " 月 ", " 火 ", " 水 ", " 木 ", " 金 ", " 土 "];
87:            $youbi = $week[$w];
88:            echo "<HR>";
89:            echo "{$date} は、{$youbi} 曜日です。";
90:         }
```

Section 9-7 日付フィールドを利用する

年月日をプルダウンメニューで選んで入力する

次のサンプルでは type="date" は利用せずに「年」、「月」、「日」ごとのプルダウンメニューで日付を入力します。それぞれのプルダウンメニューで選ばれた数字を合わせて日付を作成し、正しい日付が選ばれていたならば曜日を求めて表示します。日付から曜日を求めて表示する部分は先のサンプルと同じです。

プルダウンメニューで日付を選択します

送信した日付と曜日が表示されます

php 年月日をプルダウンメニューで選んで入力する

«sample» pulldown_date/date2youbi.php

```
01:    <!DOCTYPE html>
02:    <html lang="ja">
03:    <head>
04:    <meta charset="utf-8">
05:    <title>年月日から曜日を求める</title>
06:    <link href="../../css/style.css" rel="stylesheet">
07:    </head>
08:    <body>
09:    <div>
10:      <?php
11:      require_once("../../lib/util.php");
12:      // 文字エンコードの検証
13:      if (!cken($_POST)){
14:        $encoding = mb_internal_encoding();
15:        $err = "Encoding Error! The expected encoding is " . $encoding ;
16:        // エラーメッセージを出して、以下のコードをすべてキャンセルする
17:        exit($err);
18:      }
19:      // HTML エスケープ（XSS対策）
20:      $_POST = es($_POST);
21:      ?>
22:
23:      <?php
24:      // 日付の初期値（本日）
25:      $theYear = date('Y');
26:      $theMonth = date('n');       ←――― 今日の年月日を初期値にしておきます
27:      $theDay = date('j');
28:      // エラーを入れる配列
29:      $error = [];
30:      // POST された値を取り出す
31:      if (isSet($_POST["year"])&&isSet($_POST["month"])&&isSet($_POST["day"])){
32:        $theYear = $_POST["year"];
33:        $theMonth = $_POST["month"];  ←――― POST された年月日で置き換えます
34:        $theDay = $_POST["day"];
35:        // 値が日付として正しいかチェックする
36:        $isDate = checkdate($theMonth, $theDay, $theYear);
```

Part 3　Web ページを作る

Chapter 9　いろいろなフォームを使う

```php
37:        if (!$isDate){
38:          $error[] = " 日付として正しくありません。";
39:        } else {
40:          // 日付オブジェクトを作る
41:          $dateString = $theYear . "-". $theMonth . "-" . $theDay;
42:          $dateObj = new DateTime($dateString);
43:        }
44:      } else {
45:        $isDate = false;
46:      }
47:    ?>
48:
49:    <?php
50:    // 今年の前後 15 年のプルダウンメニューを作る
51:    function yearOption(){
52:      global $theYear;
53:      // 今年
54:      $thisYear = date('Y');
55:      $startYear = $thisYear - 15;
56:      $endYear = $thisYear + 15;
57:      echo '<select name="year">', '\n';
58:      for ($i=$startYear; $i <= $endYear; $i++) {
59:        // POST された年を選択する
60:        if ($i==$theYear){
61:          echo "<option value={$i} selected>{$i}</option>", "\n";
62:        } else {
63:          echo "<option value={$i}>{$i}</option>", "\n";
64:        }
65:      }
66:      echo '</select>';
67:    }
68:
69:      // 1 〜 12 月のプルダウンメニューを作る
70:    function monthOption(){
71:      global $theMonth;
72:      echo '<select name="month">';
73:      for ($i=1; $i <= 12; $i++) {
74:        // POST された月を選択する
75:        if ($i==$theMonth){
76:          echo "<option value={$i} selected>{$i}</option>", "\n";
77:        } else {
78:          echo "<option value={$i}>{$i}</option>", "\n";
79:        }
80:      }
81:      echo '</select>';
82:    }
83:
84:      // 1 〜 31 日のプルダウンメニューを作る
85:    function dayOption(){
86:      global $theDay;
87:      echo '<select name="day">';
88:      for ($i=1; $i <= 31; $i++) {
89:        // POST された日を選択する
90:        if ($i==$theDay){
91:          echo "<option value={$i} selected>{$i}</option>", "\n";
92:        } else {
93:          echo "<option value={$i}>{$i}</option>", "\n";
94:        }
95:      }
96:      echo '</select>';
```

POST された年月日が正しい日付ならば、
日付オブジェクトにします

選択されている年

選択されていない年

選択されている月

選択されていない月

選択されている日

選択されていない日

日付フィールドを利用する Section 9-7

```
 97:        }
 98:    ?>
 99:
100:    <!-- 年月日のプルダウンメニューを作る（現在のページに POST する）-->
101:    <form method="POST" action="<?php echo es($_SERVER['PHP_SELF']); ?>">
102:        <ul>
103:            <li>
104:                <?php yearOption(); ?>年
105:                <?php monthOption();?>月 ──────── プルダウンメニューの中身は各ユーザ定義関数で作ります
106:                <?php dayOption(); ?>日
107:            </li>
108:            <li><input type="submit" value=" 送信する " ></li>
109:        </ul>
110:    </form>
111:
112:    <?php
113:        // 正しい日付であれば表示する
114:        if ($isDate) {
115:            // 日付を年月日の書式にする
116:            $date = $dateObj->format("Y 年 m 月 d 日 ");
117:            // 日付から曜日を求める
118:            $w = (int)$dateObj->format("w");
119:            $week = [" 日 "," 月 "," 火 "," 水 "," 木 "," 金 "," 土 "];
120:            $youbi = $week[$w];
121:            echo "<HR>";
122:            echo "{$date} は、{$youbi} 曜日です。"; ──────── 選ばれた年月日と曜日を表示します
123:        }
124:    ?>
125:
126:    <?php
127:    // エラー表示
128:    if (count($error)>0){
129:        echo "<HR>";
130:        // 値を "<br>" で連結して表示する
131:        echo '<span class="error">', implode("<br>", $error), '</span>';
132:    }
133:    ?>
134:    </div>
135:    </body>
136:    </html>
```

Part 3
Chapter
8

Chapter
9

Chapter
10

Chapter
11

「年」、「月」、「日」のプルダウンメニューを作る

　プルダウンメニューは <select> タグの子要素としてプルダウンメニューの選択肢のぶんだけ <option> タグを挿入します。この作り方については「Section9-3　プルダウンメニューを使う」で説明しています（☞ P.327）。ここでは「年」、「月」、「日」のプルダウンメニューを作る 3 つの関数 yearOption()、monthOption()、dayOption() を定義します。どれもメニューアイテムの個数が多いので for 文を使って効率よく作成します。

年月日の初期値

　今日の日付を年月日（$theYear、$theMonth、$theDay）の初期値に設定しています。この値がプルダウンメニューで表示する初期値になりますが、後から説明するようにプルダウンメニューで日付を選んで POST

363

されてきたときは、選ばれている値で上書きされることになります。

php　日付の初期値

«sample» pulldown_date/date2youbi.php

```
24:    // 日付の初期値（本日）
25:    $theYear = date('Y');
26:    $theMonth = date('n');
27:    $theDay = date('j');
```

「年」のプルダウンメニューを作る

「年」のプルダウンメニューは <select name="year"> タグです。<option> タグは for 文で繰り返して挿入します。表示する年とその値はカウンタの $i を使います。今年の前後 15 年ずつの計 31 年の中から年を選べるようにしたいので、今年 $thisYear を date('Y') で求めて、カウンタの開始 $startYear は $thisYear-15、終了 $endYear は $thisYear+15 にします。

先に書いたように初期値は今年ですが、メニューで選ばれた値が送られてきたならば、選択されている年は $theYear に入っています。したがって、カウンタ $i と $theYear が等しいときに <option> タグに selected を追加すれば、プルダウンメニューではその年が選ばれている状態になります。

php　今年の前後 15 年のプルダウンメニューを作る

«sample» pulldown_date/date2youbi.php

```
47:    function yearOption(){
48:      global $theYear;
49:      // 今年
50:      $thisYear = date('Y');         ——— 今年がメニューの中央になります
51:      $startYear = $thisYear - 15;   ——— 最初の年
52:      $endYear = $thisYear + 15;     ——— 最後の年
53:      echo '<select name="year">', '\n';
54:      for ($i=$startYear; $i <= $endYear; $i++) {
55:        // POST された年を選択する
56:        if ($i==$theYear){           ——— POST された年が選択されます
57:          echo "<option value={$i} selected>{$i}</option>", "\n";
58:        } else {
59:          echo "<option value={$i}>{$i}</option>", "\n";
60:        }
61:      }
62:      echo '</select>';
63:    }
```

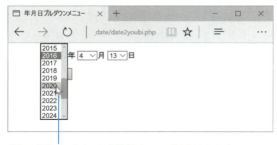

今年の前後 15 年ずつから選ぶメニューが表示されます

「月」と「日」のプルダウンメニューを作る

「月」のプルダウンメニューは <select name="month"> タグ、「日」のプルダウンメニューは <select name="day"> タグです。作り方は「年」の場合と基本的に同じですが、月は 1 〜 12、日は 1 〜 31 と決まっているので簡単です。30 日や 31 日がない月もありますが、日付の妥当性のチェックは受信後に行うので、メニューではそのまま選べるようにしておきます。

$theMonth が選ばれている月なので、カウンタ $i と $theMonth が等しいときに <option> タグに selected を追加すればプルダウンメニューではその月が選ばれている状態になります。日の場合も同様です。カウンタ $i と $theDay が等しいときに <option> タグに selected を追加します。

php 1 〜 12 月のプルダウンメニューを作る

«sample» pulldown_date/date2youbi.php

```php
70:     function monthOption(){
71:       global $theMonth;
72:       echo '<select name="month">';
73:       for ($i=1; $i <= 12; $i++) {
74:         // POST された月を選択する
75:         if ($i==$theMonth){            ← POST された月が選択されます
76:           echo "<option value={$i} selected>{$i}</option>", "\n";
77:         } else {
78:           echo "<option value={$i}>{$i}</option>", "\n";
79:         }
80:       }
81:       echo '</select>';
82:     }
```

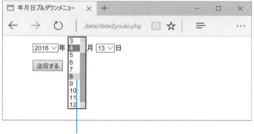

1 〜 12 から月を選ぶメニューが表示されます

1 〜 31 から日を選ぶメニューが表示されます

POST された日付をチェックする

プルダウンメニューで年月日を選んで「送信する」をクリックするとこれまでと同じようにこのページに POST されます。まず、$_POST の値のエンコードチェックと HTML エスケープを行ってから、$_POST に入っている日付のチェックを行います。

$_POST には年月日が $_POST["year"]、$_POST["month"]、$_POST["day"] と個別に入っています。まず最初にこれらに値があるかどうかチェックします。

Part 3　Webページを作る
Chapter 9　いろいろなフォームを使う

php $_POSTに年月日の値が入っているかどうか調べる

«sample» pulldown_date/date2youbi.php

```
30:        // POSTされた値を取り出す
31:        if (isSet($_POST["year"])&&isSet($_POST["month"])&&isSet($_POST["day"])){
```

日付形式かどうかチェックする

　年月日の値が入っていることがわかったならば、それぞれを取り出してcheckdate()を使って日付として正しいかどうかチェックします。ここで$theYear、$theMonth、$theDayに入れた値がプルダウンメニューで選択される値として使われます。

　checkdate()で確かめた結果、日付として正しければ後で使うために年月日から日付オブジェクト$dateObjを作っておきます。正しくなければ$error[]にエラーメッセージを入れます。

php 値が日付として正しいかチェックする

«sample» pulldown_date/date2youbi.php

```
32:        $theYear = $_POST["year"];
33:        $theMonth = $_POST["month"];
34:        $theDay = $_POST["day"];
35:        // 値が日付として正しいかチェックする
36:        $isDate = checkdate($theMonth, $theDay, $theYear);    ──── 日付の妥当性をチェックできます
37:        if (!$isDate){
38:            $error[] = " 日付として正しくありません。";
39:        } else {
40:            // 日付オブジェクトを作る
41:            $dateString = $theYear . "-". $theMonth . "-" . $theDay;
42:            $dateObj = new DateTime($dateString);
43:        }
```

9月31日を入力します

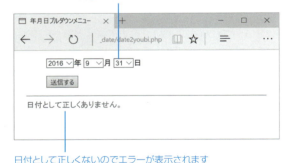

日付として正しくないのでエラーが表示されます

日付から曜日を求めて表示する

　年月日で選んだ日付が正しい日付ならば、日付を年月日の書式にし、曜日を付けて表示します。この部分のコードは先のサンプルのdatefield.phpとまったく同じです。（☞ P.360）

Part 3　Webページを作る

Chapter 10
セッションとクッキー

アンケートフォームや買い物サイトなどのように、複数のWebページを移動しながら入力データを集めていくWebサービスでは、セッションやクッキーの機能の活用が欠かせません。セッションやクッキーの使い方をその注意点と合わせて解説します。

Section 10-1　セッション処理の基礎
Section 10-2　フォーム入力をセッション変数に移し替える
Section 10-3　複数ページでセッション変数を利用する
Section 10-4　クッキーを使う
Section 10-5　クッキーで訪問カウンタを作る
Section 10-6　複数の値を1つにまとめてクッキーに保存する

Section 10-1
セッション処理の基礎

セッションの機能を利用すると、複数のWebページで共通して使えるセッション変数を利用できるようになります。この節では変数の値を次のページに渡すだけの簡単な例でセッションの基礎を説明します。

セッションの概要

　Webページを移動してしまうと前のページで利用していた変数の値は使えなくなります。セッションの機能を利用することで、複数のWebページで共通して使えるセッション変数 $_SESSION を利用できるようになります。

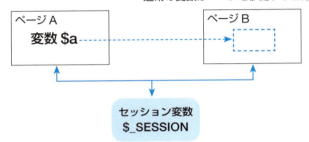

　では、実際にどのようにセッションを使っていくのかを簡単な例で示します。次の例ではクーポンコードをセッション変数に代入し、クリックで開いたページで正しいクーポンコードを受け取ったかどうかを判定しています。ページの移動には <a> タグのリンクを使っています。

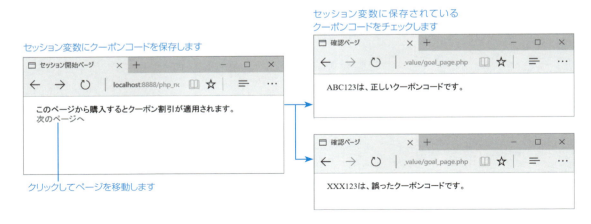

セッション処理の基礎　Section 10-1

セッション変数に値を保存する

セッション変数を利用するには、各ページでセッションを開始します。セッションを開始するとスーパーグローバル変数であるセッション変数 $_SESSION を利用できるようになります。

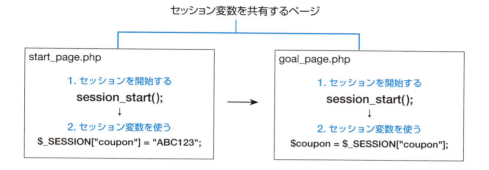

php　セッション変数に値を保存する

«sample» session_value/start_page.php

```
01: <?php
02: // セッションの開始
03: session_start();          ── セッションを開始します。
04: ?>                              これより前に空白行やHTMLコードがあってはいけません
05:
06: <!DOCTYPE html>
07: <html lang="ja">
08: <head>
09: <meta charset="utf-8">
10: <title> セッション開始ページ </title>
11: <link href="../../css/style.css" rel="stylesheet">
12: </head>
13: <body>
14: <div>
15:   このページから購入するとクーポン割引が適用されます。<br>
16:   <?php
17:     // セッション変数に値を代入する
18:     $_SESSION["coupon"] = "ABC123";   ── セッション変数を使います
19:   ?>
20:   <a href="goal_page.php"> 次のページへ </a>
21: </div>
22: </body>
23: </html>
```

Part 3　Web ページを作る

Chapter 10　セッションとクッキー

セッションを開始する

　セッションは session_start() で開始します。このとき、session_start() より前に空白や改行を含めて HTML コードがあってはいけません。PHP のコメントを含めて、PHP コードは前にあっても構いません。したがって、サンプルのようにコードの最初で session_start() を実行します。

php	セッションの開始

«sample» **session_value/start_page.php**

```
03:    session_start();
```

セッション変数に値を保存する

　セッションを開始するとスーパーグローバル変数の $_SESSION を利用できるようになります。$_SESSION は $_POST と同じく連想配列です。ここでは "coupon" をキーにして "ABC123" を値として保存しています。

php	セッション変数に値を代入する

«sample» **session_value/start_page.php**

```
18:        $_SESSION["coupon"] = "ABC123";
```

移動したページでセッション変数の値を取り出す

　移動したページでセッション変数の値を取り出す手順は、基本的に値を保存した場合と同じです。この例ではセッション変数に保存したクーポンコードが正しいコードかどうかを確認しています。

php	セッション変数で受け取ったクーポンコードが正しいかどうか調べる

«sample» **session_value/goal_page.php**

```php
01:    <?php
02:    require_once("../../lib/util.php");
03:    // セッションの開始
04:    session_start();            ——— セッションを開始します
05:    ?>
06:
07:    <!DOCTYPE html>
08:    <html lang="ja">
09:    <head>
10:      <meta charset="utf-8">
11:      <title> 確認ページ </title>
12:      <link href="../../css/style.css" rel="stylesheet">
13:    </head>
14:    <body>
15:    <div>
16:      <?php
17:        // セッション変数を調べる
18:        if(isset($_SESSION["coupon"])){
19:          // クーポンコードを取り出す
20:          $coupon = $_SESSION["coupon"];        ——— セッション変数からクーポンコードを取り出します
21:          // 正しいクーポンコード
22:          $couponList = ["ABC123", "XYZ999"];
```

370

セッション処理の基礎 **Section 10-1**

```
23:        // クーポンコードをチェックする
24:        if (in_array($coupon, $couponList)){
25:          echo es($coupon), " は、正しいクーポンコードです。";
26:        } else {
27:          echo es($coupon), " は、誤ったクーポンコードです。";
28:        }
29:      } else {
30:        echo " セッションエラーです ";
31:      }
32:    ?>
33:  </div>
34:  </body>
35:  </html>
```

セッションを開始する

　移動した先のページでもセッションの機能を利用するには、まず、セッションを開始します。ここでは、セッションを開始する session_start() より先に require_once() で util.php を読み込んでいます。

---

php セッションを開始する

«sample» **session_value/goal_page.php**

```
01:  <?php
02:  require_once("../../lib/util.php");   ——— 読み込むファイルに空白行や HTML コードが
03:  // セッションの開始                         含まれているとエラーになります
04:  session_start();
05:  ?>
```

---

❶ NOTE

session_start() を実行すると Warning が出る

session_start() よりも前に空白や改行なども含めて HTML コードがあるとユーザの環境によっては警告が出力されます。出力されるエラーメッセージは次のようなものです。このエラーは「Warning」なので、警告は出ますが処理は中断せずにそのまま続くコードが実行されます。

Warning: session_start(): Cannot send session cookie - headers already sent
Warning: session_start(): Cannot send session cache limiter - headers already sent

Warning の例

> **Warning**: session_start(): Cannot send session cookie - headers already sent by (output started at /Users/yoshiyuki/Sites/php_note/chap10/lib/util.php:15) in **/Users/yoshiyuki/Sites/php_note/chap10/10-1/session_value/goal_page.php** on line **4**
>
> **Warning**: session_start(): Cannot send session cache limiter - headers already sent (output started at /Users/yoshiyuki/Sites/php_note/chap10/lib/util.php:15) in **/Users/yoshiyuki/Sites/php_note/chap10/10-1/session_value/goal_page.php** on line **4**

session_start() よりも前に PHP コードがあるのは問題ありません。ただし、この節のサンプルのように session_start() よりも前にほかのファイルを読み込む場合は注意が必要です。もし、読み込んだファイル内に空白行などが含まれているとユーザの環境によってはエラーになります。

この問題を解決するには session_start() を 1 行目で実行すればよいのですが、根本的な解決として読み込む php ファイルの中身を確かめて空白行や HTML コードを取り除いておきましょう。複数の <?php 〜 ?> が含まれているコードの場合、<?php 〜 ?> と <?php 〜 ?> の間に空白行などがないかをチェックしてみてください。echo で文字列を出力している場合も同様のエラーになるので特に注意が必要です。読み込む PHP ファイルの最後の閉じたタグ ?> を省略する理由はここにあります。

Part 3

Chapter 8

Chapter 9

Chapter 10

Chapter 11

Part 3　Web ページを作る

Chapter 10　セッションとクッキー

セッション変数の値を取り出す

　セッション変数$_SESSIONからの値の取り出し方は$_POSTから値を取り出す場合と同じ方法です。まず、isset($_SESSION["coupon"]) でキーに値がセットされているかどうかをチェックし、セットされていたならば値を取り出します。値がセットされていなかったならば、なんらかの理由でセッションエラーです。

---

php　セッション変数の値を取り出す

«sample» session_value/goal_page.php

```
17:        // セッション変数を調べる
18:        if(isset($_SESSION["coupon"])){
19:          // クーポンコードを取り出す
20:          $coupon = $_SESSION["coupon"];
           ・・・
29:        } else {
30:          echo " セッションエラーです ";
31:        }
```

クーポンコードをチェックして表示する

　このサンプルでは取り出したクーポンコードが正しいコードかどうかをチェックします。正しいコードが配列 $couponList に入っているとき、セッション変数から取り出した $coupon の値が配列の値にあるかどうかを in_array() を使ってチェックします。

　チェックした結果が正しいクーポンコードであれば問題ありませんが、誤ったクーポンコードをそのままブラウザに表示するのは危険です。セッション変数の値をブラウザに表示する際には、習慣として必ず HTML エスケープを行うようにしましょう。ここでは最初に読み込んだ util.php で定義してある es() を使って HTML エスケープしています（☞ P.266）。

---

php　クーポンコードをチェックする

«sample» session_value/goal_page.php

```
21:        // 正しいクーポンコード
22:        $couponList = ["ABC123", "XYZ999"];
23:        // クーポンコードをチェックする
24:        if (in_array($coupon, $couponList)){ ─────── 値が配列に含まれているかチェックします
25:          echo es($coupon), " は、正しいクーポンコードです。";
26:        } else {
27:          echo es($coupon), " は、誤ったクーポンコードです。"; ─────── HTML エスケープして表示します
28:        }
```

372

Section 10-2

フォーム入力をセッション変数に移し替える

セッションの利用では複数ページ渡るフォーム入力の回答を蓄えていくという使い方があります。この節ではセッションのそのような使い方の最初の例として、フォーム入力が1ページだけのものを作ります。セッションを破棄する方法も説明します。

POSTされた値をセッション変数で受け継ぐ

　フォーム入力からPOSTされた値を複数のページで利用するには、$_POSTの値を$_SESSIONの値として代入して使っていきます。

　次に説明する例では図に示すように最初の入力ページ（input.html）で「名前」と「好きな言葉」をフォーム入力します。PHPコードは含まれていないのでHTMLファイルとして保存してあります。

　名前と好きな言葉を入力して「確認する」ボタンをクリックするとPOSTされて確認ページ（confirm.php）が開きます。確認ページではフォーム入力された内容を表示します。訂正があれば「戻る」ボタンで入力ページに戻り、このままでよければ「送信する」ボタンで完了ページ（thankyou.php）へと済みます。

　ここまでならば確認ページに$_POST変数の値を表示するだけで済みますが、完了ページでも名前と好きな言葉を表示します。確認ページから完了ページに値を送るには<input>タグのhidden属性を使う方法もありますが（☞ P.286）、ここでセッションを活用します。

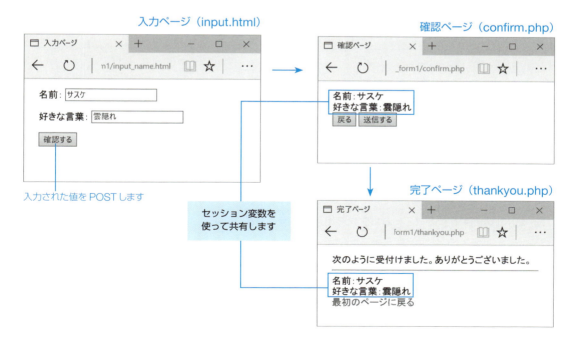

Part 3　Web ページを作る

Chapter 10　セッションとクッキー

名前と好きな言葉を入力する入力ページを作る

　入力ページを作る input.html には、「名前」と「好きな言葉」を入力するフォームがあります。どちらも <input> タグで作り、POST で送信する際の name 属性に「名前」は "name"、「好きな言葉」は "kotoba" が設定してあります。「名前」には placeholder 属性で " ニックネーム可 " のプレイスホルダが付けてあります。どちらも初期値の設定がないので、確認ページから戻ってきた場合も空の状態から始まります。

html　入力ページを作る

«sample» session_form1/input.html

```
01:  <!DOCTYPE html>
02:  <html lang="ja">
03:  <head>
04:  <meta charset="utf-8">
05:  <title> 入力ページ </title>
06:  <link href="../../css/style.css" rel="stylesheet">
07:  </head>
08:  <body>
09:  <div>
10:    <form method="POST" action="confirm.php">
11:      <li><label> 名前：
12:        <input type="text" name="name" placeholder=" ニックネーム可 ";>
13:      </label></li>
14:      <li><label> 好きな言葉：
15:        <input type="text" name="kotoba";>
16:      </label></li>
17:        <li><input type="submit" value=" 確認する "></li>
18:      </ul>
19:    </form>
20:  </div>
21:  </body>
22:  </html>
```

name と kotoba の値を confirm.php に POST します

POST された値をチェックする確認ページを作る

　入力ページの「確認する」ボタンをクリックすると確認ページが開きます。確認ページでは次の3つのことを行います。

1. **POST された値をセッション変数に移す**
2. **値をチェックして表示する**
3. **「戻る」、「送信する」のフォームボタンを作る**

フォーム入力をセッション変数に移し替える **Section 10-2**

---

php 確認ページを作る

«sample» session_form1/confirm.php

```php
01: <?php
02: require_once("../../lib/util.php");
03: // セッションの開始
04: session_start();          ———— セッションを開始します
05: ?>
06:
07: <?php
08: // 文字エンコードの検証
09: if (!cken($_POST)){
10:   $encoding = mb_internal_encoding();
11:   $err = "Encoding Error! The expected encoding is " . $encoding ;
12:   // エラーメッセージを出して、以下のコードをすべてキャンセルする
13:   exit($err);
14: }
15: ?>
16:
17: <?php
18: // POST された値をセッション変数に受け渡す
19: if (isset($_POST['name'])){
20:   $_SESSION['name'] = $_POST['name'];        ———— POST された「名前」をセッション変数に代入します
21: }
22: if (isset($_POST['kotoba'])){
23:   $_SESSION['kotoba'] = $_POST['kotoba'];    ——— POST された「好きな言葉」をセッション変数に代入します
24: }
25: // 入力データの取り出しとチェック
26: $error = [];
27: // 名前
28: if (empty($_SESSION['name'])){
29:   // 未設定のときエラー
30:   $error[] = " 名前を入力してください。 ";
31: } else {
32:   // 名前を取り出す
33:   $name = trim($_SESSION['name']);
34: }
35: // 好きな言葉
36: if (empty($_SESSION['kotoba'])){
37:   // 未設定のときエラー
38:   $error[] = " 好きな言葉を入力してください。 ";
39: } else {
40:   // 好きな言葉を取り出す
41:   $kotoba = trim($_SESSION['kotoba']);
42: }
43: ?>
44:
45: <!DOCTYPE html>
46: <html lang="ja">
47: <head>
48:   <meta charset="utf-8">
49:   <title>確認ページ </title>
50:   <link href="../../css/style.css" rel="stylesheet">
51: </head>
52: <body>
53: <div>
54:   <form>
55:   <?php if (count($error)>0){ ?>
56:     <!-- エラーがあったとき -->
57:     <span class="error"><?php echo implode('<br>', $error); ?></span><br>
```

Part 3

Chapter 8

Chapter 9

Chapter **10**

Chapter 11

375

Part 3　Webページを作る

Chapter 10　セッションとクッキー

```
58:       <span>
59:         <input type="button" value=" 戻る " onclick="location.href='input.html'">
60:       </span>
61:     <?php } else { ?>
62:       <!-- エラーがなかったとき -->
63:       <span>
64:         名前：<?php echo es($name); ?><br>
65:         好きな言葉：<?php echo es($kotoba); ?><br>
66:         <input type="button" value=" 戻る " onclick="location.href='input.html'">
67:         <input type="button" value=" 送信する " onclick="location.href='thankyou.php'">
68:       </span>
69:     <?php } ?>
70:     </form>
71:   </div>
72: </body>
73: </html>
```

— POSTされた名前と言葉を表示します

クリックで thankyou.php へ移動します

POST された値をセッション変数に移す

まず最初にセッション変数を利用するために、session_start() を実行してセッションを開始します。

> **php**　セッションを開始する
>
> «sample» session_form1/confirm.php

```
04:    session_start();
```

次に $_POST['name'] に値があればその値をセッション変数の $_SESSION['name'] に代入します。同様に $_POST['kotoba'] に値があれば $_SESSION['kotoba'] に値を代入します。セッション変数に移す理由は、完了ページでこれらの値を使うからです。ここでは isset() で値が設定されているかどうかだけを確認し、空白の場合も含めて値をセッション変数に移します。

> **php**　POST された値をセッション変数に移す
>
> «sample» session_form1/confirm.php

```
19:    if (isset($_POST['name'])){
20:      $_SESSION['name'] = $_POST['name'];
21:    }
22:    if (isset($_POST['kotoba'])){
23:      $_SESSION['kotoba'] = $_POST['kotoba'];
24:    }
```

— POST された値があれば、セッション変数に代入します

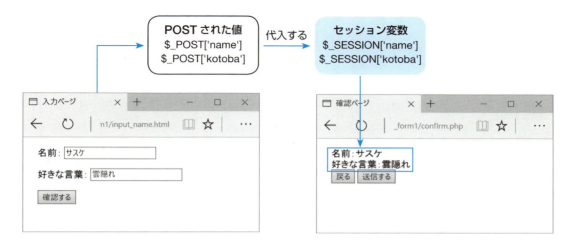

入力値のチェック

次に改めてセッション変数に代入された値をチェックします。値は empty() でチェックし、値が空白や 0 ならば $error[] にエラーメッセージを追加します。値が入っていれば $name に代入します。$name の値は後で画面表示する際に使います。好きな言葉のチェックも同様に行います。（empty() ☞ P.358）

```
php  名前が入っているかどうかチェックする
                                              «sample» session_form1/confirm.php
25:    // 入力データの取り出しとチェック
26:    $error = [];
27:    // 名前
28:    if (empty($_SESSION['name'])){        ── 名前が空でないかチェックします
29:        // 未設定のときエラー
30:        $error[] = " 名前を入力してください。";
31:    } else {
32:        // 名前を取り出す
33:        $name = trim($_SESSION['name']);  ── セッション変数から名前を取り出し、前後の空白を取り除きます
34:    }
```

名前が入っていない、好きな言葉が入っていないといった場合はエラーメッセージと「戻る」ボタンを表示します。「戻る」ボタンをクリックすると入力ページに戻りますが、入力されていた値は消えて最初の状態に戻っています。戻るボタンのタイプは "submit" ではなく "button" です。onclick 属性に移動先を指定しています。

```
php  エラーメッセージと「戻る」ボタンを表示する
                                              «sample» session_form1/confirm.php
55:    <?php if (count($error)>0){ ?>
56:        <!-- エラーがあったとき -->                    ── エラーメッセージを <br> タグで連結します
57:        <span class="error"><?php echo implode('<br>', $error); ?></span><br>
58:        <span>
59:          <input type="button" value=" 戻る " onclick="location.href='input.html'">
60:        </span>                                     ── 入力ページに戻ります
61:    <?php } else { ?>
```

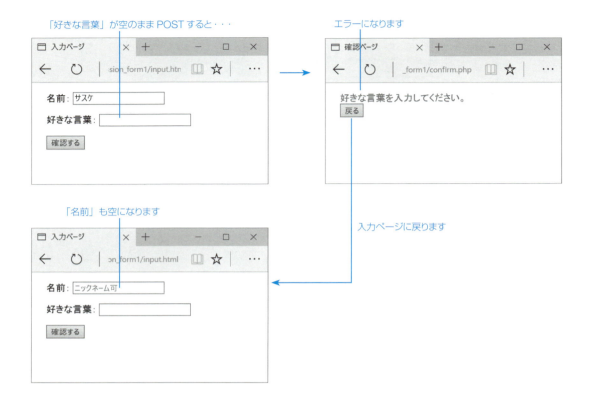

入力値と移動ボタンの表示

　エラーがなかったとき名前と好きな言葉は $name と $kotoba に移してあります。これはユーザから POST された値なので、必ず HTML エスケープを行ってブラウザに表示します。HTML エスケープは最初に読み込んでおいた util.php の es() を使っています（☞ P.266）。

　「送信する」のボタンは POST メソッドは使わずに、「戻る」ボタンと同じように onclick に移動先を指定しています。

php　入力値と移動ボタンの表示

«sample» session_form1/confirm.php

```
61:    <?php } else { ?>
62:      <!-- エラーがなかったとき -->
63:      <span>
64:        名前：<?php echo es($name); ?><br>
65:        好きな言葉：<?php echo es($kotoba); ?><br>
66:        <input type="button" value=" 戻る " onclick="location.href='input.html'">
67:        <input type="button" value=" 送信する " onclick="location.href='thankyou.php'">
68:      </span>
69:    <?php } ?>
```

64〜65行目：エラーがなかったときは、名前と言葉を HTML エスケープして表示します
67行目：クリックで完了ページへ移動します

フォーム入力をセッション変数に移し替える　Section 10-2

完了ページを作る

　完了ページでは、セッションを利用するのでまずセッションを開始します。次にセッション変数から名前と言葉を取り出して、どちらも値が空でなければエラーなしという判断で表示しています。ここでも念のためにHTMLエスケープを行ってからブラウザに表示します。そして、セッションを破棄するのも完了ページの大事な仕事です。

php　完了ページを作る

«sample» session_form1/thankyou.php

```php
01: <?php
02: require_once("../../lib/util.php");
03: // セッションの開始
04: session_start();                    ── セッションを開始します
05: $error = [];
06: // セッションのチェック
07: if (!empty($_SESSION['name']) && !empty($_SESSION['kotoba'])){
08:   // セッション変数から値を取り出す
09:   $name = $_SESSION['name'];        ── セッション変数が空でないとき、値を変数に取り出します
10:   $kotoba = $_SESSION['kotoba'];
11: } else {
12:   $error[] = "セッションエラーです。";
13: }
14: // HTML を表示する前にセッションを破棄する
15: killSession();
16: ?>
17:
18: <?php
19: // セッションを破棄する
20: function killSession(){
21:   // セッション変数の値を空にする
22:   $_SESSION = [];
23:   // セッションクッキーを破棄する
24:   if (isset($_COOKIE[session_name()])){
25:     $params = session_get_cookie_params();
26:     setcookie(session_name(), '', time()-36000, $params['path']);
27:   }
28:   // セッションを破棄する
29:   session_destroy();
30: }
31: ?>
32:
33: <!DOCTYPE html>
34: <html lang="ja">
35: <head>
36:   <meta charset="utf-8">
37:   <title>完了ページ</title>
38:   <link href="../../css/style.css" rel="stylesheet">
39: </head>
40: <body>
41: <div>
42:   <?php if (count($error)>0){ ?>
43:     <!-- エラーがあったとき -->
44:     <span class="error"><?php echo implode('<br>', $error); ?></span><br>
45:     <a href="input.html">最初のページに戻る</a>
46:   <?php } else { ?>
```

セッションを破棄します

Part 3

Chapter
8

Chapter
9

Chapter
10

Chapter
11

Part 3 Webページを作る
Chapter 10 セッションとクッキー

```
47:        <!-- エラーがなかったとき -->
48:        <span>
49:          次のように受付けました。ありがとうございました。
50:          <HR>
51:        <span>
52:          名前：<?php echo es($name); ?><br>
53:          好きな言葉：<?php echo es($kotoba); ?><br>
54:          <a href="input.html">最初のページに戻る</a>
55:        </span>
56:     <?php } ?>
57:   </div>
58:   </body>
59: </html>
```

セッション変数から受け取っておいた値を表示します

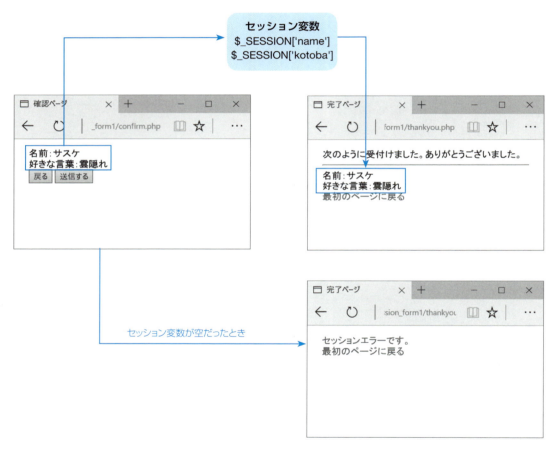

フォーム入力をセッション変数に移し替える　Section 10-2

HTML を表示する前にセッションを破棄する

　完了ページでは「セッションを破棄する」という大事なことを行います。セッションは時間が経過すると自動的に破棄されますが、安全を確保するためにすぐに破棄することもできます。

　セッションを破棄するには session_destroy() を実行します。ただ、session_destroy() だけでは完全ではなく、セッション変数の値を空にし、セッションクッキーを破棄する必要があります。セッションの値をどこに保存するかを選ぶことができますが、初期値の設定では利用中のデバイスにセッションクッキーとして保存されています。

　また、session_start() と同様に session_destroy() の前に空白や改行などを含めて HTML などがあってはいけません。そこでセッション変数の値を取り出したならば、すぐに session_destroy() を実行します。

php　セッションを破棄する

«sample» session_form1/thankyou.php

```php
19:    // セッションを破棄する
20:    function killSession(){
21:      // セッション変数の値を空にする
22:      $_SESSION = [];
23:      // セッションクッキーを破棄する
24:      if (isset($_COOKIE[session_name()])){
25:        $params = session_get_cookie_params();
26:        setcookie(session_name(), '', time()-36000, $params['path']);
27:      }
28:      // セッションを破棄する
29:      session_destroy();
30:    }
```

Part 3

Chapter
8

Chapter
9

Chapter
10

Chapter
11

381

Section 10-3
複数ページでセッション変数を利用する

前節に続いてフォーム入力とセッションの組み合わせの例を取り上げます。前節のサンプルではフォーム入力が1ページだけでしたが、今回は入力が2ページに渡ります。入力の初期値をセッション変数で保ち、ページを戻って値を訂正できるようにします。

2ページに渡ってフォーム入力を行う

入力するページが増えても基本的な考え方は1ページの場合と同じです。フォーム入力の内容を $_POST 変数から取り出し、$_SESSION 変数に移していきます。$_SESSION 変数に現在の値が入っているので、この値を前のページに戻って修正できるようにします。最後の値の確認ページで「送信する」をクリックすると値が確定してセッションを終了し、セッション変数の値を破棄します。

なお、入力された値のチェックは毎ページごとに行うほうがよい場合がありますが、このサンプルでは最後にまとめて行っています。

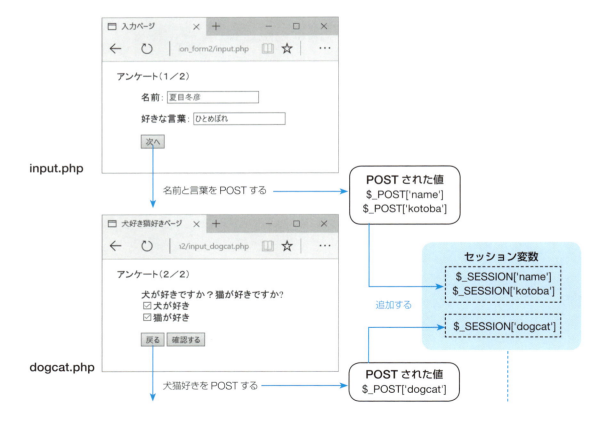

複数ページでセッション変数を利用する　Section 10-3

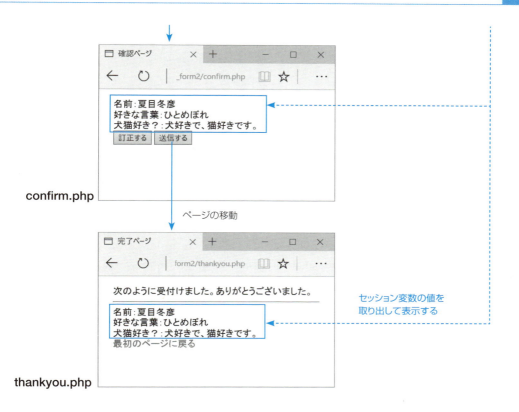

名前と好きな言葉の入力ページ「アンケート（1／2）」を作る

　前節のサンプルの入力ページは HTML コードだけだったので「input.html」の HTML ファイルでしたが、この節ではセッションを利用する PHP コードを追加します。したがって、拡張子を php に変更した「input.php」にします。

php 名前と好きな言葉を入力する入力ページを作る

«sample» session_form2/input.php

```
01: <?php
02: // セッションの開始
03: session_start();          ───── セッションを開始します
04: require_once("../../lib/util.php");
05: // 確認ページから戻ってきたとき、セッション変数の値を取り出す
06: if (empty($_SESSION['name'])){
07:     $name = "";
08: } else {
09:     $name = $_SESSION['name'];   ───── セッション変数から値を受け取ります
10: }
11: if (empty($_SESSION['kotoba'])){
12:     $kotoba = "";
13: } else {
```

Part 3　Webページを作る

Chapter 10　セッションとクッキー

```
14:       $kotoba = $_SESSION['kotoba'];          ← セッション変数から値を受け取ります
15:     }
16:     ?>
17:
18:     <!DOCTYPE html>
19:     <html lang="ja">
20:     <head>
21:     <meta charset="utf-8">
22:     <title>入力ページ</title>
23:     <link href="../../css/style.css" rel="stylesheet">
24:     </head>
25:     <body>
26:     <div>
27:       アンケート（1／2）<br>              ← アンケートフォームを作ります
28:       <form method="POST" action="dogcat.php">
29:         <ul>
30:           <li><label>名前：
31:             <input type="text" name="name" placeholder="ニックネーム可" value="<?php echo es($name) ?>";>
32:           </label></li>
33:           <li><label>好きな言葉：
34:             <input type="text" name="kotoba" value="<?php echo es($kotoba) ?>";>
35:           </label></li>
36:           <li><input type="submit" value=" 次へ "></li>
37:         </ul>                             ← セッション変数から受け取った値を
38:       </form>                               初期値にします
39:     </div>
40:     </body>
41:     </html>
```

セッション変数の値を調べて入力フォームの初期値を決める

　input.phpの前半はセッション変数から値を取り出すコードです。このページを表示したときにセッション変数に値があれば、その値を「名前」、「好きな言葉」の初期値にします。

　これはフォーム入力後にこのページに戻ってきた場合の対応です。具体的には「アンケート（2／2）」から「戻る」ボタンで戻ったときや確認ページから「訂正する」で戻ったときです。あるいは確認ページでエラーメッセージが出たときに最初のページに戻った場合もフィールドには現在の値が表示されています。

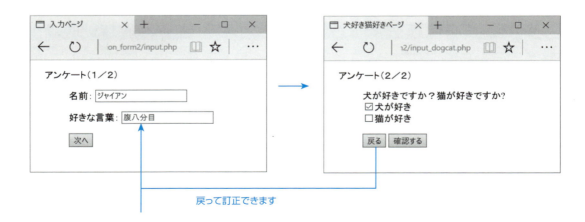

戻って訂正できます

複数ページでセッション変数を利用する　Section 10-3

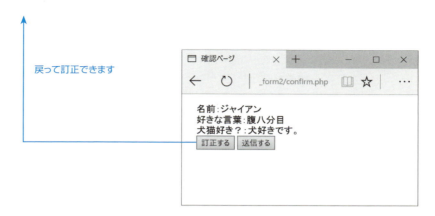

戻って訂正できます

　セッション変数を利用するので、まず最初にsession_start()でセッションを開始します。セッション変数の$_SESSION['name']、$_SESSION['kotoba']の値が空かどうかをempty()で調べて、値があれば変数の$name、$kotobaにそれぞれの値を代入します。empty()がtrueのときは未設定の場合も含むので、" "を代入して値を空にします。なお、empty()は値が0のときもtrueになります。したがって、名前や好きな言葉が「0」という回答は認めていません（empty() ☞ P.358）。

```
php  セッション変数に値があれば変数に入れる
                                                        «sample» session_form2/input.php
02:    // セッションの開始
03:    session_start();
04:    require_once("../../lib/util.php");
05:    // 確認ページから戻ってきたとき、セッション変数から値を取り出す
06:    if (empty($_SESSION['name'])){
07:      $name = "";
08:    } else {
09:      $name = $_SESSION['name'];
10:    }
11:    if (empty($_SESSION['kotoba'])){
12:      $kotoba = "";
13:    } else {
14:      $kotoba = $_SESSION['kotoba'];
15:    }
```

　$name、$kotobaの値は<input>タグのvalue属性に設定し、テキストフィールドの初期値として表示します。念のために表示する際にはes()を使ってHTMLエスケープの処理を行っておきます。

```
php  セッション変数から得た値をテキストフィールドの初期値にする
                                                        «sample» session_form2/input.php
30:    <li><label>名前：
31:      <input type="text" name="name" placeholder="ニックネーム可" value="<?php echo es($name) ?>";>
32:    </label></li>
33:    <li><label>好きな言葉：
34:      <input type="text" name="kotoba" value="<?php echo es($kotoba) ?>";>
35:    </label></li>
```

Part 3　Web ページを作る

Chapter 10　セッションとクッキー

犬好き猫好きページ「アンケート（2／2）」を作る

このページは犬好き猫好きのアンケートをとるページですが、その前に「アンケート（1／2）」で入力された「名前」と「好きな言葉」を $_POST から値を取り出して $_SESSION に移すという大事な仕事があります。

「アンケート（1／2）」で入力された値の処理が終わったならば、犬好き猫好きのアンケートをとるチェックボックスの処理に移ります。

---

php　チェックボックスで回答する犬好き猫好きページを作る

«sample» session_form2/dogcat.php

```php
01:  <?php
02:  // セッションの開始
03:  session_start();
04:  require_once("../../lib/util.php");
05:
06:  // $_POST 変数に値があれば セッション変数に受け渡す
07:  if (isset($_POST['name'])){
08:    $_SESSION['name'] = $_POST['name'];
09:  }
10:  if (isset($_POST['kotoba'])){
11:    $_SESSION['kotoba'] = $_POST['kotoba'];
12:  }
13:  // セッション変数に値があれば受け渡す
14:  if (empty($_SESSION['dogcat'])){
15:    $dogcat = [];
16:  } else {
17:    $dogcat = $_SESSION['dogcat'];
18:  }
19:  ?>
20:
21:  <?php
22:  // 初期値でチェックするかどうか
23:  function checked($value, $question){
24:    if (is_array($question)){
25:      // 配列のとき、値が含まれていれば true
26:      $isChecked = in_array($value, $question);
27:    } else {
28:      // 配列ではないとき、値が一致すれば true
29:      $isChecked = ($value===$question);
30:    }
31:    if ($isChecked) {
32:      // チェックする
33:      echo "checked";
34:    } else {
35:      echo "";
36:    }
37:  }
38:  ?>
39:
40:  <!DOCTYPE html>
41:  <html lang="ja">
42:  <head>
43:  <meta charset="utf-8">
44:  <title>犬好き猫好きページ </title>
45:  <link href="../../css/style.css" rel="stylesheet">
46:  </head>
```

（07〜12行目について）「アンケート 1/2」から POST された値をセッション変数に入れます

（14〜18行目について）前のページに戻って再度開いた場合にセッション変数に値が入っている可能性があります

386

複数ページでセッション変数を利用する　Section 10-3

```
47:    <body>
48:    <div>
49:      アンケート（2／2）<br>          ← アンケートフォームを作ります
50:      <form method="POST" action="confirm.php">
51:        <ul>
52:          <li><span> 犬が好きですか？猫が好きですか ?</span><br>
53:          <label><input type="checkbox" name="dogcat[]" value=" 犬 "
                    <?php checked(" 犬 ", $dogcat); ?> >犬が好き </label><br>
54:          <label><input type="checkbox" name="dogcat[]" value=" 猫 "
                    <?php checked(" 猫 ", $dogcat); ?> >猫が好き </label>
55:          </li>
56:          <input type="button" value=" 戻る " onclick="location.href='input.php'">
57:          <input type="submit" value=" 確認する ">
58:        </ul>
59:      </form>
60:    </div>
61:    </body>
62:    </html>
```

名前と好きな言葉を $_POST から取り出して $_SESSION に移す

前節の場合と同じように、POST された値を取り出してセッション変数に移します。セッションを利用するので、コードの最初でセッションを開始するのも忘れないでください。ここでは isset() で値が設定されているかどうかだけを確認し、空白の場合も含めて値をセッション変数に移します。

php 名前と好きな言葉を $_POST から取り出して $_SESSION に移す

«sample» session_form2/dogcat.php

```
06:    // $_POST 変数に値があれば  セッション変数に受け渡す
07:    if (isset($_POST['name'])){
08:      $_SESSION['name'] = $_POST['name'];
09:    }
10:    if (isset($_POST['kotoba'])){
11:      $_SESSION['kotoba'] = $_POST['kotoba'];
12:    }
```

犬好き猫好きの値をセッション変数から取り出す

すでに「アンケート（2／2）」を終わらせてこのページに戻ってきた場合に対応するために、$_SESSION に犬好き猫好きの値があるかどうかを調べます。値があったならば、それをチェックボックスの初期値として設定します。

php 犬好き猫好きの値をセッション変数から取り出す

«sample» session_form2/dogcat.php

```
13:    // セッション変数に値があれば受け渡す
14:    if (empty($_SESSION['dogcat'])){
15:      $dogcat = [];
16:    } else {
17:      $dogcat = $_SESSION['dogcat'];
18:    }
```

Part 3

Chapter 8

Chapter 9

Chapter 10

Chapter 11

Part 3　Web ページを作る
Chapter 10　セッションとクッキー

チェックボックスのフォームを作る

アンケートフォームはチェックボックスで作ります。先にセッション変数から $dogcat にチェックの現在の値を取り出しているので、チェックボックスのチェックの状態を設定します。

「戻る」ボタンはアンケート（1／2）のページに戻りますが、onclickで単に戻るだけでよく、現在の値を送って渡すといった必要はありません。「確認する」ボタンはチェックボックスで選んだ値を POST で送信します。選んだ値は dogcat[] に配列に入って POST されます。チェックボックスの作り方については、「Section9-2 チェックボックスを使う」を参照してください（☞ P.319）。

php　犬好き猫好きを選ぶチェックボックスを作る

«sample» session_form2/dogcat.php

```
53:    <label><input type="checkbox" name="dogcat[]" value="犬"
           <?php checked("犬", $dogcat); ?> >犬が好き</label><br>
54:    <label><input type="checkbox" name="dogcat[]" value="猫"
           <?php checked("猫", $dogcat); ?> >猫が好き</label>
```

フォームから入力された値をチェックする確認ページを作る

最後にアンケート（1／2）、アンケート（2／2）の2ページで入力された値をチェックする「確認ページ」を作ります。このページでは、アンケート（1／2）で入力された値を $_SESSION から取り出し、アンケート（2／2）で入力された値は $_POST から取り出すことになります。

「確認ページ」はユーザに入力した値を確認してもらうという意味もありますが、プログラムでは値の妥当性をチェックします。値にエラーがあったならば該当のエラーメッセージと最初のページに「戻る」ボタンを表示します。

エラーがない場合は選ばれた値を表示し、このままでいいかどうかをユーザに決めてもらうために「訂正する」と「送信する」のボタンを並べて表示します。

複数ページでセッション変数を利用する **Section 10-3**

php 確認ページを作る

«sample» **session_form2/confirm.php**

```php
01: <?php
02: // セッションの開始
03: session_start();  ——— セッションを開始します
04: require_once("../../lib/util.php");
05: ?>
06:
07: <?php
08: // 文字エンコードの検証
09: if (!cken($_POST)){
10:   $encoding = mb_internal_encoding();
11:   $err = "Encoding Error! The expected encoding is " . $encoding ;
12:   $isError = true;
13:   // エラーメッセージを出して、以下のコードをすべてキャンセルする
14:   exit($err);
15: }
16: ?>
17:
18: <?php
19: // 入力データの取り出しとチェック
20: $error = [];
21: // セッション変数に値があれば受け渡す
22: if (empty($_SESSION['name'])){
23:   $error[] = " 名前を入力してください。";
24: } else {
25:   $name = $_SESSION['name'];
26: }
27: if (empty($_SESSION['kotoba'])){
28:   $error[] = " 好きな言葉を入力してください。";
29: } else {
30:   $kotoba = $_SESSION['kotoba'];
31: }
32:
33: // $_POST 変数に値があればセッション変数に受け渡す
34: if (isset($_POST['dogcat'])){
35:   $dogcat = $_POST['dogcat'];
36:   $_SESSION['dogcat'] = $dogcat;
37:   // 値のチェック
38:   $diffValue = array_diff($dogcat, [" 犬 ", " 猫 "]);
39:   // 規定外の値が含まれていなければ OK
40:   if (count($diffValue)>0){
41:     $error[] = " 犬好き猫好きの回答にエラーがありました。";
42:   }
43:   $dogcatString = implode(" 好きで、", $dogcat) . " 好きです。";
44: } else {
45:   $dogcatString = " どちらも好きではありません。";
46:   $_SESSION['dogcat'] = [];
47: }
48: ?>
49:
50: <!DOCTYPE html>
51: <html lang="ja">
52: <head>
53:   <meta charset="utf-8">
54:   <title> 確認ページ </title>
55:   <link href="../../css/style.css" rel="stylesheet">
56: </head>
57: <body>
```

——— 「アンケート 1/2」での入力

——— 「アンケート 2/2」での入力

Part 3

Chapter 8

Chapter 9

Chapter **10**

Chapter 11

Part 3　Webページを作る

Chapter 10　セッションとクッキー

```
58:    <div>
59:    <form>
60:    <?php if (count($error)>0){ ?>
61:      <!-- エラーがあったとき -->
62:      <span class="error"><?php echo implode('<br>', $error); ?></span><br>
63:      <span>
64:        <input type="button" value=" 戻る " onclick="location.href='input.php'">
65:      </span>
66:    <?php } else { ?>
67:      <!-- エラーがなかったとき -->
68:      <span>
69:        名前：<?php echo es($name); ?><br>
70:        好きな言葉：<?php echo es($kotoba); ?><br>
71:        犬猫好き？：<?php echo es($dogcatString); ?><br>
72:        <input type="button" value=" 訂正する " onclick="location.href='input.php'">
73:        <input type="button" value=" 送信する " onclick="location.href='thankyou.php'">
74:      </span>
75:    <?php } ?>
76:    </form>
77:    </div>
78:    </body>
79:    </html>
```

（69〜71行目）————— アンケート結果を表示します

セッション変数から値を取り出してチェックする

　一番最初に入力してもらった名前と好きな言葉は $_SESSION に入れてありますが、値が入っているかどうかをチェックしていないのでここでチェックします。値が入っていれば $name、$kotoba に取り出し、値が入ってなければエラーメッセージを配列 $error に追加します。

php 名前と好きな言葉をセッション変数から取り出してチェックする

«sample» session_form2/confirm.php

```
21:    // セッション変数に値があれば受け渡す
22:    if (empty($_SESSION['name'])){
23:      $error[] = " 名前を入力してください。";
24:    } else {
25:      $name = $_SESSION['name'];
26:    }
27:    if (empty($_SESSION['kotoba'])){
28:      $error[] = " 好きな言葉を入力してください。";
29:    } else {
30:      $kotoba = $_SESSION['kotoba'];
31:    }
```

犬好きか猫好きかの値をセッション変数に移す

　このページには犬好きか猫好きかのチェックボックスの値が POST されて渡されているので、$_POST の値を取り出してチェックします。$_POST に配列の値が入っていれば $_SESSION に値を移します。配列が入っていた場合も規定外の値が含まれていないかどうかを array_diff() を使ってチェックします。

　値にエラーがなければ implode() を利用して配列の値をつなげて文にして $dogcatString に納めます。配列が空の場合は「どちらも好きではありません。」という文にします。

390

複数ページでセッション変数を利用する　Section 10-3

php 犬好き猫好きのチェックボックスの値を取り出してチェックする

«sample» session_form2/confirm.php

```
33:     // $_POST 変数に値があればセッション変数に受け渡す
34:     if (isset($_POST['dogcat'])){
35:         $dogcat = $_POST['dogcat'];
36:         $_SESSION['dogcat'] = $dogcat;　――― POST された値があればセッション変数にも入れておきます
37:         // 値のチェック
38:         $diffValue = array_diff($dogcat, ["犬", "猫"]);
39:         // 規定外の値が含まれていなければ OK
40:         if (count($diffValue)>0){
41:             $error[] = "犬好き猫好きの回答にエラーがありました。";
42:         }
43:         $dogcatString = implode("好きで、", $dogcat) . "好きです。";
44:     } else {
45:         $dogcatString = "どちらも好きではありません。";
46:         $_SESSION['dogcat'] = [];　――― POST された値がなければセッション変数は空にします
47:     }
```

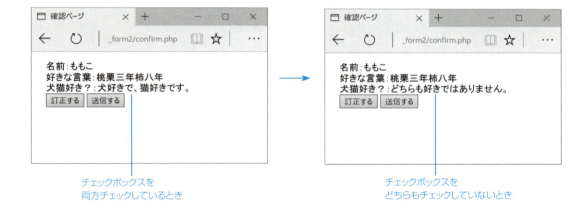

チェックボックスを
両方チェックしているとき

チェックボックスを
どちらもチェックしていないとき

Part 3　Web ページを作る

Chapter 10　セッションとクッキー

完了ページを作る

　最後に入力結果を表示してセッションを終了する完了ページを作ります。アンケート結果は $_SESSION に入っているので値を変数に取り出します。セッション変数から値を取り出したならばセッションを破棄し、変数に取り出した値をブラウザに表示します。ここで行っている処理はすでにここまでのページで行ってきたことと同じです。これまでのページでの処理を理解できていれば説明の必要はありませんね。

php　すべての値をセッション変数から取り出してセッションを終了する

«sample» session_form2/thankyou.php

```php
<?php
require_once("../../lib/util.php");
// セッションの開始
session_start();              ── セッションを開始します
// セッションのチェック
$error = [];
if (!empty($_SESSION['name']) && !empty($_SESSION['kotoba'])){
    // セッション変数から値を取り出す
    $name = $_SESSION['name'];
    $kotoba = $_SESSION['kotoba'];              ── アンケート結果を取り出します
    $dogcat = $_SESSION['dogcat'];
    $dogcatString = implode("好きで、", $dogcat) . "好きです。";
} else {
    // セッション変数が空だったとき
    $error[] = "セッションエラーです。";
}
// HTML を表示する前にセッションを終了する
killSession()
?>

<?php
// セッションを破棄する
function killSession(){
    // セッション変数の値を空にする
    $_SESSION = [];
    // セッションクッキーを破棄する
    if (isset($_COOKIE[session_name()])){
        $params = session_get_cookie_params();
        setcookie(session_name(), '', time()-36000, $params['path']);
    }
```

```
31:        // セッションを破棄する
32:        session_destroy();
33:    }
34:    ?>
35:
36:    <!DOCTYPE html>
37:    <html lang="ja">
38:    <head>
39:      <meta charset="utf-8">
40:      <title>完了ページ</title>
41:      <link href="../../css/style.css" rel="stylesheet">
42:    </head>
43:    <body>
44:    <div>
45:      <?php if (count($error)>0){ ?>
46:        <!-- エラーがあったとき -->
47:        <span class="error"><?php echo implode('<br>', $error); ?></span><br>
48:        <span>
49:          <input type="button" value="最初のページに戻る " onclick="location.href='input.php'">
50:        </span>
51:      <?php } else { ?>
52:        <!-- エラーがなかったとき -->
53:        次のように受付けました。ありがとうございました。
54:        <HR>
55:        <span>
56:          名前：<?php echo es($name); ?><br>
57:          好きな言葉：<?php echo es($kotoba); ?><br>
58:          犬猫好き？：<?php echo es($dogcatString); ?><br>
59:          <a href="input.php">最初のページに戻る</a>
60:        </span>
61:      <?php } ?>
62:    </div>
63:    </body>
64:    </html>
```

——— アンケート結果を表示します

セキュリティ対策　　トークンを利用して遷移チェックする（CSRF 対策）

セッション変数と POST 変数を利用して、正しい遷移で Web ページが開いていたかどうかを確認する方法があります。具体的にはページを遷移する前に乱数でワンタイムトークンを生成してセッション変数に保管し、遷移先にも POST します。遷移先ではセッション変数のトークンと POST 変数に入っているトークンを比較して一致すれば正しい遷移が行われたと判断します。トークンは次のコードで生成できます。

php　ワンタイムトークンを生成する

```
01:        // トークン（乱数）を生成
02:        $bytes = openssl_random_pseudo_bytes(16);
03:        // 16進数に変換
04:        $token = bin2hex($bytes);
```

Section 10-4
クッキーを使う

クッキーとセッションはよく似た機能ですが、セッションは複数ページに渡って利用する変数を保持するという目的で利用されるのに対し、クッキーはブラウザから離れてもユーザの値を保管しておく目的で利用されます。この節では、クッキーで値を保存し、その値を取り出す簡単な例を示します。

クッキーに保存する

クッキーはセッションと違って、利用開始のメソッドを実行する必要がありません。setcookie() を使ってすぐに利用できます。ただし、セッションと同じように setcookie() を実行するよりも前に空白、空行、HTML コードなどの出力があるとエラーになります。また、ユーザによってはブラウザでのクッキーの利用を許可していないことがあるので、その点にも注意が必要です。

ではさっそくクッキーに値を保存し、確認する流れを簡単な例を見てみましょう。次の例では開いたページ（set_cookie.php）で $message に入っているメッセージを保存します。そして、移動先のページ（check_cookie.php）でクッキーに保存した値を取り出して確認します。

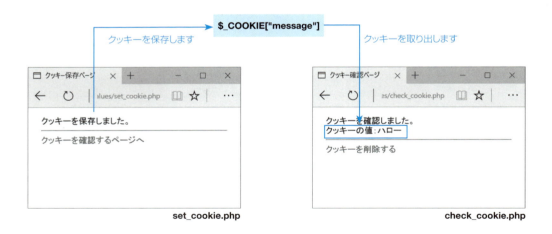

クッキーを使う　**Section 10-4**

---

php クッキーに値を保存する

«sample» **cookie_values/set_cookie.php**

```php
01:    <?php
02:    // クッキーに保存する値を準備する
03:    $message = "ハロー";
04:    // クッキーに値を代入する（ブラウザを閉じるまで有効）
05:    $result = setcookie("message", $message);
06:    ?>
07:
08:    <!DOCTYPE html>
09:    <html lang="ja">
10:    <head>
11:    <meta charset="utf-8">
12:    <title>クッキー保存ページ</title>
13:    <link href="../../css/style.css" rel="stylesheet">
14:    </head>
15:    <body>
16:    <div>
17:      <?php
18:      if ($result){
19:         echo "クッキーを保存しました。", "<hr>";
20:         echo '<a href="check_cookie.php">クッキーを確認するページへ</a>';
21:      } else {
22:         echo '<span class="error">クッキーの保存でエラーがありました。</span>', "<br>";
23:      }
24:      ?>
25:    </div>
26:    </body>
27:    </html>
```

05行目に対して: クッキーに保存します。これより前に空白行やHTMLコードがあってはいけません。

18行目に対して: クッキーへの保存が成功したとき true になります

Part 3
Chapter 8
Chapter 9
Chapter **10**
Chapter 11

setcookie() の書式

先にも書いたようにクッキーに値を保存する使用するメソッドは setcookie() です。setcookie() の書式は次のとおりです。$result には、クッキーの保存が成功したら true、失敗したら false が戻ります。

書式 クッキーを保存する

$result = **setcookie (** クッキー名 , 値 , 期限 , パス , ドメイン , セキュア , HTTP オンリー **);**

第1引数にクッキーの名前を指定し、第2引数に保存する値を指定します。クッキー名は、クッキーから値を取り出したり削除したりする際に使用します。すでに同じ名前のクッキーが存在していたならば値を上書きして更新することになります。

期限はクッキーの有効期限です。1970 年 1 月 1 日午前 0 時（GMT）から起算した経過秒数（Unix タイムスタンプ）で指定します。time() が現在の起算秒数を返すので、time()+60 ならば作成後 1 分が有効期限です。有効期限を 3 日にしたければ、time()*60*60*24*3 のように指定します。有効期限を省略するか、0 を指定するとブラウザを閉じるまでが有効期限になります。

「パス、ドメイン、セキュア、HTTP オンリー」は通常は指定しなくても構いません。パス、ドメインはクッ

Part 3　Webページを作る

Chapter 10　セッションとクッキー

キーが有効な範囲を示します。パス、ドメインを省略すると現在のページが存在するディレクトリ、サブドメインの範囲でのみ有効です。セキュアを true にすると https 経由でのみクッキーを送り返すようになります。デフォルトは false です。HTTP オンリーを true にすると JavaScript からのアクセスを禁止します。このほうが安全ですが、未対応のブラウザがあるため初期値は false になっています。

クッキーに値を保存する

この例ではクッキーに "message" の名前で " ハロー " と保存しています。有効期限を省略しているので、ブラウザを閉じるとクッキーは削除されます。

---

php　クッキーに "message" の名前で " ハロー " と保存する

«sample» cookie_values/set_cookie.php

```php
02:    // クッキーに保存する値を準備する
03:    $message = " ハロー ";
04:    // クッキーに値を代入する（ブラウザを閉じるまで有効）
05:    $result = setcookie("message", $message);  ──── 期限を省略しているのでブラウザを閉じるまで有効です
```

クッキーから値を取り出す

クッキーが有効になるのはページをロードした時点です。最初のページの「クッキーを確認するページへ」をクリックして、いったんページを移動するとグローバル変数 $_COOKIE からクッキーの値を取り出せるようになります。保存したときに "message" という名前を付けたので、$_COOKIE["message"} で値を取り出します。

これまでの $_POST や $_SESSION から値を取り出したときと同じように、isset() で値が設定されているかどうかを確認し、$_COOKIE["message"] の中身を変数 $message に取り出します。$message の値をブラウザに表示する際には、必ず HTML エスケープを通します。ここではこれまでと同じように util.php で定義しておいた es() を使って、es($message) のようにしています。（☞ P.266）

---

php　クッキーから値を取り出す

«sample» cookie_values/check_cookie.php

```php
01:    <?php
02:    require_once("../../lib/util.php");
03:    ?>
04:
05:    <!DOCTYPE html>
06:    <html lang="ja">
07:    <head>
08:      <meta charset="utf-8">
09:      <title> クッキー確認ページ </title>
10:      <link href="../../css/style.css" rel="stylesheet">
11:    </head>
12:    <body>
13:    <div>
14:      <?php
15:      // クッキー変数を調べる
```

396

Section 10-4 クッキーを使う

```
16:        echo "クッキーを確認しました。", "<br>";
17:        if(isset($_COOKIE["message"])){
18:            // クッキーの値を取り出す
19:            $message = $_COOKIE["message"];        ── クッキーから値を取り出します
20:            echo "クッキーの値：", es($message), "<hr>";  ── HTML エスケープを行ってからブラウザに表示します
21:            echo '<a href="delete_cookie.php">クッキーを削除する</a>';
22:        } else {
23:            echo "クッキーはありません。", "<hr>";
24:            echo '<a href="set_cookie.php">クッキーを設定するページへ</a>';
25:        }
26:        ?>
27:    </div>
28: </body>
29: </html>
```

セキュリティ対策　クッキーは簡単に見ることができ、改ざんもできる

クッキーはユーザのコンピュータに保存され、その中身はブラウザで簡単に見ることができるので重要な値を保存してはいけません。また、ブラウザに表示する場合は HTML エスケープを行ってください。

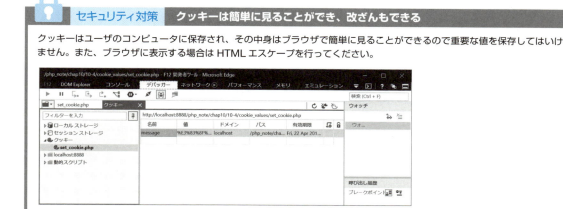

クッキーの有効期限とクッキーの削除

　書式の説明でも書いたように、クッキーの有効期限はクッキーを保存する setcookie() の第3引数で指定します。クッキーを削除するには、削除したいクッキーの有効期限を過去の期日で更新します。過去の期日とは、time()-3600 といった値です。

　なお、setcookie() を使わずに $_COOKIE = [] といった式でも削除できそうに思えますが、クッキーは setcookie() を使って設定されたものと同じパラメータで削除する必要があります。

Part 3　Webページを作る

Chapter 10　セッションとクッキー

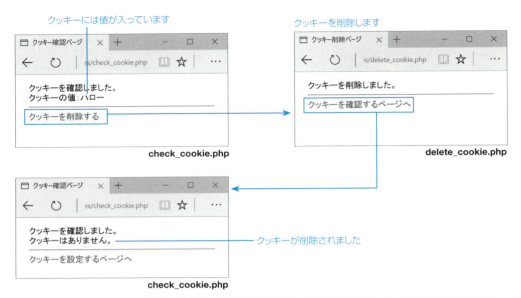

php クッキーを削除する

«sample» cookie_values/delete_cookie.php

```
01: <?php
02: // クッキーを削除する
03: $result = setcookie("message", "", time()-3600);
04: ?>
05:
06: <!DOCTYPE html>
07: <html lang="ja">
08: <head>
09: <meta charset="utf-8">
10: <title> クッキー削除ページ </title>
11: <link href="../../css/style.css" rel="stylesheet">
12: </head>
13: <body>
14: <div>
15:   <?php
16:   if ($result){
17:     echo " クッキーを削除しました。", "<hr>";
18:     echo '<a href="check_cookie.php"> クッキーを確認するページへ </a>';
19:   } else {
20:     echo '<span class="error"> クッキーの削除でエラーがありました。</span>', "<br>";
21:   }
22:   ?>
23: </div>
24: </body>
25: </html>
```

有効期限を過去に変更することで、クッキーを削除します

> **NOTE**
>
> **試しに作るクッキーは有効期限を短くするか省略しておく**
> 有効期限を省略するとブラウザを閉じればクッキーが削除されます。有効期限を省略しておくと試しに作ったクッキーが残ってしまう面倒がありません。

398

Section 10-5

クッキーで訪問カウンタを作る

クッキーを使った例としてページを訪れた回数をカウントアップするカウンタを作ってみましょう。1つ目の例は訪問回数のカウントアップ、2つ目の例は訪問日時も保存します。2つ目の例では配列をクッキーに保存する方法を取り上げます。

訪問カウンタを作る

　クッキーを利用して訪問カウンタを作ります。クッキーに保存した値を直接書き替えることはできないので、ページを開くたびにクッキーに保存してある値をいったん取り出し、値を更新して同名のクッキーで上書き保存します。

　通常、訪問カウンタの有効期限は長期間に設定しますが、ここではテスト用として5分間に設定しています。つまり、5分以内に再訪問しないとクッキーが破棄され、カウンタがリセットされることになります。なお、ブラウザの戻るボタンでページを戻った場合はページがリロードしないのでカウントアップされません。

Part 3　Webページを作る

Chapter 10　セッションとクッキー

---

php 訪問カウンタを作る

«sample» visited_counter/page1.php

```php
01: <?php
02: require_once("../../lib/util.php");
03: // クッキーの値を取り出す
04: if (isset($_COOKIE["visitedCount"])){
05:     // 現在のカウンタの値を取り出す
06:     $visitedCount = $_COOKIE["visitedCount"];  ──────── クッキーから前回の訪問数を取り出します
07: } else {
08:     // クッキーがないのでカウンタに初期値を設定する
09:     $visitedCount = 0;
10: }
11: // クッキーの値をカウントアップする（テスト用に5分間有効）
12: $result = setcookie("visitedCount", ++$visitedCount, time()+60*5);
13: ?>                                          訪問数をカウントアップして、クッキーに保存し直します
14:
15: <!DOCTYPE html>
16: <html lang="ja">
17: <head>
18: <meta charset="utf-8">
19: <title>Page 1</title>
20: <link href="../../css/style.css" rel="stylesheet">
21: </head>
22: <body>
23: <div>                         1を加算した訪問数を表示します
24:     <?php
25:     if ($result) {
26:         echo "このページの訪問は ", es($visitedCount), " 回目です。", "<hr>";
27:         echo '<a href="page2.php">ページを移動する</a>', "<br>";
28:         echo ' (<a href="reset_counter.php">リセットする</a>) ';
29:     } else {
30:         echo '<span class="error">クッキーが利用できませんでした。</span>';
31:     }
32:     ?>
33: </div>
34: </body>
35: </html>
```

カウンタの値を取り出す

すでに説明したようにカウンタをカウントアップするには、クッキーに保存してある値をいったん取り出します。クッキーには有効期限があるので、クッキーの値を調べる場合は値が存在するかどうかを確認します。

ここではカウンタを "visitedCount" の名前のクッキーで保存しているので、$_COOKIE["visitedCount"] が設定済みかどうかをチェックし、設定済みならば値を $visitedCount に取り出し、値がなければ $visitedCount を 0 に設定します。

クッキーで訪問カウンタを作る **Section 10-5**

---

php カウンタの値を取り出す

«sample» **visited_counter/page1.php**

```php
03:    // クッキーの値を取り出す
04:    if (isset($_COOKIE["visitedCount"])){     ——— 訪問数のクッキーが存在するかどうかチェックします
05:      // 現在のカウンタの値を取り出す
06:      $visitedCount = $_COOKIE["visitedCount"];
07:    } else {                                   ——— 前回までの訪問数を取り出します
08:      // クッキーがないのでカウンタに初期値を設定する
09:      $visitedCount = 0;
10:    }
```

カウンタをカウントアップして保存する

カウンタのカウントアップは、クッキーを保存する際に ++$visitedCount を実行して同時にやってしまいます。カウンタの初期値は 0 ですが、最初の訪問が 1 回目として記録されます。クッキーの有効期限は訪問してから 5 分間です。

---

php クッキーの値をカウントアップする（テスト用に 5 分間有効）

«sample» **visited_counter/page1.php**

```php
12:    $result = setcookie("visitedCount", ++$visitedCount, time()+60*5);
```

移動先のページ

移動先のページにはカウンタが設定してある Page 1（page1.php）に戻るリンクがあるだけで、PHP コードはありません。いったん Page1 から移動することで、クッキーへの保存が有効になります。

---

php 移動先のページ

«sample» **visited_counter/page2.php**

```html
01:    <!DOCTYPE html>
02:    <html lang="ja">
03:    <head>
04:      <meta charset="utf-8">
05:      <title>Page 2</title>
06:      <link href="../../css/style.css" rel="stylesheet">
07:    </head>
08:    <body>
09:    <div>
10:      <a href="page1.php">Page 1 に戻る </a>
11:    </div>
12:    </body>
13:    </html>
```

カウンタの値をリセットする

カウンタの値をリセットするには、クッキーを削除してしまってもかまいませんが（☞ P.397）、ここではカウンタの値を 0 にしてクッキーを保存しています。

Part 3 Webページを作る

Chapter 10 セッションとクッキー

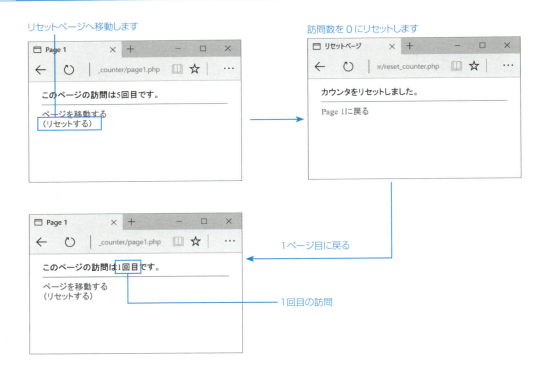

php カウンタの値を0にリセットする

«sample» visited_counter/reset_counter.php

```php
01: <?php
02: // カウントをリセットする（テスト用に5分間有効）
03: $result = setcookie("visitedCount", 0, time()+60*5);
04: ?>
05:
06: <!DOCTYPE html>
07: <html lang="ja">
08: <head>
09: <meta charset="utf-8">
10: <title> リセットページ </title>
11: <link href="../../css/style.css" rel="stylesheet">
12: </head>
13: <body>
14: <div>
15:  <?php
16:   if ($result){
17:     echo " カウンタをリセットしました。", "<hr>";
18:     echo '<a href="page1.php">Page 1 に戻る </a>';
19:   } else {
20:     echo '<span class="error"> カウンタのリセットでエラーがありました。</span>';
21:   }
22:  ?>
23: </div>
24: </body>
25: </html>
```

402

クッキーに配列を保存する

　次の例では訪問回数だけでなく、訪問日時も保存します。2個の値をそれぞれ個別にクッキーに保存すればよいのですが、ここでは2個の値を配列として保存する方法を紹介します。

配列を保存する書式

　クッキーにはsetcookie(クッキー名, 配列)のように配列を直接保存することはできません。クッキーに配列を保存する場合は、クッキー名[キー]の書式を使って要素ごとに値を保存します。この書式では、クッキー名["キー"]ではなく、"クッキー名[キー]"のように第1引数全体を1つの文字列にする点に注意してください。

> **書式** クッキーに配列の値を保存する
>
> $result = **setcookie**(" クッキー名 [キー]", 値);

　一方、$_COOKIEから値を取り出す場合は保存したときのように$_COOKIE("クッキー名[キー]")のように指定せず、$_COOKIE(クッキー名)でいったん配列を取り出してから各要素にアクセスします。

> **❶ NOTE**
> **配列をストリングに変換して保存する**
> クッキーを配列の書式で保存しても、実際には値ごとに個別のクッキーに保存されます。保存できるクッキーの個数はブラウザによって制限があるので、配列を文字列に変換して1個のクッキーで済ませる方法を次節で説明します。

訪問回数と日時を配列で保存する

　回数（$counter）と日時（$time）の2つの値があるので、これを [$counter, $time] の配列にしてクッキー "visitedLog" に保存します。

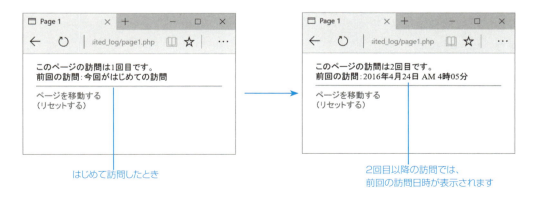

はじめて訪問したとき

2回目以降の訪問では、
前回の訪問日時が表示されます

Part 3　Web ページを作る

Chapter 10　セッションとクッキー

---

php　クッキーに訪問回数と日時を保存する

«sample» visited_log/page1.php

```php
01: <?php
02: require_once("../../lib/util.php");
03: // クッキーの値を取り出す
04: if (isset($_COOKIE["visitedLog"])){
05:     // 訪問ログの値を取り出す
06:     $logdata = $_COOKIE["visitedLog"];           ─── 前回の訪問ログを取り出します。$logdata に配列で入ります
07:     $counter = $logdata["counter"];
08:     $time = $logdata["time"];
09:     $lasttime = date("Y 年 n 月 j 日 A g 時 i 分", $time);
10: } else {
11:     // クッキーがないので訪問ログに初期値を設定する
12:     $counter = 0;
13:     $lasttime = " 今回がはじめての訪問 ";
14: }
15: // 訪問ログをクッキーに保存する（24 時間有効）        ─── 訪問回数を保存します
16: $result1 = setcookie('visitedLog[counter]', ++$counter, time()+60*60*24);
17: $result2 = setcookie('visitedLog[time]', time(), time()+60*60*24);
18: $result = ($result1 && $result2);                ─── 訪問日時を保存します
19: ?>
20:
21: <!DOCTYPE html>
22: <html lang="ja">
23: <head>
24: <meta charset="utf-8">
25: <title>Page 1</title>
26: <link href="../../css/style.css" rel="stylesheet">
27: </head>
28: <body>
29: <div>
30:     <?php
31:     if ($result) {
32:         echo " このページの訪問は ", es($counter), " 回目です。", "<br>";
33:         echo " 前回の訪問：", es($lasttime), "<hr>";
34:         echo '<a href="page2.php"> ページを移動する </a>', "<br>";
35:         echo ' （<a href="reset_log.php"> リセットする </a>） ';
36:     } else {
37:         echo '<span class="error"> クッキーが利用できませんでした。</span>';
38:     }
39:     ?>
40: </div>
41: </body>
42: </html>
```

配列の値をクッキーに保存する

　クッキーへの保存は配列の要素ごとに行います。訪問回数の $counter は保存する際に ++$counter のように
にカウントアップした後で同時に保存します。画面に表示する際にはカウントアップ済みの $counter の値が
表示されます。

　訪問日時は time() の値を保存します。2 個のクッキーの保存結果を合わせて成功不成功を判断したいので、
それぞれの結果の論理積の ($result1 && $result2) を $result に入力します。

404

クッキーで訪問カウンタを作る **Section 10-5**

---

php 配列の値をクッキーに保存する

«sample» **visited_log/page1.php**

```
15:     // 訪問ログをクッキーに保存する（24 時間有効）        配列 [ キー ] を文字列で指定します
16:     $result1 = setcookie('visitedLog[counter]', ++$counter, time()+60*60*24);
17:     $result2 = setcookie('visitedLog[time]', time(), time()+60*60*24);
18:     $result = ($result1 && $result2);
```

クッキーから配列の値を取り出す

　先にも書いたようにクッキーから配列の値を取り出すには、まず $_COOKIE["visitedLog"] のように配列名で配列を取り出し、そこから $logdata["counter"]、$logdata["time"] のように各値を取り出します。日時はUnix タイムスタンプの秒数なので、date() を使って日付フォーマットを指定して「年月日 AM/PM 時分」の形式の文字列にしています。

　$_COOKIE["visitedLog"] に値がなかった場合は、はじめて訪問したかクッキーが破棄されてしまった場合です。その場合は変数の $counter と $lasttime に初期値を設定します。

---

php クッキーから配列の値を取り出す

«sample» **visited_log/page1.php**

```
04:     if (isset($_COOKIE["visitedLog"])){
05:         // 訪問ログの値を取り出す
06:         $logdata = $_COOKIE["visitedLog"];        訪問ログは $logdata に配列で入ります
07:         $counter = $logdata["counter"];
08:         $time = $logdata["time"];        値は配列からキーで取り出します
09:         $lasttime = date("Y 年 n 月 j 日 A g 時 i 分", $time);
10:     } else {
11:         // クッキーがないので訪問ログに初期値を設定する
12:         $counter = 0;
13:         $lasttime = " 今回がはじめての訪問 ";
14:     }
```

日付のフォーマット

　ここで date() で指定する日付フォーマットについて簡単に説明します。日付フォーマットは date() だけでなく、DateTime クラスの DateTime::format()、date_format() などでも同じように指定します。

　よく利用するフォーマット文字は次のとおりです。フォーマット文字で指定すると、その文字が日時の実際の値と置き換わります。

指定文字	値の説明	実際の値
Y	年（4 桁）	例 2001、2016
y	年（2 桁）	例 01、16
m	月	01 から 12（ゼロを付ける）
n	月	1 から 12
M	月（3 文字形式）	Jan から Dec
F	月	January から December
d	日	01 から 31（ゼロを付ける）

Part 3
Chapter 8
Chapter 9
Chapter 10
Chapter 11

j	日	1 から 31
D	曜日（3 文字形式）	Mon から Sun
l（小文字の L）	曜日	Monday から Sunday
w	曜日	0（日曜）から 6（土曜）
a	午前／午後	am または pm
A	午前／午後	AM または PM
g	時（12 時制）	1 から 12
G	時（24 時制）	0 から 23
h	時（12 時制）	01 から 12（ゼロを付ける）
H	時（24 時制）	00 から 23（ゼロを付ける）
i	分	00 から 59（ゼロを付ける）
s	秒	00 から 59（ゼロを付ける）
I（大文字の i）	サマータイム中かどうか	1（サマータイム中）、0（サマータイム中ではない）
z	年間の通算日	0 から 365

訪問ログのクッキーを破棄する

　訪問ログのクッキーを破棄する場合には、配列の値を保存したときと同じように値を 1 個ずつ破棄する必要があります。クッキーを破棄する方法は通常と同じで、setcookie() で有効期限を過去にして値を設定します。

php 訪問ログのクッキーを破棄する

«sample» visited_log/reset_log.php

```php
01: <?php
02: // クッキーを破棄する
03: $result1 = setcookie('visitedLog[counter]', "", time()-3600);
04: $result2 = setcookie('visitedLog[time]', "", time()-3600);
05: $result = ($result1 && $result2);
06: ?>
07:
08: <!DOCTYPE html>
09: <html lang="ja">
10: <head>
11: <meta charset="utf-8">
12: <title> リセットページ </title>
13: <link href="../../css/style.css" rel="stylesheet">
14: </head>
15: <body>
16: <div>
17:   <?php
18:     if ($result){
```

有効期限を過去にします

```
19:        echo " 訪問ログのクッキーを破棄しました。",  "<hr>";
20:        echo '<a href="page1.php">Page 1 に戻る </a>';
21:     } else {
22:        echo '<span class="error"> クッキーの破棄でエラーがありました。</span>';
23:     }
24:   ?>
25:  </div>
26:  </body>
27:  </html>
```

Section 10-6
複数の値を1つにまとめてクッキーに保存する

前節でクッキーに配列を保存する方法を説明しましたが、クッキーに保存できる個数には制限があるので、値の個数が多い場合は複数の値を1つにまとめて1個のクッキーに保存するほうがよいでしょう。この節ではインデックス配列の場合と連想配列の場合に分けて、配列を文字列に変換してクッキーに保存する方法を紹介します。

インデックス配列を1個の文字列にして保存する

配列の値を連結して1個の文字列にし、それをクッキーに保存します。配列の値は implode() で簡単に文字列に連結できます。値と値の間を連結する文字は何でもかまいませんが、この例では「値1&値2&値3」のように "&" で値を連結します。配列 $fruits に入っている [" りんご ", " みかん ", " レモン ", " バナナ "] は、implode("&", $fruits) によって " りんご & みかん & レモン & バナナ " の文字列に変換できます。

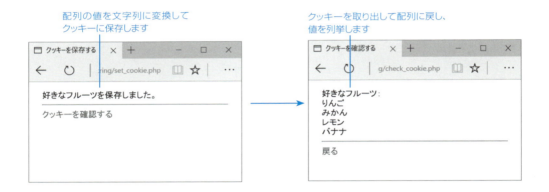

php 配列の値を文字列に連結してクッキーに保存する

«sample»array_string/set_cookie.php

```
01: <?php
02: require_once("../../lib/util.php");
03: // 保存する配列
04: $fruits = [" りんご ", " みかん ", " レモン ", " バナナ "];
05: // 値を連結した文字列にする
06: $valueString = implode("&", $fruits);          ──── 保存する値を1個の文字列に連結します
07: // クッキーに保存する
08: $result = setcookie("fruits", $valueString);   ──── クッキーに保存します
09: ?>
10:
11: <!DOCTYPE html>
12: <html lang="ja">
13: <head>
14: <meta charset="utf-8">
15: <title> クッキーを保存する </title>
```

```
16:    <link href="../../css/style.css" rel="stylesheet">
17:   </head>
18:   <body>
19:     <div>
20:       <?php
21:       if ($result) {
22:         echo " 好きなフルーツを保存しました。", "<hr>";
23:         echo '<a href="check_cookie.php"> クッキーを確認する </a>';
24:       } else {
25:         echo '<span class="error"> クッキーが利用できませんでした。</span>';
26:       }
27:       ?>
28:     </div>
29:   </body>
30: </html>
```

クッキーから取り出した文字列を配列に戻す

　クッキーに保存した値は配列の値を連結した文字列なので、explode() を使って元の配列に戻します。"&" で連結したので、explode("&", $valueString) で配列に変換できます。このサンプルでは配列の値を再び implode("<br>", $fruits) を使い改行コードで連結された文字列に変換して表示しています。

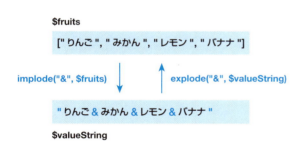

php　クッキーから取り出した文字列を配列に戻す

«sample» array_string/check_cookie.php

```
01: <?php
02: require_once("../../lib/util.php");
03: ?>
04:
05: <!DOCTYPE html>
06: <html lang="ja">
07:   <head>
08:     <meta charset="utf-8">
09:     <title> クッキーを確認する </title>
10:     <link href="../../css/style.css" rel="stylesheet">
11:   </head>
12:   <body>
13:     <div>
14:       <?php
15:       // クッキーの値を取り出す
16:       if (isset($_COOKIE["fruits"])){
17:         // 訪問ログの値を取り出す
18:         $valueString = $_COOKIE["fruits"];          ──── クッキーの値を取り出します
```

```
19:        // 値を配列にする
20:        $fruits = explode("&", $valueString);        値の文字列を配列に分割します
21:        // HTML エスケープする
22:        $fruits = es($fruits);
23:        // 配列の値を列挙する
24:        echo "好きなフルーツ：", "<br>";
25:        echo implode("<br>", $fruits), "<hr>";        ブラウザに表示するために <br> で
26:      } else {                                        連結した文字列を作ります
27:        echo "クッキーはありません。", "<hr>";
28:      }
29:    ?>
30:    <a href="set_cookie.php">戻る</a>
31:    </div>
32:    </body>
33:    </html>
```

連想配列を 1 個のクエリ文字列にして保存する

　連想配列をクッキーに保存したい場合は、「キー 1= 値 1& キー 2= 値 2」のようにクエリ文字列に変換して保存する方法があります。クエリ文字列で保存すれば、parse_str() を利用して連想配列に戻すことができます。連想配列をクエリ文字列に変換する関数はないので、array_queryString() をユーザ定義します。

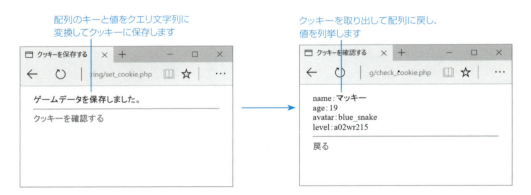

配列のキーと値をクエリ文字列に変換してクッキーに保存します

クッキーを取り出して配列に戻し、値を列挙します

php 配列のキーと値をクエリ文字列にして保存する

«sample» array_querystring/set_cookie.php

```
01: <?php
02: require_once("../../lib/util.php");
03: // 保存する配列
04: $gamedata = ["name"=>"マッキー", "age"=>19, "avatar"=>"blue_snake", "level"=>"a02wr215"];
05: // 配列をクエリ文字列にする
06: $dataQueryString = array_queryString($gamedata);
07: // クッキーに保存する ()
08: $result = setcookie("gamedata", $dataQueryString, time()+60*5);
09: ?>
10:
11: <?php
12: // 配列のキーと値をクエリ文字列に変換する
13: function array_queryString(array $variable){          連想配列をクエリ文字列に
14:   $data = [];                                          変換する関数を定義します
```

複数の値を1つにまとめてクッキーに保存する　Section 10-6

```
15:     foreach ($variable as $key => $value) {
16:       $data[] = "{$key}={$value}";          ─── "キー＝値" の要素にして配列に追加します
17:     }
18:     // クエリ文字列を作る
19:     $queryString = implode("&", $data);
20:     return $queryString;                     ─── できた配列を "&" で連結してクエリ文字列にします
21:   }
22:   ?>
23:
24:   <!DOCTYPE html>
25:   <html lang="ja">
26:   <head>
27:   <meta charset="utf-8">
28:   <title> クッキーを保存する </title>
29:   <link href="../../css/style.css" rel="stylesheet">
30:   </head>
31:   <body>
32:   <div>
33:     <?php
34:     if ($result) {
35:       echo " ゲームデータを保存しました。", "<hr>";
36:       echo '<a href="check_cookie.php"> クッキーを確認する </a>';
37:     } else {
38:       echo '<span class="error"> クッキーが利用できませんでした。</span>';
39:     }
40:     ?>
41:   </div>
42:   </body>
43:   </html>
```

配列をクエリ文字列に変換する関数を定義する

　配列を「キー 1= 値 1& キー 2= 値 2」の形式のクエリ文字列に変換する関数を定義しておくと便利です。引数で配列を受け取ったならば、foreach 文を使ってキーと値を順に取り出して [" キー 1= 値 1", " キー 2= 値 2"] の形式の配列に変換し、それをあらため implode() を使って "&" で連結した文字列に変換します。

$gamedata

["name"=>" マッキー ", "age"=>19, "avatar"=>"blue_snake", "level"=>"a02wr215"]

array_queryString($gamedata) ↓　↑ parse_str($dataQueryString, $gamedata)

"name= マッキー &age=19&avatar=blue_snake&level=a02wr215"

$dataQueryString

Part 3　Web ページを作る

Chapter 10　セッションとクッキー

---

php　配列のキーと値をクエリ文字列に変換する

«sample» array_querystring/set_cookie.php

```php
12:   //  配列のキーと値をクエリ文字列に変換する
13:   function array_queryString(array $variable){
14:     $data = [];
15:     foreach ($variable as $key => $value) {
16:       $data[] = "{$key}={$value}";            ——— " 変数 = 値 " の 1 個の文字列にして配列に追加します
17:     }
18:     //  クエリ文字列を作る
19:     $queryString = implode("&", $data);       ——— できあがった配列を & で連結してクエリ文字列にします
20:     return $queryString;
21:   }
```

クッキーから取り出したクエリ文字列を配列に戻す

　クッキーから取り出した値はクエリ文字列なので、parse_str() を使って配列に戻します。取り出した配列を
ブラウザに表示するには foreach 文を使い、忘れずに HTML エスケープした値を表示します。

---

php　クッキーから取り出したクエリ文字列を配列に戻す

«sample» array_querystring/check_cookie.php

```php
01:   <?php
02:   require_once("../../lib/util.php");
03:   ?>
04:
05:   <!DOCTYPE html>
06:   <html lang="ja">
07:   <head>
08:     <meta charset="utf-8">
09:     <title> クッキーを確認する </title>
10:     <link href="../../css/style.css" rel="stylesheet">
11:   </head>
12:   <body>
13:   <div>
14:     <?php
15:     //  クッキーの値を取り出す
16:     if (isset($_COOKIE["gamedata"])){
17:       //  ゲームデータの値を取り出す
18:       $dataQueryString = $_COOKIE["gamedata"];       ——— クッキーの値を取り出します
19:       //  クエリ文字列から配列を作る
20:       parse_str($dataQueryString, $gamedata);        ——— 値のクエリ文字列を連想配列に戻します
21:       //  HTML エスケープ
22:       $gamedata = es($gamedata);
23:       //  配列の値を列挙する
24:       foreach ($gamedata as $key => $value) {
25:         echo "{$key}：{$value}", "<br>";             ——— クッキーに保存していたキーと値を表示します
26:       }
27:       echo "<hr>";
28:     } else {
29:       echo " クッキーはありません。", "<hr>";
30:     }
31:     ?>
32:     <a href="set_cookie.php"> 戻る </a>
33:   </div>
34:   </body>
35:   </html>
```

412

Part 3　Webページを作る

Chapter 11
ファイルの読み込みと書き出し

SpFileObjectクラスを使ってテキストファイルを読み書きする方法を説明します。SpFileObjectクラスを使ったファイルの読み書きは、データベースからのデータの読み書きと共通する手順になります。これと合わせて、CSVファイルの読み込みと書き出しの方法についても説明します。

Section 11-1　SplFileObjectクラスを使う
Section 11-2　フォーム入力をテキストファイルに追記する
Section 11-3　新しいメモを先頭に挿入保存する
Section 11-4　CSVファイルの読み込みと書き出し

Part 3　Webページを作る
Chapter 11　ファイルの読み込みと書き出し

Section 11-1
SplFileObject クラスを使う

本節では SplFileObject クラスを使ってデータをテキストファイルに保存する、逆にテキストファイルからデータを読み込む場合の基本的な方法を説明します。さらにこれに合わせて try 〜 catch の構文を使う例外処理についても説明します。なお、ここでのファイルの読み書きはサーバーサイドでの話であって、ユーザのハードディスクに対してファイルを読み書きするわけではありません。

ヒアドキュメントを書き出す

最初にヒアドキュメント（☞ P.111）をテキストファイルに書き出す方法を例にとって SplFileObject クラスの使い方を説明します。まず変数 $writedata にヒアドキュメントを代入し、それをテキストファイルの "mytext.txt" に書き出します。"mytext.txt" があれば上書きし、ファイルがなければ新規に作成して保存します。

テキストファイルに書き込みます

指定ファイルが存在しないときは、新規ファイルを作ります

> **❶ NOTE**
>
> **Standard PHP Library (SPL)**
> fopen()、fclose()、fwrite()、fread()、file() といった関数を使ったコードは古い手法です。PHP7 はもちろん、PHP5 以降では SplFileObject クラスを利用できます。SplFileObject クラスは、Standard PHP Library (SPL) に含まれているクラスで PHP 5.3 からは常に使用可能です。

php　ヒアドキュメントの内容をテキストファイルに書き出す

«sample» spl_write_read/write_file.php

```
01: <?php
02: $date = date("Y/n/j G:i:s", time());
03: $writedata = <<< "EOD"
04: ヒアドキュメントならば、
05: 途中で改行したり、         ← この文をファイルに書き出します
06: 変数を使った文章が作れますね。
07: 更新日：$date
08: EOD;              ← 今日の日付と置き換わります
09: ?>
10:
```

SplFileObject クラスを使う　Section 11-1

```
11:  <!DOCTYPE html>
12:  <html lang="ja">
13:  <head>
14:  <meta charset="utf-8">
15:  <title>SplFileObject でファイルに保存 </title>
16:  <link href="../../css/style.css" rel="stylesheet">
17:  </head>
18:  <body>
19:  <div>
20:    <?php                              保存するファイル名
21:    $filename = "mytext.txt";
22:    try {
23:      // ファイルオブジェクトを作る（wb 新規書き出し。ファイルがなければ作る）
24:      $fileObj = new SplFileObject($filename, "wb");         ファイルを上書きモードで開きます
25:    } catch (Exception $e) {
26:      echo '<span class="error"> エラーがありました。</span><br>';
27:      echo $e->getMessage();
28:      exit();
29:    }
30:    // ファイルに書き込む
31:    $written = $fileObj->fwrite($writedata);         ストリングデータを書き込みます
32:    if ($written===FALSE){
33:      echo '<span class="error"> ファイルに保存できませんでした。</span>';
34:    } else {
35:      echo "SplFileObject の fwrite を使って、<br>{$filename} に {$written} バイトを書き出しました。", "<hr>";
36:      echo '<a href="read_file.php"> ファイルを読む </a>';
37:    }
38:    ?>                            保存に成功すると、保存したバイト数が入ります
39:  </div>
40:  </body>
41:  </html>
```

上書き、書き込み専用モードのファイルオブジェクトを作る

　SplFileObject クラスでファイルにデータを書き出したり、ファイルからデータを読み出したりしたい場合は、ファイルパスとオープンモードを引数にして SplFileObject クラスのインスタンス $fileObj を作成します。このサンプルのオープンモードは "wb" なので、書き込み専用モードでファイルを開き、ファイルの中身を削除して上書きします。指定のファイルが存在しなければ、新規ファイルを作成します。ファイルオブジェクトを作った時点で、指定したファイルのデータにアクセスできるファイルストリームが作られます。

php　SplFileObject クラスのインスタンスを作る
«sample» spl_write_read/write_file.php
24:　　　　$fileObj = new SplFileObject($filename, "wb");　───── ファイルを上書きモードで開きます

オープンモード

　SplFileObject クラスのインスタンスを作る場合に重要なのは、コンストラクタの第 2 引数で指定する「オープンモード」です。オープンモードによってファイルにデータを書き込むのか、読み込むのか、読み書きの両方を行うのかといったことを指定します。

Part 3　Web ページを作る

Chapter 11　ファイルの読み込みと書き出し

オープンモードの種類は次のとおりです。なお、"b" はバイナリモードを示します。通常、どのモードでも "b" を付加して指定します。ファイルポインタとは、ファイル上の読み書きする位置のことです。

オープンモード	説明
rb	読み込み専用。ファイルポインタは先頭。
r+b	読み書き可能。ファイルポインタは先頭。
wb	書き込み専用。内容を消して新規に書き込む。ファイルがなければ新規作成。
w+b	読み書き可能。それ以外は wb と同じ。
ab	書き込み専用。追記のみ。ファイルがなければ新規作成。
a+b	読み書き可能。読み込み位置は seek() で移動できるが、書き込みは追記のみ。
xb	書き込み専用。ファイルを新規作成する。既にファイルがあるとエラー。
x+b	読み書き可能。それ以外は xb と同じ。
cb	書き込み専用。既存の内容を消さず先頭から書く。ファイルがなければ新規作成。
c+b	読み書き可能。それ以外は cb と同じ。

> **❶ NOTE**
>
> **ファイルの中身を消す**
> ファイルの中身を消すには、$fileObj->ftruncate(0) を実行してファイルサイズを 0 にします。wb、w+b、r+b、xb、x+b のオープンモードでの書き込みではこの処理を最初に行っています。

例外処理を利用する

例外処理に対応しているメソッドは、エラーが発生したときに例外（エラーオブジェクト：Exception）をスローします。スローするとは言葉のとおり「投げる」ということです。エラーが発生するとエラーオブジェクトが投げられるので、そのエラーオブジェクトをキャッチすればよいわけです。

例外処理の書式は次のように try、catch、finally のブロックに分かれています。最初の try ブロックで例外処理が組み込まれているメソッドを実行します。次の catch ブロックにエラーが起きたときに例外を受け止めるコードを書きます。catch ブロックはエラー毎に分けて複数にできます。最後の finally ブロックにはエラーがあってもなくても実行したいコードを書きます。finally ブロックはオプションなので省略できます。

書式 例外処理

```
try {
    例外処理が組み込まれているメソッドを実行する
} catch (Exception $e) {
    エラー処理を行うコード
} finally {
    エラーがあってもなくても実行するコード
}
```

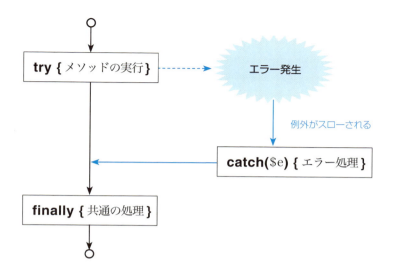

SplFileObject クラスのコンストラクタの例外処理

　SplFileObject クラスのコンストラクタには例外処理が組み込まれています。したがって、ファイルオブジェクトを作ろうとした際に、読み書きのためのファイルを作るアクセス権がないとか、読み込もうとするファイルが存在しないといったエラーが発生するとコンストラクタからエラーオブジェクトがスローされます。エラーオブジェクトを引数 $e で受け取ったならば、$e->getMessage() でエラーメッセージを取り出せます。

php FileObject クラスのコンストラクタの例外処理

«sample» spl_write_read/write_file.php

```
22:     try {
23:         // ファイルオブジェクトを作る（wb 新規書き出し。ファイルがなければ作る）
24:         $fileObj = new SplFileObject($filename, "wb");
25:     } catch (Exception $e) {
26:         echo '<span class="error">エラーがありました。</span><br>';
27:         echo $e->getMessage();
28:         exit();
29:     }
```

27 行目: エラーが発生したならば実行されます
27 行目: エラーメッセージを取り出します

> **NOTE**
> **例外処理が組み込まれているメソッドかどうかを調べる**
> 公式 Web サイトの PHP マニュアルの関数リファレンスの説明に「エラー / 例外」の項目があるものは例外処理が組み込まれたメソッドです。なお、例外処理をユーザ定義することもできます。

Part 3 Web ページを作る

Chapter 11 ファイルの読み込みと書き出し

ストリングをテキストファイルに書き込む

オープンしたファイルに実際にストリングを書き込むには、書き込むストリング $writedata を引数にして、ファイルオブジェクトの fwrite($writedata) を実行します。実行結果の返り値 $written には書き込んだバイト数、書き込めなかったときは FALSE が戻ります。

MAMP を使って試している場合は、MAMP のドキュメントフォルダ内のプログラムコードが置いてあるフォルダに mytext.txt が新規作成されたはずです。

php テキストファイルに書き込む

«sample» spl_write_read/write_file.php

```php
30:     // ファイルに書き込む
31:     $written = $fileObj->fwrite($writedata);
32:     if ($written===FALSE){
33:       echo '<span class="error">ファイルに保存できませんでした。</span>';
34:     } else {
35:       echo "SplFileObject の fwrite を使って、<br>{$filename} に {$written} バイトを書き出しました。", "<hr>";
36:       echo '<a href="read_file.php">ファイルを読む</a>';
37:     }
```

書き込むヒアドキュメント

テキストファイルに書き出すストリングデータ $writedata は、ヒアドキュメントを使って作っています。ヒアドキュメントは、途中に改行などを入れた複数行のストリングデータを作りたいときに便利な記述方法です。ヒアドキュメントの中の変数は値に展開されるので、$date は日付に置き換わったストリングデータになります。更新日は date() を使って作っています。（ヒアドキュメント☞ P.111、date() ☞ P.405）

php テキストに書き出すヒアドキュメント

«sample» spl_write_read/write_file.php

```php
02:     $date = date("Y/n/j G:i:s", time());  ——— 現在の日付が作られます
03:     $writedata = <<< "EOD"
04:     ヒアドキュメントならば、
05:     途中で改行したり、
06:     変数を使った文章が作れますね。
07:     更新日：$date  ——— $date は書き出す際には日付に置き換わります
08:     EOD;
```

テキストファイルを読み込む

次に write_file.php で書き出した mytext.txt を逆に読み込んで、内容をブラウザに表示してみましょう。

SplFileObject クラスを使う　Section 11-1

php mytext.txt を読み込んで表示する

«sample» spl_write_read/read_file.php

```php
01: <?php
02: require_once("../../lib/util.php");
03: ?>
04:
05: <!DOCTYPE html>
06: <html lang="ja">
07: <head>
08: <meta charset="utf-8">
09: <title>SplFileObject でファイルを読み込む </title>
10: <link href="../../css/style.css" rel="stylesheet">
11: </head>
12: <body>
13: <div>
14:   <?php
15:   $filename = "mytext.txt";
16:   try
17:   {
18:     // ファイルオブジェクトを作る（rb 読み込み専用）
19:     $fileObj = new SplFileObject($filename, "rb");       ──── 読み込み専用でファイルを開きます
20:   } catch (Exception $e) {
21:     echo '<span class="error"> エラーがありました。</span><br>';
22:     echo $e->getMessage();
23:     exit();
24:   }
25:   // ストリングを読み込む
26:   $readdata = $fileObj->fread($fileObj->getSize());       ──── 内容を読み込みます
27:   if (!($readdata === FALSE)){
28:     // HTML エスケープ（<br> を挿入する前に行う）
29:     $readdata = es($readdata);
30:     // 改行コードの前に <br> を挿入する
31:     $readdata_br = nl2br($readdata, false);
32:     echo "{$filename} を読み込みました。", "<br>";
33:     // ファイルの中身を表示する
34:     echo $readdata_br, "<hr>";                             ──── ブラウザに表示します
35:     echo '<a href="write_file.php"> ファイルに書き込む </a>';
36:   } else {
37:     // ファイルエラー
38:     echo '<span class="error"> ファイルを読み込めませんでした。</span>';
39:   }
40:   ?>
41: </div>
42: </body>
43: </html>
```

読み込み専用モードのファイルオブジェクトを作る

　書き込み専用のファイルオブジェクトを作ったときと同じように、読み込み専用の SplFileObject クラスのファイルオブジェクトを作ります。今度は読み込み専用なので、オープンモードは "rb" を指定します。

　先と同じように try ～ catch の例外処理の構文で実行することで、読み込もうとしているファイル $filename が見つからないといった場合にエラー処理を行えます。

`php` 読み込み専用のファイルオブジェクトを作る

«sample» spl_write_read/read_file.php

```php
15:     $filename = "mytext.txt";
16:     try {
17:         // ファイルオブジェクトを作る（rb 読み込み専用）
18:         $fileObj = new SplFileObject($filename, "rb");
19:     } catch (Exception $e) {
20:         echo '<span class="error">エラーがありました。</span><br>';
21:         echo $e->getMessage();
22:         exit();
23:     }
```

18: ─ 読み込み専用モードでファイルを開きます

　試しに $filename で指定するファイルを "mytext99.txt" のように変えて試すとエラーオブジェクトがスローされてキャッチされます。なお、ここではテスト用にエラーメッセージを表示していますが、実際の運用ではエラーメッセージを画面に出力せずに対応してください。

開くファイルが存在しないとエラーがスローされます

テキストファイルからストリングを読み込む

　オープンしたテキストファイルからストリングを読み込むには、ファイルオブジェクトの $fileObj に対して fread() を実行します。$fileObj->getSize() でファイルサイズを調べて、読み込みサイズとして引数で指定します。読み込んだストリングは、メソッドの戻り値として $readdata に入ります。

`php` テキストファイルからストリングを読み込む

«sample» spl_write_read/read_file.php

```php
24:     // ストリングを読み込む
25:     $readdata = $fileObj->fread($fileObj->getSize());
```

ファイルサイズを読み込むサイズに指定します

SplFileObject クラスを使う　Section 11-1

読み込んだストリングを表示する

　ストリングを読み込んだならば、ブラウザに表示するものなので、
 を挿入する前に HTML エスケープを行っておきます。次にストリングは複数行あるヒアドキュメントなので、ブラウザでも改行位置が改行されるように、nl2br() を使って改行コードの前に
 タグを挿入します。そして結果を echo でブラウザに表示します。

---

php　HTML エスケープと
 の挿入を行って表示する

«sample» **spl_write_read/read_file.php**

```
26:      if (!($readdata === FALSE)){
27:          // HTML エスケープ（<br> を挿入する前に行う）
28:          $readdata = es($readdata);          ———— 必ず HTML エスケープ処理を行います
29:          // 改行コードの前に <br> を挿入する
30:          $readdata_br = nl2br($readdata, false);  ——— ブラウザで改行して見えるようにします
31:          echo "{$filename} を読み込みました。", "<br>";
32:          // ファイルの中身を表示する
33:          echo $readdata_br, "<hr>";
34:          echo '<a href="write_file.php"> ファイルに書き込む </a>';
35:      } else {
36:          // ファイルエラー
37:          echo '<span class="error"> ファイルを読み込めませんでした。</span>';
38:      }
```

---

❶ NOTE

file_put_contents() と file_get_contents()

ファイルの書き出しと読み込みは、それぞれ file_put_contents() と file_get_contents() を使って行うこともできます。ここで簡単にコードを紹介します。まず、touch() を使ってファイルがあるかどうかを確認し、ファイルがなければ作成します。ファイルを作成できたならば、file_put_contents() でストリング $writedata を書き込みます。第3引数の LOCK_EX は書き込み中にファイルロックするオプションです。

---

php　file_put_contents() を使ってテキストファイルを書き出す

«sample» **file_contents/put_contents.php**

```
20:      <?php
21:      $filename = "mytext.txt";
22:      // ファイルが存在しなければ作成する（あればファイル更新日を更新する）
23:      $result = touch($filename);
24:      if ($result){
25:          // ファイルに書き出す
26:          file_put_contents($filename, $writedata, LOCK_EX);
27:          echo "{$filename} にデータを書き出しました。", "<hr>";
28:          echo '<a href="get_contents.php"> ファイルを読み込む </a>';
29:      } else {
30:          // ファイルエラー
31:          echo '<span class="error"> ファイルに保存できませんでした。</span>';
32:      }
33:      ?>
```

テキストファイルの読み込みは file_get_contents() です。file_exists() でファイルがあるかどうかをチェックし、存在したならば file_get_contents() で読み込みます。読み込んでからの処理は read_file.php と同じです。

Part 3

Chapter 8

Chapter 9

Chapter 10

Chapter 11

421

Part 3　Web ページを作る

Chapter 11　ファイルの読み込みと書き出し

php　file_get_contents() を使ってテキストファイルを読み込む

«sample» **file_contents/get_contents.php**

```php
14:     <?php
15:     $filename = "mytext.txt";
16:     // ファイルがあるかどうか調べる
17:     $result = file_exists($filename);
18:     if ($result){
19:         // ファイルを読み込む
20:         $readdata = file_get_contents($filename);
21:         // HTML エスケープ（<br> を挿入する前に行う）
22:         $readdata = es($readdata);
23:         // 改行コードの前に <br> を挿入する
24:         $readdata_br = nl2br($readdata, false);
25:         echo "{$filename} を読み込みました。", "<br>";
26:         echo $readdata_br, "<hr>";
27:         echo '<a href="put_contents.php"> ファイルに書き込む </a>';
28:     } else {
29:         // ファイルエラー
30:         echo '<span class="error"> ファイルを読み込めませんでした。</span>';
31:     }
32:     ?>
```

Section 11-2

フォーム入力をテキストファイルに追記する

この節ではフォーム入力をテキストファイルに書き出して、それを表示するサンプルを作ります。前節ではテキストを上書きしましたが、今回は追記していきます。ファイルを読み書きする際にファイルロックする方法、さらにページをリダイレクトする方法も合わせて説明します。

メモ入力をテキストファイルに追記していく

フォームのテキストエリアにメモを書いて「送信する」ボタンをクリックするとPOSTされた内容を受けてmemo.txtに追記していきます。

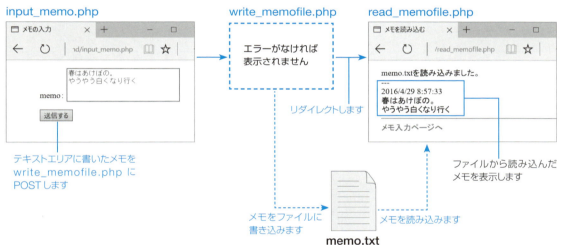

メモ入力するテキストエリアを作る

メモを入力するテキストエリアを作るコードは次のとおりです。「送信する」ボタンをクリックすると入力されたストリングをwrite_memofile.phpにPOST送信します。（☞ P.348）

Part 3　Web ページを作る

Chapter 11　ファイルの読み込みと書き出し

php メモを入力するテキストエリアを作る

«sample» spl_append/input_memo.php

```
01:    <!DOCTYPE html>
02:    <html lang="ja">
03:    <head>
04:    <meta charset="utf-8">
05:    <title> メモの入力 </title>
06:    <link href="../../css/style.css" rel="stylesheet">
07:    </head>
08:    <body>
09:    <div>
10:      <!-- 入力フォームを作る（メモを POST する） -->
11:      <form method="POST" action="write_memofile.php">
12:        <ul>
13:          <li><span>memo：</span>
14:            <textarea name="memo" cols="25" rows="4" maxlength="100" placeholder=" メモを書く "></textarea>
15:          </li>
16:          <li><input type="submit" value=" 送信する " ></li>
17:        </ul>
18:      </form>
19:    </div>
20:    </body>
21:    </html>
```

14 行目：テキストエリアを作ります

メモをファイルに書き出してリダイレクトする

　メモの入力フォームから POST されたストリングを取り出してテキストファイル（memo.txt）に書き込むコードは次の write_memofile.php です。書き込み終わったならば、書き出したファイルを読み込んで表示するページ（read_memofile.php）にリダイレクトします。

フォーム入力をテキストファイルに追記する　**Section 11-2**

| **php** | メモをファイルに書き出してリダイレクトする |

«sample» **spl_append/write_memofile.php**

```php
01: <?php
02: // POST されたテキスト文を取り出す
03: if (empty($_POST["memo"])){
04:     // POST された値がないとき（0 の場合も含む）
05:     // リダイレクト（メモ入力ページへ戻る）
06:     $url = "http://" . $_SERVER['HTTP_HOST'] . dirname($_SERVER['PHP_SELF']);
07:     header("Location:" . $url . "/input_memo.php");
08:     exit();
09: }
10:
11: $memo = $_POST["memo"];
12: $date = date("Y/n/j G:i:s", time());
13: $writedata = "---\n" . $date . "\n" . $memo . "\n";
14: // メモファイル
15: $filename = "memo.txt";
16: try {
17:     // ファイルオブジェクトを作る（読み書き、追記モード）
18:     $fileObj = new SplFileObject($filename, "a+b");
19: } catch (Exception $e) {
20:     echo '<span class="error">エラーがありました。</span><br>';
21:     echo $e->getMessage();
22:     exit();
23: }
24:
25: // ファイルロック（排他ロック）
26: $fileObj->flock(LOCK_EX);
27: // メモを追記する
28: $result = $fileObj->fwrite($writedata);
29: // アンロック
30: $fileObj->flock(LOCK_UN);
31:
32: // リダイレクト（メモを読むページへ）
33: $url = "http://" . $_SERVER['HTTP_HOST'] . dirname($_SERVER['PHP_SELF']);
34: header("Location:" . $url . "/read_memofile.php");
35: exit();
36:
37: // ?>
```

- 03行目: 空のまま送信されたならば、元のファイルにリダイレクトします
- 11行目: メモを取り出します
- 18行目: 追記モードで開きます
- 26〜28行目: ファイルロックして書き込みます
- 32行目: リダイレクトします

Part 3

Chapter **8**

Chapter **9**

Chapter **10**

Chapter **11**

追記モードのファイルオブジェクトを作る

　メモをファイルに追記モードで書き出したいので、オープンモードを "a+b" にしてファイルオブジェクトを作ります。前節で説明したように try 〜 catch の例外処理を利用してエラーも処理します。本番で運用する場合はエラーメッセージを画面に出力しない対応にしてください。

Part 3　Webページを作る
Chapter 11　ファイルの読み込みと書き出し

> **php**　追記モードのファイルオブジェクトを作る
>
> 《sample》spl_append/write_memofile.php

```
14:    // メモファイル
15:    $filename = "memo.txt";
16:    try {
17:        // ファイルオブジェクトを作る（読み書き、追記モード）
18:        $fileObj = new SplFileObject($filename, "a+b");         ──── 追記モードでファイルを開きます
19:    } catch (Exception $e) {
20:        echo '<span class="error">エラーがありました。</span><br>';
21:        echo $e->getMessage();
22:        exit();
23:    }
```

ファイルロックしてメモを追記する

　ファイルオブジェクトができたならば、他者から操作されないようにファイルロックを行い、メモを追記します。"a+b"の追記モードでファイルを開いているのですでに書き込まれている内容があったならば、新しいメモは最後に追加されます。

> **php**　ファイルロックしてメモを追記する
>
> 《sample》spl_append/write_memofile.php

```
25:    // ファイルロック（排他ロック）
26:    $fileObj->flock(LOCK_EX);
27:    // メモを追記する
28:    $result = $fileObj->fwrite($writedata);     ──── ファイルをロックしている間にメモを追記します
29:    // アンロック
30:    $fileObj->flock(LOCK_UN);
```

426

フォーム入力をテキストファイルに追記する **Section 11-2**

ファイルのロックとアンロック

　ファイルロックとは、ファイルの書き出しや読み込みの際に同時にほかの人が同じファイルにアクセスしている可能性がある場合に不整合がとれなくなるのを防ぐために行います。ファイルロックは flock() で行いますが、ロックの仕方にはいくつかのモードがあります。モードは定数定義してあるので、それを利用して flock() の第2引数で指定します。flock() は操作が成功したら true、失敗したら false を返します。

指定モード	説明
LOCK_SH	共有ロック（読み込んでる最中に書き込まれないようにブロックする）
LOCK_EX	排他ロック（書き込んでる最中に読み書きされないようにブロックする）
LOCK_UN	ロックを解除する
LOCK_NB	ロック解除を待たずに false を返す（Windows ではサポートされない）

　ファイルロックすると他者からの読み書きがブロックされ、後からアクセスした相手は待ち状態になります。したがって、読み書きが終わったならば速やかにロックを解除してください。なお、このファイルロックが正しく機能するには、同一ファイルにアクセスするコードが同様にファイルロックのシステムを取り入れて書かれている場合に限ります。

■ ページをリダイレクトする

　リダイレクトとは、ユーザの入力を待たずにコードで他の URL へ移動する機能です。リダイレクトには header() を利用します。次に示す書式のように、"Location:" に続けて移動先の URL を書きます。URL は相対パスではなく、"http://sample.com" のような絶対パスの URL を指定します。リダイレクトする際には、残りのコードは実行せずにページを移動する必要があるので、header() に続けて exit() を実行します。

書式 **リダイレクトする**

```
header("Location:" . $url);
exit();
```

メモがなかったらメモ入力ページに戻る

　このサンプルでは2つのリダイレクトが指定してあります。1つはメモ入力が空のまま送信された場合です。POST されたデータが空だった場合は、元の入力ページにそのまま戻ります。入力ページから入力ページに戻るので、ユーザにはページ移動しなかったように見えます。

Part 3　Web ページを作る
Chapter 11　ファイルの読み込みと書き出し

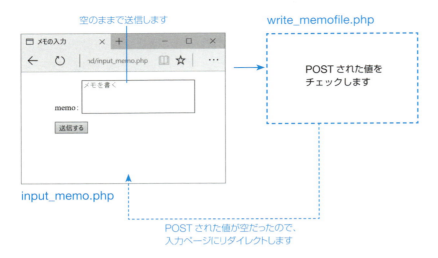

| php | input_memo.php にリダイレクトする |

«sample» spl_append/write_memofile.php

```
03:    if (empty($_POST["memo"])){
04:        // POST された値がないとき（0 の場合も含む）
05:        // リダイレクト（メモ入力ページへ戻る）
06:        $url = "http://" . $_SERVER['HTTP_HOST'] . dirname($_SERVER['PHP_SELF']);
07:        header("Location:" . $url . "/input_memo.php");  ──── リダイレクトします
08:        exit();
09:    }
```

　先にも書いたようにリダイレクト先として指定する URL は、相対パスではなく絶対 URL でなければなりません。しかし、たとえば「$url = http://localhost:8888/php_note/chap11/11-2/spl_append/input_memo.php」のように書いてしまうと、開発環境から運用サーバーに移動した場合に URL が変わってしまいます。そこで $_SERVER 変数を使って実行環境の URL を取得してリダイレクト先の URL を作ります。

　$_SERVER['HTTP_HOST'] で現在の URL のドメイン部分のパス、dirname($_SERVER['PHP_SELF']) で現在のファイルのディレクトリを取得できます。

読み込みページにリダイレクトする

　POST されたメモをファイルに追記する処理が完了したならば、保存したファイルを読み込んで表示するページ（read_memofile.php）にリダイレクトします。

| php | read_memofile.php にリダイレクトする |

現在の URL のドメイン　　　　　　　　　　　　«sample» spl_append/write_memofile.php

```
33:    $url = "http://" . $_SERVER['HTTP_HOST'] . dirname($_SERVER['PHP_SELF']);
34:    header("Location:" . $url . "/read_memofile.php");
35:    exit();
```
現在のファイルのディレクトリ

428

フォーム入力をテキストファイルに追記する **Section 11-2**

テキストファイルを読み込んで表示する

最後にリダイレクトして開くページ（read_memofile.php）でメモを書き込んだテキストファイルを読み込んで表示します。

php テキストファイルを読み込んで表示する

«sample» spl_append/read_memofile.php

```php
01: <?php
02: require_once("../../lib/util.php");
03: ?>
04:
05: <!DOCTYPE html>
06: <html lang="ja">
07: <head>
08: <meta charset="utf-8">
09: <title> メモを読み込む </title>
10: <link href="../../css/style.css" rel="stylesheet">
11: </head>
12: <body>
13: <div>
14:   <?php
15:   $filename = "memo.txt";
16:   try {
17:     // ファイルオブジェクトを作る（rb 読み込み専用）
18:     $fileObj = new SplFileObject($filename, "rb");          ──── 読み込み専用モードで開きます
19:   } catch (Exception $e) {
20:     echo '<span class="error"> エラーがありました。</span><br>';
21:     echo $e->getMessage();
22:     exit();
23:   }
24:
25:   // ファイルロック（共有ロック）
26:   $fileObj->flock(LOCK_SH);
27:   // ストリングを読み込む                                    ──── ファイルロックして読み込みます
28:   $readdata = $fileObj->fread($fileObj->getSize());
29:   // アンロック
30:   $fileObj->flock(LOCK_UN);
31:
32:   if (!($readdata === FALSE)){
33:     // HTML エスケープ（<br> を挿入する前に行う）
34:     $readdata = es($readdata);
35:     // 改行コードの前に <br> を挿入する
36:     $readdata_br = nl2br($readdata, false);
37:     echo "{$filename} を読み込みました。", "<br>";
38:     echo $readdata_br, "<hr>";                              ──── 読み込んだメモを表示します
39:     echo '<a href="input_memo.php"> メモ入力ページへ </a>';
40:   } else {
41:     // ファイルエラー
42:     echo '<span class="error"> ファイルを読み込めませんでした。</span>';
43:   }
44:   ?>
45: </div>
46: </body>
47: </html>
```

Part 3

Chapter
8

Chapter
9

Chapter
10

Chapter
11

429

Part 3　Web ページを作る

Chapter 11　ファイルの読み込みと書き出し

読み込み専用モードでファイルオブジェクトを作る

テキストファイルを読み込むだけなので、オープンモードを "rb" にしてファイルオブジェクトを作ります。読み込もうとしたファイルがなかったならば、例外がスローされてエラーメッセージが表示されます。

php　読み込み専用モードでファイルオブジェクトを作る

«sample» spl_append/read_memofile.php

```php
16:    try {
17:        // ファイルオブジェクトを作る（rb 読み込み専用）
18:        $fileObj = new SplFileObject($filename, "rb");
19:    } catch (Exception $e) {
20:        echo '<span class="error"> エラーがありました。</span><br>';
21:        echo $e->getMessage();
22:        exit();
23:    }
```

メモを読み込む

ファイルの読み込みでは共有ロックの指定でファイルロックします。$fileObj->fread($fileObj->getSize()) でファイルの最後まで読み込んだならばアンロックします。

php　メモを共有ロックして読み込む

«sample» spl_append/read_memofile.php

```php
25:    // ファイルロック（共有ロック）
26:    $fileObj->flock(LOCK_SH);
27:    // ストリングを読み込む
28:    $readdata = $fileObj->fread($fileObj->getSize());
29:    // アンロック
30:    $fileObj->flock(LOCK_UN);
```

メモの内容を表示する

読み込んだメモの中身をチェックし、値があれば HTML エスケープを行った後で nl2br() を使って改行コードの前に
 を挿入し、それをブラウザに表示します。この処理は前節のサンプルと同じです（☞ P.421）。

php　メモの内容を表示する

«sample» spl_append/read_memofile.php

```php
32:    if (!($readdata === FALSE)){
33:        // HTML エスケープ（<br> を挿入する前に行う）
34:        $readdata = es($readdata);              ───── 必ず HTML エスケープ処理を行います
35:        // 改行コードの前に <br> を挿入する
36:        $readdata_br = nl2br($readdata, false); ───── ブラウザで改行して見えるようにします
37:        echo "{$filename} を読み込みました。", "<br>";
38:        echo $readdata_br, "<hr>";
39:        echo '<a href="input_memo.php"> メモ入力ページへ </a>';
40:    } else {
41:        // ファイルエラー
42:        echo '<span class="error"> ファイルを読み込めませんでした。</span>';
43:    }
```

Section 11-3

新しいメモを先頭に挿入保存する

この節ではテキストファイルの最後にメモを追加していくのではなく、先頭にメモを挿入していく方法を説明します。そのために、作業用ファイルを作って作業し、古いファイルの削除、作業用ファイルのリネームなどを行います。また、表示する行数を LimitIterator クラスを使って指定します。

1行メモの内容を新しい順に保存する

次のサンプルではフォームで1行メモを入力すると memo.txt ファイルに新しいメモから順に並ぶように書き出します。メモは最大5行まで表示するようにしています。

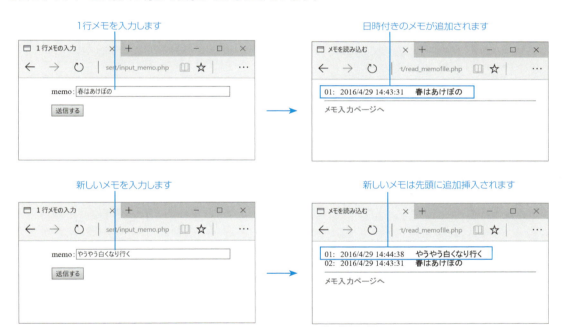

1行メモの入力フォーム

1行メモの入力フォームは <input> タグで作ります。「送信する」ボタンをクリックすると write_memofile.php にメモの内容を POST します。

Chapter 11 ファイルの読み込みと書き出し

php 1行メモの入力フォームを作る

«sample» spl_insert/input_memo.php

```html
01: <!DOCTYPE html>
02: <html lang="ja">
03: <head>
04: <meta charset="utf-8">
05: <title>1行メモの入力</title>
06: <link href="../../css/style.css" rel="stylesheet">
07: <style type="text/css">
08:   input.memofield {width:300px;}
09: </style>
10: </head>
11: <body>
12: <div>
13:   <!-- 入力フォームを作る（メモをPOSTする） -->
14:   <form method="POST" action="write_memofile.php">
15:     <ul>
16:       <li><label>memo：<input name="memo" class="memofield" placeholder="メモを書く"></input></label></li>
17:       <li><input type="submit" value=" 送信する "></li>
18:     </ul>
19:   </form>
20: 
21: </div>
22: </body>
23: </html>
```

1行メモを POST します

作業ファイルを利用して新しい順にメモを保存する

　ファイルの書き出しでは、データを末尾に追加していくオープンモードはありますが、後から追加したデータを既存のデータの先頭に挿入していくオープンモードがありません。そこで入力データを最新の書き込み順に並べたい場合は、作業用のテキストファイルを作って新しいデータを先に書き出してから古いデータを追加します。そして、古いテキストファイルを削除した後に作業用に作った新しいファイルを古いテキストファイルの名前にリネームします。

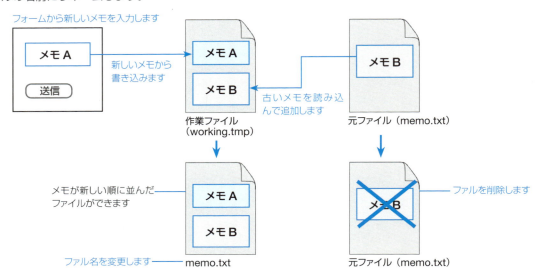

新しいメモを先頭に挿入保存する　Section 11-3

この手順を整理すると次のようになります。

1. 作業ファイル（working.tmp）を作る。
2. 新しいメモを作業ファイルに追加する。
3. 元ファイル（memo.txt）のメモを読み込む。
4. 古いメモを作業ファイルに追加する。
5. 元ファイルを削除する。
6. 作業ファイルをリネームする（working.tmp → memo.txt）。

---

php 新しい順にメモをファイルに保存する

«sample» spl_insert/write_memofile.php

```php
01: <?php
02: // POST されたテキスト文を取り出す
03: if (empty($_POST["memo"])){
04:     // POST された値がないとき（0 の場合も含む）
05:     // リダイレクト（メモ入力ページへ戻る）
06:     $url = "http://" . $_SERVER['HTTP_HOST'] . dirname($_SERVER['PHP_SELF']);
07:     header("HTTP/1.1 303 See Other");
08:     header("Location:" . $url . "/input_memo.php");
09:     exit();
10: }
11: // ファイルに書き込むストリングを作る
12: $memo = $_POST["memo"];    ──────── POST されたメモを取り出します
13: $date = date("Y/n/j G:i:s", time());
14: $newdata = $date . "    " . $memo;
15: try {
16:     // ワークファイルのファイルオブジェクト（新規書き込み）
17:     $workingfileObj = new SplFileObject("working.tmp", "wb");  ──────── 作業ファイルを準備します
18:     // 新しいメモをワークファイルに書き込む
19:     $workingfileObj->flock(LOCK_EX);
20:     $workingfileObj->fwrite($newdata);  ──────── 新しいメモを作業ファイルに書き込みます
21:     $workingfileObj->flock(LOCK_UN);
22: } catch (Exception $e) {
23:     echo '<span class="error"> エラーがありました。</span><br>';
24:     echo $e->getMessage();
25:     exit();
26: }
27:
28: // 元ファイル
29: $filename = "memo.txt";
30: // 元ファイルがあるかどうか確認する
31: if (file_exists($filename)){
32:     // 元ファイルのファイルオブジェクト（読み込み専用モード）
33:     $fileObj = new SplFileObject($filename, "rb");  ──────── 元のファイルを開きます
34:     // 元データを読み込む
35:     $fileObj->flock(LOCK_SH);
36:     $olddata = $fileObj->fread($fileObj->getSize());  ──────── 古いメモを $olddata に読み込みます
37:     $fileObj->flock(LOCK_UN);
38:
39:     // 古いデータを作業ファイルに追記する
40:     $olddata = "\n". $olddata;
41:     $workingfileObj->flock(LOCK_EX);
42:     $workingfileObj->fwrite($olddata);  ──────── 古いメモを作業ファイルの最後に追記します
```

Part 3

Chapter 8

Chapter 9

Chapter 10

Chapter 11

433

Part 3 Webページを作る

Chapter 11 ファイルの読み込みと書き出し

```
43:      $workingfileObj->flock(LOCK_UN);
44:
45:      // 元ファイルを閉じる
46:      $fileObj = NULL;                    ──── 元のファイルを削除します
47:      // 元ファイルを削除する
48:      unlink($filename);
49:    }
50:
51:    // 作業ファイルをクローズする
52:    $workingfileObj = NULL;               ──── 作業ファイルをリネームします
53:    // 作業ファイルをリネームする
54:    rename("working.tmp", $filename);
55:
56:    // リダイレクト（メモを読むページへ）
57:    $url = "http://" . $_SERVER['HTTP_HOST'] . dirname($_SERVER['PHP_SELF']);
58:    header("HTTP/1.1 303 See Other");
59:    header("Location:" . $url . "/read_memofile.php");
60:    // ?>
```

元ファイルを削除する

元ファイルの「memo.txt」を unlink() で削除します。削除する前に元ファイルからの読み込みに使ったファイルオブジェクト $fileObj に NULL を代入して破棄しておく必要があります。ここでは判定式を入れていませんが、unlink() でファイルを削除すると成功したら true、失敗したら false が返ります。

> **php** 元ファイルを削除する
>
> «sample» spl_insert/write_memofile.php
>
> ```
> 45:      // 元ファイルを閉じる
> 46:      $fileObj = NULL;         ──── ファイルを削除する前にクローズします
> 47:      // 元ファイルを削除する
> 48:      unlink($filename);
> ```

作業ファイルをリネームする

元ファイルを削除したならば、作業ファイルを「memo.txt」にリネームします。リネームする前にデータの書き込みを行ったファイルオブジェクト $workingfileObj に NULL を代入して破棄します。ファイルのリネームは rename() で行います。ここでは判定式を入れていませんが、rename() でリネームに成功すると true、失敗したら false が返ります。

> **php** 作業ファイルをリネームする
>
> «sample» spl_insert/write_memofile.php
>
> ```
> 51:      // 作業ファイルをクローズする
> 52:      $workingfileObj = NULL;     ──── リネームする前にファイルをクローズします
> 53:      // 作業ファイルをリネームする
> 54:      rename("working.tmp", $filename);
> ```

> **ⓘ NOTE**
>
> **ファイルの削除、リネームの前にファイルをクローズしておく**
> ファイルを削除、リネームする前にファイルをクローズしておかないと Windows ではエラーになります。SplFileObject クラスで読み書きを行っている場合は、SplFileObject のファイルオブジェクトに NULL を代入して破棄するとファイルがクローズします。

Section 11-3 新しいメモを先頭に挿入保存する

メモファイルを読み込んで最新の5行だけ表示する

前節は読み込んだメモをすべて表示していましたが、今回はすべてのメモを表示するのではなく、最初の5行だけをリスト表示します。

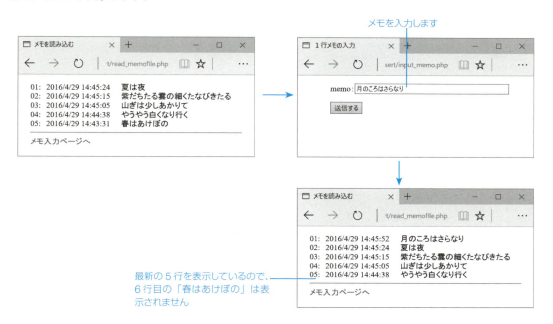

php 最新の5つのメモだけ表示する

«sample» spl_insert/read_memofile.php

```
01: <?php
02: require_once("../../lib/util.php");
03: ?>
04:
05: <!DOCTYPE html>
06: <html lang="ja">
07: <head>
08: <meta charset="utf-8">
09: <title> メモを読み込む </title>
10: <link href="../../css/style.css" rel="stylesheet">
11: </head>
12: <body>
13: <div>
14:   <?php
15:   $filename = "memo.txt";
16:   try {
17:     // ファイルオブジェクトを作る（rb 読み込みのみ）
18:     $fileObj = new SplFileObject($filename, "rb");
19:   } catch (Exception $e) {
20:     echo '<span class="error">エラーがありました。</span><br>';
21:     echo $e->getMessage();
22:     exit();
23:   }
```

Part 3　Web ページを作る

Chapter 11　ファイルの読み込みと書き出し

```
24:
25:       // データを読み込む（先頭の 5 行）
26:       $fileObj->flock(LOCK_SH);
27:       $data = new LimitIterator($fileObj, 0, 5);  ——— 先頭から5行を取り出します
28:       foreach ($data as $key => $value) {
29:         // 01 ～ 05、ストリング、改行
30:         echo sprintf("%02d:  %s\n", $key+1, es($value)), "<br>";
31:       }
32:       $fileObj->flock(LOCK_UN);
33:
34:       echo "<hr>", '<a href="input_memo.php">メモ入力ページへ</a>';
35:       ?>
36:   </div>
37:   </body>
38:   </html>
```

LimitIterator クラスで行の範囲を取り出す

ファイルオブジェクトからは行ごとにデータを取り出せます。$fileObj->current() を実行すると現在の行が取り出され、$fileObj->next() で次の行に進めることができます。rewind() で最初の行に巻き戻すことができ、seek($line_pos) で指定した行に移動します。

複数の行を取り出すには foreach 文を使って配列から値を取り出すようにして行の値を取り出すことができますが、LimitIterator クラスを利用すると行の範囲を作ることができます。

書式 **ファイルオブジェクトから行の範囲を取り出す**

$data **= new LimitIterator (** $fileObj, 開始行 , 行数 **);**

先頭から 5 行を取り出すならば、次のように引数を ($fileObj, 0, 5) にして $data を作ります。もし、10 行目から 5 行ならば引数は ($fileObj, 9, 5) になります。

php **ファイルオブジェクトの先頭から 5 行を取り出す**

«sample» spl_insert/read_memofile.php

```
27:   $data = new LimitIterator($fileObj, 0, 5);
```

$data からは foreach 文を使って各行の値を順に取り出します。$key には行番号、$value にはメモの 1 行が入ります。 echo の出力では sprintf() を使ってフォーマットを指定して 行番号を 01: ～ 05: のように表示し （☞ P.118）、メモの最後に改行コードを追加しています。es() は HTML エスケープのユーザ定義関数です。

436

Section 11-3 新しいメモを先頭に挿入保存する

php ファイルオブジェクトから先頭の5行を取り出して表示する

«sample» spl_insert/read_memofile.php

```
25:     // データを読み込む（先頭の5行）
26:     $fileObj->flock(LOCK_SH);
27:     $data = new LimitIterator($fileObj, 0, 5);    ── 先頭から5行を取り出します
28:     foreach ($data as $key => $value) {
29:       // 01～05、ストリング、改行
30:       echo sprintf("%02d:  %s\n", $key+1, es($value)), "<br>";
31:     }
32:     $fileObj->flock(LOCK_UN);
```

! NOTE

先頭から1行ずつ取り出す

先頭から1行ずつ取り出すだけならば、foreach文で次のように簡単に書き出せます。

php 先頭から1行ずつ取り出す

«sample» seek_current/read_makurano.php

```
15:     $filename = "makuranosoushi.txt";
16:     $fileObj = new SplFileObject($filename, "rb");
17:     foreach ($fileObj as $key => $value) {
18:       echo sprintf("%02d:  %s\n", $key, es($value)), "<br>";
19:     }
```

行番号を指定してテキストを取り出す

　SplFileObject のオブジェクトからは、current() で現在の行を取り出すことができます。current() を実行した後に次の行を取り出したい場合は、next() を実行して行を進めてから current() を再び実行します。取り出す行は、seek(行番号) で指定の行に移動する、rewind() で先頭行に移動するといったことができます。同様のメソッドには fseek()、frewind() がありますが、seek() と rewind() は例外をスローします。

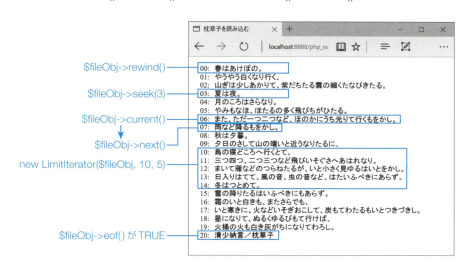

Part 3 Webページを作る
Chapter 11　ファイルの読み込みと書き出し

たとえば、次のコードを実行するとmakuranosoushi.txtの行番号での3行目と4行目を取り出します。行番号は0から数えます。key()は行番号を調べる関数です。

php 3行目と4行目を読み込む

«sample» seek_current/read_makurano_seek.php

```
26:     $fileObj->seek(3);          3行目へ移動します        値を取り出します
27:     echo $fileObj->key(), ": ", $fileObj->current(), "<br>";
28:     $fileObj->next();                                   次の行へ移動します
29:     echo $fileObj->key(), ": ", $fileObj->current();
```

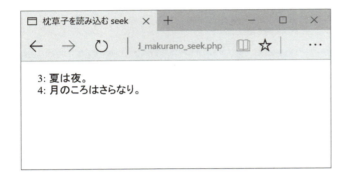

438

Section 11-4

CSV ファイルの読み込みと書き出し

SplFileObject クラスには CSV ファイルの読み込みと書き出しのためのメソッドがあります。通常、CSV ファイルはカンマ区切りのテキストファイルですが、ほかの区切り文字でも読み込みができます。

CSV ファイルを読み込んでテーブル表示する

CSV ファイル（カンマ区切りのテキストファイル）を読み込んで、<table> タグを使って表として表示します。CSV ファイルの読み込み方は、前節までのテキストファイルの読み込み方と基本同じですが、ファイルオブジェクトに対して CSV ファイルであることをフラグで指定します。

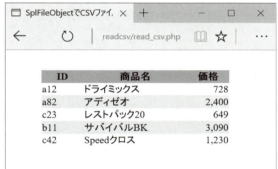

CSV ファイルを読み込んで
テーブル表示します

php CSV ファイルを読み込んでテーブル表示する

«sample» spl_readcsv/read_csv.php

```
01: <?php
02: require_once("../../lib/util.php");
03: ?>
04:
05: <!DOCTYPE html>
06: <html lang="ja">
07: <head>
08: <meta charset="utf-8">
09: <title>SplFileObject で CSV ファイルを読み込む</title>
10: <link href="../../css/style.css" rel="stylesheet">
11: <!-- テーブル用のスタイルシート -->
12: <link href="../../css/tablestyle.css" rel="stylesheet">
13: </head>
14: <body>
15: <div>
16:   <?php
17:   $filename = "mydata.csv";   ← 読み込む CSV ファイル
18:   try {
```

439

Part 3 Web ページを作る

Chapter 11 ファイルの読み込みと書き出し

```
19:        // ファイルオブジェクトを作る（rb 読み込みのみ。ファイルの先頭から読み込む）
20:        $fileObj = new SplFileObject($filename, "rb"); ──────── 読み込み専用モードで開きます
21:    } catch (Exception $e) {
22:        echo '<span class="error"> エラーがありました。</span><br>';
23:        echo $e->getMessage();
24:        exit();
25:    }
26:    // csv ファイルを読み込む（完全な空行はスキップする）
27:    $fileObj->setFlags(
28:        SplFileObject::READ_CSV
29:        | SplFileObject::READ_AHEAD     ────── CSV ファイルを読み込むフラグを
30:        | SplFileObject::SKIP_EMPTY              指定します
31:        | SplFileObject::DROP_NEW_LINE
32:    );
33:    // テーブルのタイトル行
34:    echo "<table>";
35:    echo "<thead><tr>";
36:    echo "<th>", "ID", "</th>";
37:    echo "<th>", " 商品名 ", "</th>";
38:    echo "<th>", " 価格 ", "</th>";
39:    echo "</tr></thead>";
40:    // 値を取り出して行に表示する
41:    echo "<tbody>";
42:    foreach ($fileObj as $row){
43:        // 配列を変数に取り出す
44:        list($id, $name, $price) = $row;
45:        // 価格が入っていない場合はスキップする
46:        if ($price==""){
47:            continue;                      ────── 1 行ずつ読み込んで値を取り出します
48:        }
49:        // 1 行ずつテーブルに入れる
50:        echo "<tr>";
51:        echo "<td>", es($id), "</td>";
52:        echo "<td>", es($name), "</td>";
53:        echo "<td>", es(number_format($price)), "</td>";
54:        echo "</tr>";
55:    }
56:    echo "</tbody>";
57:    echo "</table>";
58:    ?>
59: </div>
60: </body>
61: </html>
```

読み込む CSV ファイル（mydata.csv）

　ここで読み込んだ CSV ファイルには次のようにデータが入っています。各行の値は「ID、商品名、価格」の3列です。途中と最後に区切り文字のカンマだけの空白セルがある行が混ざっています。

CSV ファイルの読み込みと書き出し   Section 11-4

---

csv 「ID、商品名、価格」の3列がある CSV ファイル

«sample» spl_readcsv/**mydata.csv**

```
01:    a12, ドライミックス ,728
02:    a82, アディゼオ ,2400
03:    ,,  ───────────── カンマだけの行が混ざっています
04:    c23, レストパック 20,649
05:    b11, サバイバル BK,3090
06:    c42,Speed クロス ,1230
07:    ,,
08:    ,,
```

CSV ファイルを読み込むフラグ指定

テキストファイルを CSV ファイルとして読み込む場合は、setFlags() を使ってファイルオブジェクトにフラグを指定します。フラグの値は SplFileObject クラスのクラス定数の SplFileObject::READ_CSV で指定します。ここではさらに、CSV ファイルの途中と末尾にある空白行を取り除くフラグも同時に指定します。複数のフラグは論理和の演算子 | で連結した引数にします。

---

php CSV ファイルを読み込むためのフラグ指定（完全な空白行はスキップする）

«sample» spl_readcsv/**read_csv.php**

```php
27:    $fileObj->setFlags(
28:      SplFileObject::READ_CSV
29:      | SplFileObject::READ_AHEAD
30:      | SplFileObject::SKIP_EMPTY
31:      | SplFileObject::DROP_NEW_LINE
32:    );
```

各行のセルの値を読み込む

ファイルオブジェクトの各行は、foreach ($fileObj as $row){ ... } を使って読み込むことができます。$row にはセルの値が配列として入ります。$row[0] が ID、$row[1] が商品名、$row[2] が価格ですが、わかりやすいように list() を使って $id、$name、$price の3つの変数に順に代入しています。なお、ここで読み込む CSV ファイルでは値がダブルクォーテーションで囲まれていませんが、囲まれている CSV ファイルでも読み込めます。

---

php 各行のセルの値を list() を使って変数に代入する

«sample» spl_readcsv/**read_csv.php**

```php
42:    foreach ($fileObj as $row){
43:      // 配列を変数に取り出す
44:      list($id, $name, $price) = $row;  ─────── 値が順に変数に入ります
       ・・・
48:    }
```

Part 3
Chapter 8
Chapter 9
Chapter 10
Chapter 11

Part 3 Webページを作る

Chapter 11 ファイルの読み込みと書き出し

価格が空白の行は取り込まない

完全な空白行はフラグ指定で取り除かれますが、価格の $price は number_format() を使って3桁区切りの処理を行うので、価格の値が空白セルだとエラーになります。そこで、$price が空の行は表示する処理を行わないように continue キーワードを使ってスキップしています。（continue ☞ P.80）

```
php   1行ずつテーブルのセルに入れる
                                            «sample» spl_readcsv/read_csv.php
42:     foreach ($fileObj as $row){
43:         // 配列を変数に取り出す
44:         list($id, $name, $price) = $row;
45:         // 価格が入っていない場合はスキップする
46:         if ($price==""){
47:           continue;
48:         }
49:         // 1行ずつテーブルに入れる
50:         echo "<tr>";
51:         echo "<td>", es($id), "</td>";
52:         echo "<td>", es($name), "</td>";
53:         echo "<td>", es(number_format($price)), "</td>";
54:         echo "</tr>";
55:     }
```

> **ⓘ NOTE**
>
> **行単位で CSV を取り込む**
> fgetcsv() を使うと現在のファイルポインタが指している1行を CSV フィールドとして取り込むことができます。エラーの場合は false が返ります。

テーブルのスタイルシート

CSV データを表示するために <table> タグでテーブルを作って表示しています。テーブルの行の色や列の幅などは、次のスタイルシート（tablestyle.css）を読み込んで指定しています。この CSS では :first-child、:nth-child() の疑似クラスを利用しています。

```
CSS   テーブルのスタイルシート
                                              «sample» css/tablestyle.css
01:   @charset "UTF-8";
02:
03:   table {
04:       margin: 2em;
05:       padding: 0;
06:       border-collapse: collapse;
07:   }
08:
09:   thead {
10:       background-color: #7ac2ff;
11:       text-align: center;
12:   }
```

442

```
14:
15:     tr *{
16:         padding: : 0.5em 1em 0.5em 1em;
17:     }
18:
19:     tbody tr *:first-child{
20:         width: 4em;
21:         text-align: left;
22:     }
23:
24:     tbody tr *:nth-child(2){
25:         width: 10em;
26:         text-align: left;
27:     }
28:
29:     tbody tr *:nth-child(3){
30:         width: 4em;
31:         text-align: right;;
32:     }
33:
34:     tbody tr:nth-child(even) td {
35:         background-color: #dff0ff;
36:     }
```

CSV ファイルに書き出す

　PHP のデータを CSV ファイルに書き出すこともできます。次の例では CSV のヘッダ行と各行のデータを配列で作り、その配列の値を fputcsv() を使って CSV ファイルに書き出しています。

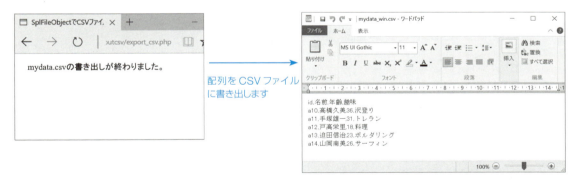

配列を CSV ファイルに書き出します

php　PHP のデータを CSV ファイルに書き出す

«sample» spl_fputcsv/export_csv.php

```
01:     <!DOCTYPE html>
02:     <html lang="ja">
03:     <head>
04:     <meta charset="utf-8">
05:     <title>SplFileObject で CSV ファイルに書き込む </title>
06:     <link href="../../css/style.css" rel="stylesheet">
07:     </head>
08:     <body>
```

Part 3 Web ページを作る

Chapter 11 ファイルの読み込みと書き出し

```php
09:   <div>
10:     <?php
11:     $filename = "mydata.csv";           ── 書き出す CSV ファイル
12:     // csv のヘッダ行
13:     $csv_header = ["id", "名前", "年齢", "趣味"];
14:     // csv のデータ
15:     $csv_data = [];
16:     $csv_data[] = ["a10", "高橋久美", "36", "沢登り"];
17:     $csv_data[] = ["a11", "手塚雄一", "31", "トレラン"];
18:     $csv_data[] = ["a12", "戸高栄里", "18", "料理"];
19:     $csv_data[] = ["a13", "迫田信治", "23", "ボルダリング"];
20:     $csv_data[] = ["a14", "山岡南美", "26", "サーフィン"];
21:
22:     try {
23:       // ファイルオブジェクトを作る（wb 新規書き出し。ファイルがなければ作る）
24:       $fileObj = new SplFileObject($filename, "wb");  ── 新規書き出しモードでファイルを開きます
25:     } catch (Exception $e) {
26:       echo '<span class="error"> エラーがありました。</span><br>';
27:       echo $e->getMessage();
28:       exit();
29:     }
30:     // ヘッダ行を csv に書き出す
31:     $fileObj->fputcsv($csv_header);         ── CSV ファイルにヘッダ行とデータを書き込みます
32:     // データを csv に追加する
33:     foreach ($csv_data as $value) {
34:       $fileObj->fputcsv($value);
35:     }
36:     echo "{$filename} の書き出しが終わりました。";
37:     ?>
38:   </div>
39:   </body>
40:   </html>
```

書き出すデータ

配列の値を CSV ファイルに書き出す

fputcsv() を使えば、配列の値を CSV ファイルに書き出すことができます。ヘッダ行を入れた $csv_header の書き出しに続けて、各行のデータを入れた $csv_data を書き出します。$csv_data は配列の中に各列の値の配列が入っている多重配列なので、foreach 文で各行の配列を取り出し、その値を fputcsv() で書き出します。

php 配列の値を CSV ファイルに書き出す

«sample» spl_fputcsv/export_csv.php

```php
30:     // ヘッダ行を csv に書き出す
31:     $fileObj->fputcsv($csv_header);
32:     // データを csv に追加する
33:     foreach ($csv_data as $value) {
34:       $fileObj->fputcsv($value);
35:     }
```

444

Shift-JIS、CRLF、ダブルクォーテーション囲みに変換する

　fputcsv() で CSV に書き出したファイルは文字コードが UTF-8 で改行コードが LF のため、Windows のアプリで開くと文字化けしたり、改行されなかったりします。そこで Windows に対応するために、Shift-JIS、CRLF に変換するコードも用意しておきます。また CSV の各値をダブルクォーテーションで囲む処理も行います。次のコードでは、先の export_csv.php で書き出した mydata.csv を元ファイルとして mydata_win.csv を書き出します。

メモ帳は UTF-8 で表示できますが、改行されません

ワードパッドは改行されますが、文字化けします

php Shift-JIS、CRLF、ダブルクォーテーション囲みに変換する

«sample» spl_fputcsv/convert2shiftjis_crlf.php

```
01: <!DOCTYPE html>
02: <html lang="ja">
03: <head>
04:   <meta charset="utf-8">
05:   <title>ShiftJIS, CRLF ファイルに変換する</title>
06: </head>
07: <body>
08: <div>
09:   <?php
10:     $filename = "mydata.csv";                        ── UTF-8、LF の CSV ファイル
11:     $filename_win = "mydata_win.csv";
12:                                                      ── Windows 用のファイル
13:   try{
14:     // ファイルオブジェクトを作る（rb 読み込み専用）
15:     $fileObj = new SplFileObject($filename, "rb");
16:     // ファイルオブジェクトを作る（wb 新規書き出し。ファイルがなければ作る）
17:     $fileObj_win = new SplFileObject($filename_win, "wb");
18:   } catch (Exception $e) {
19:     echo '<span class="error">エラーがありました。</span><br>';
20:     echo $e->getMessage();
21:     exit();
22:   }
23:
24:   // ストリングを読み込む
25:   $readdata = $fileObj->fread($fileObj->getSize());   ── CSV ファイルを読み込みます
```

Part 3　Webページを作る

Chapter 11　ファイルの読み込みと書き出し

```
26:     $fileObj = NULL;
27:     // 改行コードを LF から CRLF にする
28:     $outdata = str_replace("\n", "\r\n", $readdata);
29:     // ShiftJIS に変換する
30:     $outdata = mb_convert_encoding($outdata,"SJIS","auto");
31:
32:     // ダブルクォーテーションで囲む
33:     $outdata = str_replace(",", '","', $outdata);
34:     $outdata = str_replace("\r\n", "\"\r\n\"", $outdata);
35:     // 先頭に追加し、最後の1個を取り除く
36:     $outdata = '"' . $outdata;
37:     $outdata = mb_substr($outdata, 0, -1, "SJIS");
38:
39:     // ファイルに書き込む
40:     $written = $fileObj_win->fwrite($outdata);
41:     if ($written===FALSE){
42:       echo '<span class="error">', "{$filename_win} に保存できませんでした。</span>";
43:     } else {
44:       echo "{$filename} を Shift-JIS、CRLF に変換した {$filename_win} を書き出しました。";
45:     }
46:     ?>
47:   </div>
48:   </body>
49:   </html>
```

—— 改行コード、文字コード、ダブルクォーテーション囲みを変換します

改行コードを LF から CRLF にする

改行コードを LF（\n）から CRLF（\r\n）に変換する処理は、str_replace() を使って検索置換で行います。

> **php** 改行コードを LF から CRLF にする
>
> «sample» spl_fputcsv/convert2shiftjis_crlf.php
>
> ```
> 28:     $outdata = str_replace("\n", "\r\n", $readdata);
> ```
> —— Windows 用のファイルに書き込みます

Shift-JIS に変換する

Shift-JIS への変換は mb_convert_encoding() を使います。UTF-8 から Shift-JIS への変換ですが、第3引数を "auto" にしておけば、UTF-8 以外の文字コードからでも Shift-JIS に変換できます。

> **php** Shift-JIS に変換する
>
> «sample» spl_fputcsv/convert2shiftjis_crlf.php
>
> ```
> 30:     $outdata = mb_convert_encoding($outdata,"SJIS","auto");
> ```

各値をダブルクォーテーションで囲む

各値をダブルクォーテーションで囲んで出力したい場合には複数の手順が必要です。まず、str_replace() を使って区切り文字のカンマをダブルクォーテーションで囲った「","」に置換します。これでほとんどの値はダブルクォーテーションで囲った状態になりますが、各行の末尾にはカンマがないので閉じのダブルクォーテーションが閉じていません。

そこで、改行コードの「\r\n」を「\"\r\n\"」と置換してダブルクォーテーションを挿入します。「\"」はダブ

CSV ファイルの読み込みと書き出し　Section 11-4

ルクォーテーションのエスケープシーケンスです。これで各行の末尾にダブルクォーテーションが追加されます。

1個目の開始のダブルクォーテーションがないので先頭に1個連結し、さらに最後の行に1個余計に入るダブルクォーテーションを mb_substr() を使って取り除きます。以上ですべての値がダブルクォーテーションで囲まれた状態になります。

php　各値をダブルクォーテーションで囲む

«sample» **spl_fputcsv/convert2shiftjis_crlf.php**

```
32:     // ダブルクォーテーションで囲む
33:     $outdata = str_replace(",", '","', $outdata);
34:     $outdata = str_replace("\r\n", "\"\r\n\"", $outdata);
35:     // 先頭に追加し、最後の1個を取り除く
36:     $outdata = '"' . $outdata;
37:     $outdata = mb_substr($outdata, 0, -1, "SJIS");
```

メモ帳でも各行ごとに改行されるようになりました。値はダブルクォーテーションで囲まれています

ワードパッドでも文字化けしなくなりました

Part 4　PHP と MySQL

Chapter **12**

phpMyAdmin を使う

phpMyAdmin は、データベースの作成、レコードの追加／削除、SQL の実行など、MySQL データベースシステムをブラウザで管理できる Web アプリです。PHP から MySQL を操作する方法を学ぶ前に、phpMyAdmin を使ってデータベースの構造や操作の概要を理解しましょう。

Section 12-1　MySQL サーバと phpMyAdmin を起動する
Section 12-2　phpMyAdmin でデータベースを作る
Section 12-3　リレーショナルデータベースを作る

Part 4　PHPとMySQL

Chapter 12　phpMyAdminを使う

Section 12-1

MySQLサーバとphpMyAdminを起動する

phpMyAdminは、MySQLデータベースシステムを管理できるWebアプリです。MAMPではMySQLサーバとphpMyAdminの両方がインストール済みなので、すぐに使い始めることができます。

MySQLサーバを起動する

MAMPを起動するとApacheサーバと合わせてMySQLサーバも自動的に起動します。MySQLサーバが起動しているかどうかは、MAMPの画面で確認できます。

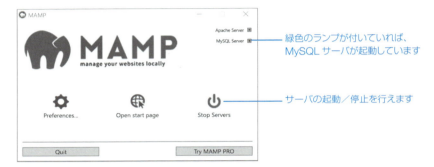

緑色のランプが付いていれば、MySQLサーバが起動しています

サーバの起動／停止を行えます

phpMyAdminを起動する

phpMyAdminは、MAMPの「Open start page」（Mac版では「オープンWebStartの」）をクリックしてMAMPのスタートページを表示し、Toolsメニュー（Mac版ではツールメニュー）から起動します。phpMyAdminはブラウザの新しいタブに開きます。

Open Start pageをクリックします

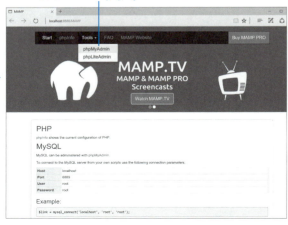

ToolsメニューのphpMyAdminを選びます

メインページを表示する

　画面左側のペインをナビゲーションパネルと呼びます。メインページを表示するにはナビゲーションパネルの phpMyAdmin ロゴをクリックするか、ロゴの下の🏠アイコンをクリックします。

　メインページには、「データベース／SQL／状態／ユーザ／エクスポート／インポート／設定／バイナリログ／その他」のタブが並び、一般設定、外観の設定、データベースサーバ、ウェブサーバ、phpMyAdmin の情報が表示されています。

　「一般設定」ではサーバ接続の照合順序を選びます。ここでは utf8mb4_general_ci にしています。「外観の設定」で日本語を選び、テーマ（Theme）を選択します。テーマでは標準で Original と pmahomme から選ぶことができます。テーマは見た目が変わるだけで、表示される項目は同じです。

メインページは phpMyAdmin のロゴ、または🏠アイコンをクリックして表示します

言語から日本語を選びます

外観のテーマを選びます

> **❶ NOTE**
>
> **phpMyAdmin の日本語ドキュメント**
> phpMyAdmin の日本語ドキュメントは、次の URL で読むことができます。
> http://docs.phpmyadmin.net/ja/latest/index.html

Part 4 PHP と MySQL
Chapter 12 phpMyAdmin を使う

Section 12-2
phpMyAdmin でデータベースを作る

phpMyAdmin で簡単なデータベースを作ってみましょう。データベースのテーブルの作成や修正を行い、できあがったテーブルにレコードを追加し、更新や削除も試します。なお、1 つのデータベースに複数のテーブルを作る例は次節で説明します。

データベースを作る

phpMyAdmin でデータベースを作る手順を示します。最初の例として「testdb」を作ります。なお、標準 MAMP では自動的に root ユーザとしてログインされますが、もしデータベースの作成権限のない一般ユーザでログインしている場合は、いったんログアウトして root ユーザでログインし直してください。すべての権限がある root ユーザで操作するので慎重に操作してください。一般ユーザを追加する方法については Chapter 13 で説明します（☞ P.472）。

1 データベース作成画面を開く

メインページの上に並んでいるツールボタンの中から「データベース」タブをクリックし、データベース作成画面を表示します。

1. ロゴをクリックしてメインページを表示します
2. 「データベース」タブを開きます

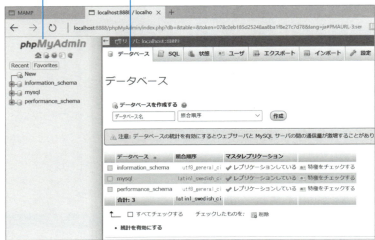

phpMyAdmin でデータベースを作る　Section 12-2

2 データベース名と照合順序を入力

データベース名に「testdb」と入力し、照合順序はメニューから「utf8_general_ci」を選択します。

testdb データベースを作成します

3 「testdb」データベースが作られる

「作成」ボタンをクリックすると左のナビゲーションパネルに「testdb」が追加されます。

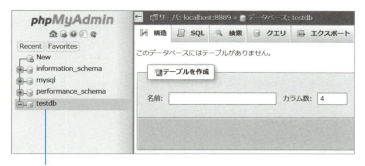

testdb が追加されます

テーブルを作る

続いて testdb データベースにテーブルを作ります。テーブルとは表計算ソフトの表に相当します。データベースでは表の列を「カラム」または「フィールド」と呼びます。表の行はデータベースでは「レコード」と呼びます。たとえば、「ID、名前、年齢」のカラムがあるテーブルを表は次のようなものです。

ID が 3 のレコード

年齢のカラム

それでは、この構造の member テーブルを testdb データベースに作ってみます。

1 member テーブルを作る

ナビゲータパネルで「testdb」データベースを選択して構造タブを開きます。名前のフィールドにテーブル名を入れ、カラム数を指定します。テーブル名は member、カラム数は 3 にして「実行」ボタンをクリックします。

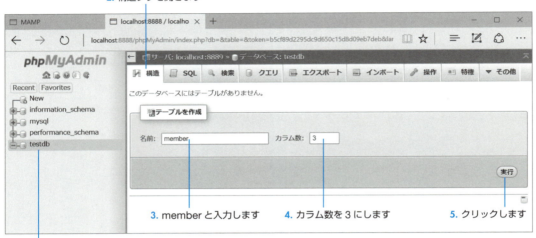

2 個々のカラムを設定する

3 個のカラムの属性を設定できる画面になるので、次のように上から順に設定値を入力します。値を設定しない項目には初期値が使われます。
id カラムでは「属性」で UNSIGNED を選び、「インデックス」では PRIMARY を選びます（☞ P.463）。PRIMARY を選んだときダイアログが出た場合は、そのまま「実行」ボタンをクリックします。さらに id カラムでは「A_I」をチェックします。A_I は AUTO INCREMENT のことで、値が 1 からカウントアップされて自動入力されます。name では「データ型」で VARCHAR を選び、「長さ／値」に 40 と入力します。この数字は最大文字数を指定しています。age は負の値がないので「属性」で UNSIGNED を選びます。以上の設定を終えたならば、右下にある「保存する」ボタンをクリックします。

名前	データ型	長さ／値	デフォルト値	照合順序	属性	NULL	インデックス	A_I
id	INT	_	なし	_	UNSIGNED	_	PRIMARY	✓
name	VARCHAR	40	なし	_	_	_	_	_
age	INT	_	なし	_	UNSIGNED	_	_	_

phpMyAdmin でデータベースを作る　Section 12-2

PRIMARY を選びます　A_I をチェックします

データ型で VARCHAR を選び
長さを 40 にします

UNSIGNED を選びます

インデックスで PRIMARY を選んだときに
ダイアログが出た場合

このままの設定で実行します

3　テーブルの構造を確認する

テーブルが作られると、左のナビゲーションパネルの testdb の下に member が追加されます。構造タブにはテーブルの欄に member が追加されています。

member テーブルが追加されます

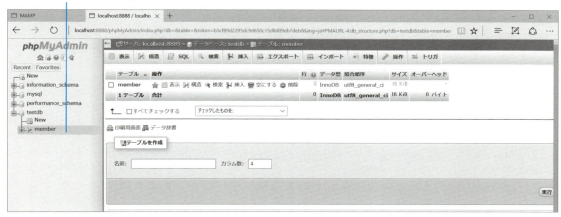

未入力であっても許可するように修正する

　テーブル構造での初期値では NULL をチェックしていません。NULL をチェックしない設定は、必ず値を入力しなければならないという設定です。ここで、年齢は未入力でも許可する設定に変更してみます。

1 member テーブルの構造を表示する

　ナビゲーションパネルで member を選択し、次に構造タブをクリックします。すると member テーブルの構造が表示されます。

2. 構造をクリックします

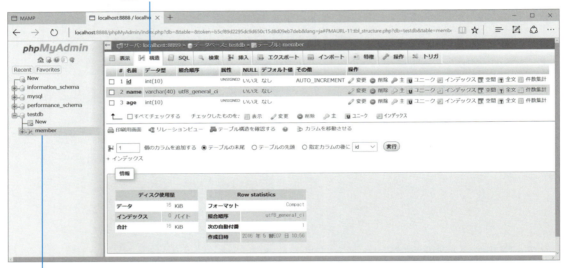

1. member を選択します

2 「操作」の変更をクリックする

　表示された構造には「id、name、age」の現在の設定値が表示されています。表の一番右の「操作」の欄にカラムの設定の変更、カラムの削除といった操作をするボタンが並んでいます。そこで、age の行の「変更」ボタンをクリックします。

age の「変更」をクリックします

3 「NULL」をチェックする

age カラムの設定画面になるので、「NULL」をチェックし、右下の「保存する」ボタンをクリックします。

1. NULL をチェックします
2. 「保存する」をクリックします

4 テーブルを確認する

「保存する」ボタンをクリックするとテーブルの構造の表示に戻ります。変更した age カラムの設定を見ると、「NULL」が「はい」になり、「デフォルト値」が NULL になっています。これで年齢は未入力であってもかまわない設定に変更されました。

NULL に「はい」、
デフォルト値に「NULL」が入っています

レコードを追加する

作成した member テーブルにレコードを追加していきます。追加するのは、最初に示した次の 5 人分のレコードです。

ID	名前	年齢
1	佐藤一郎	32
2	塩田香織	26
3	雨木さくら	38
4	高峯信夫	23
5	新倉建雄	51

Part 4　PHP と MySQL

Chapter 12　phpMyAdmin を使う

1　挿入タブを開く

ナビゲーションパネルで member を選択し挿入タブをクリックします。表示された画面には2レコード分のデータ入力フォームがあります。つまり、同時に2レコードずつ追加していくことができるわけです。

1. member テーブルを選択します
2. 挿入タブをクリックします

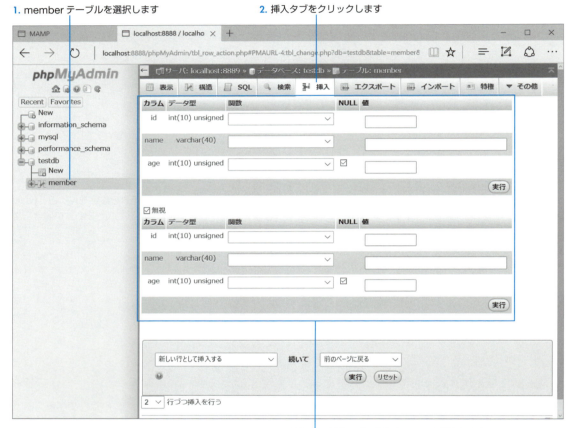

3. 2レコード分のデータ入力フォームがあります

2　「新しい行として挿入する｜続いて｜新しいレコードを追加する」にする

下の方を見ると「[新しい行として挿入する] 続いて [前のページに戻る]」とあるので、後ろのポップアップメニューで「新しいレコードを追加する」を選択します。これにより連続して入力作業を行えます。

「新しいレコードを追加する」を選びます

何レコードずつ入力するかを選ぶことができます

3 2人分のレコードを追加する

「佐藤一郎」、「塩田香織」の2人分のレコードを入力して「実行」ボタンをクリックします。id カラムは AUTO INCRIMENT に設定したので、入力フィールドは空のままにしておきます。2番目のレコードの値を入力すると、間にある「無視」のチェックが外れます。入力が成功するとフィールドがクリアされて、結果のメッセージと実行内容が SQL 文で示されます。

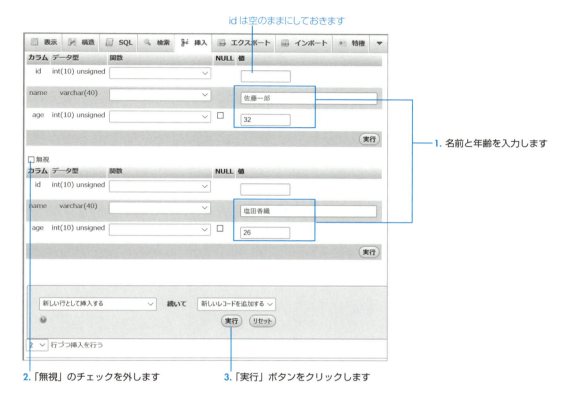

2.「無視」のチェックを外します　　3.「実行」ボタンをクリックします

4. 挿入が成功したかどうかのメッセージが表示されます

実行内容が SQL 文で表示されます

4 続く2人のレコードを追加する

続いて「雨木さくら」、「高峯信夫」のレコードのデータを入力して「実行」ボタンをクリックします。

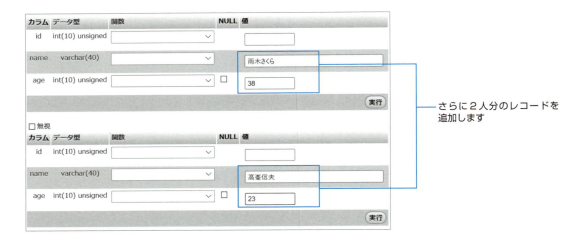

さらに2人分のレコードを追加します

5 1人だけ追加する

「新倉建雄」を入力していきます。最後は1人なので上の入力フィールドにデータを入力し、2個目の「無視」のチェックボックスをチェックした状態で「実行」ボタンをクリックします。

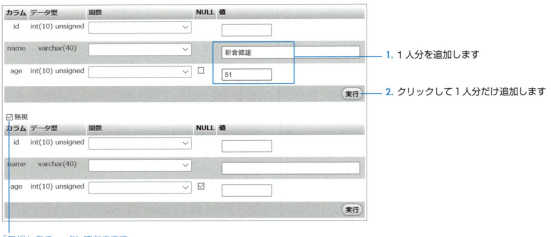

1. 1人分を追加します
2. クリックして1人分だけ追加します

「無視」をチェックしておきます

入力結果を確かめる

　全員の入力が終わったならば、入力結果を確かめてみましょう。ナビゲーションパネルで member テーブルを選択した状態で「表示」をクリックします。すると追加した5人のレコードがテーブルで表示されます。

1. 表示タブを開きます

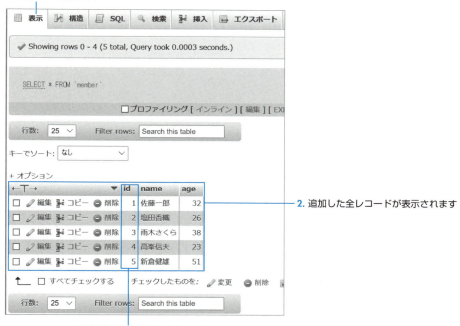

2. 追加した全レコードが表示されます

id には連番が自動入力されています

レコードの値の変更や削除

　レコードの値の変更はテーブルの「編集」ボタンをクリックすれば、そのレコードの入力フォームが表示されます。行の左のチェックボックスをチェックして、「変更」ボタンをクリックすれば複数のレコードを同時に編集できます。簡単な変更ならば値をダブルクリックするだけで直接書き替えることもできます。

編集ボタンをクリックして値を変更できます

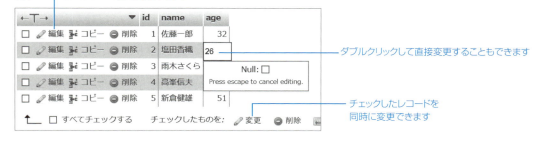

ダブルクリックして直接変更することもできます

チェックしたレコードを
同時に変更できます

Section 12-3
リレーショナルデータベースを作る

MySQLはRDBMS（リレーショナルデータベースマネジメントシステム）です。1つのデータベースに複数のテーブルを作ることができ、テーブル間で値を連携できます。前節ではデータベースに1個のテーブルでしたが、この節では複数のテーブルを作り、リレーショナルデータベースの構造を見てみます。

リレーショナルデータベースを作る

前節ではデータベースに1個のテーブルしか作りませんでしたが、MySQLでは1個のデータベースに複数のテーブルを作ることができます。

次の「商品データベース」には「商品テーブル」、「ブランドテーブル」、「在庫テーブル」の3つのテーブルがあります。商品テーブルには「商品ID／商品名／サイズ／ブランド」の4つのカラムがあります。「ブランド」カラムにはブランド名ではなく、ブランドIDが入っています。

そのブランドIDは、ブランドテーブルの「ブランドID」の値です。商品のブランドデータは、ブランドIDでブランドテーブルを参照して得ることができます。このようにブランドのデータはブランドテーブルで一元管理することで、全体の容量をコンパクトにできるだけでなく、ブランドデータに変更や追加があったときに新旧データが複数箇所に混在するといった不具合を避けられます。

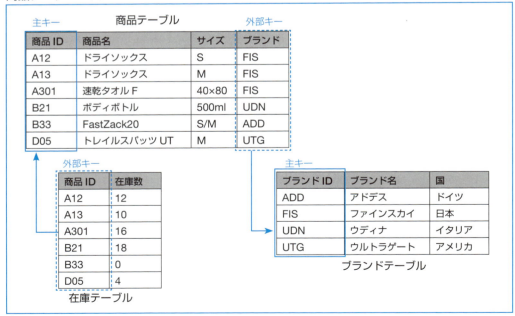

商品データベース

主キーと外部キー

　商品データベースにおいて商品テーブルとブランドテーブルを関連付けているのは「ブランドID」です。商品テーブルと在庫テーブルは「商品ID」で関連付いています。このような関係性（リレーション）を繋いでいるのが「主キー（PRIMARY キー）」と「外部キー（FOREIGN キー）」です。

　主キーはテーブルの構造を作る際に「PRIMARY」に指定するカラムです。主キーはテーブルに1個だけで、重複禁止（Unique キー）のインデックスキーになります。インデックスキーはインデックスの分だけ容量が増えますが高速検索処理が可能になります。

　外部キーは必ずインデックスキーに指定したうえで、参照するテーブルの主キーを指定します。具体的な手順は次の例で示します。

商品データベースを作る

　それでは実際に商品データベースを作り、テーブルに主キーと外部キーを設定してみましょう。まず最初に「商品テーブル」、「ブランドテーブル」、「在庫テーブル」の3つのテーブルを作ります。

1 商品データベース「inventory」を作る

メインページから商品データベース「inventory」を作ります。文字コードは utf8_general_ci を選択します。

1. ロゴをクリックします
2. データベースを開きます
3. inventory と入力し、utf8_general_ci を選択します
4. クリックします

2 商品テーブル「goods」を作る

「id／name／size／brand」の4カラムの商品テーブル「goods」を作ります。主キーにする id カラムを「PRIMARY」に設定し、外部キーにする brand カラムには「INDEX」を指定します。

名前	データ型	長さ／値	デフォルト値	照合順序	属性	NULL	インデックス	A_I
id	VARCHAR	10	なし	-	-	-	PRIMARY	-
name	VARCHAR	40	なし	-	-	-	-	-
size	VARCHAR	20	なし	-	-	✓	-	-
brand	VARCHAR	10	なし	-	-	-	INDEX	-

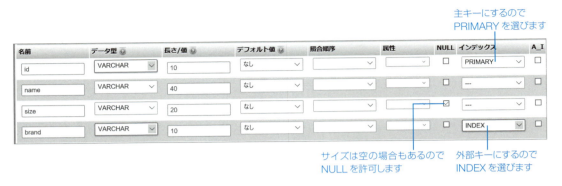

3 ブランドテーブル「brand」を作る

「id ／ name ／ country」の 3 カラムのブランドテーブル「brand」を作ります。id カラムを「PRIMARY」に設定します。

名前	データ型	長さ／値	デフォルト値	照合順序	属性	NULL	インデックス	A_I
id	VARCHAR	10	なし	-	-	-	PRIMARY	-
name	VARCHAR	40	なし	-	-	-	-	-
country	VARCHAR	20	なし	-	-	✓	-	-

4 在庫テーブル「stock」を作る

「goods_id ／ quantity」の 2 カラムの在庫テーブル「stock」を作ります。good_id カラムは外部キーにするカラムなのでインデックスキーにしますが、重複禁止にする必要があるので「UNIQUE」を選びます。在庫の数量 quantity カラムのデフォルト値は「ユーザ定義」を選び初期値を 0 にします。

名前	データ型	長さ／値	デフォルト値	照合順序	属性	NULL	インデックス	A_I
goods_id	VARCHAR	10	なし	-	-	-	PRIMARY	-
quantity	INT	4	ユーザ定義：0	-	-	-	-	-

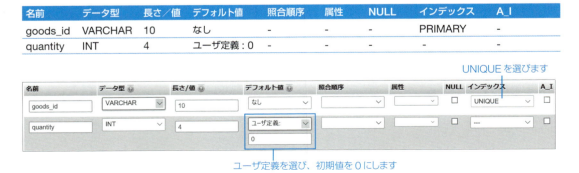

Section 12-3 リレーショナルデータベースを作る

リレーションを設定する

3つのテーブルができあがったところで、次にリレーションの設定を追加します。主キーと外部キーのリレーションを結ぶのは2箇所です。

商品テーブルのブランドの外部キーを設定する

商品（goods）テーブルの brand カラムは、ブランド（brand）テーブルの id とリレーションしています。ブランドテーブルの id が主キーで、商品テーブルの brand カラムが外部キーです。

1 商品テーブルのリレーションビューを開く

goods テーブルの「構造」タブを表示して「リレーションビュー」をクリックします。goods テーブルリレーションの外部キー制約の設定フォームが表示されます。

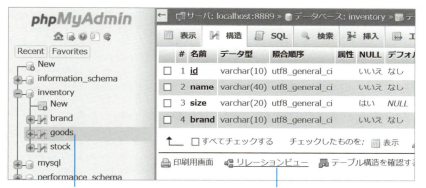

1. goods テーブルを選択します　　2.「リレーションビュー」をクリックします

なお、Windows 版（phpMyAdmin 4.2.7）と Mac 版（phpMyAdmin 4.4.10）ではボタン名と表示位置が違っています。Mac 版では「Relation view」をクリックします。

Mac 版では「Relation view」ボタンがこの位置にあります

465

Part 4　PHPとMySQL
Chapter 12　phpMyAdminを使う

2　brandカラムの外部キー制約を設定する

brandカラムの外部キー制約を「inventory - brand」-「id」の設定にします。Constraint name（制約名）は適当で構いません。ここでは「brand_id」と付けています。「保存する」ボタンをクリックして外部キー制約を保存します。

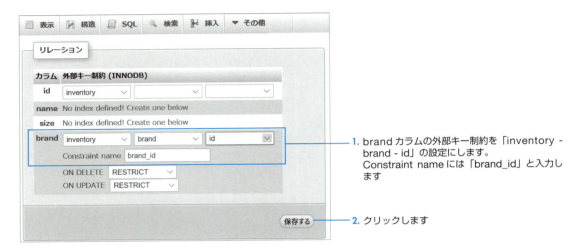

1. brandカラムの外部キー制約を「inventory - brand - id」の設定にします。
Constraint nameには「brand_id」と入力します
2. クリックします

在庫テーブルの商品IDの外部キーを設定する

在庫（stock）テーブルのgoods_idカラムは、商品テーブルのidとリレーションしています。商品テーブルのidが主キーで、在庫テーブルのgoods_idカラムが外部キーです。

1　在庫テーブルのリレーションビューを開く

stockテーブルの「構造」タブを表示して「リレーションビュー」をクリックします。stockテーブルリレーションの外部キー制約の設定フォームが表示されます。

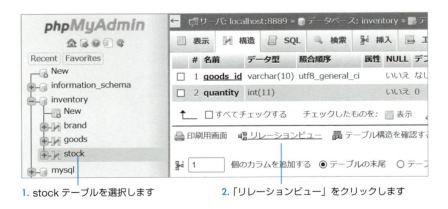

1. stockテーブルを選択します
2. 「リレーションビュー」をクリックします

Section 12-3 リレーショナルデータベースを作る

2 goods_id カラムの外部キー制約を設定する

goods_id カラムの外部キー制約を「inventory - goods - id」の設定にします。Constraint name には「goods_id」にしています。「保存する」ボタンをクリックして外部キー制約を保存します。

1. goods_id カラムの外部キー制約を「inventory - goods - id」の設定にします。Constraint name には「goods_id」と入力します
2. クリックして保存します

> **NOTE**
>
> **リレーションをデザイナ画面で確認する**
>
> Mac 版の phpMyAdmin では、データベースを選択して右端のデザイナタブを選ぶとリレーションを見て確認できます（ウインドウ幅が狭いときは「その他」に入っています）。左のツールボタンから「Show/Hide tables List」を選んでリストを表示し、テーブルを表示します。そしてツールボタンの「リレーションラインの表示切替」を選びます。

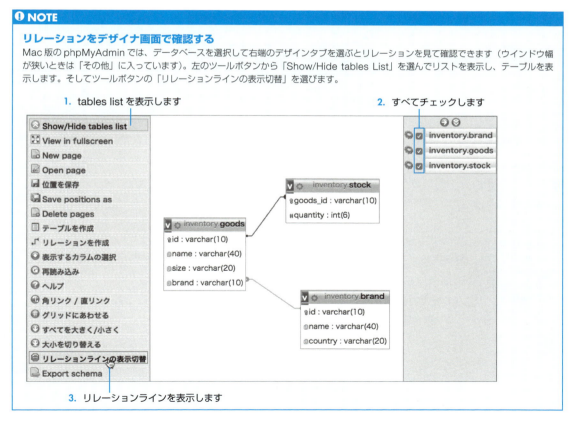

1. tables list を表示します
2. すべてチェックします
3. リレーションラインを表示します

レコードを追加する

　いま作ってきたように商品データベースには商品テーブル、ブランドテーブル、在庫テーブルがあります。それぞれに新規レコードを作ってデータを入力していくことになりますが、リレーショナルデータベースにレコードを追加する場合には注意点があります。

　たとえば、商品テーブルに入力する商品のブランドは、ブランドテーブルのブランドIDの外部キーなので、ブランドテーブルに入力済みのブランドでなければ入力することができません。つまり、先にブランドテーブルにブランドを登録しておき、その後で商品テーブルに商品を追加するという順番になります。

　実際、商品テーブルを選択して挿入タブを開くとブランドIDはプルダウンメニューから選ぶようになっています。プルダウンメニューから選ぶことができるブランドIDは、あらかじめブランドテーブルに追加しておいたブランドIDです。

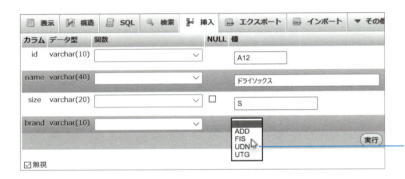

brandカラムに入力するブランドIDは、ブランドテーブルに登録してあるブランドIDから選ぶようになります

　同様に在庫テーブルに商品の在庫数を追加するには、在庫数を入力する商品の商品IDが商品テーブルに登録済みでなければなりません。つまり、最初にブランドテーブルにブランドを入力し、続いて商品テーブルに商品レコードを入力し、最後にその商品の在庫数を在庫テーブルに入力するという順番でレコードを追加していく必要があるわけです。

商品IDは、商品テーブルに登録済みの商品IDから選びます

Section 12-3 リレーショナルデータベースを作る

レコードのデータをインポートする

テーブルのレコードは、CSVファイルなどをインポートして追加することもできます。ただし、この場合にも登録済みでないブランドの商品レコードはエラーになるといった点に注意が必要です。CSVファイルを読み込む際には、区切り文字などを指定できるほか、読み込み開始行を指定できます。

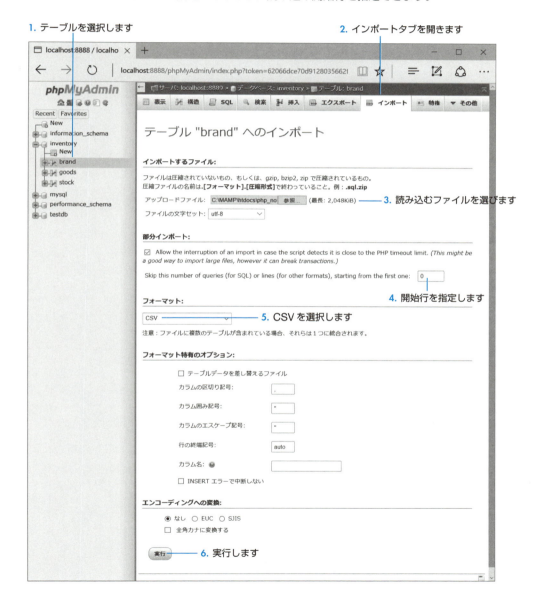

Part 4　PHP と MySQL

Chapter 13

MySQL を操作する

PHP を使って MySQL データベースからレコードを取り出したり、追加、更新したりする方法を解説します。基本的な SQL の書き方と実行の方法を学び、フォーム入力から MySQL を操作する例やトランザクション処理を使って安全にリレーショナルデータベースを操作する例も示します。

Section 13-1　データベースユーザを追加する
Section 13-2　データベースからレコードを取り出す
Section 13-3　レコードの抽出、更新、挿入、削除
Section 13-4　フォーム入力から MySQL を利用する
Section 13-5　リレーショナルデータベースのレコードを取り出す
Section 13-6　トランザクション処理

Section 13-1
データベースユーザを追加する

　PHPからデータベースを利用する際には、安全のために指定のデータベースだけを操作できるユーザを作ります。この節では前節に引き続いてphpMyAdminを利用してデータベースユーザを作る手順を説明します。

ユーザを追加する

　初期値で使用しているrootユーザは、すべてのデータベースを自在に操作できます。PHPからデータベースを利用する際には、プログラムのバグによる事故を未然に防ぐ目的とセキュリティ対策という観点から、利用するデータベースを操作するために必要十分な権限をもった一般ユーザを追加します。

testdbデータベースを利用できるユーザを追加する

　Chapter12で作成したtestdbデータベースを利用できる一般ユーザを追加する手順を説明します。

1 ユーザを追加する

　phpMyAdminロゴをクリックしてメインページを表示し、ユーザタブをクリックしてユーザ概略を表示します。現在登録済みのユーザリストの下にある「ユーザを追加する」をクリックして新規ユーザを追加します。

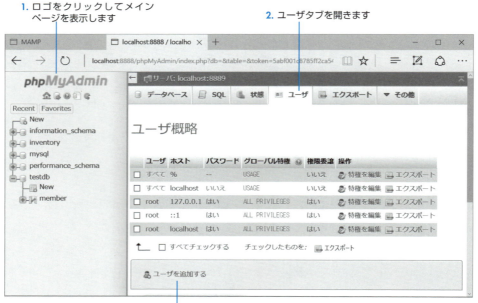

1. ロゴをクリックしてメインページを表示します
2. ユーザタブを開きます
3. 「ユーザを追加する」をクリックします

2 ログイン情報や特権を設定する

ユーザを追加する画面が表示されたならば、ログイン情報を入力します。「Host:」では「ローカル」を選択します。すると右のフィールドに localhost と入ります。「パスワードを生成する」にある「生成する」ボタンはパスワードを自動生成するためのボタンです。

ログイン情報		（入力例）
User name	テキスト入力項目の値を利用する	testuser
Host	ローカル	localhost
パスワード	テキスト入力項目の値を利用する	pw4testuser
Re-type		pw4testuser

ログイン情報を入力したならば、グローバル特権などの他のチェックボックスは1つもチェックせずにそのまま「実行」ボタンをクリックします。

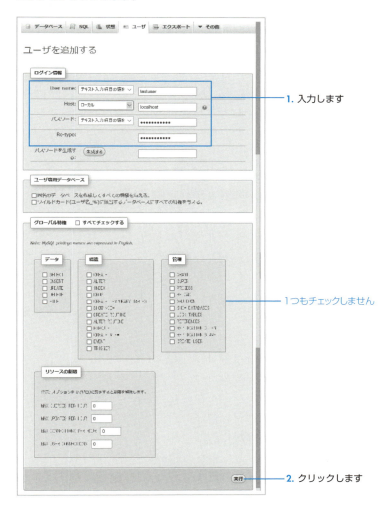

利用できるデータベースを指定する

　ユーザの追加が成功したならば、testuser ユーザ（testuser@localhost）がユーザ概略のリストに追加されます。続いて testuser ユーザが利用できるデータベースを設定します。

1 追加ユーザの特権を指定する

　ユーザ概略のリストで testuser ユーザの行の「特権を編集」をクリックします。

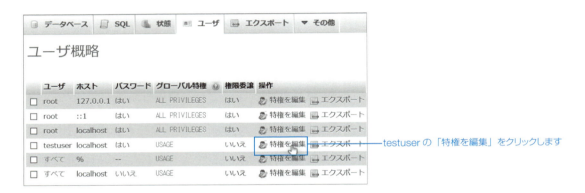

testuser の「特権を編集」をクリックします

2 利用できるデータベースを指定する

　testuser ユーザの特権設定画面になるので、上に並んだボタンから「データベース」をクリックします。「データベースに固有の特権」の欄にあるプルダウンメニューから「testdb」を選択し、実行します。

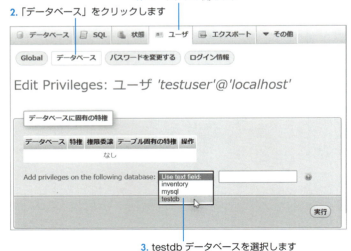

1. ユーザタブが開きます
2. 「データベース」をクリックします
3. testdb データベースを選択します

データベースユーザを追加する Section 13-1

3 データベースに固有の特権をすべてチェックする

続いて「データベースに固有の特権」を設定する画面になるので、「すべてをチェックする」をチェックして実行ボタンをクリックします。

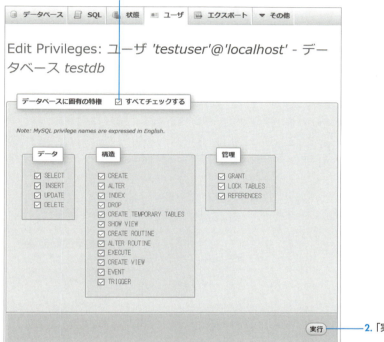

1. 「すべてをチェックする」をチェックします
2. 「実行」をクリックします

> **NOTE**
>
> **phpMyAdminに一般ユーザでログインする**
> 標準MAMPはrootユーザで自動ログインされ、ログアウトボタンがありません。ログアウトできないので一般ユーザで再ログインすることもできません。ログインパネルとログアウトボタンが表示されるようにするには、phpMyAdminの設定ファイルを変更します。変更する設定ファイルは次の場所にあります。
>
> **Windows**
> C:￥MAMP￥bin￥phpMyAdmin￥config.inc.php
>
> **Mac OS X**
> アプリケーション/MAMP/bin/phpMyAdmin/config.inc.php
>
> まず、念のためにこのconfig.inc.phpを複製して「config.inc_original.php」にリネームしておきます。次にconfig.inc.phpをUTF8を編集できるテキストエディタで開いて次の3箇所を変更します。51〜61行あたりを探してください。

Part 4　PHP と MySQL

Chapter 13　MySQL を操作する

php 変更前：ログインパネルが表示されるようにする

«sample» MAMP/bin/phpMyAdmin/config.inc.php

```
51:     $cfg['Servers'][$i]['auth_type']       = 'config';
60:     $cfg['Servers'][$i]['user']            = 'root';
61:     $cfg['Servers'][$i]['password']        = 'root';
```

php 変更後：ログインパネルが表示されるようにする

«sample» MAMP/bin/phpMyAdmin/config.inc.php

```
51:     $cfg['Servers'][$i]['auth_type']       = 'cookie';
60:     $cfg['Servers'][$i]['user']            = '';
61:     $cfg['Servers'][$i]['password']        = '';
```

ファイルを書き替えて保存したならば、いったん phpMyAdmin を閉じて再び開き直します。するとログインパネルが表示されるようになります。作成したユーザ：testuser ／パスワード：pw4testuser でログインすると、ナビゲーションパネルのホームアイコンの右に「ログアウト」ボタン 🚪 が追加されています。一般ユーザでログインした場合は、ナビゲーションパネルには testuser ユーザが利用できるデータベースだけが表示されます。ここで新しいデータベースを作成すると、testuser ユーザだけが利用できるデータベースになります。

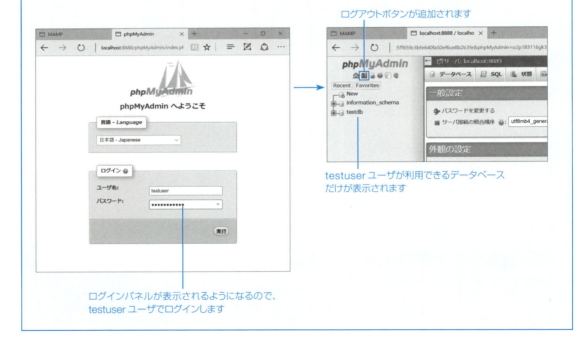

ログアウトボタンが追加されます

testuser ユーザが利用できるデータベース
だけが表示されます

ログインパネルが表示されるようになるので、
testuser ユーザでログインします

476

データベースユーザを追加する　Section 13-1

❶ NOTE

非公開パスフレーズを設定する警告文が出る場合

「設定ファイルに、暗号化（blowfish_secret）用の非公開パスフレーズの設定を必要とするようになりました。」といった警告文が出る場合は、config.inc.php の次の箇所を書き替えます。指定するパスフレーズは何でも構いません。

php 変更前

```
39:    // $cfg['blowfish_secret'] = '';
```

php 変更後（例）

```
39:    $cfg['blowfish_secret'] = 'php7mysecret';
```

Part 4 PHP と MySQL

Chapter 13 MySQL を操作する

Section 13-2
データベースからレコードを取り出す

いよいよ PHP を使って MySQL データベースからデータを取り出します。MySQL には PDO クラスで接続し、SQL 文を PHP から MySQL に送って操作します。この節ではデータベースへの接続とレコードデータの取り出し方の基本を説明します。

データベースを準備する

Section12-2 で作成したデータベース tesdb に、前節で追加したデータベースユーザ testuser で接続します。tesdb は取り出し条件を組み合わせた例を試すにはカラム数が少ないので、性別(sex)カラムを追加しましょう。レコードもあと3人分ほど追加したいと思います。性別カラムとレコードを追加したテーブルの内容は右の表のとおりです。次節以降もこのデータベースを使って、PHP からの接続とレコードの値を取り出す方法を説明します。

ID(id)	名前 (name)	年齢 (age)	性別 (sex)
1	佐藤一郎	32	男
2	塩田香織	26	女
3	雨木さくら	38	女
4	高峯信夫	23	男
5	新倉建雄	51	男
6	青木由香里	32	女
7	佐々木伸吾	28	男
8	井上珠理	27	女

性別カラムを追加する

性別カラムを追加するには、ナビゲーションパネルで tesdb データベースの member テーブルを選択し、構造タブを選択してテーブルの構造を表示します。そして、Windows 版では「1 個のカラムを追加する、テーブルの末尾」、Mac 版の場合では「1 個のカラムを追加する age の後へ」を選択して実行ボタンをクリックします。

Windows 版の場合

Mac 版の場合

1 個のカラムを age カラムの後に追加します

続けて表示されるカラムの設定では、カラム名を「sex」、データ型「VARCHAR」、長さ／値「2」、デフォルト値「ユーザ定義：男」にして保存します。

設定します
クリックして保存します

member テーブルに性別（sex）カラムを追加できたならば、挿入タブで 3 人分のレコードを追加します。最後にすでに入力済みのレコードのうち「塩田香織」「雨木さくら」の性別を「女」に書き替えます。

2 人の性別を書き替えます
新たに 3 人追加します

データベースに接続する

利用するデータベースの準備ができたならば、いよいよデータベースに接続します。PHP からデータベースに接続するには PDO（PHP Data Objects）を利用します。データベースには MySQL、PostgreSQL、SQLite などいろいろな種類があり、データベースごとに接続方法や操作方法などが違ってきます。PDO はそれらの違いを吸収してくれる機能（抽象化レイヤ）で、PDO を使うことでデータベースの違いを意識せずに PHP コードを書くことができます。

Part 4 PHP と MySQL
Chapter 13 MySQL を操作する

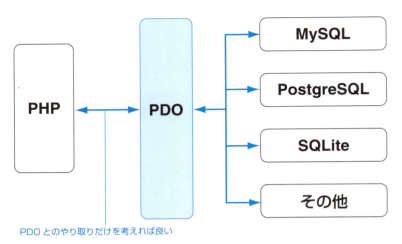

データベースの相違点を PDO が解決してくれる

PDO とのやり取りだけを考えれば良い

次に示すのは PHP から MySQL データベースの testdb に接続するだけのコードです。接続に成功したならば「データベース testdb に接続しました。」と出力されます。接続できなかったならば「エラーがありました。」に続いて、発生したエラーメッセージが出力されます。

php　PHP から MySQL データベースに接続する

«sample» connect/PDO_testdb.php

```
01:    <!DOCTYPE html>
02:    <html lang="ja">
03:    <head>
04:    <meta charset="utf-8">
05:    <title>PDO でデータベースに接続する</title>
06:    <link href="../../css/style.css" rel="stylesheet">
07:    </head>
08:    <body>
09:    <div>
10:      <?php
11:      // データベースユーザ
12:      $user = 'testuser';
13:      $password = 'pw4testuser';
14:      // 利用するデータベース
15:      $dbName = 'testdb';
16:      // MySQL サーバ
17:      $host = 'localhost:8889';
18:      // MySQL の DSN 文字列
19:      $dsn = "mysql:host={$host};dbname={$dbName};charset=utf8";
20:
21:      //MySQL データベースに接続する
22:      try {
23:        $pdo = new PDO($dsn, $user, $password);
24:        // プリペアドステートメントのエミュレーションを無効にする
25:        $pdo->setAttribute(PDO::ATTR_EMULATE_PREPARES, false);
26:        // 例外がスローされる設定にする
```

15〜19: DSN 文字列を作ります
23: データベースに接続します

480

データベースからレコードを取り出す | Section 13-2

```
27:        $pdo->setAttribute(PDO::ATTR_ERRMODE, PDO::ERRMODE_EXCEPTION);
28:        echo " データベース {$dbName} に接続しました。";
29:        // 接続を解除する
30:        $pdo = NULL;
31:    } catch (Exception $e) {
32:        echo '<span class="error">エラーがありました。</span><br>';
33:        echo $e->getMessage();
34:        exit();
35:    }
36:    ?>
37: </div>
38: </body>
39: </html>
```

行32〜34: 接続に失敗したら、例外処理が実行されます

データベースの接続に成功した場合

データベースの接続に失敗した場合

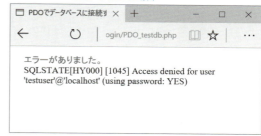

PDO クラスを介してデータベースに接続する

　まず最初にデータベースに接続するユーザ名、パスワード、さらにデータベース名、ホストを指定して DSN（Data Source Name）の文字列を作ります。データベースユーザには root ユーザではなく、前節で追加した一般ユーザを使います。（☞ P.472）

php　データベースユーザと DSN を用意する

«sample» connect/PDO_testdb.php

```
11:     // データベースユーザ
12:     $user = 'testuser';
13:     $password = 'pw4testuser';
14:     // 利用するデータベース
15:     $dbName = 'testdb';
16:     // MySQL サーバ
17:     $host = 'localhost:8889';
18:     // MySQL の DSN 文字列
19:     $dsn = "mysql:host={$host};dbname={$dbName};charset=utf8";
```

行12〜13: 安全のために root ユーザは使いません

　この第 1 引数を DNS、第 2 引数をユーザ名、第 3 引数をパスワードにして PDO クラスのインスタンスを作るかたちで、DSN で指定したデータベースにデータベースユーザで接続します。接続する際には try 〜 catch の例外処理の構文を使い、接続に失敗した場合はスローされる例外オブジェクトをキャッチして対応します。このとき、setAttribute() を使って、プリペアドステートメントのエミュレーションを無効にする設定とエラーモードの設定を同時に行います。エラーモードには例外をスローする設定を指定します。

データベースに接続する

«sample» connect/PDO_testdb.php

```
21:    //MySQL データベースに接続する
22:    try {
23:        $pdo = new PDO($dsn, $user, $password);  ─── データベースに接続します
24:        // プリペアドステートメントのエミュレーションを無効にする
25:        $pdo->setAttribute(PDO::ATTR_EMULATE_PREPARES, false);
26:        // 例外がスローされる設定にする
27:        $pdo->setAttribute(PDO::ATTR_ERRMODE, PDO::ERRMODE_EXCEPTION);
28:        ・・・（接続したデータベースを操作します）
29:
30:    } catch (Exception $e) {
31:        echo '<span class="error"> エラーがありました。</span><br>';
32:        echo $e->getMessage();
33:        exit();
34:    }
```

以上のコードでデータベースへの接続を確かめることができます。接続の解除は自動的に行われるので何もしなくても構いませんが、$pdo = NULL で PDO インスタンスを破棄すれば接続は解除されます。

レコードデータを取り出す

データベースに接続したならば、次にレコードデータを取り出します。MySQL データベースを操作するには、MySQL を操作するプログラム言語の SQL 文を使います。SQL 文の実行では、いったんプリペアードステートメントに変換して実行する方式を使います。

次のコードを実行すると、member テーブルにあるレコードをすべて取り出して表にして表示します。全体の流れとしては、大まかに次のようになります。

1. **testdb データベースに接続する。**
2. **member テーブルからレコードを取り出す SQL 文を用意する**
3. **SQL 文を実行する**
4. **取り出したレコードを HTML のテーブルで表示する**

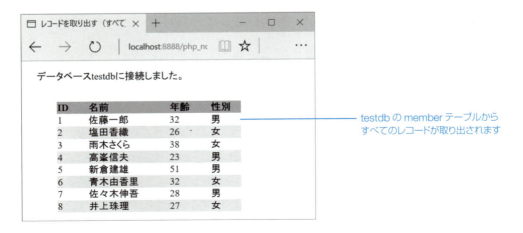

testdb の member テーブルからすべてのレコードが取り出されます

データベースからレコードを取り出す　Section 13-2

php　member テーブルのレコードをすべて取り出す

«sample» **select/all.php**

```php
01:    <?php
02:    require_once("../../lib/util.php");
03:    // データベースユーザ
04:    $user = 'testuser';
05:    $password = 'pw4testuser';
06:    // 利用するデータベース
07:    $dbName = 'testdb';
08:    // MySQL サーバ
09:    $host = 'localhost:8889';
10:    // MySQL の DSN 文字列
11:    $dsn = "mysql:host={$host};dbname={$dbName};charset=utf8";
12:    ?>
13:
14:    <!DOCTYPE html>
15:    <html lang="ja">
16:    <head>
17:    <meta charset="utf-8">
18:    <title> レコードを取り出す（AND）</title>
19:    <link href="../../css/style.css" rel="stylesheet">
20:    <!-- テーブル用のスタイルシート -->
21:    <link href="../../css/tablestyle.css" rel="stylesheet">
22:    </head>
23:    <body>
24:    <div>
25:      <?php
26:      //MySQL データベースに接続する
27:      try {
28:        $pdo = new PDO($dsn, $user, $password);
29:        // プリペアドステートメントのエミュレーションを無効にする
30:        $pdo->setAttribute(PDO::ATTR_EMULATE_PREPARES, false);
31:        // 例外がスローされる設定にする
32:        $pdo->setAttribute(PDO::ATTR_ERRMODE, PDO::ERRMODE_EXCEPTION);
33:        echo "データベース {$dbName} に接続しました。", "<br>";
34:        // SQL 文を作る（全レコード）
35:        $sql = "SELECT * FROM member";
36:        // プリペアドステートメントを作る
37:        $stm = $pdo->prepare($sql);
38:        // SQL 文を実行する
39:        $stm->execute();
40:        // 結果の取得（連想配列で受け取る）
41:        $result = $stm->fetchAll(PDO::FETCH_ASSOC);
42:        // テーブルのタイトル行
43:        echo "<table>";
44:        echo "<thead><tr>";
45:        echo "<th>", "ID", "</th>";
46:        echo "<th>", " 名前 ", "</th>";
47:        echo "<th>", " 年齢 ", "</th>";
48:        echo "<th>", " 性別 ", "</th>";
49:        echo "</tr></thead>";
50:        // 値を取り出して行に表示する
51:        echo "<tbody>";
52:        foreach ($result as $row){
53:          // 1行ずつテーブルに入れる
54:          echo "<tr>";
55:          echo "<td>", es($row['id']), "</td>";
56:          echo "<td>", es($row['name']), "</td>";
57:          echo "<td>", es($row['age']), "</td>";
```

接続パラメータを準備します

データベースに接続します

SQL 文を実行して、レコードを取り出します

取り出したレコードの値を表示します

Part 4

Chapter

12

Chapter

13

483

Part 4　PHP と MySQL

Chapter 13　MySQL を操作する

```
58:        echo "<td>", es($row['sex']), "</td>";
59:        echo "</tr>";
60:      }
61:      echo "</tbody>";
62:      echo "</table>";
63:    } catch (Exception $e) {
64:      echo '<span class="error"> エラーがありました。</span><br>';
65:      echo $e->getMessage();
66:      exit();
67:    }
68:    ?>
69:  </div>
70:  </body>
71:  </html>
```

ⓘ NOTE

DDL、DML、DCL
SQL 文はデータベース定義文（DDL：Data Definition Language）、データ操作文（DML：Data Manipulation Language）、データ制御文（DCL：Data Control Language）の 3 種類に大きく分けることができます。レコードの抽出、追加、削除などを行う SELECT、INSERT、UPDATE、DELETE といった命令は DML に含まれます。

SQL 文のプリペアドステートメントを作る

データベースからレコードを取り出す SQL 文は、SELECT 命令を使って次のように書きます。

書式 SELECT 命令
....
SELECT カラム **FROM** テーブル **WHERE** 条件 **LIMIT** 開始位置 , 行数

カラムにワイルドカードの * を指定するとすべてのカラムを取り出します。WHERE 以下を省略すると、条件なしですべてのレコードが取り出す対象になります。したがって、次の SELECT 文は、member テーブルにあるすべてのレコードのすべてのカラムの値を取り出す命令文になります。

php member テーブルのレコードをすべて取り出す SQL 文を作る

«sample» select/all.php

```
34:    // SQL 文を作る（全レコード）
35:    $sql = "SELECT * FROM member";
              すべてのカラム　member テーブル
```

プリペアドステートメントを作って実行する

この SQL 文を $pdo->prepare($sql) でプリペアドステートメント $stm に変換し、$stm->execute() で実行します。SQL 文の実行では、SQL 文の構造解析、コンパイル、最適化が行われます。SQL 文をプリペアドステートメントにしておくと、同じ SQL 文を繰り返し実行する場合に最初の 1 回だけで処理が完了します。また、次節で詳しく取り上げますが、プリペアドステートメントではプレースホルダが使えるという大きな利点があります。

484

データベースからレコードを取り出す　Section 13-2

---

php　SQL 文のプリペアドステートメントを作って実行する

«sample» **select/all.php**

```
36:      // プリペアドステートメントを作る
37:      $stm = $pdo->prepare($sql);
38:      // SQL 文を実行する
39:      $stm->execute();
```

結果を受け取って表示する

　SQL 文を実行した結果を受け取るには、fetch() または fetchAll() をあらためて実行します。fetchAll() を実行すると、変数 $result にすべてのレコードの値を連想配列のかたちで受け取ることができます。引数の PDO::FETCH_ASSOC がレコードを連想配列で取り出す指定です。

---

php　結果を受け取る

«sample» **select/all.php**

```
40:      // 結果の取得（連想配列で受け取る）
41:      $result = $stm->fetchAll(PDO::FETCH_ASSOC);
```

　変数 $result は連想配列なので、次のように foreach 文を使って $row に 1 レコードずつ順に取り出すことができます。なお、ブラウザには念のために HTML エスケープを行った値を表示します。

---

php　結果を 1 レコードずつ取り出して表示する

«sample» **select/all.php**

```
52:      foreach ($result as $row){
53:         // 1行ずつテーブルに入れる
54:         echo "<tr>";
55:         echo "<td>", es($row['id']), "</td>";
56:         echo "<td>", es($row['name']), "</td>";
57:         echo "<td>", es($row['age']), "</td>";
58:         echo "<td>", es($row['sex']), "</td>";
59:         echo "</tr>";
60:      }
```

■取り出すレコード数を指定する

　SELECT 命令に LIMIT 句を付けると取り出す開始位置と行数（レコード数）を指定できます。開始位置は省略でき、省略すると先頭から取り出します。先の SQL 文に次のように LIMIT 句を付けると先頭から 3 人だけを取り出します。

---

php　3 人だけ取り出す

«sample» **select/limit.php**

```
35:      $sql = "SELECT * FROM member LIMIT 3";
```
　　　　　　　　　　　　　　　　└── 先頭から3レコードを対象にします

Part 4
Chapter
12

Chapter
13

485

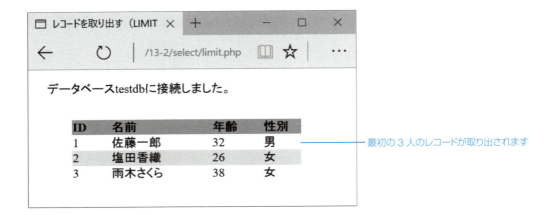

Section 13-3

レコードの抽出、更新、挿入、削除

前節で MySQL データベースに接続して SQL 文を実行するところまで試しました。本節ではさらに条件を満たすレコードの抽出、複数の条件での抽出、値のソート、値の更新、レコードの挿入、レコードの削除といった、より具体的なレコード操作を行います。

30 歳以上の女性を選び出す

では手始めに「30 歳以上の女性」を選び出して表示してみましょう。前節の最後に説明した member テーブルからすべてのレコードを取り出す all.php（☞ P.483）との違いは SQL 文だけなので、その部分だけを抜き出して説明します。

「30 歳以上の女性」という条件をより具体的にすると「age の値が 30 以上、sex が "女" の 2 つの条件を両方満たす」という条件になります。age の値が 30 以上という条件は「age >= 30」の式になります。sex が "女" の条件は「sex = '女'」の式になります。この 2 つの条件を「WHERE age >= 30 AND sex = '女'」のように WHERE を付けて AND で連結すると 2 つの条件を両方満たすレコードを探す条件式になります。

age が 30 以上、sex が "女" のレコードを選び出す

«sample» select/and.php

```
34:     // SQL 文を作る（30 以上、女性）
35:     $sql = "SELECT * FROM member WHERE age >= 30 AND sex = '女'";
36:     // プリペアドステートメントを作る
37:     $stm = $pdo->prepare($sql);
38:     // SQL 文を実行する
39:     $stm->execute();
```

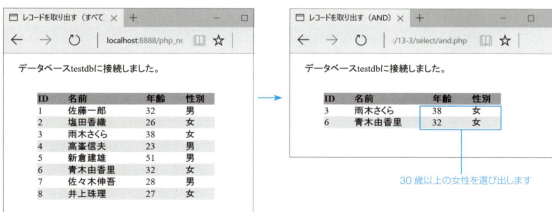

30 歳以上の女性を選び出します

20代を年齢順に取り出す

20代を年齢順、つまり「ageの値が20以上で30未満」の条件で「ageの値の順」で取り出すSQL文は次のようになります。値は >、>=、<、<=、= といった比較演算子で大きさを比較できます。値の順はORDER BYでキーとなるカラムを指定します。並びの昇順、降順はASC、DESCで指定できます。例のように省略すると昇順です。降順にしたければ「ORDER BY age DESC」と書きます。SQL文以外は先の例と同じです。

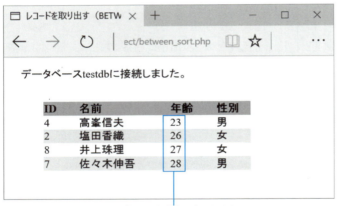

20代を選び出し、年齢順で表示します

年齢が20から29の間という式は、BETWEEN ～ AND を使って次のように書くこともできます。

名前の部分一致検索を行う

部分一致検索では % と LIKE を利用します。次のSQL文では名前に「木」の文字が含まれている人を選び出します。次の式の「LIKE '% 木 %'」の % は部分一致検索のための記号です。「' 木 %'」ならば「木村」のように「木」からはじまる名前を検索します。ここでは「'% 木 %'」のように「木」の前後に % が付いているので、「木」が含まれている名前を検索します。

名前に「木」の文字が含まれている人を選び出す

«sample» select/like.php

```
35:        $sql = "SELECT * FROM member WHERE name LIKE '%木%'";
```

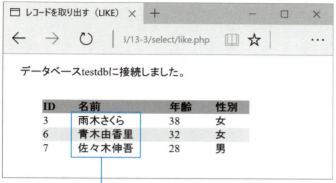

名前に「木」が含まれる人を選び出します

データを更新する

すなわちカラムの値を更新するには UPDATE 命令を使います。書式は次のようになります。

書式 UPDATE 命令

UPDATE テーブル **SET** カラム **=** 値 **WHERE** 条件

名前を変更する

次の例では id が 5 の人の名前（name カラム）を「新倉建雄」から「新倉立男」に変更します。変更後の値を確認するには、改めて SELECT 命令でレコードを取り出す SQL 文を作って実行しなければなりません。ここでは追加した id 5 の人のレコードだけを取り出して確認しています。

name カラムの値を変更し、変更後の値を確認する

«sample» update/update_name.php

```
34:        // SQL 文を作る（名前を変更する）
35:        $sql = "UPDATE member SET name = '新倉立男' WHERE id = 5";      ——— id 5 の人の名前を変更します
36:        // プリペアドステートメントを作る
37:        $stm = $pdo->prepare($sql);
38:        // SQL 文を実行する
39:        $stm->execute();
40:
41:        // 更新後の値の確認
42:        $sql = "SELECT * FROM member WHERE id = 5";      ——— 変更後の id 5 の人を確認します
43:        $stm = $pdo->prepare($sql);
44:        $stm->execute();
45:        // 結果の取得（連想配列で受け取る）
46:        $result = $stm->fetchAll(PDO::FETCH_ASSOC);
```

Part 4　PHPとMySQL
Chapter 13　MySQLを操作する

id 5 の人の名前を変更しました

全員の年齢に1を加算する

　UPDATE命令ではSETする値を計算式で指定することができます。たとえば、「SET age = age +1」のように式を書けば、現在の年齢に1が加算されます。追加後に全員のレコードを表示して確認します。

php 全員の年齢に1を加算する

«sample» update/update_age

```
34:     // SQL文を作る（全員の年齢に1を加算する）
35:     $sql = "UPDATE member SET age = age + 1";      ——— 全員の年齢を更新します
36:     // プリペアドステートメントを作る
37:     $stm = $pdo->prepare($sql);
38:     // SQL文を実行する
39:     $stm->execute();
40:
41:     // 更新後の確認
42:     $sql = "SELECT * FROM member";                 ——— 全員のデータを確認します
43:     $stm = $pdo->prepare($sql);
44:     $stm->execute();
45:     // 結果の取得（連想配列で受け取る）
46:     $result = $stm->fetchAll(PDO::FETCH_ASSOC);
```

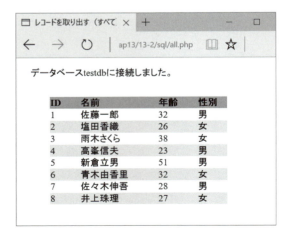
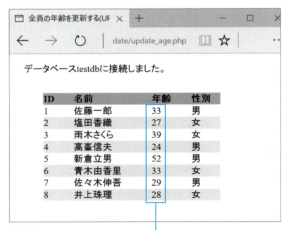

全員の年齢に1を加算します

Section 13-3 レコードの抽出、更新、挿入、削除

レコードを追加する

新規レコードを追加するには、INSERT 命令を使います。書式は次のようになります。カラムの値は、VALUES で対応する値を順に指定します。レコードごとに値をカッコでくくり、カンマで区切って並べれば複数のレコードを追加することができます。

書式 INSERT 命令

INSERT テーブル (カラム名 , カラム名 , ...) **VALUES** (値 , 値 , ...), (値 , 値 , ...), ...

次の例では3人のレコードを追加しています。id の値はインクリメントされるようにテーブル定義がしてあるので値を設定していません。

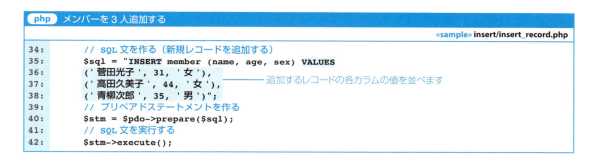

php メンバーを3人追加する

«sample» insert/insert_record.php

```
34:        // SQL 文を作る（新規レコードを追加する）
35:        $sql = "INSERT member (name, age, sex) VALUES
36:               (' 菅田光子 ', 31, ' 女 '),
37:               (' 高田久美子 ', 44, ' 女 '),         追加するレコードの各カラムの値を並べます
38:               (' 青柳次郎 ', 35, ' 男 ')";
39:        // プリペアドステートメントを作る
40:        $stm = $pdo->prepare($sql);
41:        // SQL 文を実行する
42:        $stm->execute();
```

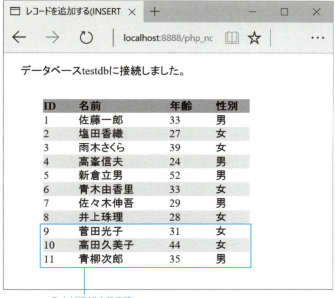

3人が追加されます

レコードを削除する

　レコードの削除は DELETE 命令で行います。DELETE 命令では削除するレコードの条件を WHERE で指定しないとテーブルの全レコードを削除してしまうので注意が必要です。次の例では男性のレコードを全員削除します。削除を行う前にバックアップを行っておくと安心です。

書式　DELETE 命令

DELETE FROM テーブル WHERE 条件

«sample» delete/delete_record.php

```
34:        // SQL 文を作る（男性を削除）
35:        $sql = "DELETE FROM member WHERE sex = '男'";      ── 男性を選んで削除します
36:        // プリペアドステートメントを作る
37:        $stm = $pdo->prepare($sql);
38:        // SQL 文を実行する
39:        $stm->execute();
```

男性はすべて削除されました

レコードの抽出、更新、挿入、削除 Section 13-3

❶ NOTE

テーブルをバックアップする

phpMyAdmin のエクスポートタブでテーブルの構造とレコードの書き出しができます。次のように現在のテーブルを別名にしておき、新規にテーブルを作ると操作に失敗した場合にも安心です。

1 SQL ファイルをエクスポートして保存する

SQL フォーマットを選んで実行すると、テーブル構造を作る CREAT 命令、レコードを追加する INSERT 命令、インデックスを設定する ALTER 命令などが作られて、SQL ファイルに書き出されます。Mac 版の場合は表示された SQL 文を選択してテキストファイルに保存します。

2 現在のテーブルを別名にする

操作タブを表示し、現在のテーブルの名前を「member_bak」のように変更しておきます。

3 SQL ファイルをインポートする

データベースを選択し、インポートタブを開きます。データベースへのインポートになっていることを確認して、エクスポートしておいた SQL ファイルを選択します。実行するとテーブルが作られてレコードも読み込まれます。

1. データベースを選択します
2. インポートを開きます

3. ファイルを選択してインポートを実行します

4 新規テーブルを確認し、古いテーブルを削除する

作られたテーブルを表示してレコードが正しく追加されているかを確認します。問題がなければデータベースを選択して構造タブを開き、別名にしておいた古いテーブルを選択して削除します。

1. データベースを選択します
2. 構造タブを開きます

3. 不要になったテーブルを削除します

Section 13-4

フォーム入力からMySQLを利用する

フォーム入力を使ってMySQLデータベースを検索したり、レコードを追加したりすることがよくあります。このような場合にプリペアドステートメントのバインド機能を使うことで、効率的なSQL文の作成とSQLエスケープによるセキュリティ対策を兼ねることができます。

SQL文でプレースホルダを使う

前節でもデータベースに対して直接SQL文を実行するのではなく、プリペアドステートメントを実行する方法でMySQLを操作してきました。これまではSQLの命令文のWHEREの条件値をそのまま書いてきましたが、ここにプレースホルダを使うことでプリペアドステートメントを使い回したり、フォームから入力された値を代入するといった利便性が出てきます。さらにSQLインジェクション対策としても有効です（☞ P.501）。

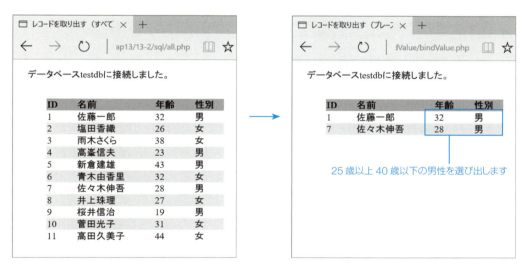

25歳以上40歳以下の男性を選び出します

次のコードでは、SQL文にプレースホルダを使い、後からその値をバインドしています。前後のコードはこれまでと変わりありません。

php 25歳から40歳の男性を選び出す

«sample» bindValue/bindValue.php

```
01: <?php
02: require_once("../../lib/util.php");
03: // データベースユーザ
04: $user = 'testuser';
05: $password = 'pw4testuser';
06: // 利用するデータベース
07: $dbName = 'testdb';
```

Part 4　PHP と MySQL

Chapter 13　MySQL を操作する

```
08:      // MySQL サーバ
09:      $host = 'localhost:8889';
10:      // MySQL の DSN 文字列
11:      $dsn = "mysql:host={$host};dbname={$dbName};charset=utf8";
12:      ?>
13:
14:      <!DOCTYPE html>
15:      <html lang="ja">
16:      <head>
17:      <meta charset="utf-8">
18:      <title> レコードを取り出す（プレースホルダを使う）</title>
19:      <link href="../../css/style.css" rel="stylesheet">
20:      <!-- テーブル用のスタイルシート -->
21:      <link href="../../css/tablestyle.css" rel="stylesheet">
22:      </head>
23:      <body>
24:      <div>
25:        <?php
26:        //MySQL データベースに接続する
27:        try {
28:          $pdo = new PDO($dsn, $user, $password);
29:          // プリペアドステートメントのエミュレーションを無効にする
30:          $pdo->setAttribute(PDO::ATTR_EMULATE_PREPARES, false);
31:          // 例外がスローされる設定にする
32:          $pdo->setAttribute(PDO::ATTR_ERRMODE, PDO::ERRMODE_EXCEPTION);
33:          echo " データベース {$dbName} に接続しました。", "<br>";
34:          // SQL 文を作る（プレースホルダを使った式）
35:          $sql = "SELECT * FROM member
36:          WHERE age >= :min AND age <= :max AND sex = :sex";
37:          // プリペアドステートメントを作る
38:          $stm = $pdo->prepare($sql);
39:          // プレースホルダに値をバインドする
40:          $stm->bindValue(':min', 25, PDO::PARAM_INT);
41:          $stm->bindValue(':max', 40, PDO::PARAM_INT);
42:          $stm->bindValue(':sex', ' 男 ', PDO::PARAM_STR);
43:          // SQL 文を実行する
44:          $stm->execute();
45:          // 結果の取得（連想配列で受け取る）
46:          $result = $stm->fetchAll(PDO::FETCH_ASSOC);
47:          // テーブルのタイトル行
48:          echo "<table>";
49:          echo "<thead><tr>";
50:          echo "<th>", "ID", "</th>";
51:          echo "<th>", " 名前 ", "</th>";
52:          echo "<th>", " 年齢 ", "</th>";
53:          echo "<th>", " 性別 ", "</th>";
54:          echo "</tr></thead>";
55:          // 値を取り出して行に表示する
56:          echo "<tbody>";
57:          foreach ($result as $row){
58:            // 1行ずつテーブルに入れる
59:            echo "<tr>";
60:            echo "<td>", es($row['id']), "</td>";
61:            echo "<td>", es($row['name']), "</td>";
62:            echo "<td>", es($row['age']), "</td>";
63:            echo "<td>", es($row['sex']), "</td>";
64:            echo "</tr>";
65:          }
66:          echo "</tbody>";
67:          echo "</table>";
```

35-36行: ──── プレースホルダを使った SQL 文を作ります

40-42行: ──── プレースホルダに値をバインド（代入）します

44行: ──── SQL 文を実行します

496

フォーム入力から MySQL を利用する　Section 13-4

```
68:      } catch (Exception $e) {
69:        echo '<span class="error">エラーがありました。</span><br>';
70:        echo $e->getMessage();
71:        exit();
72:      }
73:    ?>
74:  </div>
75:  </body>
76:  </html>
```

年齢と性別にプレースホルダを使う

この例の SQL 文では、age カラムの下限を :min、上限を :max、sex カラムの値を :sex というプレースホルダをそれぞれ使って指定する文になっています。プレースホルダは変数と考えれば式の意味は難しくありません。プレースホルダの値が決まっていない状態のまま、prepare() で SQL 文をプリペアドステートメントに変換します。

php　年齢の範囲と性別にプレースホルダを使った SQL 文

«sample» bindValue/bindValue.php

```
34:      // SQL 文を作る（プレースホルダを使った式）
35:      $sql = "SELECT * FROM member
36:      WHERE age >= :min AND age <= :max AND sex = :sex";  ────── 3つのプレースホルダを使っています
37:      // プリペアドステートメントを作る
38:      $stm = $pdo->prepare($sql);
```

プレースホルダに値をバインドする

プリペアドステートメントを作った後から、プレースホルダに値をバインドします。変数に値を代入すると思えばよいでしょう。バインドは bindValue() で行います。bindValue() の書式は次のとおりです。

書式　プレースホルダに値をバインドする

bindValue(プレースホルダ , 値 , 値の型 **)**

値のデータ型は PDO クラスのクラス定数で指定します。よく利用するのは次の定数です。

定数	PHP でのデータ型	MySQL などでのデータ型
PDO::PARAM_STR	string	VARCHAR、TEXT などの文字列型
PDO::PARAM_INT	int、float などの数値	INT、FLOAT などの数値型
PDO::PARAM_BOOL	boolean（論理値）	論理値
PDO::PARAM_LOB	string	BLOB などのラージオブジェクト型
PDO::PARAM_NULL	null	NULL

この例では年齢の範囲を指定するために :min、:max、性別を指定するために :sex のプレースホルダを使っています。:min には 25、:max には 40、:sex には「男」をそれぞれバインド（代入）します。

Part 4

Chapter

12

Chapter

13

497

Part 4 PHP と MySQL
Chapter 13　MySQL を操作する

php　プレースホルダに実際の値をバインドする
«sample» bindValue/bindValue.php

```
39:         // プレースホルダに値をバインドする
40:         $stm->bindValue(':min', 25, PDO::PARAM_INT);
41:         $stm->bindValue(':max', 40, PDO::PARAM_INT);
42:         $stm->bindValue(':sex', '男', PDO::PARAM_STR);
```

$sql = "SELECT * FROM member WHERE age >= :min AND age <= :max AND sex = :sex";
　　　　　　　　　　　　　　　　　　　　　　　25　　　　　　　　　　40　　　　　　　　　男

各プレースホルダに値をバインドします

　これらの値をバインドすると、プレースホルダを使った SQL 文は、次の SQL 文と同じになります。つまり、25 歳から 40 歳までの男性を選び出します。

$sql = "SELECT * FROM member WHERE age >= 25 AND age <= 40 AND sex = '男'";

データベースをフォームから検索する

　次の例ではフォームから入力された値でデータベースを検索します。フォームから入力された値を SQL 文にバインドする処理になります。

名前を検索するフォームを作る

　この例では名前を部分一致検索します。検索する名前を入力するフォームを作り、「検索する」ボタンがクリックされたら、入力された値を search.php に POST します。例では名前に「田」の文字が含まれる人を探し出します。

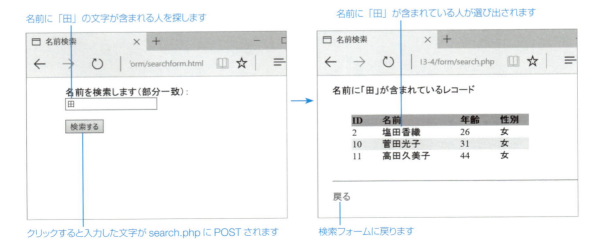

名前に「田」の文字が含まれる人を探します

名前に「田」が含まれている人が選び出されます

クリックすると入力した文字が search.php に POST されます

検索フォームに戻ります

フォーム入力から MySQL を利用する　Section 13-4

---

php　名前を検索するフォームを作る

《sample》 **form/searchform.html**

```html
01:  <!DOCTYPE html>
02:  <html lang="ja">
03:  <head>
04:  <meta charset="utf-8">
05:  <title> 名前検索 </title>
06:  <link href="../../css/style.css" rel="stylesheet">
07:  </head>
08:  <body>
09:  <div>
10:    <!-- 入力フォームを作る -->
11:    <form method="POST" action="search.php">
12:      <ul>
13:        <li>
14:          <label> 名前を検索します（部分一致）：<br>
15:          <input type="text" name="name" placeholder=" 名前を入れてください。">
16:          </label>
17:        </li>
18:        <li><input type="submit" value=" 検索する "></li>
19:      </ul>
20:    </form>
21:  </div>
22:  </body>
23:  </html>
```

POST された値でデータベースを検索する

　フォームから値が POST されたならば $_POST 変数から値を取り出し（☞ P.260）、SQL 文のプレースホルダに値をバインドして名前の検索を行います。

---

php　POST された値でデータベースを検索する

《sample》 **form/search.php**

```php
01:  <?php
02:  require_once("../../lib/util.php");
03:  $gobackURL = "searchform.html";
04:
05:  // 文字エンコードの検証
06:  if (!cken($_POST)){
07:    header("Location:{$gobackURL}");
08:    exit();
09:  }
10:
11:  // name が未設定、空のときはエラー
12:  if (empty($_POST)){
13:    header("Location:searchform.html");
14:    exit();
15:  } else if(!isset($_POST["name"])||($_POST["name"]==="")){
16:    header("Location:{$gobackURL}");
17:    exit();
18:  }
19:
20:  // データベースユーザ
21:  $user = 'testuser';
22:  $password = 'pw4testuser';
```

———— POST された値のチェック

Part 4
Chapter
12

Chapter
13

499

Part 4　PHP と MySQL

Chapter 13　MySQL を操作する

```php
23:     // 利用するデータベース
24:     $dbName = 'testdb';
25:     // MySQL サーバ
26:     $host = 'localhost:8889';
27:     // MySQL の DSN 文字列
28:     $dsn = "mysql:host={$host};dbname={$dbName};charset=utf8";
29:     ?>
30:
31:     <!DOCTYPE html>
32:     <html lang="ja">
33:     <head>
34:     <meta charset="utf-8">
35:     <title> 名前検索 </title>
36:     <link href="../../css/style.css" rel="stylesheet">
37:     <!-- テーブル用のスタイルシート -->
38:     <link href="../../css/tablestyle.css" rel="stylesheet">
39:     </head>
40:     <body>
41:     <div>
42:         <?php
43:         $name = $_POST["name"];                      ——— POST された名前を取り出します
44:         //MySQL データベースに接続する
45:         try {
46:             $pdo = new PDO($dsn, $user, $password);              ——— データベースへの接続
47:             // プリペアドステートメントのエミュレーションを無効にする
48:             $pdo->setAttribute(PDO::ATTR_EMULATE_PREPARES, false);
49:             // 例外がスローされる設定にする
50:             $pdo->setAttribute(PDO::ATTR_ERRMODE, PDO::ERRMODE_EXCEPTION);
51:             // SQL 文を作る
52:             $sql = "SELECT * FROM member WHERE name LIKE(:name)";  ——— SQL 文の作成
53:             // プリペアドステートメントを作る                        ——— プレースホルダ
54:             $stm = $pdo->prepare($sql);        ——— プリペアドステートメントを作る
55:             // プレースホルダに値をバインドする
56:             $stm->bindValue(':name', "%{$name}%", PDO::PARAM_STR);
57:             // SQL 文を実行する    プレースホルダ ———————POST された名前をバインドします
58:             $stm->execute();        ———SQL 文の実行
59:             // 結果の取得（連想配列で受け取る）
60:             $result = $stm->fetchAll(PDO::FETCH_ASSOC);
61:             if(count($result)>0){
62:                 echo " 名前に「{$name}」が含まれているレコード ";
63:                 // テーブルのタイトル行
64:                 echo "<table>";
65:                 echo "<thead><tr>";
66:                 echo "<th>", "ID", "</th>";
67:                 echo "<th>", " 名前 ", "</th>";
68:                 echo "<th>", " 年齢 ", "</th>";
69:                 echo "<th>", " 性別 ", "</th>";
70:                 echo "</tr></thead>";
71:                 // 値を取り出して行に表示する
72:                 echo "<tbody>";
73:                 foreach ($result as $row){
74:                     // 1行ずつテーブルに入れる
75:                     echo "<tr>";
76:                     echo "<td>", es($row['id']), "</td>";        ——— 検索結果を表示します
77:                     echo "<td>", es($row['name']), "</td>";
78:                     echo "<td>", es($row['age']), "</td>";
79:                     echo "<td>", es($row['sex']), "</td>";
80:                     echo "</tr>";
81:                 }
82:                 echo "</tbody>";
```

```
83:            echo "</table>";
84:          } else {
85:            echo " 名前に「{$name}」は見つかりませんでした。";
86:          }
87:        } catch (Exception $e) {
88:          echo '<span class="error">エラーがありました。</span><br>';
89:          echo $e->getMessage();
90:        }
91:        ?>
92:        <hr>
93:        <p><a href="<?php echo $gobackURL ?>">戻る</a></p>
94:      </div>
95:    </body>
96: </html>
```

名前の部分一致検索

　名前の部分一致検索は LIKE 句を使って行います。検索する文字は :name プレースホルダにした SQL 文でプリペアドステートメントを作ります。

　bindValue() では、部分一致検索にするために :name に "%{$name}%" をバインドします。変数 $name には、POST された名前を代入しておきます。（部分一致検索☞ P.488）

php　POST された名前を :name プレースホルダにバインドして検索する

«sample» form/search.php

```
51:      // SQL 文を作る
52:      $sql = "SELECT * FROM member WHERE name LIKE(:name)";
53:      // プリペアドステートメントを作る
54:      $stm = $pdo->prepare($sql);
55:      // プレースホルダに値をバインドする
56:      $stm->bindValue(':name', "%{$name}%", PDO::PARAM_STR);
57:      // SQL 文を実行する
58:      $stm->execute();
```

52行目: プレースホルダ
56行目: POST された名前をバインドします

セキュリティ対策　SQL インジェクション対策

フォーム入力などから悪意のある SQL 文を送信し、データベースをハッキングする行為は SQL インジェクションと呼ばれます。SQL インジェクションに対抗するには、この節で説明したようにプレースホルダを使って SQL 文を記述してプリペアドステートメントを作ります。プレースホルダの値を bindValue() を使ってバインドすることで、SQL エスケープも同時に行われます。この手順は SQL インジェクション対策として有効な手段になります。

新規レコードの入力フォームを作る

　次の例ではデータベース testdb の「名前、年齢、性別」の値をフォーム入力してレコードを追加します。id はオートインクリメントの設定にしてあるので入力しません。入力フォームを作るコードは次のとおりです。

Part 4 PHPとMySQL
Chapter 13 MySQLを操作する

testdbに追加するレコードの値を入力します

html 新規レコードの入力フォームを作る

«sample» form/insertform.html

```html
01: <!DOCTYPE html>
02: <html lang="ja">
03: <head>
04: <meta charset="utf-8">
05: <title> レコード追加 </title>
06: <link href="../../css/style.css" rel="stylesheet">
07: </head>
08: <body>
09: <div>
10:   <!-- 入力フォームを作る -->
11:   <form method="POST" action="insert_member.php">
12:     <ul>
13:       <li>
14:         <label> 名前 :
15:         <input type="text" name="name" placeholder=" 名前 ">
16:         </label>
17:       </li>
18:       <li>
19:         <label> 年齢 :
20:         <input type="number" name="age" placeholder=" 半角数字 ">
21:         </label>
22:       </li>
23:       <li> 性別 :
24:         <label><input type="radio" name="sex" value=" 男 " checked> 男性 </label>
25:         <label><input type="radio" name="sex" value=" 女 "> 女性 </label>
26:       </li>
27:       <li><input type="submit" value=" 追加する "></li>
28:     </ul>
29:   </form>
30: </div>
31: </body>
32: </html>
```

11行目 名前、年齢、性別をPOSTします

502

POSTされた値で新規レコードを追加する

　フォームで入力された値は POST で渡されるので、$_POST 変数で値をチェックした後にデータベースに追加します。前節で説明したように、レコードを追加する SQL は INSERT 命令です。セルの値は「:name, :age, :sex」のようにプレースホルダを利用してプリペアドステートメントを作り、プレースホルダの値にフォーム入力で得られた値（$name、$age、$sex）をバインドして実行します。

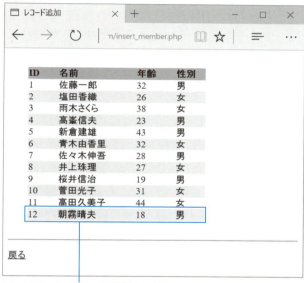

フォーム入力したレコードが追加されます

INSERT 命令が成功したならば結果を表示する

　INSERT 命令が返す値は実行結果が成功（true）か失敗（false）を示す論理値なので、追加後のレコードを表示するには改めて SELECT 命令でレコードを取り出す SQL 文を作って実行する必要があります。

「php」 POSTされた値で新規レコードを追加する

«sample» form/insert_member.php

```
01: <?php
02: require_once("../../lib/util.php");
03: $gobackURL = "insertform.html";
04:
05: // 文字エンコードの検証
06: if (!cken($_POST)){
07:   header("Location:{$gobackURL}");
08:   exit();
09: }
10:
11: // 簡単なエラー処理
12: $errors = [];
```

Part 4　PHP と MySQL

Chapter 13　MySQL を操作する

```php
13:  if (!isset($_POST["name"])||($_POST["name"]==="")){
14:      $errors[] = " 名前が空です。";
15:  }
16:  if (!isset($_POST["age"])||(!ctype_digit($_POST["age"]))){
17:      $errors[] = " 年齢には数値を入れてください。";
18:  }
19:  if (!isset($_POST["sex"])||!in_array($_POST["sex"], [" 男"," 女"])) {
20:      $errors[] = " 性別が男または女ではありません。";
21:  }
22:
23:  // エラーがあったとき
24:  if (count($errors)>0){
25:      echo '<ol class="error">';
26:      foreach ($errors as $value) {
27:          echo "<li>", $value , "</li>";
28:      }
29:      echo "</ol>";
30:      echo "<hr>";
31:      echo "<a href=", $gobackURL, "> 戻る </a>";
32:      exit();
33:  }
34:
35:  // データベースユーザ
36:  $user = 'testuser';
37:  $password = 'pw4testuser';
38:  // 利用するデータベース
39:  $dbName = 'testdb';
40:  // MySQL サーバ
41:  $host = 'localhost:8889';
42:  // MySQL の DSN 文字列
43:  $dsn = "mysql:host={$host};dbname={$dbName};charset=utf8";
44:  ?>
45:
46:  <!DOCTYPE html>
47:  <html lang="ja">
48:  <head>
49:  <meta charset="utf-8">
50:  <title>レコード追加 </title>
51:  <link href="../../../css/style.css" rel="stylesheet">
52:  <!-- テーブル用のスタイルシート -->
53:  <link href="../../css/tablestyle.css" rel="stylesheet">
54:  </head>
55:  <body>
56:  <div>
57:      <?php
58:      $name = $_POST["name"];
59:      $age = $_POST["age"];          ── フォームから POST された値を取り出します
60:      $sex = $_POST["sex"];
61:      //MySQL データベースに接続する
62:      try {
63:          $pdo = new PDO($dsn, $user, $password);
64:          // プリペアドステートメントのエミュレーションを無効にする
65:          $pdo->setAttribute(PDO::ATTR_EMULATE_PREPARES, false);
66:          // 例外がスローされる設定にする
67:          $pdo->setAttribute(PDO::ATTR_ERRMODE, PDO::ERRMODE_EXCEPTION);
68:
69:          // SQL 文を作る
70:          $sql = "INSERT INTO member (name, age, sex) VALUES (:name, :age, :sex)";
71:          // プリペアドステートメントを作る              └ セルに代入するプレースホルダ
72:          $stm = $pdo->prepare($sql);
```

フォーム入力から MySQL を利用する **Section 13-4**

```
73:        // プレースホルダに値をバインドする
74:        $stm->bindValue(':name', $name, PDO::PARAM_STR);
75:        $stm->bindValue(':age', $age, PDO::PARAM_INT);
76:        $stm->bindValue(':sex', $sex, PDO::PARAM_STR);
77:        // SQL 文を実行する
78:        if ($stm->execute()){
79:            // レコード追加後のレコードリストを取得する
80:            $sql = "SELECT * FROM member";
81:            // プリペアドステートメントを作る
82:            $stm = $pdo->prepare($sql);
83:            // SQL 文を実行する
84:            $stm->execute();
85:            // 結果の取得（連想配列で受け取る）
86:            $result = $stm->fetchAll(PDO::FETCH_ASSOC);
87:            // テーブルのタイトル行
88:            echo "<table>";
89:            echo "<thead><tr>";
90:            echo "<th>", "ID", "</th>";
91:            echo "<th>", " 名前 ", "</th>";
92:            echo "<th>", " 年齢 ", "</th>";
93:            echo "<th>", " 性別 ", "</th>";
94:            echo "</tr></thead>";
95:            // 値を取り出して行に表示する
96:            echo "<tbody>";
97:            foreach ($result as $row) {
98:                // 1行ずつテーブルに入れる
99:                echo "<tr>";
100:               echo "<td>", es($row['id']), "</td>";
101:               echo "<td>", es($row['name']), "</td>";
102:               echo "<td>", es($row['age']), "</td>";
103:               echo "<td>", es($row['sex']), "</td>";
104:               echo "</tr>";
105:           }
106:           echo "</tbody>";
107:           echo "</table>";
108:       } else {
109:           echo '<span class="error"> 追加エラーがありました。</span><br>';
110:       };
111:   } catch (Exception $e) {
112:       echo '<span class="error"> エラーがありました。</span><br>';
113:       echo $e->getMessage();
114:   }
115:   ?>
116:   <hr>
117:   <p><a href="<?php echo $gobackURL ?>"> 戻る </a></p>
118: </div>
119: </body>
120: </html>
```

プレースホルダに POST された
値を代入します

SQL 文を実行します

レコードを追加する SQL 文が成功したならば、
すべてのレコードを表示します。

Part 4
Chapter
12

Chapter
13

505

Part 4　PHPとMySQL

Chapter 13　MySQLを操作する

Section 13-5

リレーショナルデータベースのレコードを取り出す

リレーショナルデータベースでは外部キーでリレーションしているテーブルの値を取り出す操作があります。また、複数のテーブルを使うとカラム名が重複している場合にそれらを区別する必要があります。この節では商品データベースを使ってこれらの解決方法を説明します。

商品データベース

この節ではSection12-3で作成した商品データベース（inventory）を使って説明します（☞ P.463）。データベースinventoryには、商品テーブル（goods）、ブランドテーブル（brand）、在庫テーブル（stock）の3つのテーブルがあります。

商品データベース

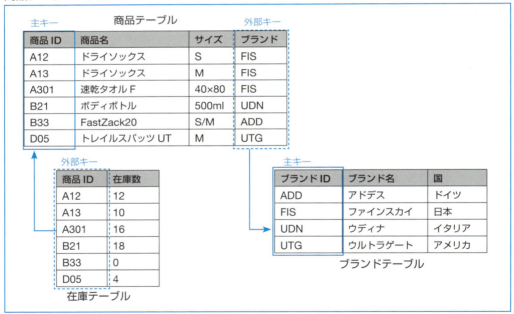

データベースユーザを追加する

商品データベースinventoryを利用するために、データベースユーザinventoryuserを追加しておきます。データベースユーザを追加する方法は「Section13-1　データベースユーザを追加する」を参考にしてください（☞ P.472）。

Section 13-5 リレーショナルデータベースのレコードを取り出す

データベース：inventory
ユーザ名：inventoryuser
パスワード：pw4inventoryuser

商品のブランド名をブランドIDで調べて表示する

次の例では商品テーブルの内容に加えて、外部キーのブランドIDを使ってブランドテーブルからブランド名を調べて表示しています。

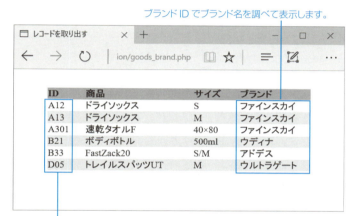

ブランドIDでブランド名を調べて表示します。

レコードは商品IDの順に並んでいます

php 商品テーブルのブランドIDからブランド名を調べて表にする

«sample» relation/goods_brand.php

```
01:    <?php
02:    require_once("../../lib/util.php");
03:    // データベースユーザ
04:    $user = 'inventoryuser';
05:    $password = 'pw4inventoryuser';
06:    // 利用するデータベース
07:    $dbName = 'inventory';
08:    // MySQL サーバ
09:    $host = 'localhost:8889';
10:    // MySQL の DSN 文字列
11:    $dsn = "mysql:host={$host};dbname={$dbName};charset=utf8";
12:    ?>
13:
14:    <!DOCTYPE html>
15:    <html lang="ja">
16:    <head>
17:    <meta charset="utf-8">
18:    <title>レコードを取り出す</title>
19:    <link href="../css/style.css" rel="stylesheet">
20:    <!-- テーブル用のスタイルシート -->
21:    <link href="../../css/tablestyle2.css" rel="stylesheet">
22:    </head>
23:    <body>
24:    <div>
```

507

Part 4　PHP と MySQL

Chapter 13　MySQL を操作する

```php
25: <?php
26: //MySQL データベースに接続する
27: try {
28:   $pdo = new PDO($dsn, $user, $password);          ──────── データベースに接続します
29:   // プリペアドステートメントのエミュレーションを無効にする
30:   $pdo->setAttribute(PDO::ATTR_EMULATE_PREPARES, false);
31:   // 例外がスローされる設定にする
32:   $pdo->setAttribute(PDO::ATTR_ERRMODE, PDO::ERRMODE_EXCEPTION);
33:   // SQL 文を作る
34:   $sql = "SELECT goods.id as goods_id, goods.name as goods_name,
35:    goods.size, brand.name as brand_name                       ──────── 2つのテーブルから値
36:   FROM goods, brand                                                    を取り出す SQL 文を
37:   WHERE goods.brand = brand.id                                         作ります
38:   ORDER BY goods_id";
39:   // プリペアドステートメントを作る
40:   $prepare = $pdo->prepare($sql);          ──────── プリペアドステートメントを作ります
41:   // SQL 文を実行する
42:   $prepare->execute();          ──────── SQL 文を実行します
43:   // 結果の取得（連想配列で受け取る）
44:   $result = $prepare->fetchAll(PDO::FETCH_ASSOC);
45:   // テーブルのタイトル行
46:   echo "<table>";
47:   echo "<thead><tr>";
48:   echo "<th>", "ID", "</th>";
49:   echo "<th>", " 商品 ", "</th>";
50:   echo "<th>", " サイズ ", "</th>";
51:   echo "<th>", " ブランド ", "</th>";
52:   echo "</tr></thead>";
53:   // 値を取り出して行に表示する
54:   echo "<tbody>";
55:   foreach ($result as $row){
56:     // 1行ずつテーブルに入れる
57:     echo "<tr>";
58:     echo "<td>", es($row['goods_id']), "</td>";
59:     echo "<td>", es($row['goods_name']), "</td>";
60:     echo "<td>", es($row['size']), "</td>";
61:     echo "<td>", es($row['brand_name']), "</td>";
62:     echo "</tr>";
63:   }
64:   echo "</tbody>";
65:   echo "</table>";
66: } catch (Exception $e) {
67:   echo '<span class="error"> エラーがありました。</span><br>';
68:   echo $e->getMessage();
69:   exit();
70: }
71: ?>
72: </div>
73: </body>
74: </html>
```

商品テーブルとブランドテーブルの同名のカラム名を区別する

　商品 ID、商品名、サイズ、ブランド名という並びの表を作る SQL 文を見てみましょう。少し長いですが、
構文としては「SELECT カラム FROM テーブル WHERE 条件 ORDER BY 並び順」になっています。

508

リレーショナルデータベースのレコードを取り出す　Section 13-5

```php
// 商品データの表を作る SQL 文
«sample» relation/goods_brand.php
33:    // SQL 文を作る
34:    $sql = "SELECT goods.id as goods_id, goods.name as goods_name,
35:     goods.size, brand.name as brand_name
36:    FROM goods, brand ──────── 2つのテーブルから取り出す
37:    WHERE goods.brand = brand.id ──── 2つのテーブルでブランド ID が一致しているレコード
38:    ORDER BY goods_id";
```

　まず、FROM の部分を見てください。今から作る表では商品テーブルとブランドテーブルの2つの表から値を取り出します。そこで「FROM goods, brand」と指定します。

　次に取り出すレコードを WHERE で指定します。「goods.brand = brand.id」とすると、商品テーブルに入っているブランド ID と一致するブランドテーブルのレコードが取り出されます。

レコードから取り出すカラムを指定する

　レコードから取り出す値は SELECT でカラムを指定します。これまではすべてのカラムの値を取り出す * を書いていましたが、ここではカラムを個別に指定します。ここで問題となるのが、商品テーブルとブランドテーブルには同じ名前のカラムが存在するということです。具体的には id カラムと name カラムがど両方のテーブルにあります。そこで goods テーブルの name カラムならば「goods.name」、brand テーブルの name カラムならば「brand.name」のように書くことで両者が混乱しないようにします。

as 演算子で名前を付け直す

　さらに「goods.id as goods_id」のように as 演算子を使って、goods テーブルの id を goods_id の名前で扱えるようにしています。同様に「goods.name as goods_name」、「brand.name as brand_name」とすることで、goods テーブルの name は goods_name、brand テーブルの name は brand_name で扱えるようにしています。

値を表示する

　as 演算子で付けた名前は、カラムから取り出した値を表示する際に利用します。ORDER BY で goods_id を指定しているので、商品 ID 順に並んだ表になります。

```php
// 取り出した値を表示する
«sample» relation/goods_brand.php
55:    foreach ($result as $row){
56:        // 1行ずつテーブルに入れる        ─── as 演算子で付けた名前で呼び出します
57:        echo "<tr>";
58:        echo "<td>", es($row['goods_id']), "</td>";
59:        echo "<td>", es($row['goods_name']), "</td>";
60:        echo "<td>", es($row['size']), "</td>";
61:        echo "<td>", es($row['brand_name']), "</td>";
62:        echo "</tr>";
63:    }
```

Part 4　PHPとMySQL

Chapter 13　MySQLを操作する

3つのテーブルの値を連携する

　次の例ではさらに在庫テーブルから商品の在庫数を取り出して表に追加します。この表を作るには、商品テーブル、ブランドテーブル、在庫テーブルの3つのテーブルの値を連携する必要があります。

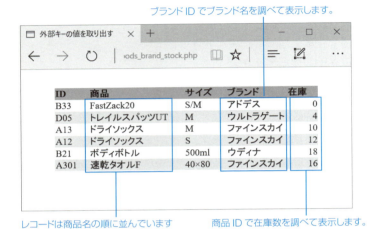

ブランドIDでブランド名を調べて表示します。

レコードは商品名の順に並んでいます　　商品IDで在庫数を調べて表示します。

　先のコードと基本的には同じですが、SQL文と取り出した値を表示する部分が違ってきます。

php 商品ID、商品名、サイズ、ブランド名、在庫数を合わせた表を表示する

«sample» relation/goods_brand_stock.php

```
01: <?php
02: require_once("../../lib/util.php");
03: // データベースユーザ
04: $user = 'inventoryuser';
05: $password = 'pw4inventoryuser';
06: // 利用するデータベース
07: $dbName = 'inventory';
08: // MySQLサーバ
09: $host = 'localhost:8889';
10: // MySQLのDSN文字列
11: $dsn = "mysql:host={$host};dbname={$dbName};charset=utf8";
12: ?>
13:
14: <!DOCTYPE html>
15: <html lang="ja">
16: <head>
17: <meta charset="utf-8">
18: <title> 外部キーの値を取り出す </title>
19: <link href="../../css/style.css" rel="stylesheet">
20: <!-- テーブル用のスタイルシート -->
21: <link href="../../css/tablestyle2.css" rel="stylesheet">
22: </head>
23: <body>
24: <div>
```

リレーショナルデータベースのレコードを取り出す　Section 13-5

```php
25:    <?php
26:    //MySQL データベースに接続する
27:    try {
28:      $pdo = new PDO($dsn, $user, $password);
29:      // プリペアドステートメントのエミュレーションを無効にする
30:      $pdo->setAttribute(PDO::ATTR_EMULATE_PREPARES, false);
31:      // 例外がスローされる設定にする
32:      $pdo->setAttribute(PDO::ATTR_ERRMODE, PDO::ERRMODE_EXCEPTION);
33:      // SQL 文を作る
34:      $sql = "SELECT goods.id as goods_id, goods.name as goods_name, goods.size,
35:       brand.name as brand_name, stock.quantity
36:      FROM goods, brand, stock
37:      WHERE goods.brand = brand.id AND goods.id = stock.goods_id
38:      ORDER BY goods_name";
39:      // プリペアドステートメントを作る
40:      $stm = $pdo->prepare($sql);
41:      // SQL 文を実行する
42:      $stm->execute();
43:      // 結果の取得（連想配列で受け取る）
44:      $result = $stm->fetchAll(PDO::FETCH_ASSOC);
45:      // テーブルのタイトル行
46:      echo "<table>";
47:      echo "<thead><tr>";
48:      echo "<th>", "ID", "</th>";
49:      echo "<th>", " 商品 ", "</th>";
50:      echo "<th>", " サイズ ", "</th>";
51:      echo "<th>", " ブランド ", "</th>";
52:      echo "<th>", " 在庫 ", "</th>";
53:      echo "</tr></thead>";
54:      // 値を取り出して行に表示する
55:      echo "<tbody>";
56:      foreach ($result as $row){
57:        // 1行ずつテーブルに入れる
58:        echo "<tr>";
59:        echo "<td>", es($row['goods_id']), "</td>";
60:        echo "<td>", es($row['goods_name']), "</td>";
61:        echo "<td>", es($row['size']), "</td>";
62:        echo "<td>", es($row['brand_name']), "</td>";
63:        echo "<td>", es($row['quantity']), "</td>";
64:        echo "</tr>";
65:      }
66:      echo "</tbody>";
67:      echo "</table>";
68:    } catch (Exception $e) {
69:      echo '<span class="error"> エラーがありました。</span><br>';
70:      echo $e->getMessage();
71:      exit();
72:    }
73:    ?>
74:  </div>
75:  </body>
76:  </html>
```

3つのテーブルから値を取り出す SQL 文を作ります

3つのテーブルから取り出した値を
並べて表示します

Part 4
Chapter
12
Chapter
13

Part 4　PHP と MySQL

Chapter 13　MySQL を操作する

ブランド ID に一致するブランド名、商品 ID に一致する在庫を取り出す

　それでは SQL 文を見てみましょう。商品テーブル、ブランドテーブル、在庫テーブルの３つのテーブルから値を取り出すので、SELECT 命令の FROM には「goods, brand, stock」と書きます。

　そして先ほどの表と同じように商品ブランドを表示するのでレコードを取り出す条件として WHERE に「goods.brand = brand.id」を指定しますが、今回は商品の在庫数も取り出すことから、「goods.id = stock.goods_id」の指定も合わせて追加します。取り出すレコードはこの２つの条件を同時に満たしている必要があることから、２つの条件は AND で連結します。

---

php　商品 ID、商品名、サイズ、ブランド名、在庫数を取り出す SQL

«sample» relation/goods_brand_stock.php

```
33:     // SQL 文を作る
34:     $sql = "SELECT goods.id as goods_id, goods.name as goods_name, goods.size,
35:      brand.name as brand_name, stock.quantity
36:     FROM goods, brand, stock
37:     WHERE goods.brand = brand.id AND goods.id = stock.goods_id
38:     ORDER BY goods_name";
```

FROM goods, brand, stock ── 3つのテーブルから値を取り出す

WHERE goods.brand = brand.id ── ブランド ID が一致　　AND goods.id = stock.goods_id ── 商品 ID が一致

ORDER BY goods_name ── ソートキー

　選び出したレコードから取り出すカラムは、商品テーブルの「goods.id、goods.name、goods.size」、ブランドテーブルの「brand.name」、在庫テーブルの「stock.quantity」です。ORDER BY で goods_name を指定しているので商品名でソートされた表になります。

Section 13-6

トランザクション処理

商品データの追加と同時に在庫データを更新するというように、複数の関連したデータ処理を行う場合は、すべての処理が成功する必要があります。このような場合には、1つでも処理が失敗したならば元の状態に戻すという仕組みが必要です。この仕組みがトランザクション処理です。

入力フォームから商品レコードを追加する

　先の商品データベースを使ってトランザクション処理の例を示します。次の例では、フォーム入力を使って、商品データベースに新しい商品を追加します。このとき、商品テーブルに新規商品を追加すると同時に、在庫テーブルに在庫数を追加します。
　この2つの処理はどちらかが失敗すると整合性が保てません。そこで、例外処理とトランザクション機能を合わせて、どちらかのレコード追加処理が失敗したならば、データベースを元の状態に戻せるようにします。

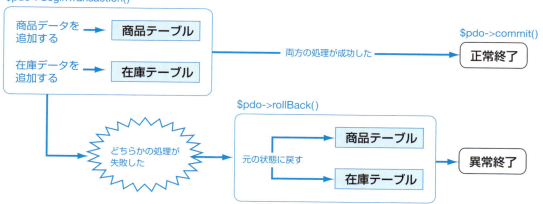

入力フォームから商品データを追加する

　まず、商品データを追加する入力フォームを作ります。基本的には商品テーブルに入力するデータですが、在庫テーブルに追加する在庫数も入力します。ブランドはプルダウンメニュー（☞ P.327）からブランド名で選択しますが、実際に入力されるのはブランドIDです。

Part 4 PHP と MySQL

Chapter 13　MySQL を操作する

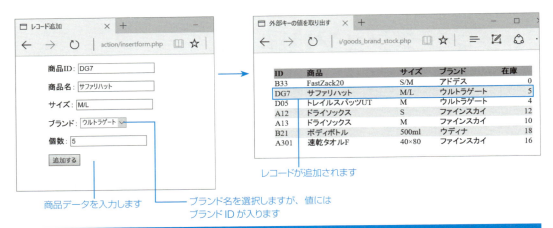

商品データを入力します　　ブランド名を選択しますが、値には
　　　　　　　　　　　　　ブランド ID が入ります

php 商品データの入力フォームを作る

«sample» transaction/insertform.php

```
01: <?php
02: require_once("../../lib/util.php");
03: $gobackURL = "insertform.html";
04:
05: // データベースユーザ
06: $user = 'inventoryuser';
07: $password = 'pw4inventoryuser';
08: // 利用するデータベース
09: $dbName = 'inventory';
10: // MySQL サーバ
11: $host = 'localhost:8889';
12: // MySQL の DSN 文字列
13: $dsn = "mysql:host={$host};dbname={$dbName};charset=utf8";
14: //MySQL データベースに接続する
15: try {
16:     $pdo = new PDO($dsn, $user, $password);  ─── データベースに接続します
17:     // プリペアドステートメントのエミュレーションを無効にする
18:     $pdo->setAttribute(PDO::ATTR_EMULATE_PREPARES, false);
19:     // 例外がスローされる設定にする
20:     $pdo->setAttribute(PDO::ATTR_ERRMODE, PDO::ERRMODE_EXCEPTION);
21:
22:     // ブランドテーブルからブランド ID とブランド名を取り出す
23:     $sql = "SELECT id, name FROM brand";
24:     // プリペアドステートメントを作る        ─── 登録済みのブランド ID とブランド名を
25:     $stm = $pdo->prepare($sql);                    ブランドテーブルから取り出します
26:     // SQL 文を実行する
27:     $stm->execute();
28:     // 結果の取得（連想配列で受け取る）
29:     $brand = $stm->fetchAll(PDO::FETCH_ASSOC);
30: } catch (Exception $e) {
31:     $err =  '<span class="error">エラーがありました。</span><br>';
32:     $err .= $e->getMessage();
33:     exit($err);
34: }
35: ?>
36:
37: <!DOCTYPE html>
38: <html lang="ja">
```

トランザクション処理 Section 13-6

```
39:    <head>
40:    <meta charset="utf-8">
41:    <title> レコード追加 </title>
42:    <link href="../../css/style.css" rel="stylesheet">
43:    </head>
44:    <body>
45:    <div>
46:      <!-- 入力フォームを作る -->
47:      <form method="POST" action="insert_goods.php">
48:        <ul>
49:          <li>
50:            <label> 商品 ID：
51:            <input type="text" name="id" placeholder=" 商品 ID">
52:            </label>
53:          </li>
54:          <li>
55:            <label> 商品名：
56:            <input type="text" name="name" placeholder=" 商品名 ">
57:            </label>
58:          </li>
59:          <li>
60:            <label> サイズ：
61:            <input type="text" name="size" placeholder="（未入力でも OK）">
62:            </label>
63:          </li>
64:          <li> ブランド：
65:            <select name="brand">
66:              <?php
67:              //  ブランドはブランドテーブルに登録してあるものから選ぶ
68:              foreach ($brand as $row){
69:                echo '<option value="', $row["id"], '">', $row["name"], "</option>";
70:              }
71:              ?>
72:            </select>
73:          </li>
74:          <li>
75:            <label> 個数：
76:            <input type="number" name="quantity" placeholder=" 半角数字 ">
77:          </li>
78:          <li><input type="submit" value=" 追加する "></li>
79:        </ul>
80:      </form>
81:    </div>
82:    </body>
83:    </html>
```

ブランドを選択するプルダウンメニューを作ります

Part 4
Chapter
12
Chapter
13

ブランドテーブルからブランド ID とブランド名を取り出す

　商品テーブルに入力するブランド ID はブランドテーブルの外部キーなので、ブランドテーブルから選ばなければなりません。そこで入力フォームでは、ブランドテーブルからブランド ID とブランド名を取り出して、その値で作成したプルダウンメニューからブランドを選択できるようにします。

　これを行なうために、ブランドテーブルからブランド ID とブランド名を取り出します。次の SELECT 命令では WHERE の条件を付けていないので、ブランドテーブルのすべてのレコードの id カラムと name カラムの値が選択されます。

515

Part 4 PHP と MySQL
Chapter 13 MySQL を操作する

php ブランドテーブルからブランド ID とブランド名を取り出す

«sample» transaction/insertform.php

```
22:     // ブランドテーブルからブランド ID とブランド名を取り出す
23:     $sql = "SELECT id, name FROM brand";
24:     // プリペアドステートメントを作る
25:     $stm = $pdo->prepare($sql);
26:     // SQL 文を実行する
27:     $stm->execute();
28:     // 結果の取得（連想配列で受け取る）
29:     $brand = $stm->fetchAll(PDO::FETCH_ASSOC);
```

ブランドテーブルからブランド名のプルダウンメニューを作る

　ブランドテーブルからブランド ID とブランド名を取り出したならば、その値を使ってプルダウンメニューを作ります。実際に入力する値はブランド ID ですが、プルダウンメニューではブランド名で選べるようにしています。

php ブランド名のプルダウンメニューを作る

«sample» transaction/insertform.php

```
64:     <li> ブランド：
65:       <select name="brand">
66:         <?php
67:         // ブランドはブランドテーブルに登録してあるものから選ぶ
68:         foreach ($brand as $row){
69:           echo '<option value="', $row["id"], '">', $row["name"], "</option>";
70:         }
71:         ?>
72:       </select>
73:     </li>
```

実際の値はブランド ID　　メニューにはブランド名で表示

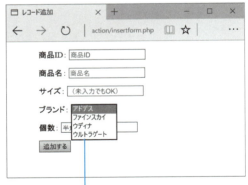

ブランドテーブルに登録済みの
ブランドから選べるようにします

516

Section 13-6 トランザクション処理

商品の追加に合わせて在庫も追加する

入力フォームの値は次の insert_goods.php に POST されます。insert_goods.php では、POST された値に基づいて商品テーブルと在庫テーブルに新規レコードを追加します。最初に書いたように、ここでどちらかの処理が失敗したならば元に戻すトランザクション処理を行います。

POST された値でレコードを追加します

php 商品の追加に合わせて在庫も追加する

«sample» **transaction/insert_goods.php**

```php
<?php
require_once("../../lib/util.php");
$gobackURL = "insertform.php";

// 文字エンコードの検証
if (!cken($_POST)){
  header("Location:{$gobackURL}");
  exit();
}
?>

<!DOCTYPE html>
<html lang="ja">
<head>
<meta charset="utf-8">
<title>レコード追加</title>
<link href="../../css/style.css" rel="stylesheet">
</head>
<body>
<div>
    <?php
    // 簡単なエラー処理
    $errors = [];
    if (!isset($_POST["id"])||($_POST["id"]==="")){
      $errors[] = " 商品 ID が空です。";
    }
    if (!isset($_POST["name"])||($_POST["name"]==="")){
      $errors[] = " 商品名が空です。";
    }
    if (!isset($_POST["brand"])||($_POST["brand"]==="")) {
      $errors[] = " ブランドが空です。";
    }
```

Part 4　PHP と MySQL

Chapter 13　MySQL を操作する

```php
33:    if (!isset($_POST["quantity"])||(!ctype_digit($_POST["quantity"]))) {
34:      $errors[] = " 個数が整数値ではありません。 ";
35:    }
36:    // エラーがあったとき
37:    if (count($errors)>0){
38:      echo '<ol class="error">';
39:      foreach ($errors as $value) {
40:        echo "<li>", $value , "</li>";
41:      }
42:      echo "</ol>";
43:      echo "<hr>";
44:      echo "<a href=", $gobackURL, ">戻る </a>";
45:      exit();
46:    }
47:
48:    // データベースユーザ
49:    $user = 'inventoryuser';
50:    $password = 'pw4inventoryuser';
51:    // 利用するデータベース
52:    $dbName = 'inventory';
53:    // MySQL サーバ
54:    $host = 'localhost:8889';
55:    // MySQL の DSN 文字列
56:    $dsn = "mysql:host={$host};dbname={$dbName};charset=utf8";
57:
58:    //MySQL データベースに接続する
59:    try {
60:      $pdo = new PDO($dsn, $user, $password);─────── データベースに接続します
61:      // プリペアドステートメントのエミュレーションを無効にする
62:      $pdo->setAttribute(PDO::ATTR_EMULATE_PREPARES, false);
63:      // 例外がスローされる設定にする
64:      $pdo->setAttribute(PDO::ATTR_ERRMODE, PDO::ERRMODE_EXCEPTION);
65:    } catch (Exception $e) {
66:      $err = '<span class="error"> エラーがありました。 </span><br>';
67:      $err .= $e->getMessage();
68:      exit($err);
69:    }
70:
71:    try {
72:      // トランザクションを開始する
73:      $pdo->beginTransaction();───── トランザクション処理を開始します
74:      // SQL 文を作る
75:      $sql1 = "INSERT INTO goods (id, name, size, brand)
76:      VALUES (:id, :name, :size, :brand)";
77:      $sql2 = "INSERT INTO stock (goods_id, quantity) VALUES (:goods_id, :quantity)";
78:      // プリペアドステートメントを作る
79:      $insertGoods = $pdo->prepare($sql1);
80:      $insertStock = $pdo->prepare($sql2);           商品レコード
81:      // プレースホルダに値をバインドする
82:      $insertGoods->bindValue(':id', $_POST["id"], PDO::PARAM_STR);
83:      $insertGoods->bindValue(':name', $_POST["name"], PDO::PARAM_STR);
84:      $insertGoods->bindValue(':size', $_POST["size"], PDO::PARAM_STR);
85:      $insertGoods->bindValue(':brand', $_POST["brand"], PDO::PARAM_STR);
86:      $insertStock->bindValue(':goods_id', $_POST["id"], PDO::PARAM_STR);
87:      $insertStock->bindValue(':quantity', $_POST["quantity"], PDO::PARAM_INT);
88:      // SQL 文を実行する
89:      $insertGoods->execute();                在庫レコード
90:      $insertStock->execute();
91:      // トランザクション処理を完了する
92:      $pdo->commit();───── トランザクション処理を終了します      2つの SQL 文を実行します
```

トランザクション処理　Section 13-6

```
 93:          // 結果報告
 94:          echo " 商品データ／在庫データを追加しました。";
 95:      } catch (Exception $e) {
 96:          // エラーがあったならば元の状態に戻す     トランザクション処理を行っている最中にエラーが
 97:          $pdo->rollBack();                      発生したならば、元の状態に戻します
 98:          echo '<span class="error"> 登録エラーがありました。</span><br>';
 99:          echo $e->getMessage();
100:      }
101:      ?>
102:      <hr>
103:      <p><a href="<?php echo $gobackURL ?>"> 戻る </a></p>
104:  </div>
105:  </body>
106:  </html>
```

トランザクション処理を行う

　トランザクション処理は、例外処理と組み合わせて行います。まず、beginTransaction() を実行してトランザクション処理を開始し、データベースの操作が完了したならば commit() を実行してトランザクション処理を終了します。

　トランザクション処理を行っている間にエラーが発生すると例外がスローされて catch の構文が実行されます。ここで rollBack() を実行することで、トランザクション処理を行う前の状態に戻すことができます。

php　商品の追加に合わせて在庫も追加する

«sample» transaction/insert_goods.php

```
 71:      try {
 72:          // トランザクションを開始する
 73:          $pdo->beginTransaction();

         ┌─────────────────────────────┐
         │ ここでデータベースの操作を行う │
         └─────────────────────────────┘

 91:          // トランザクション処理を完了する
 92:          $pdo->commit();
 95:      } catch (Exception $e) {
 96:          // エラーがあったならば元の状態に戻す
 97:          $pdo->rollBack();
100:      }
```

Part 4

Chapter
12

Chapter
13

INDEX

記号

__CLASS__	42
__construct()	221
__DIR__	42
__FILE__	42
__FUNCTION__	42
__LINE__	42
__METHOD__	42, 266
__NAMESPACE__	42
__toString()	232
__TRAIT__	42
-	50
-（正規表現）	147, 150
--	51
-=	49
->	211, 218
;	34
!	56
!=	53
!==	53, 55
?:	57
??	54
?（クエリ文字列）	255
?（正規表現）	152
?>	30
.	44, 52
...	93
.（正規表現）	146, 152
.=	49
.php	89
'%+d'	115
（ ）（正規表現）	152
(array)	59
(bool)	59
(float)	59
(int)	59
(object)	59
(string)	59, 135
(unset)	59
[ ]	165
[ ]（正規表現）	148, 152
{n}（正規表現）	152
{n,}（正規表現）	152
{n,m}（正規表現）	152
*	50
*（SQL 文）	484

*（正規表現）	152
**	50
*=	49
/	50
/* ～ */	36
// を使った 1 行コメント	36
/=	49
/ パターン /（正規表現）	147
\"	109
\（正規表現）	152
\{	109
\}	109
\\	109
\$	109
\0 から \777	109
\d	151
\D	151
\e	109
\n	109
\r	109
\s	151
\S	151
\t	109
\v	109
\w	151
\W	151
\x0 から \xFF	109
&	59
&（クエリ文字列）	255
&&	56, 66
&$	100
# を使った 1 行コメント	36
%	50
%（SQL 文）	488, 501
%=	49
% 書式修飾子	115
^	59, 150, 152
+	50
+（正規表現）	152
+（配列同士の連結）	178
++	51
+=	49
<	53
<? ～ ?>	31
<?=	31, 43
<?php	30

<?php ～ ?>	31
<% ～ %>	31
<<	58
<<<	111
<=	53
<=>	54
<form> ～ </form>	258
<input>	259, 315, 322, 345
<label> ～ </label>	259
<option> ～ </option>	330, 338
<script language="php">	31
<select> ～ </select>	330, 338
<table> ～ </table>	439
<textarea> ～ </textarea>	349, 423
=	48
=（クエリ文字列）	255
==	53, 133
===	53, 55, 134, 139
=>	170
>	53
>=	53
>>	58
|	59
|（正規表現）	152
||	56, 66
~	59
$	38
$_COOKIE	255, 396
$_ENV	41, 255
$_FILES	255
$_GET	255, 262
$_POST	255, 261
$_REQUEST	41, 255
$_SERVER	255, 310, 428
$_SERVER['PHP_SELF']	309
$_SESSION	255, 369
$（正規表現）	152
$argc	41
$argv	41
$GLOBALS	41
$HTTP_RAW_POST_DATA	41
$http_response_header	41
$php_errormsg	41
$this	220

INDEX

番号

0 でないかをチェックする	276, 281
1 を足す	51
1 を引く	51
2 進形式	59
2 つの配列から連想配列を作る	181
3 桁区切り	120
8 進形式	59, 109
16 進形式	59, 109

A

abstract	214, 247
abs(数値)	85
"a+b"（オープンモード）	425
A_I（phpMyAdmin）	454
ALTER	493
and	56
AND（SQL 文）	487
array()	168, 170
array_addUnique()	197
array_combine()	181
array_diff()	199, 390
array_filter()	188
array_key_exists()	297
array_map()	204
array_merge()	179
array_merge_recursive()	181
array_pop()	177
array_push()	169
array_reverse()	193
array_search()	198
array_shift()	177
array_splice()	175, 177
array_sum()	186
array_unique()	182
array_walk()	203
arsort()	192
as	240, 509
asort()	192
Atom のダウンロードサイト	27
a の b 乗	85

B

beginTransaction()	519
bin2hex()	392
bindValue()	497
break	69, 75, 79
"b"（オープンモード）	416

C

case	69
ceil(数値)	85
checkdate()	359
checked	315, 322
cken() の定義	269
class	210, 216
commit()	519
const	216, 225
Constraint name	466
const で定数を定義する	41
continue	80
cos(θ)	85
count()	166
CR	109
CREAT	493
CRLF に変換する	446
CSRF 対策	392
CSV ファイルに書き出す	443
CSV ファイルの読み込み	439, 469
ctype_digit()	280
current()	437

D

date()	405
date_format()	405
DateTime	236
DateTime::format()	405
DCL：Data Control Language	484
DDL：Data Definition Language	484
default	93
define()	174
define() で定数を定義する	41
DELETE	492
die()	274
dirname()	428
display_errors	27
DML：Data Manipulation Language	484
do-while	74
DSN（Data Source Name）	481

E

echo	43
E_ERROR	42
elseif	68
empty()	357
endfor	78
endif	68
endswitch	72

E (続き)

endwhile	74
E_PARSE	42
es() の定義	267
execute()	484
exit()	274
exitends	243
explode()	173, 409
extends	212, 214, 229, 236, 248

F

FALSE	42
fclose()	414
fgetcsv()	442
file()	414
file_exists()	421, 433
file_get_contents()	421
file_put_contents()	421
final class	235
final function	235
flock()	427
floor(数値)	85
for	76
foreach	185
format()	360
for 文をネスティングする	78
fputcsv()	444
fread()	414
frewind()	437
FROM	484, 509
fseek()	437
func_get_arg()	101
func_get_args()	101
func_num_args()	101
function_exists()	103
fwrite()	414, 418

G

GET	254, 258
GET と POST の違い	255
GET メソッドで送信する	261
GET リクエストを送信する	256
getMessage()	417
getSize()	420
global	98

H

header()	427
htdocs フォルダ	20
htmlspecialchars()	129, 265

521

HTML エスケープする 129, 265, 351
HTML コードを if 文で条件分岐する..... 274
HTML タグ用のエンティティ変換........ 129
HTML タグを取り除く 130
HTTP ステータス 254
HTTP メソッド 254
HTTP リクエスト 252
HTTP レスポンス 252

I

if 62
if 〜 else 63
if 〜 else if 64
if 文のネスティング 65
implements 213, 243
implode() 173, 325, 390, 408
in_array() 195, 316, 324, 372
include() 224
include_once() 224
INSERT 491, 503
instanceof 60
insteadof 239
interface 213, 242
is_array() 266
is_nan(値) 85
is_null() 220
is_numeric() 308
isset() 274

J

JavaScript 11

K

key() 438
krsort() 194
ksort() 194

L

LF 109
LIKE 488
LimitIterator 436
list() 189, 441
LOCK_EX 427
LOCK_NB 427
LOCK_SH 427
LOCK_UN 427
ltrim() 128

M

MAMP のインストール 14
MAMP の設定 18
max(値 , 値 , ...) 85
mb_check_encode() 269
mb_convert_encoding() 269, 446
mb_convert_kana() 124, 358
mb_internal_encoding() 269
mb_stristr() 140
mb_strlen() 121
mb_strpos() 139
mb_strrpos() 139
mb_strstr() 140
mb_substr() 122, 351
mb_substr_count() 140
Microsoft Edge 252
min(値 , 値 , ...) 85
mt_rand() 84, 85
mt_rand(最小値 , 最大値) 85
MySQL サーバーを起動する 450

N

natcasesort() 194
natsort() 194
new 210, 218
next() 437
nl2br() 353, 421
Nowdoc 112
null 220
NULL 42
NULL（phpMyAdmin） 456
NULL ではない値 54
NULL にする.................................. 59
NULL の場合の代替値 54
number_format() 120

O

onclick.. 377
open()... 414
openssl_random_pseudo_bytes()..... 392
<option> 〜 </option>............. 330, 338
or 56
ORDER BY 488

P

PCRE パターン修飾子........................ 148
PDO（PHP Data Objects） 479
PDO の値の型.................................. 497
PHP 7 への移行 28

PHP

PHP_EOL........................... 42, 88, 110
phpInfo を確認する 22
php.ini 25
PHP_INT_MAX 42
PHP_INT_MIN 42
phpMyAdmin に一般ユーザでログイン 475
phpMyAdmin を起動する 450
phpMyAdmin を開く 23
PHP_OS 42
PHP_VERSION_ID 42
PHP のエラーメッセージ..................... 25
PHP の公式マニュアル........................ 28
PHP の設定ファイル.......................... 24
PHP のバージョンを選ぶ.................... 19
pi() 85
POST 254, 258
PostgreSQL.................................. 479
POST された値を調べる.................... 261
pow(a, b) 85
preg_grep().................................. 201
preg_match() 145, 157, 284
preg_match_all()........................... 158
preg_quote()................................. 156
preg_replace() 160, 202
prepare() 484
PRIMARY キー 454
print().. 44
printf()... 113
print_r()............................... 44, 168
private 228
protected..................................... 228
public 216, 228

R

random_int()................................ 245
rawurldecode() 131, 263, 264
rawurlencode() 131
"rb"（オープンモード） 430
rename() 434
REQUEST_METHOD....................... 310
require()...................................... 224
require_once() 224, 267
return 87, 91
rewind() 437
rollBack() 519
root ユーザとしてログイン 452
round(数値).................................. 85
rsort() 191
rtrim() 128

INDEX

S

Safari	253
seek()	437
SELECT	484, 509
selected	330, 338
self::	225
session_destroy()	381
session_start()	370
SET	489
setcookie()	395
setFlags()	441
Shift-JIS に変換する	269, 446
sin(θ)	85
sort()	190
SPL	414
SplFileObject	414
SplFileObject::READ_CSV	441
sprintf()	118
SQLite	479
SQL インジェクション対策	501
SQL エスケープ	501
SQL ファイルをインポート	494
SQL ファイルをエクスポート	493
sqrt(数値)	85
static	99, 225
strcmp()	136
strip_tags()	130, 351
str_ireplace()	141, 142, 200
strlen()	123
strncasecmp()	137
strncmp()	137
strpos()	139
str_replace()	141, 200, 446
strrpos()	139
strtolower()	127
strtoupper()	127
substr()	123
switch	69, 92

T

tan(θ)	85
time()	397, 404
touch()	421
trait	213, 236
trim()	128, 274
TRUE	42
try ～ catch ～ finally	416
type="button"	377
type="checkbox"	322

type="date"	354
type="hidden"	286
type="number"	276
type="radio"	315
type="range"	345
type="submit"	260
type="text"	272

U

ucfirst()	127
ucwords()	127
uksort()	194
Unique キー	463
unlink()	434
UPDATE	489
urldecode()	131
urlencode()	131
URL エンコードする	131, 263
URL デコードする	131, 264
use	105, 237
usort()	194
u (正規表現)	148

V

var_dump()	45
vprintf()	119
vsprintf()	119

W

"wb"（オープンモード）	415
Web Start ページ	22
Web インスペクタ	253
WHERE	484, 509
WHERE 以下を省略する	484
while	73

X

xor	56
クロスサイトスクリプティング	265

あ

アクセス権	228
値が設定されているかどうか	274
値が入っているか	271
値が等しい	53
値が等しくない	53
値が見つかった位置、キーを返す	198
値で分岐する	69
値または型が等しくない	53

値も型も等しい	53
値渡し	100
余り	50
アルファベット順で比較する	135
暗黙のキャスト	51
アンロック	427

い

以下	53
以上	53
インクリメント	51
インスタンス	209
インスタンス自身を指し示す	220
インスタンスプロパティ	216
インスタンスプロパティのアクセス	218
インスタンスメソッド	216
インスタンスメソッドの実行	219
インスタンスメンバー	227
インスタンスを作る	218
インターフェース	213, 242
インターフェースを採用する	243
インデックスキー	463
インデックス配列	165
インデックス配列のソート	190
インデックス番号	165
インポートタブ	469, 494

う

宇宙船	54
上書きモード	415

え

英字だけを半角にする	124
エクスポートタブ	493
エスケープシーケンス	109
エスケープしたパターンを作る	156
エラーオブジェクト	416
エラーメッセージが表示されるようにする	26
演算子の優先順位	60
円周率	85

お

英文字の大文字／小文字の変換	127
英文字の大小比較	135
オーバーライド	214, 248
オーバーライドの禁止	235
オープンモード	415
大文字と小文字の区別	35
大文字と小文字を区別せずに比較	137

INDEX

オブジェクト 209
オブジェクトにする 59
オペランド 50
親クラス 229
親クラスと子クラス 212
親クラスのコンストラクタを呼び出す .. 233

か

改行コードの前に `<br>` を挿入 353
開始タグ 30
開発者ツール 252
外部キー 463, 515
外部キー制約 466
外部キーで主キーの値を調べる 507
外部キーを設定する 465
外部キーをメニューから選ぶ 515
外部ファイルのコードを読み込む 224
カウンタを使った繰り返し 76
返り値 84
返り値の型指定 96
書き込み専用モード 415
隠しフィールド 286
掛け算 50
加算子 52
型演算子 60
可変関数 103
可変変数 102
カラム 453
カラムを追加する 478
カレンダー 354
関数が存在するかどうか 103
関数の書式 84
関数の中断 91
完全一致検索 197

き

キー 170
基底クラスと派生クラス 212
逆順にする 193
キャスト演算子 59, 135
キャッシュ 257
桁揃えする 113
行単位で CSV を取り込む 442
行の範囲を取り出す 436
共有ロック 427
切り上げ 85
切り捨て 85

く

空白と改行 37
空白や改行を取り除く 128
クエリ文字列 255, 410
区切り文字（正規表現） 147
クッキーから値を取り出す 396
クッキーに配列を保存 403
クッキーに保存する 394
クッキーの値を見る 397
クッキーの有効期限 397
クッキーを削除する 397
クライアントサイドスクリプト 11
クラス定義 210, 216
クラス定義ファイルを作る 224
クラスとインスタンス 209
クラスの継承 229
クラスメンバー 227
クラスを拡張する 229
繰り返しのパターン 154
繰り返しをスキップする 80
繰り返しを中断する 75
繰り返す 73
繰り返す回数 76
クロージャ 104
グローバルスコープ 97
グローバル変数 98

け

継承 212, 229
継承の禁止 235
現在の行を取り出す 437
現在開いているページ 309
検索した文字列が何個含まれているか .. 140
検索して置換する 141
検索置換を使って文字を削除する 142
減算子 52
厳密な比較 134

こ

コアモジュール定数 42
構造タブ 454
後置オプション 148
子クラス 229
コメント文 35
コロンで区切った構文 68
コンストラクタ 221

さ

サーバー情報 310

サーバサイドスクリプト

サーバサイドスクリプト 12
再帰呼び出し 266
在庫テーブル「stock」 464
最後に見つかった位置 139
最後の文字を削除する 122
最小値 85
最大値 85
サブパターン 155
サブパターンの値を調べる 159
三項演算子 57
算術演算子 49
参照渡し 100

し

四捨五入 85
四捨五入して表示する 117
自然順に並べる 194
実行をすべてキャンセル 274
指定日数後の日付 236
シャッフルする 193
重複禁止 463
終了タグ 30
終了タグの省略 31, 224
主キー 463
条件分岐 62
照合順序 451
昇順と降順 190
小数第 3 位まで表示 113
小数点以下の桁数 113
商品データベース「inventory」 463
商品テーブル「goods」 463
書式修飾子 115
処理を中断 91
シングルクォートの文字列 110

す

垂直タブ 109
水平タブ 109
数字だけを半角にする 124
数値かどうかチェックする 276
数値にキャスト 133
数値の精度を示す 117
数値のとき true 85
数値の連結 53
スーパークラスとサブクラス 212
スーパーグローバル変数 255
スコープ 97
スタティックプロパティ 225
スタティック変数 99

INDEX

スタティックメソッド 225
ステートメントの区切り 34
スローする 416

せ

正規表現とは 145
正規表現の構文 147
正規表現を使った検索置換 160
正弦 85
整数かどうかをチェック 281
整数と文字列を比較 55
整数にする 59
整数の表記方法 59
正接 85
静的プロパティ 225
静的メソッド 225
セッション開始で警告が出る 371
セッションクッキー 381
セッションの概要 368
セッション変数の値を取り出す 372
セッション変数 369
セッション変数に値を保存 370
セッションを開始する 370
セッションを破棄する 381
絶対値 85
全角空白を取り除く 128
全角／半角を変換する 124
全角文字を半角に変換する 358
選択肢のパターン 153
先頭一致と終端一致 152
先頭から1行ずつ取り出す 437
先頭から5行を取り出す 436
先頭に挿入保存 431
前方一致で比較する 137

そ

送信ボタンを作る 260
挿入タブ 458
添え字 170
ソートする（SQL文） 488

た

代入演算子 48
タイプヒンティング 95
足し算 50
ダブルクォートの文字列 108
単語の先頭文字だけ大文字にする 127

ち

チェックボックスを選択する 324
チェックボックスを作る 322
置換した個数を調べる 142
置換する値を配列で指定 119
抽象クラス 214, 247
抽象クラスを継承 248
抽象メソッド 214, 247

つ

追記モード 425

て

定義済みの定数 42
定義済みの文字クラス 151
定義済み変数 40
定数を定義する 41
ディレクトリを取得 428
データ制御文 484
データ操作文 484
データベース定義文 484
データベースとの接続を解除する 482
データベースに接続する 479
データベースを検索する 499
データベースを作る 452
テーブルを作る（phpMyAdmin） 453
テーブルをバックアックする 493
テキストエリアの文字数制限 351
テキストエリアを作る 349, 423
テキストファイルに書き込む 418
テキストフィールドを作る 259
デクリメント 51
デザイナ画面 467
デザインタブ 467
デリゲート 214

と

同名のカラム名を区別する 508
トークンを生成する 392
ドキュメントルート 20
ドメイン部分のパス 428
トランザクション処理 513
トランザクション処理を行う 519
トレイト 213, 236
トレイトの使い方 237
トレイトのメソッド名が衝突 238

な

内部エンコード.................................... 269

に

任意の1文字を含むパターン 146

ね

年月日... 236

は

排他的ビット和.................................... 58
排他的論理和.. 56
排他ロック 427
配列かどうかチェックする 266
配列から値を条件抽出する 188
配列から重複した値を取り除く 182
配列から順に値を取り出す 185
配列から文字列を作る 173
配列とは 164
配列と配列を比較する 199
配列と配列を連結する 178
配列に値を追加する 169
配列に新規の値だけ追加する 197
配列にする 59
配列の値の個数 166
配列の値を検索する 195
配列の値を合計する 186
配列の値を連結した文字列 173
配列の先頭／末尾の値を取り出す 177
配列の定数 174
配列の要素で関数を実行 203
配列の要素を削除する 175
配列の要素を置換／挿入する 177
配列を切り出す 183
配列を正規表現で検索する 201
配列を複製する 191
配列を変数に展開する 189
バインドする 497
パターンと置換文字を配列で指定する .. 161
パターンにマッチするとは 145
半角英数字の文字数 123

ひ

ヒアドキュメント...................... 111, 414
比較演算子.................................. 53, 135
引き算 50
引数 84
引数に初期値を設定する 91

525

INDEX

引数の型指定 95
引数の個数を固定しない 93, 101
引数を省略できる関数 91
非公開パスフレーズを設定する............ 477
日付から曜日を求める 360
日付形式かどうかチェックする 358
日付の妥当性のチェック 359
日付のフォーマット 405
日付フィールドを作る 357
ビット演算子 58
ビットシフト 58
ビット積 58
ビット否定 58
ビット和 58
否定 56
表示タブ 461
ひらがな／カタカナを変換する 124

ふ

ファイルがあるか確認 421, 433
ファイルサイズ 420
ファイルに追記していく 423
ファイルポインタ 416
ファイルロック 427
ファイルを削除する 434
ファイルをリネームする 434
フィールド 453
フォーマットされた文字列 118
フォーマット文字列 113
フォーマット文字列の型指定子 117
フォームから検索する 498
フォームを作る 258
複合代入演算子 49
複数行コメント 36
複数行のテキストを入力 348
複数個の検索文字を置換する 142
複数のテーブルから取り出す 509
複数の配列を並列的に処理する 206
不正なエンコーディングによる攻撃 269
浮動小数点にする 59
部分一致検索（SQL 文）.......... 488, 501
ブランドテーブル「brand」............... 464
プリペアドステートメント 484, 495
古いテーブルを削除する 494
プルダウンメニューを作る 330
プレースホルダ（テキストエリア）....... 349
プレースホルダを使う 495
プロパティ 210, 216
プロパティの初期値 217

へ

平方根 85
ページを開くために使ったメソッド 310
変数に値を代入する 38
変数のスコープ 40, 97
変数の有効範囲 40
変数名の大文字と小文字 35
変数名を動的に変更 102
変数 { 文字位置 }............................... 123
変数を作る 38
変数を { } で囲って埋め込む 108
変数を { } で囲む 50

ほ

ポストインクリメント 52
ポストデクリメント 52

ま

前を 0 で埋める 115
マジカル定数 42
マジック定数 42
マジックメソッド 232
マッチしたすべての値を取り出す 158
マッチした文字列を取り出す 157
マルチバイト文字の検索 139

み

見つかった位置から後ろにある文字列 .. 140
未入力を許可する 456

む

無名関数 104

め

メソッド 216
メソッドとプロパティ 209
メソッドに別名を付ける 240
メニューアイテムを選択する 332
メンバー 227

も

文字エンコードのチェック 269
文字クラス 148
文字クラスで使うメタ文字 151
文字数を調べる 121
もし～ならば 62
文字のインクリメント 52
文字列から配列を作る 173
文字列結合演算子.................................. 52

文字列と数値を比較した場合 133
文字列にする 59
文字列の大きさを比較する関数 136
文字列の検索 139
文字列の中に変数 108
文字列の中の数字 51
文字列のバイト数 123
文字列を比較する 133
文字列を連結 44
文字列を連結する 53
文字を取り出す 122
戻り値 84
戻り値の型 85
戻り値の型指定 96

ゆ

ユーザタブ 472
ユーザ定義関数の書式 87
ユーザ定義順にソートする 194
ユーザの特権を指定する 474
ユーザを追加する 472
郵便番号をチェックする 284

よ

余弦 85
読み込み専用モード 420, 430
より大きい 53
より小さい 53

ら

ライトオンリー................................... 228
ラジアンに変換 86
ラジオボタンを選択する 317
ラジオボタンを作る 312
ラムダ式 104
乱数 85, 245
乱数を作る 84

り

リードオンリー................................... 228
リストボックスのメニューを選択する .. 340
リストボックスを作る 338
リダイレクトする................................ 427
リレーショナルデータベース 506
リレーショナルデータベースを作る 462
リレーションビューを開く 465
リレーションを設定する 465

526

INDEX

る

累乗	50
ループ処理	73

れ

例外処理	416
レコード	453
レコードデータを取り出す	482
レコードの値の変更や削除	461
レコードをインポートする	469
レコードを削除する	492
レコードを追加する	457, 491, 503
連想配列	170
連想配列から値を取り出す	171
連想配列からキーと値を取り出す	187

連想配列

連想配列に要素を追加する	172
連想配列のキーでソートする	194
連想配列のソート	192

ろ

ローカルスコープ	97
ログアウトボタンを表示する	475
ログイン情報	473
ログインパネルを表示する	475
論理演算子	56
論理積	56
論理積を利用した条件式	66
論理値にする	59
論理和	56
論理和を利用した条件式	66

わ

割り算	50

著者紹介

大重美幸（おおしげよしゆき）

日立情報システムズ、コミュニケーションシステム研究所を経て独立。Mac 専門誌への寄稿から開始し、CD-ROM や Web のコンテンツ制作、商品開発、セミナー講師を行う。現在は執筆活動が中心。HyperCard、Director、ActionScript、Objective-C、Swift に関する著述多数。本書から PHP に挑戦。趣味はトレイルランニング、サーフィン、ビーチコーミング。茅ヶ崎在住。チガジョグ部長。http://oshige.com/、@oshige

近著

詳細！Swift2 iPhone アプリ開発入門ノート／ソーテック社
詳細！Apple Watch アプリ開発入門ノート／ソーテック社
詳細！Objective-C iPhone アプリ開発入門ノート／ソーテック社
ズバわかり！プログラミング Objective-C iPhone アプリ開発スタートブック／ソーテック社
詳細！ActionScript3.0 入門ノート／ソーテック社
ActionScript3.0 辞典（共著）／翔泳社
Lingo スーパーマニュアル、Director スーパーマニュアル／オーム社
Director Shockwave 3D ／オーム社
NeXT ファーストブック／ソフトバンク
HyperTalk ハンドブック／ BNN
ファイルメーカー Pro 入門／ BNN
ほか多数（合計 71 冊）

主な制作活動

日本の伝統楽器サイト／日本芸術文化振興会、館内案内板／日本科学未来館、ブルースリー打／イーフロンティア、大富豪／ SME、中谷美紀・裸婦／メディアファクトリー、QTV ／ポニーキャニオン、脳のシワ、FiLo ／スタックマガジン社、ほか

詳細！PHP 7 + MySQL
入門ノート

2016 年 7 月 20 日　初版　第 1 刷発行

著者　　大重美幸
装幀　　Dream Holdings　廣鉄夫
発行人　柳澤淳一
編集人　久保田賢二
発行所　株式会社　ソーテック社
　　　　〒 102-0072　東京都千代田区飯田橋 4-9-5　スギタビル 4F
　　　　電話（注文専用）03-3262-5320　FAX03-3262-5326
印刷所　大日本印刷株式会社

©2016 Yoshiyuki Oshige
Printed in Japan
ISBN978-4-8007-1130-4

本書の一部または全部について個人で使用する以外、著作権法上、株式会社ソーテック社および著作権者の承諾を得ずに無断で複写・複製することは禁じられています。
本書に対する質問は電話では受け付けておりません。また、本書の内容とは関係のないパソコンやソフトなどの前提となる操作方法についての質問にはお答えできません。内容の誤り、内容についての質問がございましたら切手を貼った返信用封筒を同封の上、弊社までご送付ください。
乱丁・落丁本はお取り替え致します。

本書のご感想・ご意見・ご指摘は
http://www.sotechsha.co.jp/dokusha/
にて受け付けております。Web サイトでは質問は一切受け付けておりません。